虚拟化高性能 NoSQL 存储案例精粹
——Redis+Docker

高洪岩 著

人民邮电出版社

北京

图书在版编目（CIP）数据

虚拟化高性能NoSQL存储案例精粹：Redis+Docker / 高洪岩著. -- 北京：人民邮电出版社，2021.2
ISBN 978-7-115-55448-2

Ⅰ.①虚… Ⅱ.①高… Ⅲ.①关系数据库系统 Ⅳ.①TP311.132.3

中国版本图书馆CIP数据核字(2020)第236263号

内 容 提 要

本书主要介绍虚拟化平台Docker结合NoSQL、Redis开发的相关知识点。本书使用大量篇幅着重介绍Redis中的五大数据类型的使用方法，包括String、Hash、List、Set和Sorted Set，还介绍了使用Redis实现高可用的哨兵、复制、集群、高性能数据导入的流水线，以及保障数据操作原子性的事务。另外，本书对Redis中的数据持久化方案AOF和RDB也进行了详细介绍，并对HyperLogLog、GEO和Pub/Sub的相关知识进行了总结，结合实战经验丰富了与内存淘汰策略相关的内容。虚拟化技术使用Docker实现，包括Docker环境的搭建、常见命令的使用、对镜像和容器的操作，以及常见技术的容器的创建。

本书适合所有使用Redis进行编程的开发人员、服务器和数据存储系统开发人员、分布式系统架构师等互联网技术程序员阅读。

◆ 著 高洪岩
责任编辑 陈聪聪
责任印制 王 郁 彭志环

◆ 人民邮电出版社出版发行 北京市丰台区成寿寺路11号
邮编 100164 电子邮件 315@ptpress.com.cn
网址 https://www.ptpress.com.cn
涿州市京南印刷厂印刷

◆ 开本：787×1092 1/16
印张：43
字数：1031千字 2021年2月第1版
印数：1—2 000册 2021年2月河北第1次印刷

定价：168.00元

读者服务热线：(010)81055410 印装质量热线：(010)81055316
反盗版热线：(010)81055315
广告经营许可证：京东市监广登字20170147号

前言

你是否一直在拿 Redis 当 Map 用？在单机环境上只会针对 String 数据类型进行 SET 和 GET 操作？这绝对是大多数 Redis 初学者正经历的场景，但这并不是 Redis 的全部。

我有幸参与了 IT 企业的技术培训，培训中发现在开发阶段，合作企业的 Redis 服务器一直是在单机环境下运行的，并且内存中包含大量的 String 数据类型，而 String 值有的高达 10MB 左右，造成软件系统的整体吞吐量急剧下降，业务经常出现超时卡死的现象，在系统日志中出现大量的警告信息，而单台 Redis 服务器并没有形成高可用的运行环境。这些情况都属于"能用就行，坏了再说"的"埋炸弹"场景，当软件真正出现问题时需要耗费大量的人力物力，系统升级不但影响了项目正常的进度，而且还会影响客户业务正常的运行。这些都属于 Redis 使用不当，对 Redis 不了解的"错误使用方式"。因此，我认为非常有必要为 Java 程序员提供一本实战开发类的 Redis 图书，本书全面讲解 Redis 体系和知识点，包括高频使用的 Redis 运维知识、使用常用的 Redis Java Client API 框架 Jedis 来操作 Redis 服务器的知识和技能。书中翔实地介绍了常用 Command 命令的使用方法，介绍的命令的覆盖率达到 90% 以上。

内容结构

本书内容涵盖如下主题。

（1）Redis 的五大数据类型：String、Hash、List、Set 和 Sorted Set 是 5 种常见的基本数据类型。

（2）Connection 类型命令提供了连接功能，Key 类型命令提供了处理 key 键的功能。

（3）HyperLogLog、Redis Bloom 布隆过滤器，以及控制频率的 Redis-Cell 模块提供了针对海量数据统计的相关功能。

（4）基于地理位置的 GEO 数据类型令 Redis 开发基于地理位置的软件系统更加得心应手。

（5）Pub/Sub 命令提供了简单高性能的消息队列功能。

（6）Stream 命令提供了数据序列功能，能够很好地支持数据的排序统计。

（7）Pipelining 命令提供了命令的批量执行的功能，Transaction 命令提供了对事务的处理的功能。

（8）Redis 的数据持久化功能性能非常优秀，这也是运维工程师必备的技术。

（9）Redis 提供了主从复制功能，可实现高可用。

（10）哨兵提供了故障发现与转移，也可以实现高可用。

（11）集群是学习 Redis 的高频知识点，也是一个成熟 Redis 架构必备的组织方案。

（12）内存淘汰策略实现内存的高效利用，通过不同的处理策略清除不常用的数据。

（13）针对 Redis 的环境，结合 Docker 技术，以实现在容器中进行 Redis 开发运行环境的部署。

（14）ACL 功能提供了对 Key 的保护，实现了权限验证功能。

目标读者

- 所有使用 Redis 和 Jedis 进行编程的开发人员。
- 服务器和数据存储系统开发人员。
- 分布式系统架构师。
- 互联网技术程序员。
- 互联网技术架构师。

本书尽可能地全面覆盖 Redis 体系的知识点，选取的每个案例都经过了实操验证，Jedis 的代码可无错运行，力求最大程度地帮助 Java 程序员掌握 Redis 这门重要的技术，为其职业生涯保驾护航。

本书的出版离不开公司领导的大力支持，另外也要感谢我的父母和我的妻子，在我写作的过程中你们承担了很多本该属于我的责任，最后要感谢傅道坤和陈聪聪编辑，感谢你们为这本书所做的工作。

高洪岩
北京

资源与支持

本书由异步社区出品，社区（https://www.epubit.com/）为您提供相关资源和后续服务。

配套资源

本书提供如下资源：

- 本书源代码。

要获得以上配套资源，请在异步社区本书页面中单击 配套资源 ，跳转到下载界面，按提示进行操作即可。注意：为保证购书读者的权益，该操作会给出相关提示，要求输入提取码进行验证。

提交勘误

作者和编辑尽最大努力来确保书中内容的准确性，但难免会存在疏漏。欢迎您将发现的问题反馈给我们，帮助我们提升图书的质量。

当您发现错误时，请登录异步社区，按书名搜索，进入本书页面，单击"提交勘误"，输入勘误信息，单击"提交"按钮即可。本书的作者和编辑会对您提交的勘误进行审核，确认并接受后，您将获赠异步社区的 100 积分。积分可用于在异步社区兑换优惠券、样书或奖品。

扫码关注本书

扫描下方二维码,您将会在异步社区微信服务号中看到本书信息及相关的服务提示。

与我们联系

我们的联系邮箱是 contact@epubit.com.cn。

如果您对本书有任何疑问或建议,请您发邮件给我们,并请在邮件标题中注明本书书名,以便我们更高效地做出反馈。

如果您有兴趣出版图书、录制教学视频,或者参与图书翻译、技术审校等工作,可以发邮件给我们;有意出版图书的作者也可以到异步社区在线提交投稿(直接访问www.epubit.com/selfpublish/submission 即可)。

如果您所在的学校、培训机构或企业,想批量购买本书或异步社区出版的其他图书,也可以发邮件给我们。

如果您在网上发现有针对异步社区出品图书的各种形式的盗版行为,包括对图书全部或部分内容的非授权传播,请您将怀疑有侵权行为的链接发邮件给我们。您的这一举动是对作者权益的保护,也是我们持续为您提供有价值的内容的动力之源。

关于异步社区和异步图书

"异步社区"是人民邮电出版社旗下 IT 专业图书社区,致力于出版精品 IT 技术图书和相关学习产品,为作译者提供优质出版服务。异步社区创办于 2015 年 8 月,提供大量精品 IT 技术图书和电子书,以及高品质技术文章和视频课程。更多详情请访问异步社区官网 https://www.epubit.com。

"异步图书"是由异步社区编辑团队策划出版的精品 IT 专业图书的品牌,依托于人民邮电出版社近 30 年的计算机图书出版积累和专业编辑团队,相关图书在封面上印有异步图书的 LOGO。异步图书的出版领域包括软件开发、大数据、AI、测试、前端、网络技术等。

异步社区

微信服务号

目录

第 1 章 搭建 Redis 开发环境 1

1.1 什么是 NoSQL 1
1.2 为什么使用 NoSQL 1
1.3 NoSQL 的优势 2
1.4 NoSQL 的劣势 2
1.5 Redis 介绍及使用场景 3
1.6 Redis 没有 Windows 版本 4
1.7 搭建 Linux 环境 4
    1.7.1 下载并安装 VirtualBox 4
    1.7.2 安装 Ubuntu 5
    1.7.3 重置 root 密码 8
    1.7.4 配置阿里云下载源 8
    1.7.5 安装 Vim 文本编辑器 9
    1.7.6 设置双向复制粘贴和安装增强功能 10
    1.7.7 安装 ifconfig 命令 13
1.8 搭建 Redis 环境 13
    1.8.1 下载 Redis 13
    1.8.2 在 Ubuntu 中搭建 Redis 环境 13
    1.8.3 在 CentOS 中搭建 Redis 环境 17
1.9 启动 Redis 服务 19
    1.9.1 redis-server 19
    1.9.2 redis-server redis.conf 20
    1.9.3 redis-server & 20
1.10 停止服务 20
1.11 测试 Redis 服务性能 21
1.12 更改 Redis 服务端口号 22

		1.12.1　在命令行中指定 22
		1.12.2　在redis.conf配置文件中指定 22
	1.13　对Redis设置密码 23
	1.14　连接远程Redis服务器 24
	1.15　使用set和get命令存取值与中文的处理 24
	1.16　设置key名称的建议 25
	1.17　使用Redis Desktop Manager图形界面工具管理Redis 26
	1.18　在Java中操作Redis 27
	1.19　使用--bigkeys参数找到大key 28
	1.20　在redis.conf配置文件中使用include导入其他配置文件 29

第2章　Connection类型命令 30
	2.1　auth命令 30
		2.1.1　测试案例 30
		2.1.2　程序演示 32
	2.2　echo命令 32
		2.2.1　测试案例 32
		2.2.2　程序演示 33
	2.3　ping命令 33
		2.3.1　测试案例 34
		2.3.2　程序演示 34
	2.4　quit命令 35
		2.4.1　测试案例 35
		2.4.2　程序演示 35
	2.5　select命令 36
		2.5.1　测试案例 37
		2.5.2　程序演示 37
	2.6　swapdb命令 38
		2.6.1　测试案例 38
		2.6.2　程序演示 38
	2.7　验证Pool类中的连接属于长连接 39
	2.8　增加Redis最大连接数 40

第3章　String类型命令 42
	3.1　append命令 42
		3.1.1　测试案例 42
		3.1.2　程序演示 43
	3.2　incr命令 43

3.2.1 测试案例 43
3.2.2 程序演示 44
3.3 incrby 命令 44
3.3.1 测试案例 45
3.3.2 程序演示 45
3.4 incrbyfloat 命令 45
3.4.1 测试案例 46
3.4.2 程序演示 47
3.5 decr 命令 48
3.5.1 测试案例 48
3.5.2 程序演示 48
3.6 decrby 命令 49
3.6.1 测试案例 49
3.6.2 程序演示 49
3.7 set 和 get 命令 50
3.7.1 不存在 key 和存在 key 发生值覆盖的情况 51
3.7.2 使用 ex 实现指定时间（秒）后执行命令 51
3.7.3 使用 px 实现指定时间（毫秒）后执行命令 52
3.7.4 使用 nx 当 key 不存在时才赋值 53
3.7.5 使用 xx 当 key 存在时才赋值 54
3.7.6 set 命令具有删除 TTL 的效果 55
3.8 strlen 命令 56
3.8.1 测试案例 57
3.8.2 程序演示 57
3.9 setrange 命令 57
3.9.1 测试案例 58
3.9.2 程序演示 59
3.10 getrange 命令 59
3.10.1 测试案例 60
3.10.2 程序演示 60
3.11 setbit 和 getbit 命令 60
3.11.1 测试案例 61
3.11.2 程序演示 62
3.12 bitcount 命令 63
3.12.1 测试案例 63
3.12.2 程序演示 64
3.13 bitop 命令 64
3.13.1 and 操作 65
3.13.2 or 操作 66

- 3.13.3 xor 操作 … 68
- 3.13.4 not 操作 … 69
- 3.14 getset 命令 … 70
  - 3.14.1 测试案例 … 70
  - 3.14.2 程序演示 … 70
- 3.15 msetnx 命令 … 71
  - 3.15.1 测试案例 … 71
  - 3.15.2 程序演示 … 72
- 3.16 mset 命令 … 73
  - 3.16.1 测试案例 … 73
  - 3.16.2 程序演示 … 74
- 3.17 mget 命令 … 74
  - 3.17.1 测试案例 … 75
  - 3.17.2 程序演示 … 75
- 3.18 bitfield 命令 … 76
  - 3.18.1 set、get、incrby 子命令的测试 … 76
  - 3.18.2 使用#方便处理"组数据" … 78
  - 3.18.3 overflow 子命令的测试 … 80
- 3.19 bitpos 命令 … 88
  - 3.19.1 测试案例 … 89
  - 3.19.2 程序演示 … 89
- 3.20 "秒杀"核心算法实现 … 90
- 3.21 使用 Redisson 框架实现分布式锁 … 92
- 3.22 处理慢查询 … 93
  - 3.22.1 测试案例 … 93
  - 3.22.2 程序演示 … 95

第 4 章 Hash 类型命令 … 97

- 4.1 hset 和 hget 命令 … 97
  - 4.1.1 测试案例 … 97
  - 4.1.2 程序演示 … 98
- 4.2 hmset 和 hmget 命令 … 99
  - 4.2.1 测试案例 … 99
  - 4.2.2 程序演示 … 100
- 4.3 hlen 命令 … 101
  - 4.3.1 测试案例 … 101
  - 4.3.2 程序演示 … 101
- 4.4 hdel 命令 … 102

目录

4.4.1 测试案例 ... 102
4.4.2 程序演示 ... 103
4.5 hexists 命令 ... 104
4.5.1 测试案例 ... 104
4.5.2 程序演示 ... 104
4.6 hincrby 和 hincrbyfloat 命令 ... 105
4.6.1 测试案例 ... 105
4.6.2 程序演示 ... 105
4.7 hgetall 命令 ... 106
4.7.1 测试案例 ... 106
4.7.2 程序演示 ... 107
4.8 hkeys 和 hvals 命令 ... 107
4.8.1 测试案例 ... 108
4.8.2 程序演示 ... 108
4.9 hsetnx 命令 ... 109
4.9.1 测试案例 ... 110
4.9.2 程序演示 ... 110
4.10 hstrlen 命令 ... 110
4.10.1 测试案例 ... 111
4.10.2 程序演示 ... 111
4.11 hscan 命令 ... 111
4.11.1 测试案例 ... 112
4.11.2 程序演示 ... 113
4.12 使用 sort 命令对散列进行排序 ... 114
4.12.1 测试案例 ... 114
4.12.2 程序演示 ... 115

第 5 章 List 类型命令 ... 118

5.1 rpush、llen 和 lrange 命令 ... 118
5.1.1 测试案例 ... 119
5.1.2 程序演示 ... 119
5.2 rpushx 命令 ... 120
5.2.1 测试案例 ... 120
5.2.2 程序演示 ... 121
5.3 lpush 命令 ... 122
5.3.1 测试案例 ... 122
5.3.2 程序演示 ... 122
5.4 lpushx 命令 ... 123

- 5.4.1 测试案例 ... 123
- 5.4.2 程序演示 ... 124
- 5.5 rpop 命令 ... 125
  - 5.5.1 测试案例 ... 125
  - 5.5.2 程序演示 ... 125
- 5.6 lpop 命令 ... 126
  - 5.6.1 测试案例 ... 126
  - 5.6.2 程序演示 ... 127
- 5.7 rpoplpush 命令 ... 127
  - 5.7.1 测试案例 ... 128
  - 5.7.2 程序演示 ... 128
- 5.8 lrem 命令 ... 130
  - 5.8.1 测试案例 ... 130
  - 5.8.2 程序演示 ... 131
- 5.9 lset 命令 ... 133
  - 5.9.1 测试案例 ... 133
  - 5.9.2 程序演示 ... 133
- 5.10 ltrim 命令 ... 134
  - 5.10.1 测试案例 ... 134
  - 5.10.2 程序演示 ... 134
- 5.11 linsert 命令 ... 135
  - 5.11.1 测试案例 ... 135
  - 5.11.2 程序演示 ... 136
- 5.12 lindex 命令 ... 137
  - 5.12.1 测试案例 ... 137
  - 5.12.2 程序演示 ... 137
- 5.13 blpop 命令 ... 138
  - 5.13.1 监测一个 key ... 138
  - 5.13.2 监测多个 key ... 140
  - 5.13.3 测试阻塞时间 ... 142
  - 5.13.4 先来先得 ... 142
- 5.14 brpop 命令 ... 145
- 5.15 brpoplpush 命令 ... 145
  - 5.15.1 源列表包括元素时的运行效果 ... 145
  - 5.15.2 呈阻塞的效果 ... 147
- 5.16 使用 sort 命令对列表进行排序 ... 149
  - 5.16.1 按数字大小进行正/倒排序 ... 149
  - 5.16.2 按 ASCII 值进行正/倒排序 ... 151
  - 5.16.3 实现分页 ... 153

目录

- 5.16.4 通过外部 key 对应 value 的大小关系排序 154
- 5.16.5 通过外部 key 排序列表并显示 value 156
- 5.16.6 将排序结果存储到其他的 key 160
- 5.16.7 跳过排序 162
- 5.17 List 类型命令的常见使用模式 165

第 6 章 Set 类型命令 166

- 6.1 sadd、smembers 和 scard 命令 166
  - 6.1.1 测试案例 166
  - 6.1.2 程序演示 167
- 6.2 sdiff 和 sdiffstore 命令 168
  - 6.2.1 测试案例 168
  - 6.2.2 程序演示 169
- 6.3 sinter 和 sinterstore 命令 170
  - 6.3.1 测试案例 170
  - 6.3.2 程序演示 171
- 6.4 sismember 命令 172
  - 6.4.1 测试案例 172
  - 6.4.2 程序演示 172
- 6.5 smove 命令 173
  - 6.5.1 测试案例 173
  - 6.5.2 程序演示 174
- 6.6 srandmember 命令 175
  - 6.6.1 测试案例 175
  - 6.6.2 程序演示 176
- 6.7 spop 命令 178
  - 6.7.1 测试案例 178
  - 6.7.2 程序演示 179
- 6.8 srem 命令 181
  - 6.8.1 测试案例 181
  - 6.8.2 程序演示 181
- 6.9 sunion 和 sunionstore 命令 182
  - 6.9.1 测试案例 182
  - 6.9.2 程序演示 183
- 6.10 sscan 命令 184
  - 6.10.1 测试案例 184
  - 6.10.2 程序演示 185

第 7 章 Sorted Set 类型命令 ... 189

7.1 zadd、zrange 和 zrevrange 命令 ... 189
7.1.1 添加元素并返回指定索引范围的元素 ... 190
7.1.2 更新 score 导致重排序并返回新添加元素的个数 ... 192
7.1.3 使用 ch 参数 ... 193
7.1.4 一起返回元素和 score ... 196
7.1.5 score 可以是双精度浮点数 ... 198
7.1.6 使用 XX 参数 ... 199
7.1.7 使用 NX 参数 ... 201
7.1.8 使用 incr 参数 ... 203
7.1.9 测试字典排序 ... 203
7.1.10 倒序显示 ... 204

7.2 zcard 命令 ... 206
7.2.1 测试案例 ... 206
7.2.2 程序演示 ... 206

7.3 zcount 命令 ... 207
7.3.1 测试案例 ... 207
7.3.2 程序演示 ... 208

7.4 zincrby 命令 ... 209
7.4.1 测试案例 ... 209
7.4.2 程序演示 ... 209

7.5 zunionstore 命令 ... 210
7.5.1 测试合并的效果 ... 211
7.5.2 参数 weights 的使用 ... 212
7.5.3 参数 aggregate 的使用 ... 214

7.6 zinterstore 命令 ... 217
7.6.1 测试交集的效果 ... 217
7.6.2 参数 weights 的使用 ... 219
7.6.3 参数 aggregate 的使用 ... 221

7.7 zrangebylex、zrevrangebylex 和 zremrangebylex 命令 ... 223
7.7.1 测试 "-" 和 "+" 参数 ... 225
7.7.2 测试以 "[" 开始的参数 1 ... 227
7.7.3 测试以 "[" 开始的参数 2 ... 229
7.7.4 测试以 "[" 开始的参数 3 ... 230
7.7.5 测试 limit 分页 ... 231
7.7.6 测试以 "(" 开始的参数 1 ... 233
7.7.7 测试以 "(" 开始的参数 2 ... 235
7.7.8 使用 zrevrangebylex 命令实现倒序查询 ... 236

7.7.9 使用 zremrangebylex 命令删除元素 238
7.8 zlexcount 命令 239
7.8.1 测试案例 239
7.8.2 程序演示 239
7.9 zrangebyscore、zrevrangebyscore 和 zremrangebyscore 命令 241
7.9.1 测试案例 241
7.9.2 程序演示 242
7.10 zpopmax 和 zpopmin 命令 245
7.10.1 测试案例 246
7.10.2 程序演示 247
7.11 bzpopmax 和 bzpopmin 命令 249
7.12 zrank、zrevrank 和 zremrangebyrank 命令 249
7.12.1 测试案例 249
7.12.2 程序演示 250
7.13 zrem 命令 252
7.13.1 测试案例 252
7.13.2 程序演示 252
7.14 zscore 命令 253
7.14.1 测试案例 253
7.14.2 程序演示 253
7.15 zscan 命令 254
7.15.1 测试案例 254
7.15.2 程序演示 255
7.16 sort 命令 256
7.16.1 测试案例 256
7.16.2 程序演示 257

第 8 章 Key 类型命令 259

8.1 del 和 exists 命令 259
8.1.1 测试案例 259
8.1.2 程序演示 260
8.2 unlink 命令 261
8.2.1 测试案例 261
8.2.2 程序演示 262
8.3 rename 命令 263
8.3.1 测试案例 263
8.3.2 程序演示 264
8.4 renamenx 命令 265

8.5 keys 命令 ... 267
8.4.1 测试案例 ... 265
8.4.2 程序演示 ... 265

8.5 keys 命令 ... 267
8.5.1 测试搜索模式：? ... 268
8.5.2 测试搜索模式：* ... 269
8.5.3 测试搜索模式：[] ... 270
8.5.4 测试搜索模式：[^] ... 272
8.5.5 测试搜索模式：[a-b] ... 273

8.6 type 命令 ... 274
8.6.1 测试案例 ... 274
8.6.2 程序演示 ... 275

8.7 randomkey 命令 ... 275
8.7.1 测试案例 ... 275
8.7.2 程序演示 ... 276

8.8 dump 和 restore 命令 ... 277
8.8.1 测试序列化和反序列化 ... 278
8.8.2 测试 restore 命令的 replace 参数 ... 279
8.8.3 更改序列化值造成数据无法还原 ... 281

8.9 expire 和 ttl 命令 ... 282
8.9.1 测试 key 存在和不存在的 ttl 命令返回值 ... 283
8.9.2 使用 expire 和 ttl 命令 ... 284
8.9.3 rename 命令不会删除 TTL ... 286
8.9.4 del、set、getset 和 *store 命令会删除 TTL ... 287
8.9.5 改变 value 不会删除 TTL ... 288
8.9.6 expire 命令会重新设置新的 TTL ... 290

8.10 pexpire 和 pttl 命令 ... 291
8.10.1 测试案例 ... 292
8.10.2 程序演示 ... 292

8.11 expireat 命令 ... 293
8.11.1 测试案例 ... 294
8.11.2 程序演示 ... 295

8.12 pexpireat 命令 ... 296
8.12.1 测试案例 ... 296
8.12.2 程序演示 ... 297

8.13 persist 命令 ... 298
8.13.1 测试案例 ... 299
8.13.2 程序演示 ... 299

8.14 move 命令 ... 300
8.14.1 测试案例 ... 300

8.14.2 程序演示 ··· 301
8.15 object 命令 ··· 302
8.15.1 object refcount key 命令的使用 ·· 303
8.15.2 object encoding key 命令的使用 ·· 305
8.15.3 object idletime key 命令的使用 ··· 306
8.15.4 object freq key 命令的使用 ·· 308
8.15.5 object help 命令的使用 ··· 309
8.16 migrate 命令 ··· 309
8.16.1 测试案例 ··· 310
8.16.2 程序演示 ··· 311
8.17 scan 命令 ·· 312
8.17.1 测试案例 ··· 313
8.17.2 程序演示 ··· 314
8.18 touch 命令 ··· 315
8.18.1 测试案例 ··· 315
8.18.2 程序演示 ··· 316

第 9 章 HyperLogLog、Bloom Filter 类型命令及 Redis-Cell 模块 ···············318

9.1 HyperLogLog 类型命令 ··· 318
9.1.1 pfadd 和 pfcount 命令 ·· 318
9.1.2 pfmerge 命令 ··· 320
9.1.3 测试误差 ··· 321
9.2 Bloom Filter 类型命令 ··· 322
9.2.1 在 Redis 中安装 RedisBloom 模块 ······································ 322
9.2.2 bf.reserve、bf.add 和 bf.info 命令 ······································ 324
9.2.3 bf.madd 命令 ··· 328
9.2.4 bf.insert 命令 ··· 330
9.2.5 bf.exists 命令 ··· 332
9.2.6 bf.mexists 命令 ··· 333
9.2.7 验证布隆过滤器有误判 ·· 334
9.3 使用 Redis-Cell 模块实现限流 ·· 335
9.3.1 在 Redis 中安装 Redis-Cell 模块 ·· 335
9.3.2 测试案例 ··· 336
9.3.3 程序演示 ··· 338

第 10 章 GEO 类型命令 ··340

10.1 geoadd 和 geopos 命令 ·· 340
10.1.1 测试案例 ··· 340

10.2 geodist 命令 342
10.2.1 测试案例 342
10.2.2 程序演示 343
10.3 geohash 命令 343
10.3.1 测试案例 343
10.3.2 程序演示 344
10.4 georadius 命令 345
10.4.1 测试距离单位 m、km、ft、mi 345
10.4.2 测试 withcoord、withdist、withhash 346
10.4.3 测试 asc、desc 348
10.4.4 测试 count 349
10.4.5 测试 store 和 storedist 350
10.5 georadiusbymember 命令 351
10.5.1 测试距离单位 m、km、ft 和 mi 351
10.5.2 测试 withcoord、withdist 和 withhash 352
10.5.3 测试 asc 和 desc 353
10.5.4 测试 count 355
10.5.5 测试 store 和 storedist 356
10.6 删除 GEO 数据类型中的元素 357
10.6.1 测试案例 357
10.6.2 程序演示 357

第 11 章 Pub/Sub 类型命令 359

11.1 publish 和 subscribe 命令 360
11.1.1 测试案例 360
11.1.2 程序演示 361
11.2 unsubscribe 命令 364
11.2.1 测试案例 364
11.2.2 程序演示 364
11.3 psubscribe 命令 366
11.3.1 模式?的使用 366
11.3.2 模式*的使用 369
11.3.3 模式[xy]的使用 372
11.4 punsubscribe 命令 374
11.4.1 测试案例 374
11.4.2 程序演示 374
11.5 pubsub 命令 376

- 11.5.1 pubsub channels [pattern] 子命令 ... 376
- 11.5.2 pubsub numsub [channel-1...channel-N] 子命令 ... 378
- 11.5.3 pubsub numpat 子命令 ... 381

第 12 章 Stream 类型命令 ... 384

12.1 xadd 命令 ... 385
- 12.1.1 自动生成 ID ... 385
- 12.1.2 自定义 ID ... 389
- 12.1.3 流存储的元素具有顺序性 ... 392
- 12.1.4 使用 maxlen 限制流的绝对长度 ... 394
- 12.1.5 使用 maxlen ~ 限制流的近似长度 ... 396

12.2 xlen 命令 ... 398
- 12.2.1 测试案例 ... 398
- 12.2.2 程序演示 ... 398

12.3 xdel 命令 ... 399
- 12.3.1 基本使用方法 ... 399
- 12.3.2 添加操作的成功条件 ... 400

12.4 xrange 命令 ... 402
- 12.4.1 使用 - 和 + 取得全部元素 ... 403
- 12.4.2 自动补全特性 ... 404
- 12.4.3 使用 count 限制返回元素的个数 ... 407
- 12.4.4 迭代/分页流 ... 408
- 12.4.5 取得单一元素 ... 410

12.5 xrevrange 命令 ... 411
- 12.5.1 使用 + 和 - 取得全部元素 ... 412
- 12.5.2 迭代/分页流 ... 413

12.6 xtrim 命令 ... 416
- 12.6.1 测试案例 ... 416
- 12.6.2 程序演示 ... 416

12.7 xread 命令 ... 417
- 12.7.1 实现元素读取 ... 418
- 12.7.2 从多个流中读取元素 ... 421
- 12.7.3 实现 count ... 425
- 12.7.4 测试 count ... 427
- 12.7.5 实现阻塞消息读取并结合 ... 431

12.8 消费者组的使用 ... 434
- 12.8.1 与消费者组有关的命令 ... 436
- 12.8.2 xgroup create 和 xinfo groups 命令 ... 437

12.8.3　xgroup setid 命令 ·· 441
12.8.4　xgroup destroy 命令 ····································· 443
12.8.5　xinfo stream 命令 ······································· 445
12.8.6　xreadgroup 和 xinfo consumers 命令 ···················· 447
12.8.7　在 xreadgroup 命令中使用>或指定 ID 值 ················· 450
12.8.8　xack 和 xpending 命令 ··································· 458
12.8.9　xgroup delconsumer 命令 ································ 467
12.8.10　xreadgroup noack 命令 ·································· 471
12.8.11　xclaim 命令 ··· 475

第 13 章　Pipelining 和 Transaction 类型命令 ·················· 485

13.1　流水线 ··· 485
13.1.1　不使用流水线的运行效率 ································ 486
13.1.2　使用流水线的运行效率 ·································· 486

13.2　事务 ··· 487
13.2.1　multi 和 exec 命令 ······································ 487
13.2.2　出现语法错误导致全部命令取消执行 ····················· 489
13.2.3　出现运行错误导致错误命令取消执行 ····················· 490
13.2.4　discard 命令 ·· 492
13.2.5　watch 命令 ·· 493
13.2.6　unwatch 命令 ·· 495

第 14 章　数据持久化 ··· 499

14.1　使用 RDB 实现数据持久化 ·································· 499
14.1.1　自动方式：save 配置选项 ································ 499
14.1.2　手动方式：使用 save 命令 ······························· 503
14.1.3　手动方式：使用 bgsave 命令 ····························· 505
14.1.4　小结 ··· 506

14.2　使用 AOF 实现数据持久化 ·································· 506
14.2.1　实现 AOF 持久化的功能 ·································· 506
14.2.2　重写机制 ··· 508
14.2.3　小结 ··· 510

14.3　使用 RDB 和 AOF 混合实现数据持久化 ······················· 510

14.4　使用 shutdown 命令正确停止 Redis 服务 ···················· 511

第 15 章　复制 ··· 512

15.1　实现复制 ··· 513

15.1.1　在 redis.conf 配置文件中加入 replicaof {masterHost} {masterPort}配置 ……… 513
　　15.1.2　对 redis-server 命令传入--replicaof {masterHost} {masterPort}参数 ……… 516
　　15.1.3　在副本节点中使用命令 replicaof {masterHost} {masterPort} ……………… 517
　　15.1.4　使用 role 命令获得服务器角色信息 ………………………………………… 518
　15.2　取消复制 ……………………………………………………………………………… 519
　15.3　手动操作实现故障转移 ……………………………………………………………… 520

第 16 章　哨兵 …………………………………………………………………………… 521

　16.1　搭建哨兵环境 ………………………………………………………………………… 522
　　16.1.1　创建配置文件 …………………………………………………………………… 522
　　16.1.2　搭建 Master 服务器环境 ……………………………………………………… 523
　　16.1.3　搭建 Replica 服务器环境 ……………………………………………………… 523
　　16.1.4　使用 info replication 命令查看 Master-Replica 运行状态 ………………… 523
　　16.1.5　搭建哨兵环境 …………………………………………………………………… 525
　　16.1.6　配置的解释 ……………………………………………………………………… 526
　　16.1.7　创建哨兵容器 …………………………………………………………………… 527
　　16.1.8　使用 info sentinel 命令查看哨兵运行状态 …………………………………… 527
　　16.1.9　使用 sentinel reset mymaster 命令重置哨兵环境 …………………………… 528
　16.2　监视多个 Master 服务器 …………………………………………………………… 528
　16.3　哨兵常用命令 ………………………………………………………………………… 529
　16.4　实现故障转移 ………………………………………………………………………… 530
　16.5　强制实现故障转移 …………………………………………………………………… 532
　16.6　案例 …………………………………………………………………………………… 534

第 17 章　集群 …………………………………………………………………………… 536

　17.1　使用虚拟槽实现数据分片 …………………………………………………………… 537
　17.2　自动搭建本地 Redis 集群环境 ……………………………………………………… 538
　　17.2.1　使用 create-cluster start 命令启动 Redis 集群实例 ………………………… 539
　　17.2.2　使用 create-cluster stop 命令停止 Redis 集群实例 ………………………… 539
　　17.2.3　使用 create-cluster create 命令创建 Redis 集群 ……………………………… 540
　　17.2.4　使用 create-cluster watch 命令显示第一个服务器的前 30 行输出信息 …… 541
　　17.2.5　使用 create-cluster tail 命令查看指定服务器的日志信息 ………………… 542
　　17.2.6　在 Redis 集群中添加与取得数据 ……………………………………………… 542
　　17.2.7　使用 create-cluster clean 命令删除所有实例数据、日志和配置文件 ……… 543
　　17.2.8　使用 create-cluster clean-logs 命令只删除实例日志文件 …………………… 544
　17.3　重定向操作 …………………………………………………………………………… 544
　17.4　使用 readonly 和 readwrite 命令启用和禁用 Replica 服务器可读 ……………… 545
　17.5　手动搭建分布式 Redis 集群环境 …………………………………………………… 546

17.5.1 准备配置文件并启动各服务器 546
17.5.2 使用 cluster meet 命令实现服务器间握手 547
17.5.3 使用 cluster nodes 命令查看 Redis 集群中的服务器信息 549
17.5.4 使用 cluster addslots 命令分配槽 549
17.5.5 使用 cluster reset 命令重置服务器状态 550
17.5.6 向 Redis 集群中保存和获取数据 551
17.5.7 在 Redis 集群中添加 Replica 服务器 551
17.6 使用 cluster myid 命令获得当前服务器 ID 553
17.7 使用 cluster replicas 命令查看指定 Master 服务器下的 Replica 服务器信息 554
17.8 使用 cluster slots 命令查看槽与服务器关联的信息 554
17.9 使用 cluster keyslot 命令查看 key 所属槽 554
17.10 案例 555

第 18 章 内存淘汰策略 556

18.1 内存淘汰策略简介 556
18.2 内存淘汰策略：noeviction 556
18.3 内存淘汰策略：volatile-lru 557
18.4 内存淘汰策略：volatile-lfu 559
18.5 内存淘汰策略：volatile-random 559
18.6 使用淘汰策略：volatile-ttl 560
18.7 使用淘汰策略：allkeys-lru 562
18.8 内存淘汰策略：allkeys-lfu 564
18.9 使用淘汰策略：allkeys-random 564

第 19 章 使用 Docker 实现容器化 565

19.1 容器 565
19.2 使用 Docker 的经典场景 566
19.3 Docker 的介绍 568
19.4 Docker 镜像的介绍 569
19.5 Docker 由 4 部分组成 569
19.6 Docker 具有跨平台特性 570
19.7 Docker 的优点 570
19.8 moby 和 docker-ce 与 docker-ee 之间的关系 570
19.9 在 Ubuntu 中搭建 Docker 环境 571
19.9.1 确认有没有安装 Docker 571
19.9.2 使用官方的 sh 脚本安装 Docker 571
19.9.3 确认有没有成功安装 Docker 571

19.9.4 启动和停止 Docker 服务与查看 Docker 版本 ·········· 572
19.10 操作 Docker 服务与容器 ·········· 573
19.10.1 使用 docker info 查看 Docker 信息 ·········· 573
19.10.2 根据 Ubuntu 基础镜像文件创建容器并运行容器 ·········· 574
19.10.3 使用 sudo docker ps 和 sudo docker ps -a 命令 ·········· 580
19.10.4 使用 docker logs 命令 ·········· 580
19.10.5 使用 sudo docker rename oldName newName 命令对容器重命名 ·········· 581
19.10.6 使用 docker start 命令启动容器 ·········· 581
19.10.7 使用 docker attach 命令关联容器 ·········· 583
19.10.8 使用 docker exec 命令在容器中执行命令 ·········· 584
19.10.9 使用 docker restart 命令重新启动容器 ·········· 584
19.10.10 使用 docker cp 命令复制文件到容器中 ·········· 584
19.10.11 解决 Docker 显示中文乱码 ·········· 585
19.10.12 安装 ifconfig 命令 ·········· 586
19.11 镜像文件操作 ·········· 586
19.11.1 使用 docker images 命令获得镜像文件信息 ·········· 586
19.11.2 镜像文件的标识 ·········· 587
19.11.3 Dockerfile 与 docker build 命令介绍 ·········· 587
19.11.4 为 Ubuntu 添加快捷菜单创建文件 ·········· 588
19.11.5 创建最简 Dockerfile 脚本 ·········· 590
19.11.6 使用 docker build 命令创建镜像文件——仓库名/镜像文件名 ·········· 590
19.11.7 使用 docker build 命令创建镜像文件——仓库名/镜像文件名:标记 ·········· 591
19.11.8 使用 docker build 命令创建多个镜像文件——仓库名/镜像文件名:标记 ·········· 591
19.11.9 使用 docker rmi 命令删除镜像文件 ·········· 592
19.12 容器管理控制台 portainer ·········· 592
19.12.1 使用 docker search 命令搜索镜像文件 ·········· 592
19.12.2 使用 docker pull 命令拉取镜像文件 ·········· 593
19.12.3 创建数据卷 ·········· 593
19.12.4 端口映射与运行 portainer ·········· 594
19.12.5 进入 portainer 查看 Docker 状态信息 ·········· 594
19.13 Docker 组件 ·········· 596
19.14 网络模式：桥接模式 ·········· 596
19.14.1 测试桥接模式 ·········· 597
19.14.2 设置容器使用固定 IP 地址 ·········· 598
19.15 网络模式：主机模式 ·········· 600
19.16 通过网络别名实现容器之间通信 ·········· 600
19.17 常用软件的 Docker 镜像文件与容器 ·········· 601
19.17.1 创建 JDK 容器 ·········· 601
19.17.2 创建 Tomcat 容器 ·········· 604

19.17.3　创建 MySQL 容器 606
19.17.4　创建 Redis 容器 608
19.17.5　创建 ZooKeeper 容器 609
19.17.6　创建 Oracle 11g 容器 610
19.18　启动 Docker 服务后容器随之启动与取消 611

第 20 章　Docker 中搭建 Redis 高可用环境 612

20.1　复制 612
20.1.1　在 redis.conf 配置文件中加入 replicaof {masterHost} {masterPort}配置 612
20.1.2　对 redis-server 命令传入 --replicaof {masterHost} {masterPort}参数 614
20.1.3　在 Replica 服务器使用 replicaof {masterHost} {masterPort}命令 615
20.2　哨兵 616
20.2.1　搭建哨兵环境 616
20.2.2　创建配置文件 616
20.2.3　搭建 Master 服务器环境 616
20.2.4　搭建 Replica 环境 617
20.2.5　使用 info replication 命令查看 Master-Replica 运行状态 618
20.2.6　搭建哨兵环境 619
20.2.7　创建哨兵容器 620
20.2.8　使用 info sentinel 命令查看哨兵运行状态 621
20.2.9　使用 sentinel reset mymaster 命令重置哨兵环境 621
20.3　集群 621
20.3.1　准备配置文件并启动各服务器 621
20.3.2　使用 cluster meet 命令实现服务器间握手 623
20.3.3　使用 cluster nodes 命令查看 Redis 集群中的服务器信息 623
20.3.4　使用 cluster addslots 命令分配槽 624
20.3.5　向 Redis 集群中保存和获取数据 625
20.3.6　在 Redis 集群中添加 Replics 服务器 626

第 21 章　Docker 中实现数据持久化 628

21.1　使用 RDB 实现数据持久化 628
21.1.1　自动方式：save 配置选项 628
21.1.2　手动方式：使用 save 命令 630
21.1.3　手动方式：使用 bgsave 命令 630
21.2　使用 AOF 实现数据持久化 631
21.3　使用 RDB 和 AOF 混合实现数据持久化 632

第 22 章　ACL 类型命令 634

- 22.1 acl list 命令 634
  - 22.1.1 测试案例 634
  - 22.1.2 程序演示 635
- 22.2 为默认用户设置密码并查看 ACL 信息 635
- 22.3 acl save 和 acl load 命令 636
  - 22.3.1 测试案例 636
  - 22.3.2 程序演示 637
- 22.4 acl users 命令 637
  - 22.4.1 测试案例 638
  - 22.4.2 程序演示 638
- 22.5 acl getuser 命令 638
  - 22.5.1 测试案例 638
  - 22.5.2 程序演示 639
- 22.6 acl deluser 命令 640
  - 22.6.1 测试案例 640
  - 22.6.2 程序演示 640
- 22.7 acl cat 命令 641
  - 22.7.1 测试案例 642
  - 22.7.2 程序演示 642
- 22.8 acl cat <category>命令 643
  - 22.8.1 测试案例 643
  - 22.8.2 程序演示 644
- 22.9 acl genpass 命令 644
  - 22.9.1 测试案例 645
  - 22.9.2 程序演示 645
- 22.10 acl whoami 命令 645
  - 22.10.1 测试案例 646
  - 22.10.2 程序演示 646
- 22.11 acl log 命令 646
  - 22.11.1 测试案例 646
  - 22.11.2 程序演示 648
- 22.12 验证使用 setuser 命令创建的用户默认无任何权限 648
- 22.13 使用 setuser on/off 启用或者禁用用户 649
- 22.14 使用+<command>和−<command>为用户设置执行命令的权限 650
- 22.15 使用+@<category>为用户设置能执行指定命令类型的权限 651
- 22.16 使用−@<category>为用户设置能执行指定命令类型的权限 651
- 22.17 使用+<command>|<subcommand>为用户添加能执行的子命令权限 652
- 22.18 使用+@all 和−@all 为用户添加或删除全部命令的执行权限 653
- 22.19 使用~pattern 限制能访问 key 的模式 654

22.20 使用 resetkeys 清除所有 key 的访问模式···655
22.21 使用> <password>和<<password>为用户设置或删除明文密码················655
22.22 使用#<hash>和!<hash>为用户设置或删除 SHA-256 密码·······················656
22.23 使用 nopass 和 resetpass 为用户设置无密码或清除所有密码···················657
22.24 使用 reset 命令重置用户 ACL 信息···658

第 1 章 搭建 Redis 开发环境

1.1 什么是 NoSQL

NoSQL 全称是 Not Only SQL（不仅仅是 SQL），它属于非关系型数据库（Non-Relational DB）。NoSQL 的存储结构主要有两个特点。

- 数据之间是无关系的：关系型数据库有主外键约束，而 NoSQL 弱化了这个概念。
- 数据的结构是松散的、可变的：在关系型数据库中，如果表有 5 个列，那么最多只能存储 5 个列的值；而在 NoSQL 中没有所谓固定的列数，甚至连 "列" 这个概念都没有，所以存储数据的类型、数据的多少都是可变的，是不固定的。

NoSQL 是一类数据库的统称，并不是某一个具体的数据库产品名称，就像关系型数据库管理系统（Relational Database Managemet System，RDBMS）一样。

RDBMS 包括 Oracle、MySQL 以及 MS SQL Server，NoSQL 包括 Redis、MangoDB 等。

1.2 为什么使用 NoSQL

RDBMS 的缺点如下。

- 因为 RDBMS 无法应对每秒上万次的读写请求，无法处理大量集中的高并发操作，所以在电商项目中，不是从 RDBMS 中直接读取数据来展示给客户，而是先将数据放入类似 Redis 的 NoSQL 中进行保存，实现缓存的作用，再从 Redis 中加载数据展示给客户，以减少对 RDBMS 的访问，提高运行效率。
- 表中存储信息是有限制的。

列数有限：常见的 RDBMS 允许一张表最大支持的列数是有限制的，其中 Oracle 最多支持 1000 列。

行数有限：在 RDBMS 中，如果一张表中的行数达到百万级时，那么读写的速度会呈断崖式下降。

在使用 RDBMS 时，面对海量数据必须使用主从复制、分库分表。这样的系统架构是难以维护的，其维护成本比较高，因为它增加了程序员在开发和运维时的工作量，而且在海量数据下使用 select 查询语句效率极低，查询时间会呈指数级增长。
- RDBMS 无法简单地通过增加硬件、服务节点的方式来提高系统性能，因为性能的瓶颈在 RDBMS 上，而不是在高性能服务器上。
- 关系型数据库大多是收费的，而且对硬件的要求较高，软件和硬件的使用成本比较大。

但 NoSQL 可以解决上面 4 个问题。
- NoSQL 支持每秒上万次的读写。
- 数据存储格式灵活。
- 在单机的环境下 NoSQL 性能就很好，在多台计算机的环境下性能更高。
- NoSQL 大多数是免费、开源的。

NoSQL 有自己的优势和使用场景，在软件公司中应用比较多。

1.3 NoSQL 的优势

NoSQL 的优势可以总结为如下 4 点。
- 面对海量数据时依然保持良好性能。

NoSQL 具有非常良好的读写性能，尤其在面对海量数据时表现同样优秀。这得益于它的非关系性和结构简单。Redis 的作者在设计 Redis 时，最优先考虑的就是性能。
- 灵活的数据格式。

使用 NoSQL 时不需要创建列，它的数据格式比较灵活。
- 高可用性。

NoSQL 具有主从复制、支持集群等特点，大大增强了软件项目的高可用性。如果某一台计算机宕机，那么其他的计算机会接手任务，不至于出现系统无法访问的情况。
- 低成本。

这是大多数 NoSQL 共有的特点，因为多数 NoSQL 是免费开源的，所以没有高昂的授权成本。

RDBMS 和 NoSQL 都有各自的优势和使用场景，两者需要结合使用。让关系型数据库关注在关系上，让 NoSQL 关注在存储上。

"一针见血"总结 NoSQL 优势：因为 RDBMS 太慢，所以用 NoSQL！

1.4 NoSQL 的劣势

一个事物有优势就有劣势，NoSQL 的劣势可以总结为如下 5 点。
- 数据之间是无关系的。
- 不支持标准的 SQL，没有公认的 NoSQL 标准。
- 没有关系型数据库的约束，如主键约束、主外键约束和值范围约束等，大多数也没有索引的概念。
- 没有事务回滚的概念，由于优先考虑性能，因此不能完全实现 ACID 特性。
- 没有丰富的数据类型。

1.5 Redis 介绍及使用场景

Redis 的作者是萨尔瓦托雷·圣菲利波（Salvatore Sanfilippo），他来自意大利的西西里岛，被称为 Redis 之父。

Redis 全称是 Remote Dictionary Server，它是现阶段极为流行的 NoSQL 之一，它以键-值（key-value）对的形式在内存中保存数据。Redis 的读写性能非常高，如果硬件环境非常优秀，可以实现每秒插入 10 万条记录，因此 Redis 常用于存储、缓存等场景。

Redis 可以将内存中的数据持久化到硬盘上，防止因为出现断电、死机等造成数据丢失，还支持 key 超时、发布订阅、流水线（批处理）以及 Lua 脚本等。

Redis 主要有如下特点。

- 速度快：Redis 中的数据被放入内存，读写速度快。Redis 使用 C 语言实现，更接近底层。Redis 是"单线程模型"，避免了因争抢锁而影响运行效率，但 Redis 6.0 开始支持"多线程模型"，运行命令时还是遵守单线程模型。
- 使用简单，运行稳定：Redis 使用 key-value 对组织数据，学习成本非常低，就像学习 Java 中的 HashMap 一样简单，并且 Redis 的源代码经过了大量优化，在速度和稳定性上非常优秀。曾有人评价 Redis 的源代码是艺术与技术的集大成者。
- 功能丰富：支持 5 种常见的基本数据类型，分别是字符串（String）、散列（Hash）、列表（List）、集合（Set）和有序集合（Sorted Set）。
- 支持多种客户端：可以使用 Java、C、C++、PHP、Python 以及 Node.js 等编程语言来对 Redis 进行操作。
- 支持持久化：可以将内存中的数据持久化到硬盘上，达到数据备份的目的。
- 支持主从复制：实现 Redis 服务的副本，保证数据的完整性。
- 支持分布式：从 Redis 3.0 开始正式支持分布式，实现多台服务器共同工作。
- 支持高可用：哨兵模式就是解决方案。

Redis 在软件系统中的位置如图 1-1 所示。

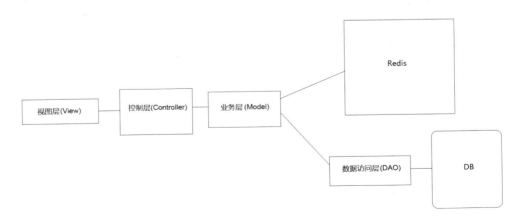

图 1-1　Redis 在软件系统中的位置

Redis 常作为数据的缓存。当业务层需要数据时首先从 Redis 中获取，如果 Redis 中没有数据，则通过数据访问层去访问真正的 RDBMS 并取得数据，将取得的数据由业务层放入 Redis 中，以便业务层下一次访问时直接从 Redis 中获取想要的数据，而不必访问运行效率较低的 RDBMS，这样提高了系统运行效率。Redis 还可以实现队列、排行榜和计数器等。

1.6 Redis 没有 Windows 版本

Redis 运行环境不支持 Windows，所谓 Windows 版本的 Redis 其实是微软公司的开发小组模仿 Redis 的功能写的，并不是原版的 Redis。它更新进度较慢，功能较官方的 Redis 少很多。

因为 Redis 官方并没有 Windows 版本，所以要在 Linux 虚拟机环境下学习 Redis。

1.7 搭建 Linux 环境

本书使用 VirtualBox 结合 Ubuntu 搭建 Linux 环境。

建议在断网的情况下安装 Ubuntu，以省略在线更新的步骤，加快安装速度。

1.7.1 下载并安装 VirtualBox

VirtualBox 是一款开源虚拟机软件，由德国 Innotek 公司开发，Sun 公司出品，使用 Qt 编写，在 Sun 公司被 Oracle 收购后正式更名为 Oracle VM VirtualBox。VirtualBox 为经典的最强的免费虚拟机软件之一，它不仅具有丰富的功能，而且性能也很高。

进入 VirtualBox 官网，单击 "Downloads" 下载 VirtualBox 安装文件，如图 1-2 所示。

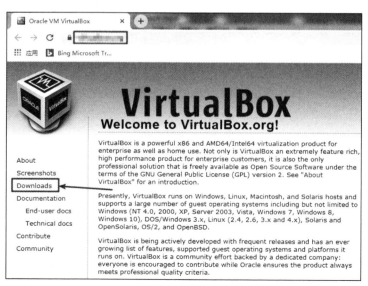

图 1-2　下载 VirtualBox 安装文件

下载针对 Windows 的 VirtualBox binaries 版本，如图 1-3 所示。

1.7 搭建 Linux 环境

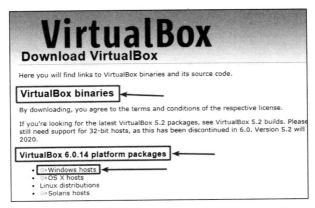

图 1-3 下载针对 Windows 的 VirtualBox binaries 版本

下载成功后安装 VirtualBox。

1.7.2 安装 Ubuntu

本节步骤较多，主要介绍在 VirtualBox 中安装 Ubuntu（即安装虚拟机），并在安装过程中设置 Ubantu 有关的参数。

从阿里巴巴开源镜像站下载 Ubuntu 或 CentOS 镜像文件，进入 VirtualBox 后单击"新建"按钮创建新的虚拟机，如图 1-4 所示。

图 1-4 单击"新建"按钮

设置虚拟机名称和保存路径，如图 1-5 所示。

为虚拟机分配使用的内存，如图 1-6 所示。

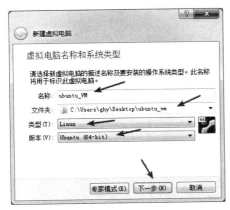

图 1-5 设置虚拟机名称和保存路径

图 1-6 为虚拟机分配使用的内存

创建虚拟硬盘，如图 1-7 所示。

选择虚拟硬盘文件类型，如图 1-8 所示。

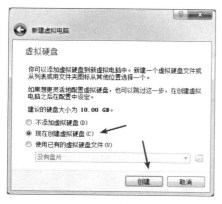
图 1-7　创建虚拟硬盘

图 1-8　选择虚拟硬盘文件类型

动态分配虚拟硬盘空间，如图 1-9 所示。

设置 VDI 文件保存的路径并对虚拟硬盘分配极限使用空间，这里设置为 100GB，如图 1-10 所示。

图 1-9　动态分配虚拟硬盘空间

图 1-10　对虚拟硬盘分配极限使用空间

单击"创建"按钮，显示界面，单击"启动"按钮开始安装 Ubuntu，如图 1-11 所示。

图 1-11　单击"启动"按钮

弹出对话框选择 ubuntu.iso 镜像文件。

单击"启动"按钮,如图 1-12 所示。

开始进入安装 Ubuntu 的流程。

选择"中文(简体)",并单击"安装 Ubuntu"按钮。选择"汉语"。

配置安装选项,选择"正常安装",为了在安装时不需要大量耗时,取消勾选"安装 Ubuntu 时下载更新",如图 1-13 所示。

图 1-12 单击"启动"按钮

选择安装类型,如图 1-14 所示。

图 1-13 配置安装选项

图 1-14 选择安装类型

确认磁盘分区,如图 1-15 所示。

选择 Beijing 时区。

设置用户名和密码,如图 1-16 所示。

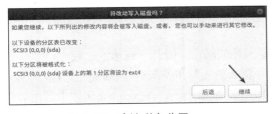

图 1-15 确认磁盘分区

图 1-16 设置用户名和密码

单击"继续"按钮后在线下载必需的文件并安装 Ubuntu 自带的软件,此过程用时较长,如图 1-17 所示。

下载语言包用时也较长,如图 1-18 所示。

安装成功后重启计算机,如图 1-19 所示。

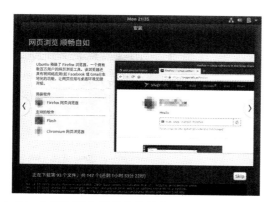

图 1-17 在线下载必需的文件并安装 Ubuntu 自带的软件

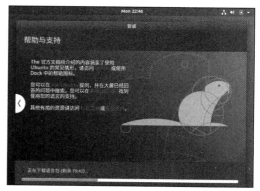

图 1-18 下载语言包

图 1-19 重启计算机

1.7.3 重置 root 密码

使用 VirtualBox 安装的 Ubuntu 由于在安装过程中没有对 root 用户设置密码，因此在启动虚拟机后使用如下命令重置 root 密码，如图 1-20 所示。

```
sudo passwd root
```

图 1-20 重置 root 密码

1.7.4 配置阿里云下载源

在 Linux 中安装软件默认从官网进行下载，速度较慢，可以使用国内的阿里云下载源。

1. 查看 /etc/apt/sources.list 文件

配置阿里云下载源的文件是 /etc/apt/sources.list，使用如下命令查看 sources.list 文件。

```
sudo gedit /etc/apt/sources.list
```

从 sources.list 文件中的 URL 来看，它们都是国外的网站，因此下载速度比较慢。

如果想使用国内的下载源，如阿里云下载源，那么要先知道所运行 Ubuntu 的版本。因为 sources.list 文件中的内容与 Ubuntu 版本相对应，Ubuntu 版本不同，sources.list 文件中的内容也不同。

2. 获得 Ubuntu 版本

使用如下命令查看 Ubuntu 版本。

```
uname -a
```

显示内容如图 1-21 所示。

```
ghy@ghy-VirtualBox:~$ uname -a
Linux ghy-VirtualBox 5.0.0-23-generic #24-18.04.1 Ubuntu SMP Mon Jul 29 16:12:28
UTC 2019 x86_64 x86_64 x86_64 GNU/Linux
ghy@ghy-VirtualBox:~$
```

图 1-21 显示内容

当前 Ubuntu 的版本是 18.04.1。

3．在阿里巴巴开源镜像站中获得 sources.list 文件中的内容

在虚拟机中输入网址，找到 ubuntu 链接并单击，如图 1-22 所示。

图 1-22 找到 ubuntu 链接并单击

当前环境使用的 Ubuntu 版本为 18.04，而 18.04 的别名就是"bionic"，因此要使用相应配置，单击复制超链接即可。

使用如下命令。

```
sudo gedit /etc/apt/sources.list
```

注意：gedit 命令和路径/etc/apt/sources.list 之间有空格。

将 sources.list 文件的全部内容替换：

Ubuntu 已经转为使用阿里云的下载源了，更新系统环境设置，把阿里云上面的软件信息下载到本地缓存中，运行如下命令。

```
sudo apt-get update
```

apt-get update 命令会从阿里云读取软件列表，然后将其保存在本地进行缓存。

再运行如下命令。

```
sudo apt-get upgrade
```

此命令会把本地已安装的软件与刚下载到本地缓存的软件列表中的每一个软件进行版本对比，如果发现已安装的软件版本太低就进行软件更新。

Update 命令用于更新软件列表，upgrade 用于命令更新软件。

1.7.5 安装 Vim 文本编辑器

在使用 Ubuntu 的过程中可能需要更改一些配置文件，除了使用 gedit 命令外还可以使用

Vim 文本编辑器。在当前系统环境中，默认没有安装 Vim 文本编辑器，如图 1-23 所示。

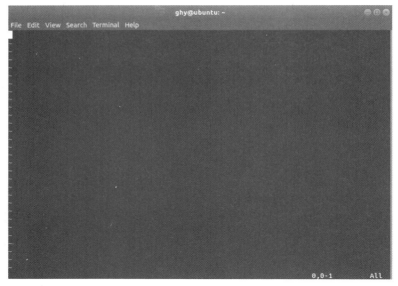

图 1-23　没有安装 Vim 文本编辑器

使用如下命令安装 Vim 文本编辑器。

```
apt install vim
```

在终端输入如下命令。

```
vim
```

进入 Vim 文本编辑器，其界面如图 1-24 所示。

图 1-24　Vim 文本编辑器界面

要想退出 Vim 文本编辑器，可以按"Esc"键后再输入如下命令。

```
:q
```

1.7.6　设置双向复制粘贴和安装增强功能

默认情况下，VirtualBox 文本编辑器不支持和宿主主机的复制和粘贴操作，需要进行配置。

进入系统后单击"控制"菜单中的"设置"子菜单，如图 1-25 所示。

设置"共享粘贴板"和"拖放"为"双向"，设置完成后单击"OK"按钮保存设置，如图 1-26 所示。

1.7 搭建 Linux 环境

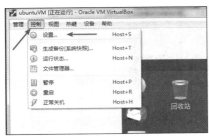

图 1-25 单击"设置"子菜单

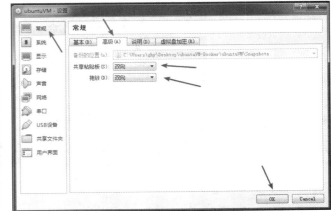

图 1-26 设置为"双向"

单击"设备"菜单中的"安装增强功能"子菜单，如图 1-27 所示。
弹出对话框单击"运行"按钮，如图 1-28 所示。

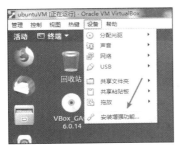

图 1-27 单击"安装增强功能"子菜单

图 1-28 单击"运行"按钮

如果没有弹出对话框，则进入光驱软件，单击右上角的"运行软件"按钮，如图 1-29 所示。

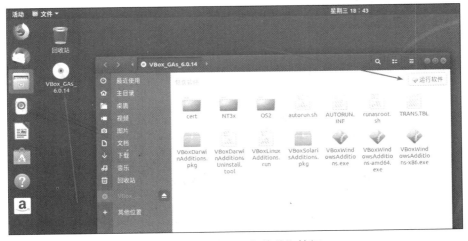

图 1-29 单击"运行软件"按钮

开始安装增强功能，但出现异常，提示没有"gcc make perl packages"，如图 1-30 所示。

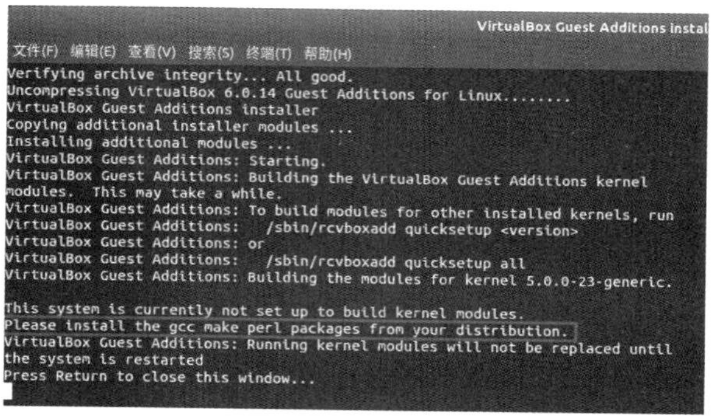

图 1-30 提示没有 "gcc make perl packages"

使用如下命令安装 "gcc make perl packages"。

```
sudo apt-get install build-essential gcc make perl dkms
```

安装成功后再运行如下命令进行系统重启。

```
reboot
```

如果 "gcc make perl packages" 安装成功，系统重启后说明 "gcc make perl packages" 在系统中存在，则继续双击光驱软件，单击右上角的 "运行软件" 按钮，如图 1-31 所示。

图 1-31 继续单击 "运行软件" 按钮

成功安装增强功能，这次并没有出现异常，如图 1-32 所示。

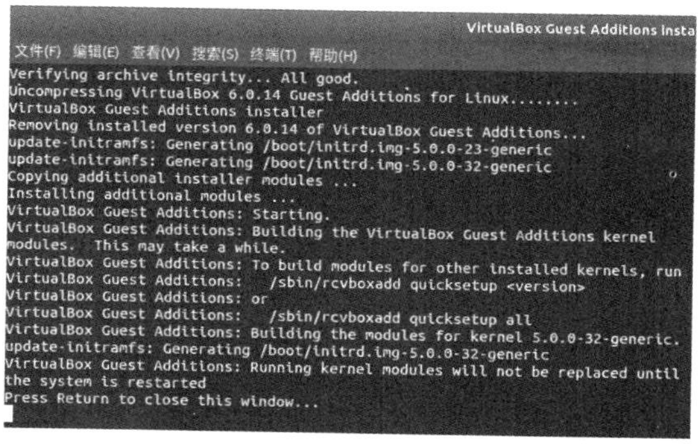

图 1-32 成功安装增强功能

1.8 搭建 Redis 环境

操作至此，双向复制粘贴和增强功能设置完成。

1.7.7 安装 ifconfig 命令

ifconfig 命令可以查看网卡信息，效果如下。

```
ghy@ghy-VirtualBox:~$ ifconfig

Command 'ifconfig' not found, but can be installed with:

sudo apt install net-tools
```

但默认情况下 Ubuntu 并没有安装相关命令，执行如下命令开始安装 ifconfig 命令。

```
ghy@ghy-VirtualBox:~$ sudo apt install net-tools
```

在虚拟机中使用桥连接与 Redis 进行通信的方式如图 1-33 所示。

图 1-33 使用桥连接

1.8 搭建 Redis 环境

本节开始介绍搭建 Redis 环境的方法。

1.8.1 下载 Redis

进入 Redis 官网，如图 1-34 所示。

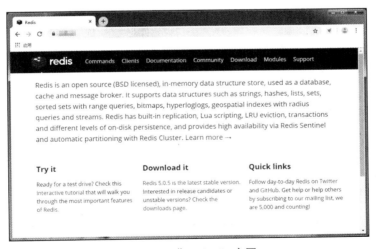

图 1-34 进入 Redis 官网

在官网下载 Redis，文件名为 redis-version.tar.gz。

1.8.2 在 Ubuntu 中搭建 Redis 环境

本节介绍如何在 Ubuntu 中搭建 Redis 环境。

1. 执行 make 命令进行编译

将 redis-version.tar.gz 文件复制到 Ubuntu 并解压，解压到主文件夹中的 T/redis 文件夹里，解压的位置如图 1-35 所示。

图 1-35 解压的位置

在终端中进入解压的文件夹，然后执行 make 命令开始编译 Redis 并生成其他依赖的文件，如图 1-36 所示。

但却提示没有找到 make 命令，可以使用如下命令进行安装。

```
sudo apt install make
```

但在中途可能会出现锁资源的情况，解决的步骤如下。

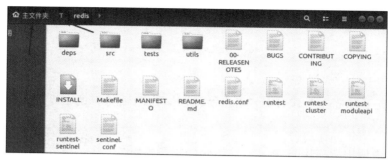

图 1-36 执行 make 命令开始编译 Redis

```
ghy@ubuntu:~/T/redis$ sudo apt install make
E: 无法获得锁 /var/lib/dpkg/lock-frontend - open (11: 资源暂时不可用)
E: 无法获取 dpkg 前端锁 (/var/lib/dpkg/lock-frontend)，是否有其他进程正占用它？
ghy@ubuntu:~/T/redis$ sudo rm /var/lib/dpkg/lock-frontend
ghy@ubuntu:~/T/redis$ sudo apt install make
正在读取软件包列表... 完成
正在分析软件包的依赖关系树
正在读取状态信息... 完成
```

建议安装如下内容。

```
  make-doc
E: 无法获得锁 /var/cache/apt/archives/lock - open (11: 资源暂时不可用)
E: 无法对目录 /var/cache/apt/archives/ 加锁
ghy@ubuntu:~/T/redis$ sudo rm /var/cache/apt/archives/lock
ghy@ubuntu:~/T/redis$ sudo apt install make
正在读取软件包列表... 完成
正在分析软件包的依赖关系树
正在读取状态信息... 完成
```

建议安装如下内容。

```
  make-doc
```

下列新软件包将被安装。

```
  make
```

1.8 搭建 Redis 环境

升级了 0 个软件包，新安装了 1 个软件包，卸载了 0 个软件包，有 119 个软件包未被升级。
需要下载 154 KB 的文档。解压后会消耗 381 KB 的额外空间。

```
获取:1 http://us.archive.ubuntu.com/ubuntu bionic/main amd64 make amd64 4.1-9.1ubuntu1 [154 KB]
已下载 154 kB, 耗时 4s (40.4 KB/s)
正在选中未选择的软件包 make。
(正在读取数据库 ... 系统当前共安装有 128211 个文件和目录。)
正准备解包 .../make_4.1-9.1ubuntu1_amd64.deb ...
正在解包 make (4.1-9.1ubuntu1) ...
正在设置 make (4.1-9.1ubuntu1) ...
正在处理用于 man-db (2.8.3-2ubuntu0.1) 的触发器 ...
ghy@ubuntu:~/T/redis$
```

再次执行 make 命令，可能出现没有 gcc 命令的提示，如图 1-37 所示。

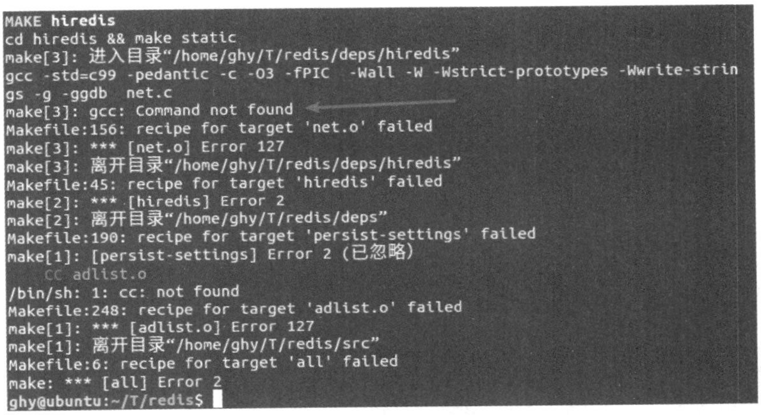

图 1-37 没有 gcc 命令

使用如下命令安装 gcc 命令。

```
sudo apt install gcc
```

gcc 命令安装成功后再次执行 make 命令进行编译，又可能出现找不到 jemalloc.h 的异常，如图 1-38 所示。

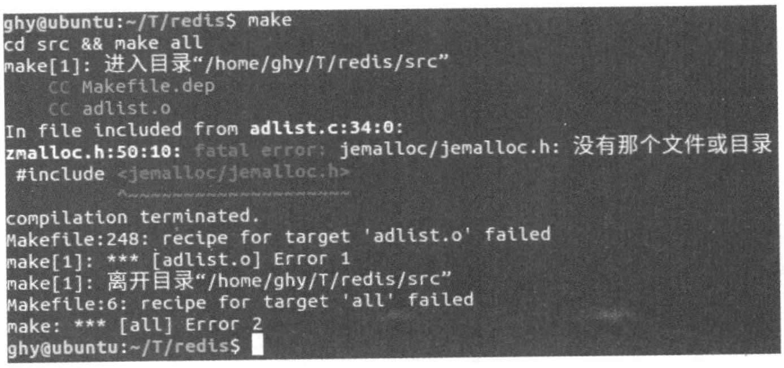

图 1-38 找不到 jemalloc.h 的异常

使用如下命令继续编译。

```
make MALLOC=libc
```

编译结束后如图 1-39 所示。
并没有出现异常，说明编译正确。

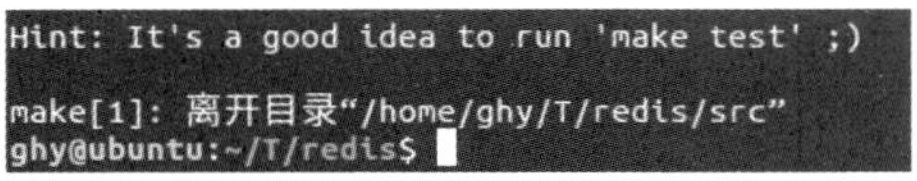

图 1-39 编译结束

2. 执行 make test 命令进行测试

在终端中输入 make test 命令来进行测试，该命令的作用是测试 Redis 是否可以正确执行。
在终端中输入如下命令。

```
make test
```

出现异常，如图 1-40 所示。
异常如下。

```
You need tcl 8.5 or newer in order to run the Redis test
```

提示当前安装的 tcl 版本较旧，至少需要 8.5 以上的版本，tcl 需要升级，输入如下命令。

```
sudo apt install tcl
```

再次执行如下命令。

```
make test
```

测试通过并没有发现错误，终端显示图 1-41 所示的内容。
以上步骤结束后，证明 Redis 在 Ubuntu 中编译成功，下一步就是将 Redis 安装到 Ubuntu 中。

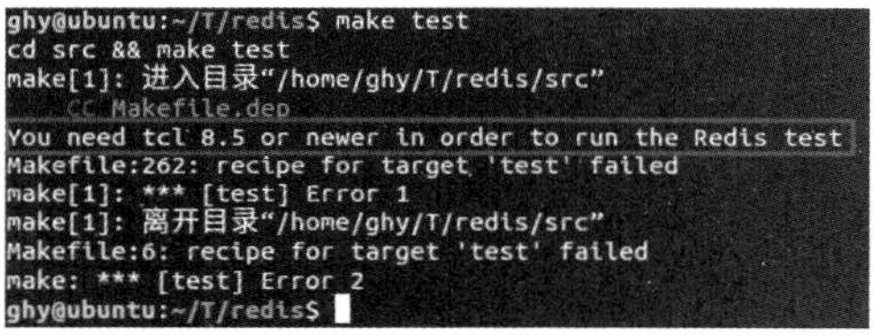

图 1-40 出现异常 　　　　　　图 1-41 测试通过并没有发现错误

3. 执行 make install 命令安装 Redis

make install 命令的作用是将 redis/src 中的命令复制到/usr/local/bin 路径中，这样就可以在任意的路径下执行 Redis 的命令了。
在终端执行如下命令。

```
make install
```

输出信息如图 1-42 所示。
make install 命令执行完毕后，/usr/local/bin 路径中存在与 Redis 相关的可执行文件，如图 1-43 所示。
其中可执行文件 redis-server 是 Redis 的服务器，而可执行文件 redis-cli（Redis Command Line Interface）是 Redis 的客户端。

1.8 搭建 Redis 环境

图 1-42　输出信息

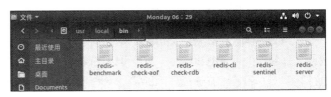

图 1-43　/usr/local/bin 路径中存在与 Redis 相关的可执行文件

4. 查看 Redis 的版本

使用 redis-cli 命令查看 Redis 的版本，命令如下。

```
ghy@ubuntu:~$ redis-cli -v
redis-cli 5.0.5
ghy@ubuntu:~$
```

1.8.3　在 CentOS 中搭建 Redis 环境

本节将在 CentOS 中搭建 Redis 环境。

1. 执行 make 命令进行编译

将 redis-version.tar.gz 文件复制到 CentOS 并解压，解压到主文件夹中的 T/redis 文件夹里，解压的位置如图 1-44 所示。

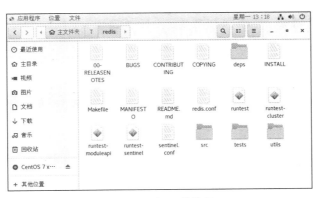

图 1-44　解压的位置

在终端中进入解压的文件夹，然后执行 make 命令开始编译 Redis 并生成其他依赖的文件，如图 1-45 所示。

编译结束后如图 1-46 所示。

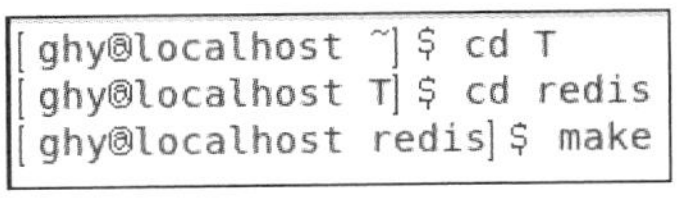

图 1-45　执行 make 命令开始编译 Redis

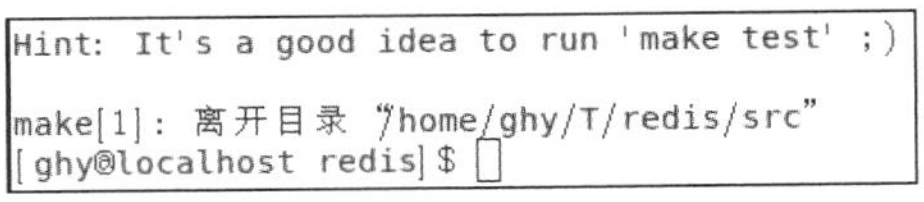

图 1-46　编译结束

并没有出现异常，说明编译正确。

2. 执行 make test 命令进行测试

在终端中输入 make test 命令来进行测试，该命令的作用是测试 Redis 是否可以正确执行。

在终端中输入如下命令。

```
make test
```

出现异常，如图 1-47 所示。
异常如下。

图 1-47　出现异常

```
You need tcl 8.5 or newer in order to run the Redis test
```

提示当前安装的 tcl 版本较旧，至少需要 8.5 以上的版本，tcl 需要升级，输入如下命令。

```
[ghy@localhost redis]$ su
密码：
[root@localhost redis]# yum install tcl
```

在执行 su 命令后输入 root 密码，确认切换到[root@localhost redis]用户才是正确的。

开始安装新版 tcl，安装成功后如图 1-48 所示。

再次执行如下命令。

```
make test
```

测试通过并没有发现错误，终端显示图 1-49 所示内容。

图 1-48　安装成功　　　　图 1-49　测试通过并没有发现错误

以上步骤结束后证明 Redis 在 CentOS 中编译成功，下一步就是将 Redis 安装到 CentOS 中。

3. 执行 make install 命令安装 Redis

make install 命令的作用是将 redis/src 中的命令复制到/usr/local/bin 路径中，这样就可以在任意的路径下执行 Redis 命令了。

在终端执行如下命令。

```
make install
```

输出信息如图 1-50 所示。

make install 命令执行完毕后，/usr/local/bin 路径中存在与 Redis 相关的可执行文件，如图 1-51 所示。

1.9 启动 Redis 服务

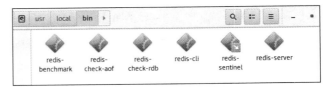

图 1-50　输出信息　　　　图 1-51　/usr/local/bin 路径中存在与 Redis 相关的可执行文件

其中可执行文件 redis-server 是 Redis 的服务器，可执行文件 redis-cli 是 Redis 的客户端。

4．查看 Redis 的版本

使用 redis-cli 命令查看 Redis 的版本，命令如下。

```
[root@localhost redis]# redis-cli -v
redis-cli 5.0.5
[root@localhost redis]#
```

1.9 启动 Redis 服务

启动 Redis 服务可以通过如下几种方式实现。

1.9.1 redis-server

启动 Redis 服务可以通过在终端输入如下命令实现。

```
redis-server
```

成功启动 Redis 服务，如图 1-52 所示。

终端显示 Redis 的默认端口号为 6379。

Redis 服务启动后可以通过 ps 命令查看 Redis 进程信息，打开新的终端并执行 ps 命令，如图 1-53 所示。

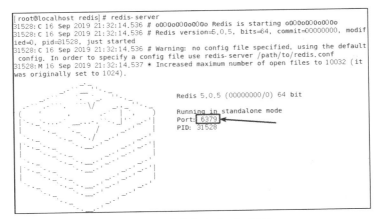

图 1-52　成功启动 Redis 服务

```
[ghy@localhost ~]$ ps -ef |grep redis
root      101844 101725  0 02:43 pts/0    00:00:00 redis-server *:6379
ghy       101924 101873  0 02:45 pts/1    00:00:00 grep --color=auto redis
[ghy@localhost ~]$
```

图 1-53　查看 Redis 进程信息

强制停止 Redis 服务可以通过在启动 Redis 服务的终端中按"Ctrl+C"快捷键实现。

1.9.2　redis-server redis.conf

直接执行 redis-server 命令来启动 Redis 服务的方式是不推荐使用的，因为这样使用的都是 Redis 默认的配置，有端口号不可以指定、Redis 服务器没有设置密码等缺陷，解决的办法是结合 redis.conf 配置文件来启动 Redis 服务，后文会进行介绍。

1.9.3　redis-server &

使用 redis-server &命令来启动 Redis 服务并不是以后台的模式运行的，在当前的终端中并不允许输入其他的命令，可以使用如下命令实现后台运行模式。

```
redis-server &
```

Redis 服务启动后可以在当前终端中输入其他命令。

当以后台的模式运行 Redis 服务时，按"Ctrl+C"快捷键就无效了，可以使用 kill 命令强制结束进程，如图 1-54 所示。

```
[ghy@localhost redis]$ ps -ef|grep redis
ghy        21910  19388  0 13:09 pts/0    00:00:00 redis-server *:6379
ghy        22096  20205  0 13:16 pts/2    00:00:00 grep --color=auto redis
[ghy@localhost redis]$ kill 21910
[ghy@localhost redis]$ ps -ef|grep redis
ghy        22112  20205  0 13:16 pts/2    00:00:00 grep --color=auto redis
[ghy@localhost redis]$
```

图 1-54　强制结束进程

使用如下命令会把 Redis 服务在终端上输出的信息保存在 nohup.out 文件里。

```
nohup redis-server &
```

1.10　停止服务

强制停止 Redis 服务可以使用"Ctrl+C"快捷键或 kill 命令，但建议不要这样做，较好的方式是在新打开的终端中输入如下命令。

```
redis-cli shutdown
```

命令执行后 Redis 服务的终端显示图 1-55 所示的信息。

```
101844:M 01 Jan 2019 02:43:35.214 * Ready to accept connections
101844:M 01 Jan 2019 02:46:31.701 # User requested shutdown...
101844:M 01 Jan 2019 02:46:31.701 * Saving the final RDB snapshot before exiting.
101844:M 01 Jan 2019 02:46:31.708 * DB saved on disk
101844:M 01 Jan 2019 02:46:31.708 # Redis is now ready to exit, bye bye...
[root@localhost redis]#
```

图 1-55　Redis 服务的终端显示信息

使用 redis-cli shutdown 命令来停止 Redis 服务可以将当前正在处理中的任务继续执行，直到执行完毕再停止 Redis 服务，在这个过程中不再接收新的 Redis 客户端请求，所以使用此种方式来停止 Redis 服务是推荐使用的。

注意：坚决不要使用或 kill 命令 "Ctrl+C" 快捷键以 "暴力" 方式强制结束 Redis 进程，这样会造成数据的丢失。

1.11 测试 Redis 服务性能

使用 redis-server 命令启动 Redis 服务，在新的终端中执行 redis-benchmark 命令，测试 Redis 服务性能，命令如下。

```
redis-benchmark -p 6379
```

-p 6379 代表对连接使用 6379 端口的 Redis 服务进行性能测试。

命令执行后统计出命令执行效率的相关信息，如 SET 命令和 GET 命令的执行效率统计结果如下。

```
====== SET ======
  100000 requests completed in 1.79 seconds
  50 parallel clients
  3 bytes payload
  keep alive: 1

98.36% <= 1 milliseconds
99.20% <= 2 milliseconds
99.63% <= 3 milliseconds
99.80% <= 6 milliseconds
99.88% <= 7 milliseconds
99.90% <= 8 milliseconds
99.95% <= 11 milliseconds
100.00% <= 11 milliseconds
55865.92 requests per second
```

SET 命令每秒请求 55865.92 次。

```
====== GET ======
  100000 requests completed in 1.74 seconds
  50 parallel clients
  3 bytes payload
  keep alive: 1

99.03% <= 1 milliseconds
99.40% <= 2 milliseconds
99.85% <= 3 milliseconds
99.90% <= 4 milliseconds
99.93% <= 5 milliseconds
99.95% <= 8 milliseconds
99.97% <= 9 milliseconds
100.00% <= 9 milliseconds
57636.89 requests per second
```

GET 命令每秒请求 57636.89 次。

但不要以该执行效率作为当前计算机运行的 Redis 服务性能的指标，它只是一个参考值，真实的性能还要结合实际的业务场景进行测试。

1.12 更改 Redis 服务端口号

可以使用两种方式更改 Redis 服务的端口号。

1.12.1 在命令行中指定

在终端输入如下命令。

```
redis-server --port 8888
```

之后 Redis 服务的端口号为 8888，如图 1-56 所示。

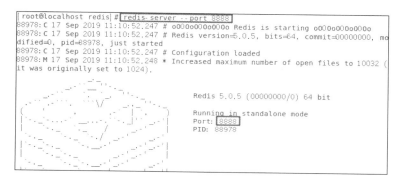

图 1-56　端口号为 8888

使用如下命令停止指定端口的 Redis 服务。

```
redis-cli -p 8888 shutdown
```

Redis 服务已停止。

1.12.2 在 redis.conf 配置文件中指定

编辑 redis.conf 配置文件中的 port 属性，更改端口号为 7777，配置文件内容如图 1-57 所示。

```
# Accept connections on the specified port, default is 6379 (IANA #815344).
# If port 0 is specified Redis will not listen on a TCP socket.
port 7777
```

图 1-57　配置文件内容

使用如下命令。

```
[gaohongyan@localhost redis]$ redis-server redis.conf
```

启动 Redis 服务，新端口号如图 1-58 所示。

1.13 对 Redis 设置密码

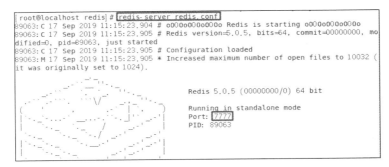

图 1-58 新端口号

使用如下命令可以停止 Redis 服务。

```
redis-cli -p 7777 shutdown
```

1.13 对 Redis 设置密码

编辑 redis.conf 配置文件中的 requirepass 属性，设置密码为 accp，如图 1-59 所示。
使用如下命令启动 Redis 服务。

```
[gaohongyan@localhost redis]$ redis-server redis.conf
```

在新打开的终端中使用 redis-cli 命令连接 Redis 服务，并使用 keys *命令查询数据，如图 1-60 所示。

图 1-59 设置密码　　　　　　　　图 1-60 查询数据

出现"(error) NOAUTH Authentication required."异常，原因就是没有使用密码进行登录。按"Ctrl+C"快捷键停止 Redis 服务，在终端中再执行命令，如图 1-61 所示，在登录时使用-a 参数添加密码 accp。

图 1-61 使用密码进行登录

成功使用密码进行登录。
再执行 keys *命令不再出现异常，效果如下。

```
127.0.0.1:7777> keys *
1) "mylist"
2) "myset:__rand_int__"
3) "counter:__rand_int__"
4) "key:__rand_int__"
127.0.0.1:7777>
```

Redis 中自带了 4 条记录。

1.14 连接远程 Redis 服务器

如果在主机和虚拟机环境中，并且在互联网环境中想要让 Redis 服务器被其他计算机访问还需要做一些更改。

- 将 redis.conf 配置文件中原来的 bind 127.0.0.1 改成 bind 0.0.0.0。

默认情况下，如果 bind 配置呈被注释的状态，则 Redis 服务器将监听所有网卡的连接，等同于配置 bind 0.0.0.0。

可以使用 bind 配置监听指定的一块或多块网卡的连接。

```
bind ip1
bind ip1 ip2
```

为什么要使用 bind 配置只监听指定的网卡呢？如果 Redis 服务器监听多块网卡，如监听内网和外网两块网卡，不使用 bind 配置，则在互联网环境下通过外网网卡可以直接访问 Redis 服务器，完全可以在互联网环境下进行密码嗅探，对 Redis 服务器的安全非常不利。如果 Redis 服务器运行的环境是在内网中，不想被互联网环境下的其他客户端所访问，这时可以使用 bind 配置，限制 Redis 服务器只能通过内网网卡进行访问，增强了安全性。

如果使用配置 bind 127.0.0.1，则 Redis 服务器只能被当前服务器所访问，其他服务器不能访问。

- 更改保护模式配置，将 protected-mode yes 改成 protected-mode no。
- 对 Redis 设置 requirepass 密码为 accp。
- 对 Redis 设置 port 端口号为 7777。
- 在 Linux 中使用 systemctl stop firewalld.service 命令关闭防火墙。一定要注意此点，不然会出现能 ping 通，但连接不到 Redis 服务器的情况。

在 redis-cli 命令中使用 -h 参数连接远程 Redis 服务器，命令如下。

```
[gaohongyan@localhost ~]$ redis-cli -h localhost -p 7777 -a accp
Warning: Using a password with '-a' option on the command line interface may not be safe.
localhost:7777>
```

localhost 可以换成远程 Redis 服务器的 IP 地址。

如果在 redis-cli 命令中没有使用 -h 和 -p 参数，则默认连接 127.0.0.1:6379 的 Redis 服务器。

如果虚拟机没有 IP 地址，可以依次输入如下命令来解决。

- cd /etc/sysconfig/network-scripts/：进入目标文件夹。
- su：切换到超级管理员角色。
- gedit ifcfg-ens33 ifcfg-ens33：编辑文件，把 ONBOOT=NO 改为 YES 即可。
- service network restart：重启网卡。

另外，如果无线网卡和有线网卡同时连接到不同的网段也会出现没有 IP 地址的情况。

1.15 使用 set 和 get 命令存取值与中文的处理

使用如下命令存取值。

```
localhost:7777> set username gaohongyan
OK
localhost:7777> get username
"gaohongyan"
```

set 命令的作用就是向指定的 key 存储对应的 value。

get 命令的作用就是根据指定的 key 获取对应的 value。

如果 set 命令存储的是中文，则 get 命令获取的数据其实是经过编码后的值，效果如下。

```
[ghy@localhost ~]$ redis-cli -p 6379
127.0.0.1:6379> set username 我是中国人
OK
127.0.0.1:6379> get username
"\xe6\x88\x91\xe6\x98\xaf\xe4\xb8\xad\xe5\x9b\xbd\xe4\xba\xba"
127.0.0.1:6379>
```

想显示正确中文的解决办法是对 redis-cli 命令使用--raw 参数，效果如下。

```
[ghy@localhost ~]$ redis-cli -p 6379 --raw
127.0.0.1:6379> get username
我是中国人
127.0.0.1:6379>
```

1.16 设置 key 名称的建议

key 的名称建议设置为如下的格式。

业务名称:对象名:id:属性

如 MySQL 数据库中有一个 userinfo 表，表中有 id、username 和 password 这 3 个列，可以使用如下格式来代表 MySQL 数据库中的一行记录。

```
mysql:userinfo:id:username
mysql:userinfo:id:password
```

对应的 set 和 get 命令如下。

```
127.0.0.1:7777> set mysql.userinfo.123.username ghy1
OK
127.0.0.1:7777> set mysql.userinfo.123.password 123
OK
127.0.0.1:7777> set mysql.userinfo.456.username ghy2
OK
127.0.0.1:7777> set mysql.userinfo.456.password 456
OK
127.0.0.1:7777> get mysql.userinfo.123.username
"ghy1"
127.0.0.1:7777> get mysql.userinfo.123.password
"123"
127.0.0.1:7777> get mysql.userinfo.456.username
"ghy2"
127.0.0.1:7777> get mysql.userinfo.456.password
"456"
127.0.0.1:7777>
```

1.17 使用 Redis Desktop Manager 图形界面工具管理 Redis

按照 1.14 节中的步骤连接远程 Redis 服务器后，进入 Redis Desktop Manager 图形界面工具的主界面，如图 1-62 所示。

图 1-62 主界面

单击主界面左上角"连接到 Redis 服务器"按钮，弹出界面如图 1-63 所示。

图 1-63 弹出界面

单击左下角的"测试连接"按钮，出现"连接 Redis 服务器成功"的提示框，单击"OK"按钮关闭提示框。

双击 myRedis 连接后，查看数据库的数据，如图 1-64 所示。

图 1-64　查看数据库的数据

1.18　在 Java 中操作 Redis

在 Java 中操作 Redis 的 Java Client API 产品很多，所以其使用率较高，这得益于它的 API 的简洁，易于上手。

操作 Redis 至少需要 4 个 JAR 包，如图 1-65 所示。

操作 Redis 可以使用 .java 类，但 .java 类并不是线程安全的，如果在多线程环境下，多个线程使用同一个 .java 类的对象则会出现一些奇怪的问题，这时可以使用 Pool 类进行解决。Pool 类可以在多线程环境下正常安全地工作，每个线程都拥有自己独有的对象，使用完毕后再放回池中以便进行复用。可以将 Pool 类声明成 static 静态的，示例程序如下。

图 1-65　4 个 JAR 包

```
package test;

import redis.clients..;
import redis.clients..Pool;
import redis.clients..PoolConfig;

public class Test1 {
    private static Pool pool = new Pool(new PoolConfig(), "192.168.1.105", 7777, 5000, "accp");

    public static void main(String[] args) {
         = null;
        try {
             = pool.getResource();
            .set("username", "我是中国人");
            String username = .get("username");
            System.out.println(username);
        } catch (Exception e) {
            e.printStackTrace();
        } finally {
            if ( != null) {
                .close();
            }
        }
    }
}
```

程序中的 new PoolConfig()参数代表使用 Pool 类的默认配置，192.168.1.105 参数代表 Redis 的 IP 地址，7777 参数代表连接 Redis 的端口号，5000 参数代表在 5s 之内没有连接到 Redis 则出现超时异常，accp 参数代表 Redis 的连接密码。

程序运行结果如下。

我是中国人

1.19 使用--bigkeys 参数找到大 key

对 redis-cli 命令使用--bigkeys 参数可以找到大 key，以做后续存储的优化，测试如下。

```
ghy@ghy-VirtualBox:~$ redis-cli -a accp
Warning: Using a password with '-a' or '-u' option on the command line interface may not be safe.
127.0.0.1:6379> flushdb
OK
127.0.0.1:6379> set a aa
OK
127.0.0.1:6379> set b bbb
OK
127.0.0.1:6379> set c cccc
OK
127.0.0.1:6379> set d ddddd
OK
127.0.0.1:6379>
ghy@ghy-VirtualBox:~$ redis-cli -a accp --bigkeys
Warning: Using a password with '-a' or '-u' option on the command line interface may not be safe.

# Scanning the entire keyspace to find biggest keys as well as
# average sizes per key type.  You can use -i 0.1 to sleep 0.1 sec
# per 100 SCAN commands (not usually needed).

[00.00%] Biggest string found so far 'd' with 5 bytes

-------- summary -------

Sampled 4 keys in the keyspace!
Total key length in bytes is 4 (avg len 1.00)

Biggest string found 'd' has 5 bytes

0 lists with 0 items (00.00% of keys, avg size 0.00)
0 hashs with 0 fields (00.00% of keys, avg size 0.00)
4 strings with 14 bytes (100.00% of keys, avg size 3.50)
0 streams with 0 entries (00.00% of keys, avg size 0.00)
0 sets with 0 members (00.00% of keys, avg size 0.00)
0 zsets with 0 members (00.00% of keys, avg size 0.00)
ghy@ghy-VirtualBox:~$
```

1.20 在 redis.conf 配置文件中使用 include 导入其他配置文件

导入其他配置文件需要在 redis.conf 配置文件中使用 include,运行结果如图 1-66 所示。

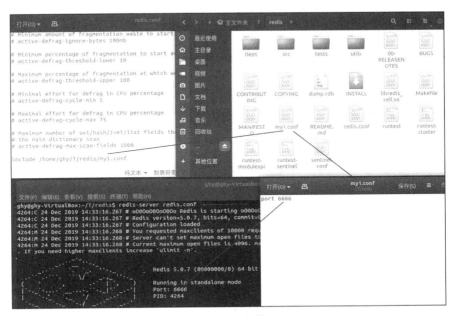

图 1-66 运行结果

由于配置文件采用最后的配置覆盖之前的配置,因此 my1.conf 配置文件在 redis.conf 配置文件的最后使用 include 进行导入,使端口 6666 覆盖默认的端口 6379。

第 2 章 Connection 类型命令

从本章开始主要介绍 Redis 中的命令。Redis 有很多种命令，在开发中常见的命令还是针对常见数据类型的 CRUD 操作，这也是学习的重点。

另外，全面学习命令还有助于学习 Java Client API 的使用方法，因为那些 Java Client API 的使用方法在底层其实还是调用对应 Redis 中的命令，命令是操作 Redis 中数据的根源。

Connection 类型的命令主要用于处理连接。

2.1 auth 命令

使用格式如下。

```
auth password
```

该命令用于登录验证。

如果在 redis.conf 配置文件中开启了 requirepass 以对 Redis 设置登录密码，则在每次执行 redis-cli 命令但并不添加-a 参数去连接 Redis 时，就要使用 auth 命令进行登录验证，登录成功之后才能执行其他的 Redis 命令。如果没有登录成功，则执行其他 Redis 命令时会出现错误信息。

```
(error) NOAUTH Authentication required.
```

如果对 auth 命令指定的密码和 redis.conf 配置文件中的密码一致，Redis 服务器会返回如下信息。

```
OK
```

否则，如果密码错误，Redis 服务器将返回错误信息。

```
(error) ERR invalid password
```

注意：由于 Redis 的高性能特性，其可以在很短的时间内进行大量并行的登录验证，因此建议设置一个复杂的密码，以免被字典式地暴力破解。

2.1.1 测试案例

测试案例如下。

```
[gaohongyan@localhost ~]$ redis-cli -p 7777
127.0.0.1:7777> keys *
(error) NOAUTH Authentication required.
127.0.0.1:7777> auth abcabcabcac
(error) ERR invalid password
127.0.0.1:7777> auth accp
OK
127.0.0.1:7777> keys *
1) "key1"
2) "username"
```

除了以更改 redis.conf 配置文件的方式设置密码以外，还可以直接在客户端中使用 config set 命令设置密码，更改 redis.conf 配置文件设置密码的方式如下。

```
#requirepass accp
```

添加 "#" 注释，可以设置 Redis 无密码。

客户端测试如下。

```
ghy@ghy-VirtualBox:~$ redis-cli -p 6379 --raw
127.0.0.1:6379> keys *
a
127.0.0.1:6379> get a
aa
127.0.0.1:6379> config set requirepass abc
OK
127.0.0.1:6379> config get requirepass
NOAUTH Authentication required.

127.0.0.1:6379> auth abc
OK
127.0.0.1:6379> config get requirepass
requirepass
abc
127.0.0.1:6379> set a newa
OK
127.0.0.1:6379> get a
newa
127.0.0.1:6379>
```

现在 Redis 服务器的密码是 abc，重启 Redis 服务器并执行如下命令。

```
ghy@ghy-VirtualBox:~$ redis-cli -p 6379 --raw
127.0.0.1:6379> get a
newa
127.0.0.1:6379>
```

没有经过登录验证也可以执行 get 命令，说明密码 abc 并未持久化到 redis.conf 配置文件中，随着 Redis 服务器的重启，密码 abc 丢失了。redis.conf 配置文件中还是原始的配置。

这时可以执行如下 config rewrite 命令，将内存中的配置持久化到 redis.conf 配置文件中。

```
127.0.0.1:6379> config set requirepass abc
OK
127.0.0.1:6379> config rewrite
NOAUTH Authentication required.

127.0.0.1:6379> auth abc
```

```
OK
127.0.0.1:6379> config rewrite
OK
127.0.0.1:6379>
```

命令执行后在 redis.conf 配置文件的最后添加了配置，内容如下。

```
requirepass "abc"
```

密码 abc 被持久化，Redis 服务器重启后会使用这个密码作为登录验证。

2.1.2 程序演示

```
public class Test1 {
    private static Pool pool = new Pool(new PoolConfig(), "192.168.61.84", 7777);

    public static void main(String[] args) {
         = null;
        try {
             = pool.getResource();
            .auth("accp");
            System.out.println("登录成功！");
            .set("username", "我是中国人");
            String username = .get("username");
            System.out.println(username);
        } catch (Exception e) {
            e.printStackTrace();
        } finally {
            if ( != null) {
                .close();
            }
        }
    }
}
```

程序运行结果如下。

```
登录成功！
我是中国人
```

程序运行后通过登录验证，然后对数据库成功进行 set 和 get 操作。

2.2 echo 命令

使用格式如下。

```
echo message
```

该命令用于输出特定的消息 message。

2.2.1 测试案例

测试案例如下。

```
127.0.0.1:6379> echo a b c
```

```
ERR wrong number of arguments for 'echo' command
127.0.0.1:6379> echo "a b c"
a b c
127.0.0.1:6379> echo abc
abc
127.0.0.1:6379> echo true
true
127.0.0.1:6379> echo false
false
127.0.0.1:6379> echo 123
123
127.0.0.1:6379> echo null
null
127.0.0.1:6379>
```

2.2.2 程序演示

```
public class Test2 {
    private static Pool pool = new Pool(new PoolConfig(), "192.168.1.105", 7777, 5000, "accp");

    public static void main(String[] args) {
         = null;
        try {
             = pool.getResource();
            String echoString1 = .echo("我是中国人");
            byte[] byteArray = .echo("我是美国人".getBytes());
            System.out.println(echoString1);
            System.out.println(new String(byteArray));
        } catch (Exception e) {
            e.printStackTrace();
        } finally {
            if ( != null) {
                .close();
            }
        }
    }
}
```

程序运行结果如下。

```
我是中国人
我是美国人
```

2.3 ping 命令

使用格式如下。

```
ping
```

客户端向 Redis 服务器发送 ping 命令，用于测试与 Redis 服务器的连接是否有效。如果连接到 Redis 服务器，则会返回 pong 命令；如果连接不到 Redis 服务器，则出现如下异常。

```
Could not connect to Redis at 127.0.0.1:7777: Connection refused
```

使用 ping 命令可以实现自定义"心跳",检测 Redis 服务器中实例的存活情况。

2.3.1 测试案例

测试案例如下。

```
127.0.0.1:7777> ping
pong
```

2.3.2 程序演示

```java
public class Test3 {
    private static Pool pool = new Pool(new PoolConfig(), "192.168.1.105", 7777, 5000, "accp");

    public static void main(String[] args) {
         = null;
        try {
             = pool.getResource();
            System.out.println(.ping());
            System.out.println(.ping("你好"));
            System.out.println(new String(.ping("中国").getBytes()));
        } catch (Exception e) {
            e.printStackTrace();
        } finally {
            if ( != null) {
                .close();
            }
        }
    }
}
```

程序运行结果如下。

```
PONG
你好
中国
```

如果网络断开,则在执行 ping 命令时会出现异常,示例程序如下。

```java
public class Test4 {
    private static Pool pool = new Pool(new PoolConfig(), "192.168.1.105", 7777, 5000, "accp");

    public static void main(String[] args) {
         = null;
        try {
             = pool.getResource();
            Thread.sleep(10000);
            System.out.println(.ping());
        } catch (Exception e) {
            System.out.println("出现异常!");
            e.printStackTrace();
        } finally {
            if ( != null) {
                .close();
            }
        }
    }
}
```

```
        }
    }
```

程序运行后在 sleep 处停止,并在 10s 内快速销毁 Redis 服务进程,然后控制台输出如下异常。

出现异常!
```
redis.clients..exceptions.ConnectionException: Unexpected end of stream.
    at redis.clients..util.RedisInputStream.ensureFill(RedisInputStream.java:202)
    at redis.clients..util.RedisInputStream.readByte(RedisInputStream.java:43)
    at redis.clients..Protocol.process(Protocol.java:155)
    at redis.clients..Protocol.read(Protocol.java:220)
    at redis.clients..Connection.readProtocolWithCheckingBroken(Connection.java:318)
    at redis.clients..Connection.getStatusCodeReply(Connection.java:236)
    at redis.clients..Binary.ping(Binary.java:189)
    at connection.Test4.main(Test4.java:15)
```

2.4 quit 命令

使用格式如下。

```
quit
```

该命令用于请求 Redis 服务器断开与当前客户端的连接。

2.4.1 测试案例

测试案例如下。

```
127.0.0.1:7777> quit
[gaohongyan@localhost ~]$
```

2.4.2 程序演示

```java
public class Test5 {
    private static Pool pool = new Pool(new PoolConfig(), "192.168.1.105", 7777, 5000, "accp");

    public static void main(String[] args) {
         = null;
        try {
             = pool.getResource();
            .set("username", "我是中国人");
            String username = .get("username");
            System.out.println(username);
            Thread.sleep(20000);
            System.out.println(.quit());
            Thread.sleep(Integer.MAX_VALUE);
        } catch (Exception e) {
            e.printStackTrace();
        } finally {
            if ( != null) {
                .close();
            }
        }
    }
}
```

暂时不要先运行 Java 程序，而是使用如下命令查看连接 Redis 服务器的客户端数量。

```
info clients
```

执行结果如图 2-1 所示。

```
127.0.0.1:7777> info clients
# Clients
connected_clients:1
client_recent_max_input_buffer:2
client_recent_max_output_buffer:0
blocked_clients:0
127.0.0.1:7777>
```

图 2-1 执行结果

选项 connected_clients 值为 1，代表 redis-cli 正在连接 Redis 服务器，这个“1”就代表 redis-cli 连接。

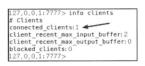

运行 Java 程序，然后在 20s 之内可以使用如下命令。

```
info clients
```

查看连接到 Redis 服务器的客户端数量，如图 2-2 所示。

选项 connected_clients 值为 2 的原因是 redis-cli 和 Java 进程同时连接 Redis 服务器。

在 20s 过后，.quit()已经被执行，再次执行如下命令。

```
info clients
```

连接到 Redis 服务器的客户端数量变成 1，如图 2-3 所示。

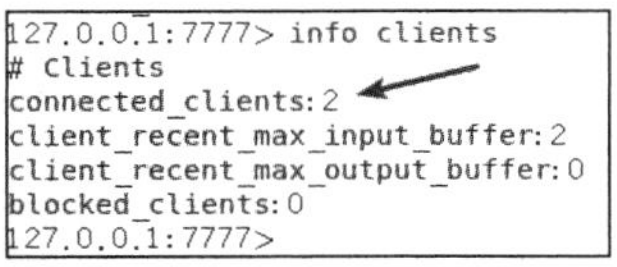

```
127.0.0.1:7777> info clients
# Clients
connected_clients:2
client_recent_max_input_buffer:2
client_recent_max_output_buffer:0
blocked_clients:0
127.0.0.1:7777>
```

图 2-2 查看连接到 Redis 服务器的客户端数量

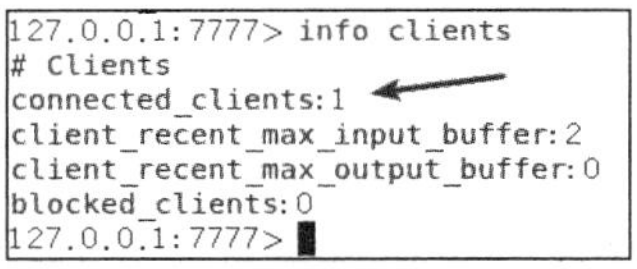

```
127.0.0.1:7777> info clients
# Clients
connected_clients:1
client_recent_max_input_buffer:2
client_recent_max_output_buffer:0
blocked_clients:0
127.0.0.1:7777>
```

图 2-3 连接到 Redis 服务器的客户端数量变成 1

由图可知，客户端如果执行.quit()就会断开与 Redis 服务器的连接，释放连接会增加 Redis 服务器的利用率，把 Redis 服务器宝贵有限的连接资源让给其他需要的人。

2.5 select 命令

Redis 没有数据库名称，而是使用索引代替。

使用格式如下。

```
select index
```

该命令用于选择目标数据库，数据库索引 index 用数字值指定，以 0 作为起始索引值，默认使用 0 号数据库。

Redis 默认有 16 个数据库，配置文件如图 2-4 所示。

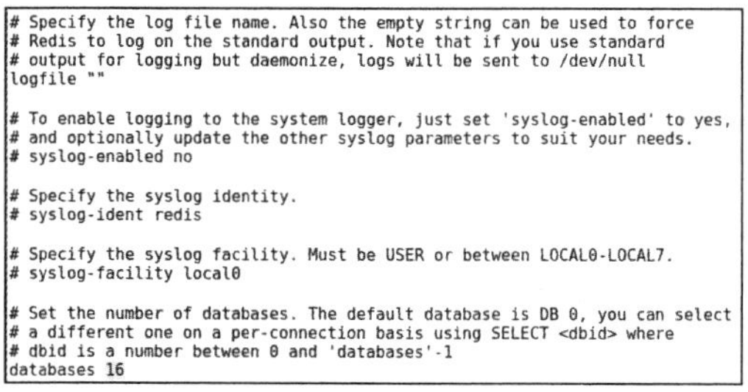

```
# Specify the log file name. Also the empty string can be used to force
# Redis to log on the standard output. Note that if you use standard
# output for logging but daemonize, logs will be sent to /dev/null
logfile ""

# To enable logging to the system logger, just set 'syslog-enabled' to yes,
# and optionally update the other syslog parameters to suit your needs.
# syslog-enabled no

# Specify the syslog identity.
# syslog-ident redis

# Specify the syslog facility. Must be USER or between LOCAL0-LOCAL7.
# syslog-facility local0

# Set the number of databases. The default database is DB 0, you can select
# a different one on a per-connection basis using SELECT <dbid> where
# dbid is a number between 0 and 'databases'-1
databases 16
```

图 2-4 配置文件

2.5.1 测试案例

测试案例如下。

```
127.0.0.1:6379> keys *

127.0.0.1:6379> set a 0
OK
127.0.0.1:6379> select 1
OK
127.0.0.1:6379[1]> set a 1
OK
127.0.0.1:6379[1]> get a
1
127.0.0.1:6379[1]> select 0
OK
127.0.0.1:6379> get a
0
127.0.0.1:6379>
```

2.5.2 程序演示

```java
public class Test6 {
    private static Pool pool = new Pool(new PoolConfig(), "192.168.61.84", 7777, 5000, "accp");

    public static void main(String[] args) {
         = null;
        try {
             = pool.getResource();
            {
                .select(0);
                .set("username", "我是中国人0");
                String username = .get("username");
                System.out.println(username);
            }
            {
                .select(10);
                .set("username", "我是中国人10");
                String username = .get("username");
                System.out.println(username);
            }
            {
                .select(0);
                String username = .get("username");
                System.out.println(username);
            }
            {
                .select(10);
                String username = .get("username");
                System.out.println(username);
            }
        } catch (Exception e) {
            e.printStackTrace();
        } finally {
            if ( != null) {
                .close();
```

```
            }
        }
    }
}
```

程序运行结果如下。

```
我是中国人 0
我是中国人 10
我是中国人 0
我是中国人 10
```

2.6 swapdb 命令

使用格式如下。

```
swapdb index index
```

该命令用于交换两个数据库的索引值。

2.6.1 测试案例

测试案例如下。

```
127.0.0.1:7777> flushall
OK
127.0.0.1:7777> set username username0
OK
127.0.0.1:7777> get username
"username0"
127.0.0.1:7777> select 1
OK
127.0.0.1:7777[1]> set username username1
OK
127.0.0.1:7777[1]> get username
"username1"
127.0.0.1:7777[1]> swapdb 0 1
OK
127.0.0.1:7777[1]> get username
"username0"
127.0.0.1:7777[1]> select 0
OK
127.0.0.1:7777> get username
"username1"
127.0.0.1:7777>
```

2.6.2 程序演示

```java
public class Test7 {
    private static Pool pool = new Pool(new PoolConfig(), "192.168.61.84", 7777, 5000, "accp");

    public static void main(String[] args) {
        = null;
        try {
            = pool.getResource();
```

```
            {
                .select(0);
                .set("username", "我是中国人 0");
                String username = .get("username");
                System.out.println(username);
            }
            {
                .select(10);
                .set("username", "我是中国人 10");
                String username = .get("username");
                System.out.println(username);
            }
            .swapDB(0, 10);
            {
                .select(0);
                String username = .get("username");
                System.out.println(username);
            }
            {
                .select(10);
                String username = .get("username");
                System.out.println(username);
            }
        } catch (Exception e) {
            e.printStackTrace();
        } finally {
            if ( != null) {
                .close();
            }
        }
    }
}
```

程序运行结果如下。

我是中国人 0
我是中国人 10
我是中国人 10
我是中国人 0

2.7 验证 Pool 类中的连接属于长连接

测试程序如下。

```
public class Test8 {
    private static Pool pool = new Pool(new PoolConfig(), "192.168.1.103", 7777, 5000, "accp");

    public static void main(String[] args) {
        try {
            1 = pool.getResource();
            2 = pool.getResource();
            3 = pool.getResource();
            4 = pool.getResource();
            5 = pool.getResource();

            System.out.println(1.clientList());
```

```
            1.close();
            2.close();
            3.close();
            4.close();
            5.close();
            
            System.out.println(1.clientList());
        } catch (Exception e) {
            e.printStackTrace();
        }
    }
}
```

clientList()方法的作用是获知有哪些客户端正在连接 Redis 服务器。

程序运行结果如下。

```
id=24 addr=192.168.1.104:58412 fd=7 name= age=1 idle=0 flags=N db=0 sub=0 psub=0 multi=-1
qbuf=26 qbuf-free=32742 obl=0 oll=0 omem=0 events=r cmd=client
    id=25 addr=192.168.1.104:58413 fd=8 name= age=0 idle=0 flags=N db=0 sub=0 psub=0 multi=-1
qbuf=0 qbuf-free=32768 obl=0 oll=0 omem=0 events=r cmd=auth
    id=26 addr=192.168.1.104:58414 fd=9 name= age=0 idle=0 flags=N db=0 sub=0 psub=0 multi=-1
qbuf=0 qbuf-free=32768 obl=0 oll=0 omem=0 events=r cmd=auth
    id=27 addr=192.168.1.104:58415 fd=10 name= age=0 idle=0 flags=N db=0 sub=0 psub=0 multi=-1
qbuf=0 qbuf-free=32768 obl=0 oll=0 omem=0 events=r cmd=auth
    id=28 addr=192.168.1.104:58416 fd=11 name= age=0 idle=0 flags=N db=0 sub=0 psub=0 multi=-1
qbuf=0 qbuf-free=32768 obl=0 oll=0 omem=0 events=r cmd=auth

    id=24 addr=192.168.1.104:58412 fd=7 name= age=1 idle=0 flags=N db=0 sub=0 psub=0 multi=-1
qbuf=26 qbuf-free=32742 obl=0 oll=0 omem=0 events=r cmd=client
    id=25 addr=192.168.1.104:58413 fd=8 name= age=0 idle=0 flags=N db=0 sub=0 psub=0 multi=-1
qbuf=0 qbuf-free=32768 obl=0 oll=0 omem=0 events=r cmd=auth
    id=26 addr=192.168.1.104:58414 fd=9 name= age=0 idle=0 flags=N db=0 sub=0 psub=0 multi=-1
qbuf=0 qbuf-free=32768 obl=0 oll=0 omem=0 events=r cmd=auth
    id=27 addr=192.168.1.104:58415 fd=10 name= age=0 idle=0 flags=N db=0 sub=0 psub=0 multi=-1
qbuf=0 qbuf-free=32768 obl=0 oll=0 omem=0 events=r cmd=auth
    id=28 addr=192.168.1.104:58416 fd=11 name= age=0 idle=0 flags=N db=0 sub=0 psub=0 multi=-1
qbuf=0 qbuf-free=32768 obl=0 oll=0 omem=0 events=r cmd=auth
```

虽然使用如下代码关闭了连接，但从输出的结果来看，只是关闭了与 Pool 类的连接，而 Pool 类一直以长连接的方式连接到 Redis 服务器，实现最快速地访问 Redis 服务器。

```
1.close();
2.close();
3.close();
4.close();
5.close();
```

2.8 增加 Redis 最大连接数

Pool 类默认允许的最大连接数为 8，可以更改配置。

```
public class Test9 {
    private static Pool pool = null;
    public static void main(String[] args) {
        PoolConfig config = new PoolConfig();
```

```
        config.setMaxTotal(1000); //改成连接池中最大连接数为1000
        pool = new Pool(config, "192.168.1.103", 7777, 5000, "accp");
        for (int i = 0; i < Integer.MAX_VALUE; i++) {
            pool.getResource();
            System.out.println(i + 1);
        }
    }
}
```

程序运行后成功创建 1000 个连接。

第 3 章 String 类型命令

String 类型的命令主要用于处理字符串，可以处理 JSON 或 XML 等类型的复杂字符串，还可以处理整数、浮点数，甚至是二进制的数据，包括视频、音频和图片等资源。每一个 key 对应的 value 最大可以存储 512MB 的数据。

String 数据类型常用于存储 JSON 字符串，使用方式是将数据库中的数据使用 JDBC 存入实体类，然后将实体类转成 JSON 字符串保存在 Redis 的 String 数据类型中，以后获取这条数据时，直接从 Redis 中获取，速度比 RDBMS 快得多。

String 数据类型的存储形式如图 3-1 所示。

图 3-1　String 数据类型的存储形式

3.1　append 命令

使用格式如下。

```
append key value
```

如果 key 已经存在并且是一个字符串，则 append 命令将 value 追加到 key 原来值的末尾；如果 key 不存在，则等同于执行 set key value。

返回值代表操作后的字符串长度。

3.1.1　测试案例

测试案例如下。

```
127.0.0.1:7777> append a aa
(integer) 2
127.0.0.1:7777> append a bb
(integer) 4
127.0.0.1:7777> get a
"aabb"
127.0.0.1:7777>
```

3.1.2 程序演示

```
public class Test1 {
    private static Pool pool = new Pool(new PoolConfig(), "192.168.61.84", 7777, 5000, "accp");

    public static void main(String[] args) {
         = null;
        try {
             = pool.getResource();
            .flushAll();
            System.out.println(.append("username".getBytes(), "中".getBytes()));
            System.out.println(.append("username", "ab"));
            System.out.println(.get("username"));
        } catch (Exception e) {
            e.printStackTrace();
        } finally {
            if ( != null) {
                .close();
            }
        }
    }
}
```

程序运行结果如下。

```
3
5
中ab
```

3.2 incr 命令

使用格式如下。

```
incr key
```

该命令用于将 key 对应的整数值自加 1。如果 key 不存在，那么 key 的 value 会先被初始化为 0，然后执行 incr 命令。如果 value 包括错误的类型，或者字符串的 value 不能表示为整数，那么返回一个错误。value 的限制是 64 位（bit）有符号整数。

incr 命令是一个针对字符串的命令，因为 Redis 没有专用的整数类型，所以 key 中存储的字符串被解释为十进制 64bit 有符号整数来执行 incr 命令。

Redis 使用单线程模型，如果有两个客户端同时执行 incr 命令时不会出现错误的结果。不同客户端发送的命令按执行的顺序进入 Redis 服务器的命令队列中，Redis 命令从命令队列中按顺序执行命令，不会出现多条命令同时执行的情况，而是一条接着一条按顺序执行。这就可能出现如果某一个命令需要花费大量时间来执行，则其他命令会阻塞，影响系统运行效率。

3.2.1 测试案例

测试案例如下。

```
127.0.0.1:7777> keys *
1) "key1"
2) "username"
```

```
127.0.0.1:7777> get username
"gaohongyan"
127.0.0.1:7777> incr username
(error) ERR value is not an integer or out of range
127.0.0.1:7777> incr key2
(integer) 1
127.0.0.1:7777> incr key2
(integer) 2
127.0.0.1:7777> get key2
"2"
127.0.0.1:7777>
```

3.2.2 程序演示

```
public class Test2 {
    private static Pool pool = new Pool(new PoolConfig(), "192.168.61.84", 7777, 5000, "accp");

    public static void main(String[] args) {
         = null;
        try {
             = pool.getResource();
            System.out.println(.incr("mynumber"));
            System.out.println(.incr("mynumber"));
            System.out.println(.incr("mynumber"));

            System.out.println(.incr("mynumber".getBytes()));
            System.out.println(.incr("mynumber".getBytes()));
            System.out.println(.incr("mynumber".getBytes()));

            System.out.println(.get("mynumber"));
        } catch (Exception e) {
            e.printStackTrace();
        } finally {
            if ( != null) {
                .close();
            }
        }
    }
}
```

程序运行结果如下。

```
1
2
3
4
5
6
6
```

3.3 incrby 命令

使用格式如下。

```
incrby key increment
```

该命令用于将 key 对应的 value 加上增量 increment。

如果 key 不存在，那么 key 的 value 会先被初始化为 0，然后执行 incrby 命令。

如果 value 包括错误的数据类型，或字符串的 value 不能表示为整数，那么返回一个错误。value 的限制是 64bit 有符号整数。

3.3.1 测试案例

测试案例如下。

```
127.0.0.1:7777> set username usernamevalue
OK
127.0.0.1:7777> incrby username 100
(error) ERR value is not an integer or out of range
127.0.0.1:7777> incrby num
(error) ERR wrong number of arguments for 'incrby' command
127.0.0.1:7777> incrby num 100
(integer) 100
127.0.0.1:7777> incrby num 100
(integer) 200
127.0.0.1:7777> incrby num 100
(integer) 300
127.0.0.1:7777>
```

3.3.2 程序演示

```
public class Test3 {
    private static Pool pool = new Pool(new PoolConfig(), "192.168.1.105", 7777, 5000, "accp");

    public static void main(String[] args) {
         = null;
        try {
             = pool.getResource();
            System.out.println(.incrBy("mykey".getBytes(), 10));
            System.out.println(.incrBy("mykey", 90));
            System.out.println(.get("mykey"));
        } catch (Exception e) {
            e.printStackTrace();
        } finally {
            if ( != null) {
                .close();
            }
        }
    }
}
```

程序运行结果如下。

```
10
100
100
```

3.4 incrbyfloat 命令

使用格式如下。

```
incrbyfloat key increment
```

该命令用于为 key 对应的 value 加上浮点数增量 increment。

如果 key 不存在，那么 incrbyfloat 命令会先将 key 的 value 设为 0，再执行加法操作。

如果命令执行成功，那么 key 的 value 会被更新为（执行加法之后的）新 value，并且新 value 会以字符串的形式返回给调用者。

无论是 key 的 value，还是增量 increment，都可以使用像 2.0e7、3e5、90e-2 这样的指数符号（Exponential Notation）来表示。但是，执行 incrbyfloat 命令之后的 value 总是以一个数字、一个小数点（可选的）和一个任意位的小数部分组成（如 3.14、69.768）。小数部分最后的 0 会被删除，如果有需要的话，还会将浮点数改为整数（如 3.0 会被保存成 3）。

除此之外，无论加法计算所得的浮点数的实际精度有多长，incrbyfloat 命令的计算精度为小数点的后 17 位。

注意：Redis 中的整数和浮点数都以字符串形式保存，它们都属于字符串类型。

如果 key 的 value 不能转换成数字，则执行 incr、incrby 和 incrbyfloat 等数字计算命令会出现异常，如 value 是 List 或 Set 数据类型，或者存储的 value 是 abc 或 123abc 等，都不能正确执行 inc、incrby 和 incrbyfloat 等命令。

3.4.1 测试案例

测试案例如下。

```
127.0.0.1:7777> set mykey 100
OK
127.0.0.1:7777> get mykey
"100"
127.0.0.1:7777> incrbyfloat mykey 100.123
"200.123"
127.0.0.1:7777> get mykey
"200.123"
127.0.0.1:7777>
```

使用 incrbyfloat 命令会出现精度问题，测试案例如下。

```
127.0.0.1:7777> set key 100
OK
127.0.0.1:7777> incrby key 100
(integer) 200
127.0.0.1:7777> incrbyfloat key 100.456
"300.45600000000000002"
127.0.0.1:7777> get key
"300.45600000000000002"
127.0.0.1:7777>
```

浮点数精度是小数点后面 17 位，值分解如图 3-2 所示。

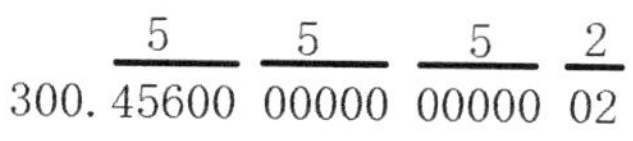

$$\underset{300.45600}{}\ \underset{00000}{5}\ \underset{00000}{5}\ \underset{02}{2}$$

图 3-2 值分解（一）

解决精度问题的办法就是不要存储小数，而是把小数转成整数。测试案例如下。

```
127.0.0.1:7777> set key 100
OK
127.0.0.1:7777> incrby key 100
(integer) 200
127.0.0.1:7777> incrby key 100
(integer) 300
127.0.0.1:7777> append key 456
(integer) 6
127.0.0.1:7777> get key
"300456"
127.0.0.1:7777>
```

使用 Java 将取得的 300456 除以 1000 即可还原到 300.456 这个正确的值。

注意：不要在 Redis 中存储金额。

3.4.2 程序演示

```java
public class Test4 {
    private static Pool pool = new Pool(new PoolConfig(), "192.168.61.84", 7777, 5000, "accp");

    public static void main(String[] args) {
         = null;
        try {
             = pool.getResource();
            System.out.println(.incrByFloat("mykey4".getBytes(), 100));
            System.out.println(.incrByFloat("mykey4", 100.123456789012345678));
            System.out.println(.get("mykey4"));// 此值为最终有效值
        } catch (Exception e) {
            e.printStackTrace();
        } finally {
            if ( != null) {
                .close();
            }
        }
    }
}
```

程序运行结果如下。

```
100.0
200.12345678901235678
200.12345678901234999
```

200.12345678901234999 的值分解如图 3-3 所示。

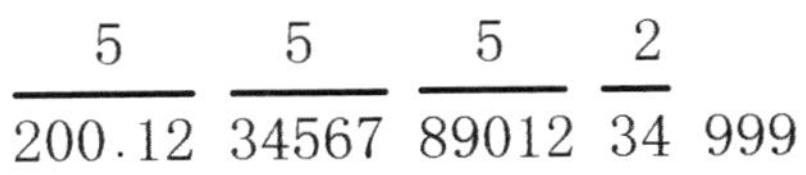

$$\underline{200.12}\ \underline{\overset{5}{34567}}\ \underline{\overset{5}{89012}}\ \underline{\overset{5}{34}}\ \overset{2}{999}$$

图 3-3 值分解（二）

3.5 decr 命令

使用格式如下。

```
decr key
```

该命令用于将 key 对应的整数值自减 1。如果 key 不存在，那么 key 的 value 会先被初始化为 0，然后执行 decr 命令。如果 value 包括错误的类型，或字符串的 value 不能表示为整数，那么返回一个错误。value 的限制是 64bit 有符号整数。

3.5.1 测试案例

测试案例如下。

```
127.0.0.1:7777> set username usernamevalue
OK
127.0.0.1:7777> get username
"usernamevalue"
127.0.0.1:7777> decr username
(error) ERR value is not an integer or out of range
127.0.0.1:7777> set num1 100
OK
127.0.0.1:7777> decr num1
(integer) 99
127.0.0.1:7777> decr num1
(integer) 98
127.0.0.1:7777> set num2 2
OK
127.0.0.1:7777> decr num2
(integer) 1
127.0.0.1:7777> decr num2
(integer) 0
127.0.0.1:7777> decr num2
(integer) -1
127.0.0.1:7777> decr num2
(integer) -2
127.0.0.1:7777>
```

3.5.2 程序演示

```
public class Test5 {
    private static Pool pool = new Pool(new PoolConfig(), "192.168.61.84", 7777, 5000, "accp");

    public static void main(String[] args) {
         = null;
        try {
             = pool.getResource();
            .set("num", "3");
            System.out.println(.decr("num"));
            System.out.println(.decr("num"));
            System.out.println(.decr("num"));
            System.out.println(.decr("num"));
            System.out.println(.get("num"));
        } catch (Exception e) {
```

```
                    e.printStackTrace();
            } finally {
                if ( != null) {
                    .close();
                }
            }
        }
    }
}
```

程序运行结果如下。

```
2
1
0
-1
-1
```

3.6 decrby 命令

使用格式如下。

```
decrby key decrement
```

该命令用于将 key 对应的 value 减去减量 decrement。

如果 key 不存在，那么 key 的 value 会先被初始化为 0，然后执行 decrby 命令。

如果 value 包括错误的类型，或字符串的 value 不能表示为整数，那么返回一个错误。

value 的限制是 64bit 有符号整数。

3.6.1 测试案例

测试案例如下。

```
127.0.0.1:7777> set key11 100
OK
127.0.0.1:7777> get key11
100
127.0.0.1:7777> decrby key11 88
12
127.0.0.1:7777> get key11
12
```

3.6.2 程序演示

```
public class Test6 {
    private static Pool pool = new Pool(new PoolConfig(), "192.168.61.84", 7777, 5000, "accp");

    public static void main(String[] args) {
         = null;
        try {
             = pool.getResource();
            .set("num", "300");
            System.out.println(.decrBy("num", 100));
            System.out.println(.decrBy("num", 100));
```

```
                System.out.println(.decrBy("num", 100));
                System.out.println(.decrBy("num", 100));
                System.out.println(.get("num"));
        } catch (Exception e) {
                e.printStackTrace();
        } finally {
                if ( != null) {
                        .close();
                }
        }
    }
}
```

程序运行结果如下。

```
200
100
0
-100
-100
```

3.7 set 和 get 命令

set 命令的使用格式如下。

```
set key value [EX seconds] [PX milliseconds] [NX|XX]
```

该命令用于将字符串的 value 关联到 key。如果 key 已经拥有旧 value，则将新 value 覆盖旧 value。对某个原本带有生存时间（Time To Live，TTL）的 key 来说，当 set 命令成功在这个 key 上执行时，这个 key 原有的 TTL 将被清除。

set 命令的行为可以通过一系列参数来修改。

- EX second：设置 key 的 TTL 为 second（单位为 s）。set key value EX second 的运行效果等同于 setex key second value。
- PX millisecond：设置 key 的 TTL 为 millisecond（单位为 ms）。set key value PX millisecond 的运行效果等同于 psetex key millisecond value。
- NX：只在 key 不存在时，才对 key 进行设置操作，常用于添加操作。set key value NX 的运行效果等同于 setnx key value。
- XX：只在 key 已经存在时，才对 key 进行设置操作，常用于更新操作。

set 命令可以结合相关参数来使用，完全实现和 setex、setnx 和 psetex 这 3 个命令一样的运行效果。将来的 Redis 版本可能会废弃并最终删除 setex、setnx 和 psetex 这 3 个命令，建议在项目中尽量不要使用这 3 个命令。

set 命令在执行成功时才返回 OK。如果在执行 set 命令时结合 NX 或者 XX 参数，会因为条件没有达成而造成 set 命令未执行，那么 set 命令返回 NULL Bulk Reply。

get 命令的使用格式如下。

```
get key
```

获取 key 对应的 value。如果 key 不存在，则返回特殊值 nil；如果 key 存在，并且 key 对应的 value 不是字符串，则返回错误，因为 get 命令只处理字符串。

3.7.1 不存在 key 和存在 key 发生值覆盖的情况

测试不存在 key 和存在 key 发生值覆盖的情况。

1. 测试案例

测试案例如下。

```
127.0.0.1:7777> keys *
1) "username"
2) "key2"
3) "key3"
4) "key1"
127.0.0.1:7777> set key4 key4value
OK
127.0.0.1:7777> get key4
"key4value"
127.0.0.1:7777> set key4 key4newvalue
OK
127.0.0.1:7777> get key4
"key4newvalue"
127.0.0.1:7777>
```

2. 程序演示

```java
public class Test7 {
    private static Pool pool = new Pool(new PoolConfig(), "192.168.61.84", 7777, 5000, "accp");

    public static void main(String[] args) {
         = null;
        try {
             = pool.getResource();
            .set("mykey", "旧值");
            System.out.println(.get("mykey"));
            .set("mykey", "新值");
            System.out.println(.get("mykey"));
        } catch (Exception e) {
            e.printStackTrace();
        } finally {
            if ( != null) {
                .close();
            }
        }
    }
}
```

程序运行效果如下。

```
旧值
新值
```

3.7.2 使用 ex 实现指定时间（秒）后执行命令

测试使用 ex 实现指定时间（秒）后执行命令。

1. 测试案例

测试案例如下。

```
127.0.0.1:7777> set key5 key5value ex 5
OK
127.0.0.1:7777> get key5
"key5value"
////////////////////////////////////////////////5s 后执行下面的命令
127.0.0.1:7777> get key5
(nil)
127.0.0.1:7777>
```

参数 ex 可以实现登录成功后 5s 之内免登录的效果。

2. 程序演示

```
public class Test8 {
    private static Pool pool = new Pool(new PoolConfig(), "192.168.61.84", 7777, 5000, "accp");

    public static void main(String[] args) {
         = null;
        try {
            SetParams setParams = new SetParams();
            setParams.ex(5);
             = pool.getResource();
            .set("mykey", "我是值", setParams);
            System.out.println(.get("mykey"));
            Thread.sleep(6000);
            System.out.println(.get("mykey"));
        } catch (Exception e) {
            e.printStackTrace();
        } finally {
            if ( != null) {
                .close();
            }
        }
    }
}
```

程序运行结果如下。

```
我是值
null
```

3.7.3 使用 px 实现指定时间（毫秒）后执行命令

测试使用 px 实现指定时间（毫秒）后执行命令。

1. 测试案例

测试案例如下。

```
127.0.0.1:7777> set key6 key6value px 5000
OK
127.0.0.1:7777> get key6
```

```
"key6value"
//////////////////////////////////////////5ms 后执行下面的命令
127.0.0.1:7777> get key6
(nil)
127.0.0.1:7777>
```

2. 程序演示

```java
public class Test9 {
    private static Pool pool = new Pool(new PoolConfig(), "192.168.61.84", 7777, 5000, "accp");

    public static void main(String[] args) {
         = null;
        try {
            SetParams setParams = new SetParams();
            setParams.px(5000);
             = pool.getResource();
            .set("mykey", "我是值", setParams);
            System.out.println(.get("mykey"));
            Thread.sleep(6000);
            System.out.println(.get("mykey"));
        } catch (Exception e) {
            e.printStackTrace();
        } finally {
            if ( != null) {
                .close();
            }
        }
    }
}
```

程序运行结果如下。

```
我是值
null
```

3.7.4 使用 nx 当 key 不存在时才赋值

测试使用 nx 当 key 不存在时才赋值。

1. 测试案例

参数 nx 常用于添加操作，避免发生值覆盖。
测试案例如下。

```
127.0.0.1:7777> flushall
OK
127.0.0.1:7777> keys *
(empty list or set)
127.0.0.1:7777> set username usernamevalue nx
OK
127.0.0.1:7777> get username
"usernamevalue"
127.0.0.1:7777> set username usernamevalueNEW nx
(nil)
127.0.0.1:7777> get username
```

```
"usernamevalue"
127.0.0.1:7777>
```

2. 程序演示

```java
public class Test10 {
    private static Pool pool = new Pool(new PoolConfig(), "192.168.61.84", 7777, 5000, "accp");

    public static void main(String[] args) {
         = null;
        try {
            SetParams setParams = new SetParams();
            setParams.nx();
             = pool.getResource();
            .flushAll();
            .set("mykey", "我是值", setParams);
            System.out.println(.get("mykey"));
            .set("mykey", "我是新值", setParams);
            System.out.println(.get("mykey"));
        } catch (Exception e) {
            e.printStackTrace();
        } finally {
            if ( != null) {
                .close();
            }
        }
    }
}
```

程序运行结果如下。

我是值
我是值

3.7.5 使用 xx 当 key 存在时才赋值

测试使用 xx 当 key 存在时才赋值。

1. 测试案例

参数 xx 用于更新操作，因为只有 key 存在时，才有更新的必要。
测试案例如下。

```
127.0.0.1:7777> keys *
1) "key3"
2) "key4"
3) "key1"
4) "key2"
5) "username"
6) "key5"
/////////////////////////////////////////存在 key5，执行 set 命令成功
127.0.0.1:7777> set key5 key5newnewvalue xx
OK
127.0.0.1:7777> get key5
"key5newnewvalue"
/////////////////////////////////////////不存在 key6，执行 set 命令不成功
```

```
127.0.0.1:7777> set key6 key6value xx
(nil)
127.0.0.1:7777> get key6
(nil)
127.0.0.1:7777>
```

2. 程序演示

```java
public class Test11 {
    private static Pool pool = new Pool(new PoolConfig(), "192.168.61.84", 7777, 5000, "accp");

    public static void main(String[] args) {
         = null;
        try {
            SetParams setParams = new SetParams();
            setParams.xx();
             = pool.getResource();
            .flushAll();
            .set("mykey1", "我是值");
            System.out.println(.get("mykey1"));
            .set("mykey1", "我是新值", setParams);
            System.out.println(.get("mykey1"));

            .set("mykey2", "我是新值", setParams);
            System.out.println(.get("mykey2"));
        } catch (Exception e) {
            e.printStackTrace();
        } finally {
            if ( != null) {
                .close();
            }
        }
    }
}
```

程序运行结果如下。

```
我是值
我是新值
null
```

3.7.6 set 命令具有删除 TTL 的效果

测试 set 命令具有删除 TTL 的效果。

1. 测试案例

对某个原本带有 TTL 的 key 来说，当 set 命令成功在这个 key 上执行时，这个 key 原有的 TTL 将被删除。

测试案例如下。

```
/////////////////////////////////////////////使用 exists 命令判断 key 是否存在
127.0.0.1:7777> exists key35
1
127.0.0.1:7777> exists key36
0
```

```
127.0.0.1:7777> set key36 key36value ex 3
OK
/////////////////////////////////////////////3s 后执行 get 命令，没有取到值
127.0.0.1:7777> get key36

127.0.0.1:7777> set key36 key36value ex 10
OK
///////////////////////////////////////////立即执行，用新值覆盖旧值，TTL 被删除
127.0.0.1:7777> set key36 key36newvalue
OK
/////////////////////////////////////////////////立即执行，获取新值
127.0.0.1:7777> get key36
key36newvalue
//////////////////////////////////////////10s 后再执行 get 命令依然能取得 value，说明 TTL 被删除
127.0.0.1:7777> get key36
key36newvalue
127.0.0.1:7777>
```

想要对被删除 TTL 的 key 继续设置 TTL，可以使用 expire 命令，后文会进行介绍。

2．程序演示

```java
public class Test12 {
    private static Pool pool = new Pool(new PoolConfig(), "192.168.61.84", 7777, 5000, "accp");

    public static void main(String[] args) {
         = null;
        try {
            SetParams setParams = new SetParams();
            setParams.ex(5);
             = pool.getResource();
            .flushAll();
            .set("mykey", "我是值", setParams);
            System.out.println(.get("mykey"));
            .set("mykey", "我是新值");
            System.out.println(.get("mykey"));
            Thread.sleep(6000);
            System.out.println(.get("mykey"));
        } catch (Exception e) {
            e.printStackTrace();
        } finally {
            if ( != null) {
                .close();
            }
        }
    }
}
```

程序运行结果如下。

```
我是值
我是新值
我是新值
```

3.8 strlen 命令

使用格式如下。

```
strlen key
```
该命令用于返回 key 所存储字符串的长度。当 key 存储的不是字符串时，返回一个错误。

3.8.1 测试案例

测试案例如下。

```
127.0.0.1:7777> set key1 123456789
OK
127.0.0.1:7777> strlen key1
(integer) 9
127.0.0.1:7777>
```

3.8.2 程序演示

```java
public class Test13 {
    private static Pool pool = new Pool(new PoolConfig(), "192.168.61.84", 7777, 5000, "accp");

    public static void main(String[] args) {
         = null;
        try {
             = pool.getResource();
            .flushAll();
            .set("mykey1", "我是值");
            .set("mykey2", "123123");
            System.out.println(.strlen("mykey1".getBytes()));
            System.out.println(.strlen("mykey1"));
            System.out.println(.strlen("mykey2".getBytes()));
            System.out.println(.strlen("mykey2"));
        } catch (Exception e) {
            e.printStackTrace();
        } finally {
            if ( != null) {
                .close();
            }
        }
    }
}
```

程序运行结果如下。

```
9
9
6
6
```

3.9　setrange 命令

使用格式如下。

```
setrange key offset value
```

该命令用 value 从偏移量 offset 开始将给定 key 所存储的字符串进行覆盖。offset 以 B 为单位，值从 0 开始。

如果给定 key 原来存储的字符串长度比 offset 小（如字符串只有 5 个字符长，但设置的 offset 是 10），那么原字符串和 offset 之间的空白将用零字节（Zero Bytes，即\x00）来填充。

> **注意**：能使用的最大 offset 是 $2^{29}-1$（536870911），因为 Redis 字符串的大小被限制在 512MB 以内。如果需要使用比这更大的空间，可以使用多个 key。

当生成一个很长的字符串时，Redis 需要分配内存空间，该操作有时候可能会造成服务器阻塞（block）。

setranage 和 getrange 命令可以将字符串作为线性数组，这是一个非常快速和高效的存储结构。返回值代表被 setrange 命令修改之后字符串的长度。

3.9.1 测试案例

使用如下命令连接服务器。

```
redis-cli -p 7777 -a accp
```

测试案例如下。

```
127.0.0.1:7777> flushall
OK
127.0.0.1:7777> set a 12345
OK
127.0.0.1:7777> setrange a 7 678
(integer) 10
127.0.0.1:7777> get a
"12345\x00\x00678"
127.0.0.1:7777>
```

空白使用\x00 进行占位。

使用如下命令连接服务器。

```
redis-cli -p 7777 -a accp -raw
```

测试案例如下。

```
127.0.0.1:7777> flushall
OK
127.0.0.1:7777> set a 123456
OK
127.0.0.1:7777> setrange a 3 789
6
127.0.0.1:7777> get a
123789
127.0.0.1:7777> set a 我是美国人
OK
127.0.0.1:7777> get a
我是美国人
127.0.0.1:7777> setrange a 6 中国人
15
127.0.0.1:7777> get a
我是中国人
127.0.0.1:7777>
```

上面测试案例的目的是实现部分内容的更新。

3.9.2 程序演示

```java
public class Test14 {
    private static Pool pool = new Pool(new PoolConfig(), "192.168.61.84", 7777, 5000, "accp");

    public static void main(String[] args) {
         = null;
        try {
             = pool.getResource();
            .flushAll();
            .set("mykey1", "12345");
            .set("mykey2", "12345");
            .setrange("mykey1".getBytes(), 7, "678".getBytes());
            .setrange("mykey2", 7, "678");
            System.out.println(.get("mykey1"));
            System.out.println(.get("mykey2"));

            .set("mykey3", "我是美国人");
            System.out.println(.get("mykey3"));
            .setrange("mykey3", 6, "中国人");
            System.out.println(.get("mykey3"));
        } catch (Exception e) {
            e.printStackTrace();
        } finally {
            if ( != null) {
                .close();
            }
        }
    }
}
```

程序运行结果如下。

```
12345  678
12345  678
我是美国人
我是中国人
```

3.10 getrange 命令

使用格式如下。

```
getrange key start end
```

该命令用于返回 key 中字符串的子字符串，字符串的截取范围由 start 和 end 两个偏移量决定（包括 start 和 end 在内）。start 和 end 以 B 为单位，值从 0 开始。

负数偏移量表示从字符串末尾开始计数，-1 表示最后一个字符，-2 表示倒数第二个字符，依此类推。

返回值就是截取出的子字符串。该命令的作用和 Java 中的 subString()方法相似。

3.10.1 测试案例

测试案例如下。

```
127.0.0.1:7777> set a 123456789
OK
127.0.0.1:7777> getrange a 0 4
"12345"
127.0.0.1:7777> getrange a 0 100
"123456789"
127.0.0.1:7777> getrange a 0 -1
"123456789"
127.0.0.1:7777>
```

在不知道字符串具体长度的情况下，想取得全部的数据就可以使用如下命令。

```
getrange a 0 -1
```

3.10.2 程序演示

```java
public class Test15 {
    private static Pool pool = new Pool(new PoolConfig(), "192.168.61.84", 7777, 5000, "accp");

    public static void main(String[] args) {
         = null;
        try {
             = pool.getResource();
            .flushDB();
            .set("mykey1", "123456");

            System.out.println(new String(.getrange("mykey1".getBytes(), 1, 4)));
            System.out.println(.getrange("mykey1", 1, 4));

            System.out.println(.getrange("mykey1", 0, 5));
            System.out.println(.getrange("mykey1", 0, -1));
        } catch (Exception e) {
            e.printStackTrace();
        } finally {
            if ( != null) {
                .close();
            }
        }
    }
}
```

程序运行结果如下。

```
2345
2345
123456
123456
```

3.11 setbit 和 getbit 命令

如果想记录每个人在一年内登录网站的情况，那么当天登录过值是 1，当天未登录值是 0。

3.11 setbit 和 getbit 命令

针对一个人一年要有 365 条记录，如果网站有 10 亿用户呢？如 QQ 就有这样的体量，可想而知，一年的记录条数就是 10 亿×365。针对这样的情况可以使用位操作来解决，每一年的总记录条数是 10 亿条，相当于 10 亿个 key，365 天每天登录的状态以 bit 为单位存储在 value 中。365bit 等于 45.625B，365/8=45.625，大约使用 46B 就能保存一个用户一年的登录状态，仅仅使用一条记录即可，既节省了内存，又方便查看。

setbit 命令的使用格式如下。

```
setbit key offset value
```

该命令用于将 key 存储的 value 作为二进制数，然后在指定 offset 上的位设置值。

位的值取决于 value，可以是 0，也可以是 1。当 key 不存在时，自动生成一个新的字符串。字符串会进行伸展（Grown）以确保它可以将 value 保存在指定的 offset 上。当字符串进行伸展时，空白位置以 0 填充。

offset 必须大于或等于 0，并且小于 2^{32}（位映射被限制在 512MB 之内）。对使用大的 offset 的 setbit 命令来说，内存分配可能造成 Redis 服务器被阻塞。

返回值代表指定 offset 原来存储位对应的值。

getbit 命令的使用格式如下。

```
getbit key offset
```

该命令用于将 key 存储的 value 作为二进制数，获取指定 offset 上的位的值。

当 offset 比字符串的长度大，或者 key 不存在时，返回 0。

如果想在 Redis 中将存储的汉字正确显示出来，需要在执行 redis-cli 命令时添加 --raw 参数，命令如下。

```
redis-cli -p 7777 -a accp --raw
```

3.11.1 测试案例

先使用 Java 程序验证使用二进制数之后的效果，此.java 文件的编码格式为 UTF-8，程序如下。

```java
public class Test16 {
    public static void main(String[] args) {
        String username = "中";
        byte[] byteArray = username.getBytes();
        for (int i = 0; i < byteArray.length; i++) {
            System.out.println(byteArray[i] + " " + Integer.toBinaryString(byteArray[i]));
        }
        System.out.println(new BigInteger("11100100", 2).byteValue());
        System.out.println(new BigInteger("10111000", 2).byteValue());
        System.out.println(new BigInteger("10101101", 2).byteValue());
        // 对二进制数最后一位进行取反，再转换成汉字
        byte[] newByte = { new BigInteger("11100101", 2).byteValue(), new BigInteger("10111001", 2).byteValue(),
                new BigInteger("10101100", 2).byteValue() };
        System.out.println(new String(newByte));
    }
}
```

程序运行结果如下。

```
-28  11111111111111111111111111100100
-72  11111111111111111111111110111000
-83  11111111111111111111111110101101
-28
-72
-83
帱
```

对二进制数最后一位进行取反,转换成汉字"帱"(帱),该操作也可以在 Redis 中重现。测试案例如下。

```
127.0.0.1:7777> set key1 中
OK
127.0.0.1:7777> getbit key1 7
0
127.0.0.1:7777> setbit key1 7 1
0
127.0.0.1:7777> getbit key1 15
0
127.0.0.1:7777> setbit key1 15 1
0
127.0.0.1:7777> getbit key1 23
1
127.0.0.1:7777> setbit key1 23 0
1
127.0.0.1:7777> get key1
帱
```

如果字符不能输出,则输出字符的十六进制值。

3.11.2 程序演示

```java
public class Test17 {
    private static Pool pool = new Pool(new PoolConfig(), "192.168.61.84", 7777, 5000, "accp");

    public static void main(String[] args) {
         = null;
        try {
            // 输出 false 代表值为 0,输出 true 代表值为 1
             = pool.getResource();
            .flushAll();
            .set("mykey", "中");
            System.out.println(.getbit("mykey", 7));
            System.out.println(.getbit("mykey", 15));
            System.out.println(.getbit("mykey", 23));

            .setbit("mykey", 7, true);
            .setbit("mykey", 15, true);
            .setbit("mykey", 23, "0");

            System.out.println(.getbit("mykey", 7));
            System.out.println(.getbit("mykey", 15));
            System.out.println(.getbit("mykey", 23));

            System.out.println(.get("mykey"));
```

```
        } catch (Exception e) {
            e.printStackTrace();
        } finally {
            if ( != null) {
                .close();
            }
        }
    }
}
```

程序运行结果如下。

```
false
false
true
true
true
false
幬
```

3.12 bitcount 命令

使用格式如下。

```
bitcount key [start] [end]
```

该命令用于计算给定字符串转换成二进制数后值为 1 的位的个数。一般情况下，给定的整个字符串都会被计数，通过指定额外的 start 或 end 参数，可以在指定的字节范围内进行计数。

start 和 end 参数的设置和 getrange 命令类似，都可以使用负数值，如 –1 表示最后一个字节，–2 表示倒数第二个字节，依此类推。参数 start 和 end 代表字节，不是位。

不存在的 key 被当成是空字符串来处理，因此对一个不存在的 key 执行 bitcount 命令，结果为 0。

可以使用 bitcount 命令统计出某个人一年内登录网站的总次数。

3.12.1 测试案例

测试用的 Java 程序如下。

```java
public class Test18 {
    public static void main(String[] args) {
        String username = "中";
        byte[] byteArray = username.getBytes();
        for (int i = 0; i < byteArray.length; i++) {
            System.out.println(byteArray[i] + " " +
Integer.toBinaryString(byteArray[i]).substring(24));
        }
    }
}
```

程序运行结果如下。

```
-28  11100100
-72  10111000
```

```
-83 10101101
```

一共 13 个 1，代表一共有 13 个位的值是 1。

在 Redis 中的测试案例如下。

```
127.0.0.1:7777> set username 中
OK
127.0.0.1:7777> bitcount username
13
127.0.0.1:7777> bitcount username 0 0
4
127.0.0.1:7777> bitcount username 0 1
8
127.0.0.1:7777>
```

可以使用此命令计算一个用户登录了多少次系统，或者计算一个视图中的按钮被单击了多少次。

3.12.2 程序演示

```java
public class Test19 {
    private static Pool pool = new Pool(new PoolConfig(), "192.168.61.84", 7777, 5000, "accp");

    public static void main(String[] args) {
          = null;
        try {
             = pool.getResource();
            .flushAll();
            .set("username", "中");
            System.out.println(.bitcount("username".getBytes()));
            System.out.println(.bitcount("username"));
            System.out.println(.bitcount("username".getBytes(), 0, 0));
            System.out.println(.bitcount("username", 0, 1));
        } catch (Exception e) {
            e.printStackTrace();
        } finally {
            if ( != null) {
                .close();
            }
        }
    }
}
```

程序运行结果如下。

```
13
13
4
8
```

3.13 bitop 命令

使用格式如下。

```
bitop operation destkey key [key ...]
```

3.13 bitop 命令

该命令用于将一个或多个 key 中的字符串转换成二进制数，并对这些转换后的 key 进行位运算，然后将计算结果保存到 destkey 上。

operation 可以是 and、or、xor、not 这 4 种操作中的任意一种。

- bitop and destkey key [key ...]。

对一个或多个 key 求逻辑并，然后将结果保存到 destkey。

- bitop or destkey key [key ...]。

对一个或多个 key 求逻辑或，然后将结果保存到 destkey。

- bitop xor destkey key [key ...]。

对一个或多个 key 求逻辑异或，然后将结果保存到 destkey。XOR 操作是指如果 a 和 b 两个值不相同，则异或结果为 1；如果 a 和 b 两个值相同，则异或结果为 0。

- bitop not destkey key。

对给定 key 求逻辑非，1 转换成 0、0 转换成 1，然后将结果保存到 destkey。

除 not 操作之外，其他操作都可以接收一个或多个 key 作为输入参数。

当 bitop 命令处理不同长度的字符串时，较短的字符串所缺少的部分会被看作 0。

空的 key 也被看作是包括 0 的字符串。

3.13.1 and 操作

and 操作对一个或多个 key 求逻辑并，然后将结果保存到 destkey。

1. 测试案例

测试案例如下。

```
127.0.0.1:7777> setbit key8 0 1
0
127.0.0.1:7777> setbit key8 1 0
0
127.0.0.1:7777> setbit key8 2 1
0
127.0.0.1:7777> setbit key8 3 0
1
//////////////////////以上生成二进制数 1010
127.0.0.1:7777> setbit key9 0 1
0
127.0.0.1:7777> setbit key9 1 0
0
127.0.0.1:7777> setbit key9 2 0
1
127.0.0.1:7777> setbit key9 3 1
1
//////////////////////以上生成二进制数 1001
//////////////////////对以下两个二进制数进行 and 操作
//////////////////////1010
//////////////////////1001
127.0.0.1:7777> bitop and key10 key8 key9
1
//////////////////////产生结果
//////////////////////1000
127.0.0.1:7777> getbit key10 0
```

```
1
127.0.0.1:7777> getbit key10 1
0
127.0.0.1:7777> getbit key10 2
0
127.0.0.1:7777> getbit key10 3
0
```

2．程序演示

```java
public class Test20 {
    private static Pool pool = new Pool(new PoolConfig(), "192.168.61.84", 7777, 5000, "accp");

    public static void main(String[] args) {
        = null;
        try {
            = pool.getResource();
            .flushAll();

            .setbit("a", 0, "1");
            .setbit("a", 1, "0");
            .setbit("a", 2, "1");
            .setbit("a", 3, "0");

            .setbit("b", 0, "1");
            .setbit("b", 1, "0");
            .setbit("b", 2, "0");
            .setbit("b", 3, "1");

            .bitop(BitOP.AND, "c", "a", "b");

            System.out.println(.getbit("c", 0));
            System.out.println(.getbit("c", 1));
            System.out.println(.getbit("c", 2));
            System.out.println(.getbit("c", 3));

        } catch (Exception e) {
            e.printStackTrace();
        } finally {
            if ( != null) {
                .close();
            }
        }
    }
}
```

程序运行结果如下。

```
true
false
false
false
```

3.13.2　or 操作

or 操作对一个或多个 key 求逻辑或，然后将结果保存到 destkey。

3.13 bitop 命令

1. 测试案例

测试案例如下。

```
/////////////////////对以下两个二进制数进行 or 操作
/////////////////////1010
/////////////////////1001
/////////////////////产生结果
/////////////////////1011
127.0.0.1:7777> bitop or key10 key8 key9
1
127.0.0.1:7777> getbit key10 0
1
127.0.0.1:7777> getbit key10 1
0
127.0.0.1:7777> getbit key10 2
1
127.0.0.1:7777> getbit key10 3
1
```

2. 程序演示

```java
public class Test21 {
    private static Pool pool = new Pool(new PoolConfig(), "192.168.61.84", 7777, 5000, "accp");

    public static void main(String[] args) {
         = null;
        try {
             = pool.getResource();
            .flushAll();

            .setbit("a", 0, "1");
            .setbit("a", 1, "0");
            .setbit("a", 2, "1");
            .setbit("a", 3, "0");

            .setbit("b", 0, "1");
            .setbit("b", 1, "0");
            .setbit("b", 2, "0");
            .setbit("b", 3, "1");

            .bitop(BitOP.OR, "c", "a", "b");

            System.out.println(.getbit("c", 0));
            System.out.println(.getbit("c", 1));
            System.out.println(.getbit("c", 2));
            System.out.println(.getbit("c", 3));

        } catch (Exception e) {
            e.printStackTrace();
        } finally {
            if ( != null) {
                .close();
            }
        }
    }
}
```

程序运行结果如下。

```
true
false
true
true
```

3.13.3　xor 操作

xor 操作对一个或多个 key 求逻辑异或，然后将结果保存到 destkey。如果 a 和 b 两个值不相同，则异或结果为 1；如果 a 和 b 两个值相同，则异或结果为 0。

1．测试案例

测试案例如下。

```
///////////////////////对以下两个二进制数进行 xor 操作
///////////////////////1010
///////////////////////1001
///////////////////////产生结果
///////////////////////0011
127.0.0.1:7777> bitop xor key10 key8 key9
1
127.0.0.1:7777> getbit key10 0
0
127.0.0.1:7777> getbit key10 1
0
127.0.0.1:7777> getbit key10 2
1
127.0.0.1:7777> getbit key10 3
1
```

2．程序演示

```java
public class Test22 {
    private static Pool pool = new Pool(new PoolConfig(), "192.168.61.84", 7777, 5000, "accp");

    public static void main(String[] args) {
         = null;
        try {
             = pool.getResource();
            .flushAll();

            .setbit("a", 0, "1");
            .setbit("a", 1, "0");
            .setbit("a", 2, "1");
            .setbit("a", 3, "0");

            .setbit("b", 0, "1");
            .setbit("b", 1, "0");
            .setbit("b", 2, "0");
            .setbit("b", 3, "1");

            .bitop(BitOP.XOR, "c", "a", "b");
```

```
                System.out.println(.getbit("c", 0));
                System.out.println(.getbit("c", 1));
                System.out.println(.getbit("c", 2));
                System.out.println(.getbit("c", 3));
        } catch (Exception e) {
            e.printStackTrace();
        } finally {
            if ( != null) {
                .close();
            }
        }
    }
}
```

程序运行结果如下。

```
false
false
true
true
```

3.13.4　not 操作

not 操作对给定 key 求逻辑非，1 转换成 0、0 转换成 1，然后将结果保存到 destkey。

1．测试案例

测试案例如下。

```
///////////////////////对以下二进制数进行 not 操作
///////////////////////1010
///////////////////////产生结果
///////////////////////0101
127.0.0.1:7777> bitop not key10 key8
1
127.0.0.1:7777> getbit key10 0
0
127.0.0.1:7777> getbit key10 1
1
127.0.0.1:7777> getbit key10 2
0
127.0.0.1:7777> getbit key10 3
1
```

2．程序演示

```
public class Test23 {
    private static Pool pool = new Pool(new PoolConfig(), "192.168.61.84", 7777, 5000, "accp");

    public static void main(String[] args) {
         = null;
        try {
             = pool.getResource();
            .flushAll();

            .setbit("a", 0, "1");
```

```
                .setbit("a", 1, "0");
                .setbit("a", 2, "1");
                .setbit("a", 3, "0");

                .bitop(BitOP.NOT, "c", "a");

                System.out.println(.getbit("c", 0));
                System.out.println(.getbit("c", 1));
                System.out.println(.getbit("c", 2));
                System.out.println(.getbit("c", 3));

        } catch (Exception e) {
            e.printStackTrace();
        } finally {
            if ( != null) {
                .close();
            }
        }
    }
}
```

程序运行结果如下。

```
false
true
false
true
```

3.14 getset 命令

使用格式如下。

```
getset key value
```

该命令用于原子性（Atomic）地将给定 key 的新值赋为 value，并返回 key 的旧值。

原子性是指不可分割的操作或命令，也就是赋新值和返回值这两个操作不能被其他的命令所干扰，这两个操作都执行完了，才会执行其他的命令。

3.14.1 测试案例

测试案例如下。

```
127.0.0.1:7777> getset key12 key12value

127.0.0.1:7777> get key12
key12value
127.0.0.1:7777> getset key12 key12lastvalue
key12value
127.0.0.1:7777> get key12
key12lastvalue
```

3.14.2 程序演示

```
public class Test24 {
```

3.15　msetnx 命令

```
    private static Pool pool = new Pool(new PoolConfig(), "192.168.61.84", 7777, 5000, "accp");

    public static void main(String[] args) {
         = null;
        try {
             = pool.getResource();
            .flushDB();

            System.out.println("a 的旧值 1: " + .getSet("a".getBytes(), "avalue".getBytes()));
            System.out.println("b 的旧值 1: " + .getSet("b", "bvalue"));

            System.out.println("a 的旧值 2: " + new String(.getSet("a".getBytes(), "avaluenew".getBytes())));
            System.out.println("b 的旧值 2: " + .getSet("b", "bvaluenew"));

            System.out.println("a 的最新值：" + .get("a"));
            System.out.println("b 的最新值：" + .get("b"));
        } catch (Exception e) {
            e.printStackTrace();
        } finally {
            if ( != null) {
                .close();
            }
        }
    }
}
```

程序运行结果如下。

```
a 的旧值 1: null
b 的旧值 1: null
a 的旧值 2: avalue
b 的旧值 2: bvalue
a 的最新值：avaluenew
b 的最新值：bvaluenew
```

3.15　msetnx 命令

使用格式如下。

```
msetnx key value [key value ...]
```

该命令用于同时设置一个或多个 key-value 对，当且仅当所有给定 key 都不存在时，才会批量执行 set 命令；即使只有一个给定 key 存在，msetnx 命令也会拒绝执行所有给定 key 的 set 命令。msetnx 命令是原子性的，所有 key-value 对可以全被设置，也可以全不被设置。

当所有给定 key 都成功设置时返回 1。如果所有给定 key 都设置失败（至少有一个 key 已经存在），那么返回 0。

3.15.1　测试案例

测试案例如下。

```
127.0.0.1:6379> flushdb
```

```
OK
127.0.0.1:6379> keys *

127.0.0.1:6379> msetnx a aa b bb c cc d dd
1
127.0.0.1:6379> get a
aa
127.0.0.1:6379> get b
bb
127.0.0.1:6379> get c
cc
127.0.0.1:6379> get d
dd
127.0.0.1:6379> msetnx a newaa x xx y yy z zz
0
127.0.0.1:6379> get a
aa
127.0.0.1:6379> get b
bb
127.0.0.1:6379> get c
cc
127.0.0.1:6379> get d
dd
127.0.0.1:6379> get x

127.0.0.1:6379> get y

127.0.0.1:6379> get z

127.0.0.1:6379>
```

3.15.2 程序演示

```java
public class Test25 {
    private static Pool pool = new Pool(new PoolConfig(), "192.168.61.84", 7777, 5000, "accp");

    public static void main(String[] args) {
             = null;
        try {
             = pool.getResource();
            .flushDB();

            long result1 = .msetnx("a1".getBytes(), "aa1".getBytes(), "a2".getBytes(), "aa2".getBytes(),
                    "a3".getBytes(), "aa3".getBytes());
            long result2 = .msetnx("b1", "bb1", "b2", "bb2", "b3", "bb3");

            System.out.println("a1=" + .get("a1"));
            System.out.println("a2=" + .get("a2"));
            System.out.println("a3=" + .get("a3"));

            System.out.println("b1=" + .get("b1"));
            System.out.println("b2=" + .get("b2"));
            System.out.println("b3=" + .get("b3"));

            long result3 = .msetnx("a1", "aa1new", "x", "xx", "y", "yy");
```

```
            System.out.println("a1=" + .get("a1"));
            System.out.println("x=" + .get("x"));
            System.out.println("y=" + .get("y"));

            System.out.println(result1);
            System.out.println(result2);
            System.out.println(result3);

        } catch (Exception e) {
            e.printStackTrace();
        } finally {
            if ( != null) {
                .close();
            }
        }
    }
}
```

程序运行结果如下。

```
a1=aa1
a2=aa2
a3=aa3
b1=bb1
b2=bb2
b3=bb3
a1=aa1
x=null
y=null
1
1
0
```

3.16 mset 命令

使用格式如下。

```
mset key value [key value ...]
```

该命令用于同时设置一个或多个 key-value 对。

如果某个给定 key 已经存在，那么 mset 命令会用新值覆盖原来的旧值。如果这不是所希望的效果，请考虑使用 msetnx 命令，它只会在所有给定 key 都不存在的情况下执行 set 命令。

mset 命令是一个原子性命令，所有给定 key 都会在同一时间内设置，客户端不会看到某些 key 已更新，而其他 key 保持不变的效果。

3.16.1 测试案例

测试案例如下。

```
127.0.0.1:7777> set a aa
OK
127.0.0.1:7777> set b bb
OK
127.0.0.1:7777> mset a newAA b newBB c CC
```

```
OK
127.0.0.1:7777> get a
newAA
127.0.0.1:7777> get b
newBB
127.0.0.1:7777> get c
CC
127.0.0.1:7777>
```

3.16.2 程序演示

```java
public class Test26 {
    private static Pool pool = new Pool(new PoolConfig(), "192.168.56.11", 6379, 5000, "accp");

    public static void main(String[] args) {
         = null;
        try {
             = pool.getResource();
            .flushDB();

            .mset("a1".getBytes(), "aa1".getBytes(), "a2".getBytes(), "aa2".getBytes(), "a3".getBytes(),
                    "aa3".getBytes());
            System.out.println("a1=" + .get("a1"));
            System.out.println("a2=" + .get("a2"));
            System.out.println("a3=" + .get("a3"));

            .mset("a1", "aa1new", "a2", "aa2new", "a3", "aa3new");
            System.out.println("a1=" + .get("a1"));
            System.out.println("a2=" + .get("a2"));
            System.out.println("a3=" + .get("a3"));

        } catch (Exception e) {
            e.printStackTrace();
        } finally {
            if ( != null) {
                .close();
            }
        }
    }
}
```

程序运行结果如下。

```
a1=aa1
a2=aa2
a3=aa3
a1=aa1new
a2=aa2new
a3=aa3new
```

3.17 mget 命令

使用格式如下。

```
mget key [key ...]
```

3.17 mget 命令

该命令用于返回所有（一个或多个）给定 key 的值。
如果给定的多个 key 中有某个 key 不存在，那么这个 key 返回特殊值 nil。

3.17.1 测试案例

测试案例如下。

```
127.0.0.1:7777[1]> mset a aa b bb c cc
OK
127.0.0.1:7777[1]> mget a b c
aa
bb
cc
127.0.0.1:7777[1]>
```

3.17.2 程序演示

```java
public class Test27 {
    private static Pool pool = new Pool(new PoolConfig(), "192.168.61.84", 7777, 5000, "accp");

    public static void main(String[] args) {
         = null;
        try {
             = pool.getResource();
            .flushDB();

            .mset("a", "中国1", "b", "美国", "c", "法国");

            List<byte[]> list1 = .mget("a".getBytes(), "b".getBytes(), "c".getBytes());
            for (int i = 0; i < list1.size(); i++) {
                System.out.println(new String(list1.get(i)));
            }

            System.out.println();

            List<String> list2 = .mget("a", "b", "c");
            for (int i = 0; i < list2.size(); i++) {
                System.out.println(list2.get(i));
            }
        } catch (Exception e) {
            e.printStackTrace();
        } finally {
            if ( != null) {
                .close();
            }
        }
    }
}
```

程序运行结果如下。

```
中国1
美国
法国
```

中国 1
美国
法国

3.18 bitfield 命令

使用格式如下。

```
bitfield key [GET type offset] [SET type offset value] [INCRBY type offset increment]
[OVERFLOW WRAP|SAT|FAIL]
```

前文介绍过 setbit 和 getbit 命令，这两个命令只会对一个位进行操作，而 bitfield 命令可以将多个位当成一个"组"，对这个组中的数据进行操作。

bitfield 命令可以将一个 Redis 字符串看作一个由二进制位组成的数组，可以对数组中的数据进行"分组"访问。如将数组中的"某一部分数据"当作整数，对这个整数进行加法和减法操作，并且这些操作可以通过设置某些参数妥善地处理计算时出现的溢出情况。

注意以下几点。
- 使用 get 子命令对超出字符串当前范围的二进制位进行访问（包括 key 不存在的情况），超出部分的二进制位的值将被当作 0。
- 使用 set 子命令或者 incrby 命令对超出字符串当前范围的二进制位进行访问将导致字符串被扩展，被扩展的部分会使用值为 0 的二进制位进行填充。在对字符串进行扩展时，命令会根据字符串目前已有的最远端二进制位计算出执行操作所需的最小长度。

以下是 bitfield 命令支持的子命令。
- get type offset：返回指定 offset 处的 type 的值。
- set type offset value：对指定 offset 处设置 type 的值，并返回它的旧值。
- incrby type offset increment：对指定 offset 处的 type 进行加法操作，并返回它的旧值。用户可以通过向 increment 参数传入负值来实现相应的减法操作，并返回它的新值。
- overflow [WRAP|SAT|FAIL]：可以改变之后执行的 incrby 子命令在发生溢出情况时的行为。

当对 offset 处的数据进行操作时，可以在 type 的前面添加 i 来表示有符号整数，如使用 i16 来表示 16 位长的有符号整数。或者使用 u 来表示无符号整数，如可以使用 u8 来表示 8 位长的无符号整数。

bitfield 命令最大支持 64 位长的有符号整数和 63 位长的无符号整数，其中无符号整数的 63 位长度限制是由于 Redis 协议目前还无法返回 64 位长的无符号整数。

3.18.1 set、get、incrby 子命令的测试

1. 测试案例

先来看一看整数-123 的二进制值，程序如下。

```
public class Test28 {
```

```java
public static void main(String[] args) {
    int num = -123;
    System.out.println(Integer.toBinaryString(num));
    System.out.println(new BigInteger("10000101", 2).byteValue());
}
}
```

程序运行结果如下。

```
11111111111111111111111110000101
-123
```

bitfield key19 set i8 0 -123 命令的作用是对 key19 进行位操作，操作的类型是 set，数据的类型是 8 位整数有符号，在第 0 位开始执行 set 子命令，值是-123。

测试案例如下。

```
127.0.0.1:7777> bitfield key19 set i8 0 -123
0
127.0.0.1:7777> getbit key19 0
1
127.0.0.1:7777> getbit key19 1
0
127.0.0.1:7777> getbit key19 2
0
127.0.0.1:7777> getbit key19 3
0
127.0.0.1:7777> getbit key19 4
0
127.0.0.1:7777> getbit key19 5
1
127.0.0.1:7777> getbit key19 6
0
127.0.0.1:7777> getbit key19 7
1
127.0.0.1:7777> bitfield key19 set i8 0 -124
-123                            //返回的-123 是旧值
127.0.0.1:7777> bitfield key19 get i8 0
-124
127.0.0.1:7777> bitfield key19 incrby i8 0 20
-104
127.0.0.1:7777>
```

2．程序演示

```java
public class Test29 {
    private static Pool pool = new Pool(new PoolConfig(), "192.168.61.84", 7777, 5000, "accp");

    public static void main(String[] args) {
         = null;
        try {
             = pool.getResource();
            .flushDB();

            List<Long> listLong = .bitfield("a", "SET", "i8", "0", "-123");
            System.out.println(.getbit("a", 0));
            System.out.println(.getbit("a", 1));
            System.out.println(.getbit("a", 2));
```

```
                    System.out.println(.getbit("a", 3));
                    System.out.println(.getbit("a", 4));
                    System.out.println(.getbit("a", 5));
                    System.out.println(.getbit("a", 6));
                    System.out.println(.getbit("a", 7));

                    System.out.println(listLong.get(0));

                    listLong = .bitfield("a", "SET", "i8", "0", "-124");
                    System.out.println(listLong.get(0));
                    listLong = .bitfield("a", "GET", "i8", "0");
                    System.out.println(listLong.get(0));
                    listLong = .bitfield("a", "INCRBY", "i8", "0", "20");
                    System.out.println(listLong.get(0));
                } catch (Exception e) {
                    e.printStackTrace();
                } finally {
                    if ( != null) {
                        .close();
                    }
                }
            }
        }
```

程序运行结果如下。

```
true
false
false
false
false
true
false
true
0
-123
-124
-104
```

3.18.2 使用#方便处理"组数据"

用户有两种方法来设置 offset。

- 如果用户给定的 offset 是一个没有任何前缀的数字，那么这个数字指示的就是以 0 为开始（Zero-Base）的 offset，也就是位所对应的索引值。
- 如果用户给定的是一个带有#的 offset，那么命令将使用这个 offset 与被设置的数字类型的长度相乘，从而计算出真正的 offset，如以下命令。

```
bitfield mystring set i8 #0 100 i8 #1 200
```

命令会把 mystring 里面第一个 i8 长度的二进制位的值设置为 100，并把第二个 i8 长度的二进制位的值设置为 200。当把 key 对应的 value 当作数组来使用，并且数组中存储的都是固定长度（Fixed-Length）的整数时，使用#可以免去手动计算二进制位所在的 offset 的麻烦。

3.18 bitfield 命令

1. 测试案例

测试案例如下。

```
127.0.0.1:7777[1]> flushdb
OK
127.0.0.1:7777[1]> bitfield a set i8 #0 10
0
127.0.0.1:7777[1]> bitfield a set i8 #1 20
0
127.0.0.1:7777[1]> bitfield a get i8 #0
10
127.0.0.1:7777[1]> bitfield a get i8 #1
20
127.0.0.1:7777[1]> bitfield a incrby i8 #0 40
50
127.0.0.1:7777[1]> bitfield a get i8 #0
50
127.0.0.1:7777[1]>
```

2. 程序演示

```java
public class Test30 {
    private static Pool pool = new Pool(new PoolConfig(), "192.168.61.84", 7777, 5000, "accp");

    public static void main(String[] args) {
         = null;
        try {
             = pool.getResource();
            .flushDB();

            List<Long> listLong = null;
            listLong = .bitfield("a", "SET", "i8", "#0", "10");
            System.out.println(listLong.get(0));

            listLong = .bitfield("a", "SET", "i8", "#1", "20");
            System.out.println(listLong.get(0));

            listLong = .bitfield("a", "GET", "i8", "#0");
            System.out.println(listLong.get(0));
            listLong = .bitfield("a", "GET", "i8", "#1");
            System.out.println(listLong.get(0));

            listLong = .bitfield("a", "INCRBY", "i8", "#0", "40");
            System.out.println(listLong.get(0));
        } catch (Exception e) {
            e.printStackTrace();
        } finally {
            if ( != null) {
                .close();
            }
        }
    }
}
```

程序运行结果如下。

```
0
0
10
20
50
```

3.18.3 overflow 子命令的测试

用户可以通过 overflow 子命令结合以下 3 个参数来决定在执行自增或者自减操作时遇到向上溢出（Overflow）或者向下溢出（Underflow）时的行为。

- WRAP：使用回绕（Wrap Around）方法处理有符号整数和无符号整数的溢出情况。对无符号整数来说，类似于将时钟指针向前拨或向后拨。对有符号整数来说，上溢将导致数字重新从最小的负数开始计算，而下溢将导致数字重新从最大的正数开始计算。比如果我们对一个值为 127 的 i8 整数执行加 1 操作，那么将得到结果 –128。在默认情况下，incrby 命令使用 WRAP 来处理溢出计算。
- SAT：使用饱和计算（Saturation Arithmetic）方法处理溢出情况，也就是说，下溢计算的结果为最小的整数值，而上溢计算的结果为最大的整数值。举个例子，如果我们对一个值为 120 的 i8 整数执行加 10 操作，那么命令的结果将为 i8 类型所能存储的最大整数值 127。与此相反，如果一个针对 i8 整数的计算造成了下溢，那么这个 i8 整数将被设置为 –127。
- FAIL：在这一方法下，命令将拒绝执行那些会导致上溢或者下溢情况出现的计算，并向用户返回空值表示计算未被执行。

1. 测试 WRAP

（1）测试案例

先来测试 WRAP 的情况。有符号上溢的测试案例如下。

```
127.0.0.1:7777> bitfield a set i8 #0 120
0
127.0.0.1:7777> bitfield a overflow wrap incrby i8 #0 10
-126
127.0.0.1:7777> bitfield a get i8 #0
-126
127.0.0.1:7777>
```

有符号下溢的测试案例如下。

```
127.0.0.1:7777> bitfield a set i8 #0 -120
0
127.0.0.1:7777> bitfield a overflow wrap incrby i8 #0 -10
126
127.0.0.1:7777> bitfield a get i8 #0
126
127.0.0.1:7777>
```

无符号上溢的测试案例如下。

```
127.0.0.1:7777> bitfield a set u8 0 250
0
```

3.18 bitfield 命令

```
127.0.0.1:7777> bitfield a incrby u8 0 10
4
127.0.0.1:7777> bitfield a get u8 0
4
127.0.0.1:7777>
```

无符号下溢的测试案例代码如下。

```
127.0.0.1:7777> bitfield key21 set u8 #0 0
0
127.0.0.1:7777> bitfield key21 get u8 #0
0
127.0.0.1:7777> bitfield key21 incrby u8 #0 -1
255
127.0.0.1:7777> bitfield key21 get u8 #0
255
127.0.0.1:7777>
```

（2）程序演示

```java
public class Test31 {
    private static Pool pool = new Pool(new PoolConfig(), "192.168.61.84", 7777, 5000, "accp");

    public static void main(String[] args) {
         = null;
        try {
             = pool.getResource();

            .flushDB();
            // 有符号上溢
            {
                List list = null;
                list = .bitfield("a", "set", "i8", "#0", "120");
                System.out.println(list.get(0));
                list = .bitfield("a", "overflow", "wrap", "incrby", "i8", "#0", "10");
                System.out.println(list.get(0));
                list = .bitfield("a", "get", "i8", "#0");
                System.out.println(list.get(0));
            }

            System.out.println();

            .flushDB();
            // 有符号下溢
            {
                List list = null;
                list = .bitfield("a", "set", "i8", "#0", "-120");
                System.out.println(list.get(0));
                list = .bitfield("a", "overflow", "wrap", "incrby", "i8", "#0", "-10");
                System.out.println(list.get(0));
                list = .bitfield("a", "get", "i8", "#0");
                System.out.println(list.get(0));
            }

            System.out.println();

            .flushDB();
            // 无符号上溢
```

```
            {
                List list = null;
                list = .bitfield("a", "set", "u8", "#0", "250");
                System.out.println(list.get(0));
                list = .bitfield("a", "overflow", "wrap", "incrby", "u8", "#0", "10");
                System.out.println(list.get(0));
                list = .bitfield("a", "get", "u8", "#0");
                System.out.println(list.get(0));
            }

            System.out.println();

            .flushDB();
            // 无符号下溢
            {
                List list = null;
                list = .bitfield("a", "set", "u8", "#0", "0");
                System.out.println(list.get(0));
                list = .bitfield("a", "overflow", "wrap", "incrby", "u8", "#0", "-1");
                System.out.println(list.get(0));
                list = .bitfield("a", "get", "u8", "#0");
                System.out.println(list.get(0));
            }

        } catch (Exception e) {
            e.printStackTrace();
        } finally {
            if ( != null) {
                .close();
            }
        }
    }
}
```

程序运行结果如下。

```
0
-126
-126

0
126
126

0
4
4

0
255
255
```

2. 测试 SAT

（1）测试案例

有符号上溢的测试案例如下。

```
127.0.0.1:7777> bitfield a set i8 #0 120
```

3.18 bitfield 命令

```
0
127.0.0.1:7777> bitfield a overflow sat incrby i8 #0 10
127
127.0.0.1:7777> bitfield a get i8 #0
127
127.0.0.1:7777>
```

有符号下溢的测试案例如下。

```
127.0.0.1:7777> bitfield a set i8 #0 -120
0
127.0.0.1:7777> bitfield a overflow sat incrby i8 #0 -10
-128
127.0.0.1:7777> bitfield a get i8 #0
-128
127.0.0.1:7777>
```

无符号上溢的测试案例如下。

```
127.0.0.1:7777> bitfield a set u8 #0 250
0
127.0.0.1:7777> bitfield a overflow sat incrby u8 #0 10
255
127.0.0.1:7777> bitfield a get u8 #0
255
127.0.0.1:7777>
```

无符号下溢的测试案例如下。

```
127.0.0.1:7777> bitfield a set u8 #0 5
0
127.0.0.1:7777> bitfield a overflow sat incrby u8 #0 -10
0
127.0.0.1:7777> bitfield a get u8 #0
0
127.0.0.1:7777>
```

（2）程序演示

```java
public class Test32 {
    private static Pool pool = new Pool(new PoolConfig(), "192.168.61.84", 7777, 5000, "accp");

    public static void main(String[] args) {
         = null;
        try {
             = pool.getResource();

            .flushDB();
            // 有符号上溢
            {
                List list = null;
                list = .bitfield("a", "set", "i8", "#0", "120");
                System.out.println(list.get(0));
                list = .bitfield("a", "overflow", "sat", "incrby", "i8", "#0", "10");
                System.out.println(list.get(0));
                list = .bitfield("a", "get", "i8", "#0");
                System.out.println(list.get(0));
            }
```

```
            System.out.println();

        .flushDB();
        // 有符号下溢
        {
            List list = null;
            list = .bitfield("a", "set", "i8", "#0", "-120");
            System.out.println(list.get(0));
            list = .bitfield("a", "overflow", "sat", "incrby", "i8", "#0", "-10");
            System.out.println(list.get(0));
            list = .bitfield("a", "get", "i8", "#0");
            System.out.println(list.get(0));
        }

        System.out.println();

        .flushDB();
        // 无符号上溢
        {
            List list = null;
            list = .bitfield("a", "set", "u8", "#0", "250");
            System.out.println(list.get(0));
            list = .bitfield("a", "overflow", "sat", "incrby", "u8", "#0", "10");
            System.out.println(list.get(0));
            list = .bitfield("a", "get", "u8", "#0");
            System.out.println(list.get(0));
        }

        System.out.println();

        .flushDB();
        // 无符号下溢
        {
            List list = null;
            list = .bitfield("a", "set", "u8", "#0", "5");
            System.out.println(list.get(0));
            list = .bitfield("a", "overflow", "sat", "incrby", "u8", "#0", "-10");
            System.out.println(list.get(0));
            list = .bitfield("a", "get", "u8", "#0");
            System.out.println(list.get(0));
        }

    } catch (Exception e) {
        e.printStackTrace();
    } finally {
        if ( != null) {
            .close();
        }
    }
}
```

程序运行结果如下。

```
0
127
127
```

0
-128
-128

0
255
255

0
0
0

3. wrap 和 sat 的差别

（1）测试案例

测试案例如下。

```
127.0.0.1:7777> bitfield a set u8 0 250
0
127.0.0.1:7777> bitfield a overflow wrap incrby u8 0 10
4
127.0.0.1:7777> bitfield a get u8 0
4

127.0.0.1:7777> bitfield b set u8 0 250
0
127.0.0.1:7777> bitfield b overflow sat incrby u8 0 10
255
127.0.0.1:7777> bitfield b get u8 0
255
127.0.0.1:7777>
```

（2）程序演示

```java
public class Test33 {
    private static Pool pool = new Pool(new PoolConfig(), "192.168.61.84", 7777, 5000, "accp");

    public static void main(String[] args) {
         = null;
        try {
             = pool.getResource();

            .flushDB();
            {
                List list = null;
                list = .bitfield("a", "set", "u8", "#0", "250");
                System.out.println(list.get(0));
                list = .bitfield("a", "overflow", "wrap", "incrby", "u8", "#0", "10");
                System.out.println(list.get(0));
                list = .bitfield("a", "get", "u8", "#0");
                System.out.println(list.get(0));
            }

            System.out.println();

            .flushDB();
            {
                List list = null;
```

```
                    list = .bitfield("a", "set", "u8", "#0", "250");
                    System.out.println(list.get(0));
                    list = .bitfield("a", "overflow", "sat", "incrby", "u8", "#0", "10");
                    System.out.println(list.get(0));
                    list = .bitfield("a", "get", "u8", "#0");
                    System.out.println(list.get(0));
                }
            } catch (Exception e) {
                e.printStackTrace();
            } finally {
                if ( != null) {
                    .close();
                }
            }
        }
    }
```

程序运行结果如下。

```
0
4
4

0
255
255
```

4. 测试 fail

（1）测试案例

有符号上溢的测试案例如下。

```
127.0.0.1:7777> bitfield a set i8 #0 120
0
127.0.0.1:7777> bitfield a overflow fail incrby i8 #0 10

127.0.0.1:7777> bitfield a get i8 #0
120
127.0.0.1:7777>
```

有符号下溢的测试案例如下。

```
127.0.0.1:7777> bitfield a set i8 #0 -120
0
127.0.0.1:7777> bitfield a overflow fail incrby i8 #0 -10

127.0.0.1:7777> bitfield a get i8 #0
-120
127.0.0.1:7777>
```

无符号上溢的测试案例如下。

```
127.0.0.1:7777> bitfield a set u8 #0 250
0
127.0.0.1:7777> bitfield a overflow fail incrby u8 #0 10

127.0.0.1:7777> bitfield a get u8 #0
250
127.0.0.1:7777>
```

3.18　bitfield 命令

无符号下溢的测试案例如下。

```
127.0.0.1:7777> bitfield a set u8 #0 5
0
127.0.0.1:7777> bitfield a overflow fail incrby u8 #0 -10

127.0.0.1:7777> bitfield a get u8 #0
5
127.0.0.1:7777>
```

（2）程序演示

```
public class Test34 {
    private static Pool pool = new Pool(new PoolConfig(), "192.168.61.84", 7777, 5000, "accp");

    public static void main(String[] args) {
         = null;
        try {
             = pool.getResource();
            .flushDB();
            // 有符号上溢
            {
                List list = null;
                list = .bitfield("a", "set", "i8", "#0", "120");
                System.out.println(list.get(0));
                list = .bitfield("a", "overflow", "fail", "incrby", "i8", "#0", "10");
                System.out.println(list.get(0));
                list = .bitfield("a", "get", "i8", "#0");
                System.out.println(list.get(0));
            }

            System.out.println();

            .flushDB();
            // 有符号下溢
            {
                List list = null;
                list = .bitfield("a", "set", "i8", "#0", "-120");
                System.out.println(list.get(0));
                list = .bitfield("a", "overflow", "fail", "incrby", "i8", "#0", "-10");
                System.out.println(list.get(0));
                list = .bitfield("a", "get", "i8", "#0");
                System.out.println(list.get(0));
            }

            System.out.println();

            .flushDB();
            // 无符号上溢
            {
                List list = null;
                list = .bitfield("a", "set", "u8", "#0", "250");
                System.out.println(list.get(0));
                list = .bitfield("a", "overflow", "fail", "incrby", "u8", "#0", "10");
                System.out.println(list.get(0));
                list = .bitfield("a", "get", "u8", "#0");
```

```
                System.out.println(list.get(0));
            }

            System.out.println();

            .flushDB();
            // 无符号下溢
            {
                List list = null;
                list = .bitfield("a", "set", "u8", "#0", "5");
                System.out.println(list.get(0));
                list = .bitfield("a", "overflow", "fail", "incrby", "u8", "#0", "-10");
                System.out.println(list.get(0));
                list = .bitfield("a", "get", "u8", "#0");
                System.out.println(list.get(0));
            }

        } catch (Exception e) {
            e.printStackTrace();
        } finally {
            if ( != null) {
                .close();
            }
        }
    }
}
```

程序运行结果如下。

```
0
null
120

0
null
-120

0
null
250

0
null
5
```

3.19 bitpos 命令

使用格式如下。

```
bitpos key bit [start] [end]
```

该命令用于返回设置为 1 或 0 的第一个位的索引值。

注意：参数 start、end 中的值以 B（字节）为单位，而不是 bit（位）。

3.19.1 测试案例

测试案例如下。

```
127.0.0.1:7777> del key1
1
127.0.0.1:7777> del key2
0
127.0.0.1:7777> setbit key1 0 0
0
127.0.0.1:7777> setbit key1 1 0
0
127.0.0.1:7777> setbit key1 2 0
0
127.0.0.1:7777> setbit key1 3 0
0
127.0.0.1:7777> setbit key1 4 0
0
127.0.0.1:7777> setbit key1 5 0
0
127.0.0.1:7777> setbit key1 6 0
0
127.0.0.1:7777> setbit key1 7 0
0
127.0.0.1:7777> setbit key2 0 1
0
127.0.0.1:7777> setbit key2 1 1
0
127.0.0.1:7777> setbit key2 2 1
0
127.0.0.1:7777> setbit key2 3 1
0
127.0.0.1:7777> setbit key2 4 1
0
127.0.0.1:7777> setbit key2 5 1
0
127.0.0.1:7777> setbit key2 6 1
0
127.0.0.1:7777> setbit key2 7 1
0
////////////key1 的二进制值是 00000000
////////////key2 的二进制值是 11111111
127.0.0.1:7777> bitpos key1 0
0
127.0.0.1:7777> bitpos key1 1
-1
127.0.0.1:7777> bitpos key2 0
8
127.0.0.1:7777> bitpos key2 1
0
127.0.0.1:7777>
```

3.19.2 程序演示

```
public class Test35 {
```

```java
    private static Pool pool = new Pool(new PoolConfig(), "192.168.61.84", 7777, 5000, "accp");

    public static void main(String[] args) {
         = null;
        try {
             = pool.getResource();
            .flushDB();

            .setbit("a", 0, "0");
            .setbit("a", 1, "0");
            .setbit("a", 2, "0");
            .setbit("a", 3, "0");
            .setbit("a", 4, "0");
            .setbit("a", 5, "0");
            .setbit("a", 6, "0");
            .setbit("a", 7, "0");

            .setbit("b", 0, "1");
            .setbit("b", 1, "1");
            .setbit("b", 2, "1");
            .setbit("b", 3, "1");
            .setbit("b", 4, "1");
            .setbit("b", 5, "1");
            .setbit("b", 6, "1");
            .setbit("b", 7, "1");

            System.out.println(.bitpos("a".getBytes(), false));
            System.out.println(.bitpos("a".getBytes(), true));

            System.out.println(.bitpos("b", false));
            System.out.println(.bitpos("b", true));

        } catch (Exception e) {
            e.printStackTrace();
        } finally {
            if ( != null) {
                .close();
            }
        }
    }
}
```

程序运行结果如下。

```
0
-1
8
0
```

3.20 "秒杀"核心算法实现

创建工具类代码如下。

```java
import java.util.Set;
import java.util.concurrent.ConcurrentSkipListSet;

public class SetTools {
```

3.20 "秒杀"核心算法实现

```
    public static Set set = new ConcurrentSkipListSet();
}
```

创建线程类代码如下。

```
import java.util.concurrent.CountDownLatch;
import redis.clients..;

public class MyThread extends Thread {
    private  ;
    private CountDownLatch finalExit;

    public MyThread( , CountDownLatch finalExit) {
        this. = ;
        this.finalExit = finalExit;
    }

    @Override
    public void run() {
        try {
            long getValue = .decr("RedisBookCount");
            if (getValue >= 0) {
                if (SetTools.set.contains(getValue) == true) {
                    System.out.println("=");
                }
                SetTools.set.add(getValue);
            }
        } catch (Exception e) {
            e.printStackTrace();
        } finally {
            finalExit.countDown();
            .close();
        }
    }
}
```

创建运行类代码如下。

```
import java.util.concurrent.CountDownLatch;

import redis.clients..;
import redis.clients..Pool;
import redis.clients..PoolConfig;

public class Test36 {
    private static Pool pool = null;

    public static void main(String[] args) {
        PoolConfig config = new PoolConfig();
        config.setMaxTotal(5000);
        pool = new Pool(config, "192.168.1.103", 7777, 50000, "accp");
        try {
            {
                 = pool.getResource();
                .flushAll();

                for (int i = 0; i < 3000; i++) {
```

```
                .set("RedisBookCount", "" + 3000);
            }
            .close();
        }

        CountDownLatch finalExit = new CountDownLatch(4000);

        MyThread[] threadArray = new MyThread[4000];
        for (int i = 0; i < 4000; i++) {
            threadArray[i] = new MyThread(pool.getResource(), finalExit);
        }
        for (int i = 0; i < 4000; i++) {
            threadArray[i].start();
        }

        finalExit.await();

        Thread.sleep(2000);

          = pool.getResource();
        System.out.println("RedisBook 剩余产品个数: " + .get("RedisBookCount"));
        System.out.println("取出的产品个数为" + SetTools.set.size());
        .close();
        pool.destroy();
    } catch (Exception e) {
        e.printStackTrace();
    }
}
```

程序运行结果如下。

```
RedisBook 剩余产品个数: -1000
取出的产品个数为 3000
```

3.21 使用 Redisson 框架实现分布式锁

创建 Maven 项目，并添加 POM.XML 依赖，代码如下。

```
<dependencies>
    <dependency>
        <groupId>org.redisson</groupId>
        <artifactId>redisson</artifactId>
        <version>3.12.2</version>
    </dependency>
</dependencies>
```

测试代码如下。

```
package test;

import org.redisson.Redisson;
import org.redisson.api.RLock;
import org.redisson.api.RedissonClient;
import org.redisson.config.Config;
import org.redisson.config.SingleServerConfig;
```

```
public class Test37 {
    public static void main(String[] args) throws InterruptedException {
        String username = "我是" + Math.random() + "进程";
        Config config = new Config();
        SingleServerConfig singleServerConfig = config.useSingleServer();
        singleServerConfig.setAddress("redis://192.168.1.103:7777").setPassword("accp");
        RedissonClient redisson = Redisson.create(config);

        RLock lock = redisson.getLock("lock");
        lock.lock();

        for (int i = 0; i < 30; i++) {
            System.out.println(username + " i=" + (i + 1));
            Thread.sleep(1000);
        }

        lock.unlock();
        redisson.shutdown();
    }
}
```

连续运行 3 次以上 Java 类。由于这 3 个类，也就是 3 个进程使用的是同一把分布式锁，因此只有在持有锁的进程释放锁之后，后面的进程才可以在控制台输出，否则呈阻塞等待锁的状态。

3.22 处理慢查询

当 key 对应的 value 存储大量数据，查询时会减慢 Redis 的响应速度，导致 Redis 发生阻塞，最终可能会引起整个 Redis 服务不可用，所以要找到那些导致慢查询的有关命令。

在 redis.conf 配置文件中，主要有两处与慢查询有关的配置。

- slowlog-log-slower-than：当命令执行时间（不包括排队时间）超过该时间时会被记录下来，单位为μs。如下命令就可以记录执行时间超过 30ms 的命令。

```
config set slowlog-log-slower-than 30000
```

上面这个命令也可以在 redis.conf 配置文件中进行配置。

- slowlog-max-len：可以记录慢查询命令的总数。通过下面的命令可以记录最近 200 条慢查询命令。

```
config set slowlog-max-len 200
```

上面这个命令也可以在 redis.conf 配置文件中进行配置。

可以使用如下两个命令获取慢查询的命令。

- slowlog get [len]：获取指定长度的慢查询列表。
- slowlog reset：清空慢查询日志队列。

3.22.1 测试案例

更改 redis.conf 配置文件中的配置如下。

第 3 章 String 类型命令

```
slowlog-log-slower-than 100
slowlog-max-len 128
```

创建产生数据的测试类，代码如下。

```java
public class Test38 {
    private static Pool pool = new Pool(new PoolConfig(), "192.168.1.103", 7777, 5000, "accp");

    public static void main(String[] args) {
         = null;
        try {
             = pool.getResource();
            .flushAll();

            StringBuffer setString = new StringBuffer();
            {
                for (int i = 0; i < 10; i++) {
                    setString.append(i + 1);
                }
                .set("a", setString.toString());
            }

            setString = new StringBuffer();
            {
                for (int i = 0; i < 100; i++) {
                    setString.append(i + 1);
                }
                .set("b", setString.toString());
            }

            setString = new StringBuffer();
            {
                for (int i = 0; i < 1000; i++) {
                    setString.append(i + 1);
                }
                .set("c", setString.toString());
            }

            setString = new StringBuffer();
            {
                for (int i = 0; i < 10000; i++) {
                    setString.append(i + 1);
                }
                .set("d", setString.toString());
            }

            setString = new StringBuffer();
            {
                for (int i = 0; i < 100000; i++) {
                    setString.append(i + 1);
                }
                .set("e", setString.toString());
            }

            setString = new StringBuffer();
            {
                for (int i = 0; i < 1000000; i++) {
                    setString.append(i + 1);
```

```
                }
                .set("f", setString.toString());
        }

    } catch (Exception e) {
        e.printStackTrace();
    } finally {
        if ( != null) {
            .close();
        }
    }
}
```

运行以上 Java 类产生测试用的 key 和 value。

在 Redis 客户端中依次执行如下命令。

```
get a
get b
get c
get d
get e
get f
```

这 6 条 get 命令哪个命令执行得最慢呢？使用如下命令进行获取。

```
127.0.0.1:7777> slowlog get
1) 1) (integer) 0
   2) (integer) 1582630698
   3) (integer) 2518
   4) 1) "get"
      2) "f"
   5) "127.0.0.1:36162"
   6) ""
127.0.0.1:7777> slowlog reset
OK
127.0.0.1:7777> slowlog get
(empty list or set)
127.0.0.1:7777>
```

输出的信息含义如下。

- (integer) 0：慢查询命令的 ID。该 ID 是自增的，只有在 Redis 服务重启时这个 ID 才会重置归 0。
- (integer) 1582630698：慢查询命令执行的时间戳。
- (integer) 2518：慢查询命令执行的耗时，单位为 μs。
- 1) "get"、2) "f"：代表是哪个命令导致的慢查询。
- "127.0.0.1:36162"：Redis 客户端的 IP 地址和端口号。
- ""：Redis 客户端的名称。由于 Redis 客户端没有设置名称，因此值为""。

3.22.2 程序演示

创建测试类代码如下。

```java
public class Test39 {
    private static Pool pool = new Pool(new PoolConfig(), "192.168.1.103", 7777, 5000, "accp");

    public static void main(String[] args) {
         = null;
        try {
             = pool.getResource();

            System.out.println("slowlogLen=" + .slowlogLen());
            System.out.println();
            List<Slowlog> list = .slowlogGet();
            for (int i = 0; i < list.size(); i++) {
                Slowlog log = list.get(i);
                System.out.println("getId=" + log.getId());
                System.out.println("getTimeStamp=" + log.getTimeStamp());
                System.out.println("getExecutionTime=" + log.getExecutionTime());
                List<String> argList = log.getArgs();
                for (int j = 0; j < argList.size(); j++) {
                    String eachValue = argList.get(j);
                    System.out.println("  getArgs=" + eachValue);
                }
                System.out.println();
            }

        } catch (Exception e) {
            e.printStackTrace();
        } finally {
            if ( != null) {
                .close();
            }
        }
    }
}
```

程序运行结果如下。

```
slowlogLen=1

getId=1
getTimeStamp=1582631699
getExecutionTime=476
  getArgs=get
  getArgs=f
```

第 4 章　Hash 类型命令

Redis 中的 Hash 映射是 key 和 value 的映射,其中 value 包括 "field-value 对" 的映射。Hash 数据类型的存储形式如图 4-1 所示。

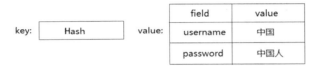

图 4-1　Hash 数据类型的存储形式

Hash 数据类型保持 key-value 对结构,它的 key-value 对个数最多为 $2^{32}-1$ 个。Hash 数据类型中的 key 与普通的 key 一样,具有 TTL 的功能,但 field 没有这个功能。

4.1　hset 和 hget 命令

hset 命令的使用格式如下。

```
hset key field value
```

该命令作用和 Java 中的 HashMap.put(key,value) 方法相似。

hget 命令的使用格式如下。

```
hget key field
```

该命令作用和 Java 中的 HashMap.get(key) 方法相似。

4.1.1　测试案例

测试案例如下。

```
127.0.0.1:7777> del key1
(integer) 1
127.0.0.1:7777> hget key1 a
(nil)
```

```
127.0.0.1:7777> hset key1 a aa
(integer) 1
127.0.0.1:7777> hget key1 a
"aa"
127.0.0.1:7777> hset key1 a aaNewValue
(integer) 0
127.0.0.1:7777> hget key1 a
"aaNewValue"
127.0.0.1:7777>
```

4.1.2 程序演示

```java
public class Test1 {
    private static Pool pool = new Pool(new PoolConfig(), "192.168.61.84", 7777, 5000, "accp");

    public static void main(String[] args) {
         = null;
        try {
             = pool.getResource();
            .flushDB();

            System.out.println(.hget("userinfo1".getBytes(), "username".getBytes()));
            System.out.println(.hget("userinfo1".getBytes(), "password".getBytes()));
            System.out.println(.hget("userinfo1", "age"));
            System.out.println(.hget("userinfo1", "address"));

            System.out.println();

            .hset("userinfo1".getBytes(), "username".getBytes(), "中国".getBytes());
            .hset("userinfo1", "password", "中国人");

            HashMap<byte[], byte[]> map1 = new HashMap<>();
            map1.put("age".getBytes(), "100".getBytes());
            .hset("userinfo1".getBytes(), map1);

            HashMap<String, String> map2 = new HashMap<>();
            map2.put("address", "北京");
            .hset("userinfo1", map2);

            System.out.println(.hget("userinfo1", "username"));
            System.out.println(.hget("userinfo1", "password"));
            System.out.println(.hget("userinfo1", "age"));
            System.out.println(.hget("userinfo1", "address"));

            .hset("userinfo1", "username", "中国人new");
            .hset("userinfo1", "password", "中国人new");
            .hset("userinfo1", "age", "200");
            .hset("userinfo1", "address", "北京new");

            System.out.println();

            System.out.println(.hget("userinfo1", "username"));
            System.out.println(.hget("userinfo1", "password"));
            System.out.println(.hget("userinfo1", "age"));
            System.out.println(.hget("userinfo1", "address"));

        } catch (Exception e) {
```

```
            e.printStackTrace();
        } finally {
            if ( != null) {
                .close();
            }
        }
    }
}
```

程序运行结果如下。

```
null

null
null
null

中国
中国人
100
北京

中国人 new
中国人 new
200
北京 new
```

4.2 hmset 和 hmget 命令

hmset 命令的使用格式如下。

```
hmset key field value [field value ...]
```

该命令用于批量添加 field 和 value。

hmget 命令的使用格式如下。

```
hmget key field [field ...]
```

该命令用于批量获取 field 对应的 value。

4.2.1 测试案例

测试案例如下。

```
127.0.0.1:7777> del key1
(integer) 1
127.0.0.1:7777> hmset key1 a aa b bb c cc
OK
127.0.0.1:7777> hmget key1 a b c
1) "aa"
2) "bb"
3) "cc"
127.0.0.1:7777>
```

4.2.2 程序演示

```java
public class Test2 {
    private static Pool pool = new Pool(new PoolConfig(), "192.168.61.84", 7777, 5000, "accp");

    public static void main(String[] args) {
         = null;
        try {
             = pool.getResource();
            .flushDB();

            HashMap<byte[], byte[]> map1 = new HashMap<>();
            map1.put("username".getBytes(), "username1".getBytes());
            map1.put("password".getBytes(), "password1".getBytes());
            map1.put("age".getBytes(), "age1".getBytes());
            map1.put("address".getBytes(), "address1".getBytes());

            HashMap<String, String> map2 = new HashMap<>();
            map2.put("username", "username2");
            map2.put("password", "password2");
            map2.put("age", "age2");
            map2.put("address", "address2");

            .hmset("userinfo1".getBytes(), map1);
            .hmset("userinfo2", map2);

            List<byte[]> listByteArray = .hmget("userinfo1".getBytes(), "username".getBytes(),
                    "password".getBytes(), "age".getBytes(), "address".getBytes());
            List<String> listStringArray = .hmget("userinfo2", "username", "password", "age", "address");

            for (int i = 0; i < listByteArray.size(); i++) {
                System.out.println(new String(listByteArray.get(i)));
            }

            System.out.println();

            for (int i = 0; i < listStringArray.size(); i++) {
                System.out.println(listStringArray.get(i));
            }
        } catch (Exception e) {
            e.printStackTrace();
        } finally {
            if ( != null) {
                .close();
            }
        }
    }
}
```

程序运行结果如下。

```
username1
password1
age1
address1
```

```
username2
password2
age2
address2
```

4.3 hlen 命令

使用格式如下。

```
hlen key
```

该命令用于返回 field 的个数。

4.3.1 测试案例

测试案例如下。

```
127.0.0.1:7777> del key1
(integer) 1
127.0.0.1:7777> hset key1 a aa
(integer) 1
127.0.0.1:7777> hset key1 b bb
(integer) 1
127.0.0.1:7777> hset key1 c cc
(integer) 1
127.0.0.1:7777> hlen key1
(integer) 3
127.0.0.1:7777>
```

4.3.2 程序演示

```java
public class Test3 {
    private static Pool pool = new Pool(new PoolConfig(), "192.168.61.84", 7777, 5000, "accp");

    public static void main(String[] args) {
         = null;
        try {
             = pool.getResource();
            .flushDB();

            .hset("userinfo", "username", "中国人new");
            .hset("userinfo", "password", "中国人new");
            .hset("userinfo", "age", "200");
            .hset("userinfo", "address", "北京new");

            System.out.println(.hlen("userinfo".getBytes()));
            System.out.println(.hlen("userinfo"));

        } catch (Exception e) {
            e.printStackTrace();
        } finally {
            if ( != null) {
                .close();
            }
        }
    }
}
```

        }
    }

程序运行结果如下。

    4
    4

4.4 hdel 命令

使用格式如下。

```
hdel key field [field ...]
```

该命令用于删除 key 中的 field。

4.4.1 测试案例

测试案例如下。

```
127.0.0.1:7777> flushdb
OK
127.0.0.1:7777> hset userinfo username usernamevalue
1
127.0.0.1:7777> hset userinfo password passwordvalue
1
127.0.0.1:7777> hset userinfo age agevalue
1
127.0.0.1:7777> hset userinfo address addressvalue
1
127.0.0.1:7777> hget userinfo username
usernamevalue
127.0.0.1:7777> hget userinfo password
passwordvalue
127.0.0.1:7777> hget userinfo age
agevalue
127.0.0.1:7777> hget userinfo address
addressvalue
127.0.0.1:7777> hlen userinfo
4
127.0.0.1:7777> hdel userinfo nofield
0
127.0.0.1:7777> hlen userinfo
4
127.0.0.1:7777> hdel userinfo address
1
127.0.0.1:7777> hlen userinfo
3
127.0.0.1:7777> hget userinfo username
usernamevalue
127.0.0.1:7777> hget userinfo password
passwordvalue
127.0.0.1:7777> hget userinfo age
agevalue
127.0.0.1:7777> hget userinfo address
```

4.4.2 程序演示

```java
public class Test4 {
    private static Pool pool = new Pool(new PoolConfig(), "192.168.61.84", 7777, 5000, "accp");

    public static void main(String[] args) {
         = null;
        try {
             = pool.getResource();
            .flushDB();

            .hset("userinfo", "username", "中国人 new");
            .hset("userinfo", "password", "中国人 new");
            .hset("userinfo", "age", "200");
            .hset("userinfo", "address", "北京 new");

            System.out.println(.hlen("userinfo"));

            .hdel("userinfo".getBytes(), "username".getBytes());
            .hdel("userinfo", "password");

            System.out.println(.hlen("userinfo"));

            System.out.println(.hdel("userinfo", "nofield"));

            System.out.println(.hlen("userinfo"));

            System.out.println();

            System.out.println(.hget("userinfo", "username"));
            System.out.println(.hget("userinfo", "password"));
            System.out.println(.hget("userinfo", "age"));
            System.out.println(.hget("userinfo", "address"));

        } catch (Exception e) {
            e.printStackTrace();
        } finally {
            if ( != null) {
                .close();
            }
        }
    }
}
```

程序运行结果如下。

```
4
2
0
2

null
null
200
```

北京 new

4.5 hexists 命令

使用格式如下。

```
hexists key field
```

如果 key 对应的 value 中包括指定的 field，则返回 1；否则返回 0。

4.5.1 测试案例

测试案例如下。

```
127.0.0.1:7777> del key1
(integer) 1
127.0.0.1:7777> hexists key1 a
(integer) 0
127.0.0.1:7777> hset key1 a aa
(integer) 1
127.0.0.1:7777> hexists key1 a
(integer) 1
127.0.0.1:7777> hexists keyNoExists a
(integer) 0
127.0.0.1:7777>
```

4.5.2 程序演示

```
public class Test5 {
    private static Pool pool = new Pool(new PoolConfig(), "192.168.61.84", 7777, 5000, "accp");

    public static void main(String[] args) {
         = null;
        try {
             = pool.getResource();
            .flushDB();

            System.out.println(.hexists("userinfo".getBytes(), "username".getBytes()));
            System.out.println(.hexists("userinfo", "username"));

            .hset("userinfo", "username", "中国人 new");

            System.out.println(.hexists("userinfo", "username"));
            System.out.println(.hexists("userinfo", "password"));
        } catch (Exception e) {
            e.printStackTrace();
        } finally {
            if ( != null) {
                .close();
            }
        }
    }
}
```

程序运行结果如下。

```
false
false
true
false
```

4.6 hincrby 和 hincrbyfloat 命令

hincrby 命令的使用格式如下。

```
hincrby key field increment
```

该命令用于对 field 的值进行整数自增，field 的范围是 64bit 有符号整数。

hincrbyfloat 命令的使用格式如下。

```
hincrbyfloat key field increment
```

该命令用于对 field 的值进行浮点数自增。

4.6.1 测试案例

测试案例如下。

```
127.0.0.1:7777> del key1
(integer) 1
127.0.0.1:7777> hset key1 a 123
(integer) 1
127.0.0.1:7777> hincrby key1 a 1000
(integer) 1123
127.0.0.1:7777> hget key1 a
"1123"
127.0.0.1:7777> hincrbyfloat key1 a 0.456
"1123.45599999999999996"
127.0.0.1:7777> hget key1 a
"1123.45599999999999996"
127.0.0.1:7777>
```

hincrby 和 hincrbyfloat 命令输出精度都固定为小数点后 17 位。

4.6.2 程序演示

```
public class Test6 {
    private static Pool pool = new Pool(new PoolConfig(), "192.168.61.84", 7777, 5000, "accp");

    public static void main(String[] args) {
         = null;
        try {
             = pool.getResource();
            .flushDB();

            .hset("userinfo", "age1", "100");

            .hincrBy("userinfo".getBytes(), "age1".getBytes(), 100);
```

```
                .hincrBy("userinfo", "age1", 100);
                System.out.println(.hget("userinfo", "age1"));

                .hset("userinfo", "age2", "1000");
                .hincrByFloat("userinfo".getBytes(), "age2".getBytes(), 0.456);
                System.out.println(.hget("userinfo", "age2"));

                .hset("userinfo", "age3", "1000");
                .hincrByFloat("userinfo", "age3", 0.456);
                System.out.println(.hget("userinfo", "age3"));
            } catch (Exception e) {
                e.printStackTrace();
            } finally {
                if ( != null) {
                    .close();
                }
            }
        }
    }
```

程序运行结果如下。

```
300
1000.45600000000000002
1000.45600000000000002
```

4.7　hgetall 命令

使用格式如下。

```
hgetall key
```

该命令用于取得所有 field 和对应的 value。如果 field 和 value 个数很多，则该命令会阻塞 Redis 服务器。建议 field 的个数不要超过 5000。

4.7.1　测试案例

测试案例如下。

```
127.0.0.1:7777> del key1
(integer) 1
127.0.0.1:7777> hset key1 a aa
(integer) 1
127.0.0.1:7777> hset key1 b bb
(integer) 1
127.0.0.1:7777> hset key1 c cc
(integer) 1
127.0.0.1:7777> hgetall key1
1) "a"
2) "aa"
3) "b"
4) "bb"
5) "c"
6) "cc"
127.0.0.1:7777>
```

4.7.2 程序演示

```java
public class Test7 {
    private static Pool pool = new Pool(new PoolConfig(), "192.168.61.84", 7777, 5000, "accp");

    public static void main(String[] args) {
         = null;
        try {
             = pool.getResource();
            .flushDB();

            .hset("userinfo1", "username", "中国人");
            .hset("userinfo1", "password", "中国人");
            .hset("userinfo1", "age", "100");
            .hset("userinfo1", "address", "北京");
            Map<byte[], byte[]> map1 = .hgetAll("userinfo1".getBytes());
            Map<String, String> map2 = .hgetAll("userinfo1");

            Iterator<byte[]> iterator1 = map1.keySet().iterator();
            while (iterator1.hasNext()) {
                byte[] byteArray = iterator1.next();
                String key = new String(byteArray);
                String value = new String(map1.get(byteArray));
                System.out.println(key + " " + value);
            }
            System.out.println();
            Iterator<String> iterator2 = map2.keySet().iterator();
            while (iterator2.hasNext()) {
                String key = iterator2.next();
                String value = map2.get(key);
                System.out.println(key + " " + value);
            }
        } catch (Exception e) {
            e.printStackTrace();
        } finally {
            if ( != null) {
                .close();
            }
        }
    }
}
```

程序运行结果如下。

```
address 北京
password 中国人
username 中国人
age 100

password 中国人
age 100
username 中国人
address 北京
```

4.8 hkeys 和 hvals 命令

hkeys 命令的使用格式如下。

```
hkeys key
```

该命令用于取得所有的 field，field 应该称为 hfields 更恰当。

hvals 命令的使用格式如下。

```
hvals key
```

该命令用于取得 key 对应的所有 value。

4.8.1 测试案例

测试案例如下。

```
127.0.0.1:7777> del key1
(integer) 1
127.0.0.1:7777> hset key1 a aa
(integer) 1
127.0.0.1:7777> hset key1 b bb
(integer) 1
127.0.0.1:7777> hset key1 c cc
(integer) 1
127.0.0.1:7777> hkeys key1
1) "a"
2) "b"
3) "c"
127.0.0.1:7777> hvals key1
1) "aa"
2) "bb"
3) "cc"
127.0.0.1:7777>
```

4.8.2 程序演示

```
public class Test8 {
    private static Pool pool = new Pool(new PoolConfig(), "192.168.61.84", 7777, 5000, "accp");

    public static void main(String[] args) {
         = null;
        try {
             = pool.getResource();
            .flushDB();

            .hset("userinfo1", "username", "中国人");
            .hset("userinfo1", "password", "中国人");
            .hset("userinfo1", "age", "100");
            .hset("userinfo1", "address", "北京");

            Set<byte[]> set1 = .hkeys("userinfo1".getBytes());
            Set<String> set2 = .hkeys("userinfo1");

            List<byte[]> list1 = .hvals("userinfo1".getBytes());
            List<String> list2 = .hvals("userinfo1");

            Iterator<byte[]> iterator1 = set1.iterator();
            while (iterator1.hasNext()) {
                byte[] byteArray = iterator1.next();
                String fieldName = new String(byteArray);
```

```
                System.out.println(fieldName);
            }
            System.out.println();
            Iterator<String> iterator2 = set2.iterator();
            while (iterator2.hasNext()) {
                String fieldName = iterator2.next();
                System.out.println(fieldName);
            }
            System.out.println();
            for (int i = 0; i < list1.size(); i++) {
                System.out.println(new String(list1.get(i)));
            }
            System.out.println();
            for (int i = 0; i < list2.size(); i++) {
                System.out.println(list2.get(i));
            }
        } catch (Exception e) {
            e.printStackTrace();
        } finally {
            if ( != null) {
                .close();
            }
        }
    }
}
```

程序运行结果如下。

```
username
password
age
address

password
age
username
address

中国人
中国人
100
北京

中国人
100
中国人
北京
```

4.9　hsetnx 命令

使用格式如下。

```
hsetnx key field value
```

只有当 field 不存在时,才保存 value;如果 field 存在,则不进行任何操作。

4.9.1 测试案例

测试案例如下。

```
127.0.0.1:7777> del key1
(integer) 1
127.0.0.1:7777> hsetnx key1 a aa
(integer) 1
127.0.0.1:7777> hget key1 a
"aa"
127.0.0.1:7777> hsetnx key1 a aaNewValue
(integer) 0
127.0.0.1:7777> hget key1 a
"aa"
127.0.0.1:7777>
```

4.9.2 程序演示

```java
public class Test9 {
    private static Pool pool = new Pool(new PoolConfig(), "192.168.61.84", 7777, 5000, "accp");

    public static void main(String[] args) {
         = null;
        try {
             = pool.getResource();
            .flushDB();

            .hsetnx("userinfo1", "username", "中国人旧值");
            .hsetnx("userinfo1", "username", "中国人新值");

            System.out.println(.hget("userinfo1", "username"));
        } catch (Exception e) {
            e.printStackTrace();
        } finally {
            if ( != null) {
                .close();
            }
        }
    }
}
```

程序运行结果如下。

中国人旧值

4.10 hstrlen 命令

使用格式如下。

```
hstrlen key field
```

该命令用于返回 field 存储的 value 字符串长度。

4.10.1 测试案例

测试案例如下如下。

```
127.0.0.1:7777> del key1
(integer) 1
127.0.0.1:7777> hset key1 a 123456abc
(integer) 1
127.0.0.1:7777> hstrlen key1 a
(integer) 9
127.0.0.1:7777>
```

4.10.2 程序演示

```java
public class Test10 {
    private static Pool pool = new Pool(new PoolConfig(), "192.168.61.84", 7777, 5000, "accp");

    public static void main(String[] args) {
         = null;
        try {
             = pool.getResource();
            .flushDB();

            .hset("userinfo1", "username", "中国人");
            System.out.println(.hstrlen("userinfo1".getBytes(), "username".getBytes()));
            System.out.println(.hstrlen("userinfo1", "username"));
        } catch (Exception e) {
            e.printStackTrace();
        } finally {
            if ( != null) {
                .close();
            }
        }
    }
}
```

程序运行结果如下。

```
9
9
```

4.11 hscan 命令

使用格式如下。

```
hscan key cursor [MATCH pattern] [COUNT count]
```

该命令用于以多次迭代的方式将 Hash（散列）中的数据取出。

hscan 命令是一个基于游标的迭代器，代表在每次调用此命令时服务器都会返回一个更新的游标值，用户需要使用该游标值作为游标参数才可以执行下一次迭代。当游标值设置为 0 时开始迭代，当服务器返回的游标值为 0 时停止迭代。

4.11.1 测试案例

使用 Java 生成散列中的数据，代码如下。

```java
public class Test11 {
    public static void main(String[] args) throws IOException {
        String myString1 = "";
        for (int i = 1; i <= 300; i++) {
            myString1 = myString1 + " " + i + " " + i + "" + i;
        }
        myString1 = myString1.substring(1);

        String myString2 = "";
        for (int i = 301; i <= 600; i++) {
            myString2 = myString2 + " " + i + " " + i + "" + i;
        }
        myString2 = myString2.substring(1);

        String myString3 = "";
        for (int i = 601; i <= 900; i++) {
            myString3 = myString3 + " " + i + " " + i + "" + i;
        }
        myString3 = myString3.substring(1);

        FileWriter fileWriter1 = new FileWriter("c:\\abc\\abc1.txt");
        fileWriter1.write(myString1);
        fileWriter1.close();

        FileWriter fileWriter2 = new FileWriter("c:\\abc\\abc2.txt");
        fileWriter2.write(myString2);
        fileWriter2.close();

        FileWriter fileWriter3 = new FileWriter("c:\\abc\\abc3.txt");
        fileWriter3.write(myString3);
        fileWriter3.close();
    }
}
```

运行后，数据就在 3 个 .txt 文件中。

测试案例如下。

```
127.0.0.1:7777> flushdb
(integer) 0
```

然后执行 3 次 hmset 命令来添加 900 个数据。

```
127.0.0.1:7777> hlen userinfo
900
127.0.0.1:7777>
```

再执行如下命令迭代散列中的 field 和 value。

```
127.0.0.1:7777> hscan userinfo 0
960
814
814814
773
```

```
773773
791
791791
639
639639
888
888888
12
1212
682
682682
150
150150
324
324324
357
357357
127.0.0.1:7777> hscan userinfo 960
480
870
870870
349
349349
569
569569
681
681681
355
355355
627
627627
669
669669
363
363363
865
865865
820
820820
456
456456
127.0.0.1:7777>
```

直到 hscan 命令返回 0 为止。

注意：如果散列内部的编码类型是 ZipList，则 count 参数将被忽略。

4.11.2 程序演示

```
public class Test12 {
    private static Pool pool = new Pool(new PoolConfig(), "192.168.61.84", 7777, 5000, "accp");

    public static void main(String[] args) {
         = null;
        try {
             = pool.getResource();
```

```
                ScanResult<Entry<byte[], byte[]>> scanResult1 = .hscan("userinfo".getBytes(),
"0".getBytes());
                byte[] cursors1 = null;
                do {
                    List<Entry<byte[], byte[]>> list = scanResult1.getResult();
                    for (int i = 0; i < list.size(); i++) {
                        Entry entry = list.get(i);
                        System.out
                                .println(new String((byte[]) entry.getKey()) + " " + new
String((byte[]) entry.getValue()));
                    }
                    cursors1 = scanResult1.getCursorAsBytes();
                    scanResult1 = .hscan("userinfo".getBytes(), cursors1);
                } while (!new String(cursors1).equals("0"));

                ScanResult<Entry<String, String>> scanResult2 = .hscan("userinfo", "0");
                String cursors2 = null;
                do {
                    List<Entry<String, String>> list = scanResult2.getResult();
                    for (int i = 0; i < list.size(); i++) {
                        Entry entry = list.get(i);
                        System.out.println(entry.getKey() + " " + entry.getValue());
                    }
                    cursors2 = scanResult2.getCursor();
                    scanResult2 = .hscan("userinfo", cursors2);
                } while (!new String(cursors2).equals("0"));

        } catch (Exception e) {
            e.printStackTrace();
        } finally {
            if ( != null) {
                .close();
            }
        }
    }
}
```

程序运行后在控制台输出 1800 行的信息。

4.12 使用 sort 命令对散列进行排序

对散列中指定的 field 进行排序。

4.12.1 测试案例

测试案例如下。

```
127.0.0.1:7777> flushdb
OK
127.0.0.1:7777> rpush userId 1 2 3
3
127.0.0.1:7777> hmset hashkey1 name A age 100
OK
127.0.0.1:7777> hmset hashkey2 name B age 50
```

```
OK
127.0.0.1:7777> hmset hashkey3 name C age 1
OK
127.0.0.1:7777> sort userId by hashkey*->age
3
2
1
127.0.0.1:7777> sort userId by hashkey*->age DESC
1
2
3
127.0.0.1:7777> sort userId by hashkey*->age get hashkey*->name
C
B
A
127.0.0.1:7777> sort userId by hashkey*->age get hashkey*->name DESC
A
B
C
127.0.0.1:7777> sort userId by hashkey*->age get # get hashkey*->name
3
C
2
B
1
A
127.0.0.1:7777> sort userId by hashkey*->age get # get hashkey*->name DESC
1
A
2
B
3
C
127.0.0.1:7777>
```

rpush 命令用于向 key 中存储数字 1、2 和 3，数据类型是 List，示例代码如下。

```
rpush userId 1 2 3
```

4.12.2 程序演示

```java
public class Test13 {
    private static Pool pool = new Pool(new PoolConfig(), "192.168.61.84", 7777, 5000, "accp");

    public static void main(String[] args) {
        = null;
        try {
            = pool.getResource();

            .flushDB();

            .rpush("userId", "1", "2", "3");

            .hset("userinfo1", "username", "A");
            .hset("userinfo1", "age", "100");

            .hset("userinfo2", "username", "B");
```

```java
            .hset("userinfo2", "age", "50");

            .hset("userinfo3", "username", "C");
            .hset("userinfo3", "age", "1");

            SortingParams params1 = new SortingParams();
            params1.by("userinfo*->age");
            List<String> list1 = .sort("userId", params1);
            for (int i = 0; i < list1.size(); i++) {
                System.out.println(list1.get(i));
            }
            System.out.println();
            SortingParams params2 = new SortingParams();
            params2.by("userinfo*->age");
            params2.desc();
            List<String> list2 = .sort("userId", params2);
            for (int i = 0; i < list2.size(); i++) {
                System.out.println(list2.get(i));
            }
            System.out.println();
            SortingParams params3 = new SortingParams();
            params3.by("userinfo*->age");
            params3.get("userinfo*->username");
            List<String> list3 = .sort("userId", params3);
            for (int i = 0; i < list3.size(); i++) {
                System.out.println(list3.get(i));
            }
            System.out.println();
            SortingParams params4 = new SortingParams();
            params4.by("userinfo*->age");
            params4.get("userinfo*->username");
            params4.desc();
            List<String> list4 = .sort("userId", params4);
            for (int i = 0; i < list4.size(); i++) {
                System.out.println(list4.get(i));
            }
            System.out.println();
            SortingParams params5 = new SortingParams();
            params5.by("userinfo*->age");
            params5.get("#", "userinfo*->username");
            List<String> list5 = .sort("userId", params5);
            for (int i = 0; i < list5.size(); i++) {
                System.out.println(list5.get(i));
            }
            System.out.println();
            SortingParams params6 = new SortingParams();
            params6.by("userinfo*->age");
            params6.get("#", "userinfo*->username");
            params6.desc();
            List<String> list6 = .sort("userId", params6);
            for (int i = 0; i < list6.size(); i++) {
                System.out.println(list6.get(i));
            }
        } catch (Exception e) {
            e.printStackTrace();
        } finally {
            if ( != null) {
                .close();
```

            }
         }
      }
}

程序运行结果如下。

```
3
2
1

1
2
3

C
B
A

A
B
C

3
C
2
B
1
A

1
A
2
B
3
C
```

第 5 章 List 类型命令

List 类型命令主要用于处理列表，相当于 Java 中的 LinkedList，其插入和删除速度非常快，但根据索引的定位速度就很慢。

以 List 数据类型存储的元素具有有序性，元素可以重复，可以对列表的头部和尾部进行元素的添加与弹出，可以向前或向后进行双向遍历。

List 数据类型可以用作队列：先进先出，具有 FIFO 特性。

List 数据类型可以用作栈：先进后出，具有 FILO 特性。

List 数据类型可以用作任务队列，将需要延后处理的任务放入列表中，使用新的线程按顺序读取列表中的任务并进行处理。任务队列可以使用具有阻塞特性的 blpop 或 brpop 命令实现。

一个 List 数据类型最多可以存储 $2^{32}-1$ 个元素。

List 数据类型的存储形式如图 5-1 所示。

图 5-1　List 数据类型的存储形式

5.1　rpush、llen 和 lrange 命令

rpush 命令的使用格式如下。

```
rpush key value [value ...]
```

该命令用于向列表尾部添加一个或多个元素，类似于 Java 中的 ArrayList.add(object)方法，但 rpush 命令一次可以增加多个元素。

llen 命令的使用格式如下。

```
llen key
```

该命令用于获取列表中元素的个数。

5.1 rpush、llen 和 lrange 命令

lrange 命令的使用格式如下。

```
lrange key start stop
```

该命令用于使用偏移量返回列表的全部或部分元素，偏移量的值从 0 开始作为索引值，其中 0 代表列表的第一个元素，1 代表下一个元素，依此类推。

偏移量也可以是负数，代表从列表尾部开始的偏移量，如 −1 代表列表的最后一个元素，−2 代表倒数第二个元素，依此类推。

5.1.1 测试案例

测试案例如下。

```
127.0.0.1:7777> del key1
(integer) 1
127.0.0.1:7777> rpush key1 a b c
(integer) 3
127.0.0.1:7777> llen key1
(integer) 3
127.0.0.1:7777> rpush key1 d
(integer) 4
127.0.0.1:7777> llen key1
(integer) 4
127.0.0.1:7777> lrange key1 0 -1
1) "a"
2) "b"
3) "c"
4) "d"
127.0.0.1:7777>
```

5.1.2 程序演示

```java
public class Test1 {
    private static Pool pool = new Pool(new PoolConfig(), "192.168.61.84", 7777, 5000, "accp");

    public static void main(String[] args) {
         = null;
        try {
             = pool.getResource();
            .flushDB();

            .rpush("mylist1".getBytes(), "1".getBytes(), "2".getBytes());
            .rpush("mylist2", "a", "b");
            System.out.println(.llen("mylist1".getBytes()));
            System.out.println(.llen("mylist2"));

            System.out.println();

            .rpush("mylist1".getBytes(), "3".getBytes());
            .rpush("mylist2", "c");
            System.out.println(.llen("mylist1".getBytes()));
            System.out.println(.llen("mylist2"));

            System.out.println();
```

```
            List<byte[]> list1 = .lrange("mylist1".getBytes(), 0, -1);
            for (int i = 0; i < list1.size(); i++) {
                System.out.println(new String(list1.get(i)));
            }

            System.out.println();

            List<String> list2 = .lrange("mylist2", 0, -1);
            for (int i = 0; i < list2.size(); i++) {
                System.out.println(list2.get(i));
            }

        } catch (Exception e) {
            e.printStackTrace();
        } finally {
            if ( != null) {
                .close();
            }
        }
    }
}
```

程序运行结果如下。

```
2
2

3
3

1
2
3

a
b
c
```

5.2 rpushx 命令

使用格式如下。

```
rpushx key value
```

该命令用于仅在 key 已经存在并被包括在列表中的情况下,才在列表尾部插入元素。与 rpush 命令相反,当 key 不存在时,rpushx 命令不执行任何操作。

5.2.1 测试案例

测试案例如下。

```
127.0.0.1:7777> del key1
(integer) 1
127.0.0.1:7777> rpushx key1 a b c
(integer) 0
```

```
127.0.0.1:7777> rpush key1 a b c
(integer) 3
127.0.0.1:7777> rpushx key1 d
(integer) 4
127.0.0.1:7777> llen key1
(integer) 4
127.0.0.1:7777> lrange key1 0 -1
1) "a"
2) "b"
3) "c"
4) "d"
127.0.0.1:7777>
```

5.2.2 程序演示

```java
public class Test2 {
    private static Pool pool = new Pool(new PoolConfig(), "192.168.61.84", 7777, 5000, "accp");

    public static void main(String[] args) {
         = null;
        try {
             = pool.getResource();
            .flushDB();

            .rpushx("mylist1".getBytes(), "1".getBytes(), "2".getBytes());
            .rpushx("mylist1", "3", "4");

            System.out.println("1 begin");
            List<String> list2 = .lrange("mylist2", 0, -1);
            for (int i = 0; i < list2.size(); i++) {
                System.out.println(list2.get(i));
            }
            System.out.println("1  end");

            .rpush("mylist1", "1", "2");
            .rpush("mylist1", "3", "4");

            .rpushx("mylist1", "5", "6");

            System.out.println();

            List<String> list = .lrange("mylist1", 0, -1);
            for (int i = 0; i < list.size(); i++) {
                System.out.println(list.get(i));
            }
        } catch (Exception e) {
            e.printStackTrace();
        } finally {
            if ( != null) {
                .close();
            }
        }
    }
}
```

程序运行结果如下。

```
1 begin
1   end

1
2
3
4
5
6
```

5.3　lpush 命令

使用格式如下。

```
lpush key value [value ...]
```

该命令用于向列表头部添加一个或多个元素。

5.3.1　测试案例

测试案例如下。

```
127.0.0.1:7777> del key1
(integer) 1
127.0.0.1:7777> rpush key1 a b c
(integer) 3
127.0.0.1:7777> lrange key1 0 -1
1) "a"
2) "b"
3) "c"
127.0.0.1:7777> lpush key1 3 2 1
(integer) 6
127.0.0.1:7777> lrange key1 0 -1
1) "1"
2) "2"
3) "3"
4) "a"
5) "b"
6) "c"
127.0.0.1:7777>
```

5.3.2　程序演示

```
public class Test3 {
    private static Pool pool = new Pool(new PoolConfig(), "192.168.61.84", 7777, 5000, "accp");

    public static void main(String[] args) {
        = null;
        try {
            = pool.getResource();
            .flushDB();

            .rpush("mylist1", "4", "5", "6");
```

```
            .lpush("mylist1".getBytes(), "3".getBytes(), "2".getBytes(), "1".getBytes());
            .lpush("mylist1", "c", "b", "a");

            List<String> list = .lrange("mylist1", 0, -1);
            for (int i = 0; i < list.size(); i++) {
                System.out.println(list.get(i));
            }

        } catch (Exception e) {
            e.printStackTrace();
        } finally {
            if ( != null) {
                .close();
            }
        }
    }
}
```

程序运行结果如下。

```
a
b
c
1
2
3
4
5
6
```

5.4 lpushx 命令

使用格式如下。

```
lpushx key value
```

该命令用于仅在 key 已经存在并包括于列表的情况下，才在列表头部插入元素。与 lpush 命令相反，当 key 不存在时，lpushx 命令将不执行任何操作。

5.4.1 测试案例

测试案例如下。

```
127.0.0.1:7777> del key1
(integer) 1
127.0.0.1:7777> lpushx key1 3 2 1
(integer) 0
127.0.0.1:7777> lpush key1 3 2 1
(integer) 3
127.0.0.1:7777> lrange key1 0 -1
1) "1"
2) "2"
3) "3"
127.0.0.1:7777> lpushx key1 c b a
(integer) 6
```

```
127.0.0.1:7777> lrange key1 0 -1
1) "a"
2) "b"
3) "c"
4) "1"
5) "2"
6) "3"
127.0.0.1:7777>
```

5.4.2 程序演示

```java
public class Test4 {
    private static Pool pool = new Pool(new PoolConfig(), "192.168.61.84", 7777, 5000, "accp");

    public static void main(String[] args) {
         = null;
        try {
             = pool.getResource();
            .flushDB();

            .lpushx("mylist".getBytes(), "3".getBytes(), "2".getBytes(), "1".getBytes());
            .lpushx("mylist", "9", "8", "7");

            System.out.println(.llen("mylist"));

            .lpush("mylist", "z", "y", "x");

            System.out.println(.llen("mylist"));

            .lpushx("mylist".getBytes(), "3".getBytes(), "2".getBytes(), "1".getBytes());
            .lpushx("mylist", "9", "8", "7");

            System.out.println(.llen("mylist"));

            System.out.println();

            List<String> list = .lrange("mylist", 0, -1);
            for (int i = 0; i < list.size(); i++) {
                System.out.println(list.get(i));
            }

        } catch (Exception e) {
            e.printStackTrace();
        } finally {
            if ( != null) {
                .close();
            }
        }
    }
}
```

程序运行结果如下。

```
0
3
9
```

7
8
9
1
2
3
x
y
z

5.5 rpop 命令

使用格式如下。

```
rpop key
```

该命令用于删除并返回存于 key 对应的列表的最后一个元素。

5.5.1 测试案例

测试案例如下。

```
127.0.0.1:7777> del key1
(integer) 1
127.0.0.1:7777> rpush key1 a b c
(integer) 3
127.0.0.1:7777> rpop key1
"c"
127.0.0.1:7777> lrange key1 0 -1
1) "a"
2) "b"
127.0.0.1:7777>
```

5.5.2 程序演示

```java
public class Test5 {
    private static Pool pool = new Pool(new PoolConfig(), "192.168.61.84", 7777, 5000, "accp");

    public static void main(String[] args) {
         = null;
        try {
             = pool.getResource();
            .flushDB();

            .rpush("mylist", "1", "2", "3", "4", "5");

            System.out.println(.llen("mylist"));

            System.out.println(new String(.rpop("mylist".getBytes())));
            System.out.println(.rpop("mylist"));

            System.out.println(.llen("mylist"));

            System.out.println();
```

```
                List<String> list = .lrange("mylist", 0, -1);
                for (int i = 0; i < list.size(); i++) {
                    System.out.println(list.get(i));
                }

        } catch (Exception e) {
            e.printStackTrace();
        } finally {
            if ( != null) {
                .close();
            }
        }
    }
}
```

程序运行结果如下。

```
5
5
4
3

1
2
3
```

5.6 lpop 命令

使用格式如下。

```
lpop key
```

该命令用于删除并且返回存于 key 对应的列表的第一个元素。

5.6.1 测试案例

测试案例如下。

```
127.0.0.1:7777> del key1
(integer) 1
127.0.0.1:7777> rpush key1 a b c d e f
(integer) 6
127.0.0.1:7777> lrange key1 0 -1
1) "a"
2) "b"
3) "c"
4) "d"
5) "e"
6) "f"
127.0.0.1:7777> lpop key1
"a"
127.0.0.1:7777> lrange key1 0 -1
1) "b"
2) "c"
3) "d"
4) "e"
```

```
5)  "f"
127.0.0.1:7777>
```

5.6.2 程序演示

```java
public class Test6 {
    private static Pool pool = new Pool(new PoolConfig(), "192.168.61.84", 7777, 5000, "accp");

    public static void main(String[] args) {
         = null;
        try {
             = pool.getResource();
            .flushDB();

            .rpush("mylist", "1", "2", "3", "4", "5");

            System.out.println(.llen("mylist"));

            System.out.println(new String(.lpop("mylist".getBytes())));
            System.out.println(.lpop("mylist"));

            System.out.println(.llen("mylist"));

            System.out.println();

            List<String> list = .lrange("mylist", 0, -1);
            for (int i = 0; i < list.size(); i++) {
                System.out.println(list.get(i));
            }

        } catch (Exception e) {
            e.printStackTrace();
        } finally {
            if ( != null) {
                .close();
            }
        }
    }
}
```

程序运行结果如下。

```
5
1
2
3

3
4
5
```

5.7 rpoplpush 命令

使用格式如下。

```
rpoplpush source destination
```

该命令用于原子性地返回并删除存储在源列表的最后一个元素，并将返回的元素存储在目标列表的第一个位置。

5.7.1 测试案例

测试案例如下。

```
127.0.0.1:7777> del key1
(integer) 1
127.0.0.1:7777> del key2
(integer) 1
127.0.0.1:7777> rpush key1 a b c
(integer) 3
127.0.0.1:7777> rpush key2 1 2 3
(integer) 3
127.0.0.1:7777> rpoplpush key1 key2
"c"
127.0.0.1:7777> lrange key1 0 -1
1) "a"
2) "b"
127.0.0.1:7777> lrange key2 0 -1
1) "c"
2) "1"
3) "2"
4) "3"
127.0.0.1:7777>
```

如果源列表和目标列表是同一个，则该操作等效于从列表中删除最后一个元素，并将其作为列表的第一个元素，因此可以将其视为列表旋转命令。

测试案例如下。

```
127.0.0.1:7777> del key1
(integer) 1
127.0.0.1:7777> rpush key1 a b c
(integer) 3
127.0.0.1:7777> lrange key1 0 -1
1) "a"
2) "b"
3) "c"
127.0.0.1:7777> rpoplpush key1 key1
"c"
127.0.0.1:7777> lrange key1 0 -1
1) "c"
2) "a"
3) "b"
127.0.0.1:7777>
```

5.7.2 程序演示

```java
public class Test7 {
    private static Pool pool = new Pool(new PoolConfig(), "192.168.61.84", 7777, 5000, "accp");
    public static void main(String[] args) {
         = null;
```

```java
        try {
             = pool.getResource();
            .flushDB();

            .rpush("mylist1", "1", "2", "3");
            .rpush("mylist2", "a", "b", "c");

            .rpoplpush("mylist1".getBytes(), "mylist2".getBytes());
            .rpoplpush("mylist1", "mylist2");

            List<String> list1 = .lrange("mylist1", 0, -1);
            for (int i = 0; i < list1.size(); i++) {
                System.out.println(list1.get(i));
            }

            System.out.println();

            List<String> list2 = .lrange("mylist2", 0, -1);
            for (int i = 0; i < list2.size(); i++) {
                System.out.println(list2.get(i));
            }

            System.out.println("下面代码测试旋转的效果：");
            // 测试列表旋转命令的效果
            .rpush("mylist3", "1", "2", "3");
            List<String> list3 = null;
            list3 = .lrange("mylist3", 0, -1);
            for (int i = 0; i < list3.size(); i++) {
                System.out.println(list3.get(i));
            }
            System.out.println();
            .rpoplpush("mylist3", "mylist3");
            list3 = .lrange("mylist3", 0, -1);
            for (int i = 0; i < list3.size(); i++) {
                System.out.println(list3.get(i));
            }
            System.out.println();
            .rpoplpush("mylist3", "mylist3");
            list3 = .lrange("mylist3", 0, -1);
            for (int i = 0; i < list3.size(); i++) {
                System.out.println(list3.get(i));
            }
            System.out.println();
            .rpoplpush("mylist3", "mylist3");
            list3 = .lrange("mylist3", 0, -1);
            for (int i = 0; i < list3.size(); i++) {
                System.out.println(list3.get(i));
            }
        } catch (Exception e) {
            e.printStackTrace();
        } finally {
            if ( != null) {
                .close();
            }
        }
    }
}
```

程序运行结果如下。

```
1
2
3
a
b
c
```

下面代码测试旋转的效果：

```
1
2
3

3
1
2

2
3
1

1
2
3
```

5.8 lrem 命令

使用格式如下。

```
lrem key count value
```

该命令用于从 key 对应的列表里删除前 count 次出现的值为 value 的元素。
参数 count 可以有如下几种用法。
- count > 0：从头到尾删除值为 value 的 count 个元素。
- count < 0：从尾到头删除值为 value 的 count 个元素。
- count = 0：删除所有值为 value 的元素。

使用如下命令会从列表中删除最后出现的两个 hello 元素。

```
lrem list -2 "hello"
```

lrem 命令删除时采用绝对等于方式。

5.8.1 测试案例

测试案例如下。

```
127.0.0.1:7777> rpush mykey a hello b hello c hello d hello e hello f hello g hello
14
127.0.0.1:7777> llen mykey
14
```

5.8 lrem 命令

```
127.0.0.1:7777> lrem mykey 3 hello
3
127.0.0.1:7777> lrange mykey 0 -1
a
b
c
d
hello
e
hello
f
hello
g
hello
127.0.0.1:7777> lrem mykey -2 hello
2
127.0.0.1:7777> lrange mykey 0 -1
a
b
c
d
hello
e
hello
f
g
127.0.0.1:7777> lrem mykey 0 hello
2
127.0.0.1:7777> lrange mykey 0 -1
a
b
c
d
e
f
g
127.0.0.1:7777>
```

5.8.2 程序演示

```java
public class Test8 {
    private static Pool pool = new Pool(new PoolConfig(), "192.168.61.84", 7777, 5000, "accp");

    public static void main(String[] args) {
         = null;
        try {
             = pool.getResource();
            .flushDB();

            .rpush("mylist", "a", "hello", "b", "hello", "c", "hello", "d", "hello", "e", "hello", "f", "hello",
                    "g", "hello");

            System.out.println(.llen("mylist"));

            .lrem("mylist".getBytes(), 3, "hello".getBytes());
```

```
        List<String> list1 = .lrange("mylist", 0, -1);
        for (int i = 0; i < list1.size(); i++) {
            System.out.println(list1.get(i));
        }

        System.out.println();

        .lrem("mylist", -2, "hello");

        List<String> list2 = .lrange("mylist", 0, -1);
        for (int i = 0; i < list2.size(); i++) {
            System.out.println(list2.get(i));
        }

        System.out.println();

        .lrem("mylist", 0, "hello");

        List<String> list3 = .lrange("mylist", 0, -1);
        for (int i = 0; i < list3.size(); i++) {
            System.out.println(list3.get(i));
        }
    } catch (Exception e) {
        e.printStackTrace();
    } finally {
        if ( != null) {
            .close();
        }
    }
}
```

程序运行结果如下。

```
14
a
b
c
d
hello
e
hello
f
hello
g
hello

a
b
c
d
hello
e
hello
f
g

a
```

b
c
d
e
f
g

5.9 lset 命令

使用格式如下。

```
lset key index value
```

该命令用于在指定 index 处放置元素，相当于新元素更新旧元素。

5.9.1 测试案例

测试案例如下。

```
127.0.0.1:7777> del key1
(integer) 1
127.0.0.1:7777> rpush key1 1 2 3
(integer) 3
127.0.0.1:7777> lrange key1 0 -1
1) "1"
2) "2"
3) "3"
127.0.0.1:7777> lset key1 0 a
OK
127.0.0.1:7777> lrange key1 0 -1
1) "a"
2) "2"
3) "3"
127.0.0.1:7777>
```

5.9.2 程序演示

```java
public class Test9 {
    private static Pool pool = new Pool(new PoolConfig(), "192.168.61.84", 7777, 5000, "accp");

    public static void main(String[] args) {
         = null;
        try {
             = pool.getResource();
            .flushDB();

            .rpush("mylist", "1", "2", "3");

            .lset("mylist".getBytes(), 0, "a".getBytes());
            .lset("mylist", 1, "b");

            List<String> list1 = .lrange("mylist", 0, -1);
            for (int i = 0; i < list1.size(); i++) {
                System.out.println(list1.get(i));
```

```
                }
            } catch (Exception e) {
                e.printStackTrace();
            } finally {
                if ( != null) {
                    .close();
                }
            }
        }
    }
}
```

程序运行结果如下。

```
a
b
3
```

5.10　ltrim 命令

使用格式如下。

```
ltrim key start stop
```

该命令类似于 String.substring()方法。

参数 start 和 stop 也可以是负数,代表列表末尾的偏移量,其中–1 代表列表的最后一个元素,–2 代表倒数第二个元素,依此类推。

ltri m 命令一个常见用法是和 rpush/lpush 命令一起使用,使用格式如下。

```
lpush mylist someelement
ltrim mylist 0 99
```

这对命令会将一个新的元素添加进列表头部,并保证该列表不会增长到超过 100 个元素,如想创建一个有界队列时会使用到它们。

5.10.1　测试案例

测试案例如下。

```
127.0.0.1:7777> del key1
(integer) 1
127.0.0.1:7777> rpush key1 a b c d
(integer) 4
127.0.0.1:7777> ltrim key1 0 2
OK
127.0.0.1:7777> lrange key1 0 -1
1) "a"
2) "b"
3) "c"
127.0.0.1:7777>
```

5.10.2　程序演示

```
public class Test10 {
```

```java
private static Pool pool = new Pool(new PoolConfig(), "192.168.61.84", 7777, 5000, "accp");
public static void main(String[] args) {
     = null;
    try {
         = pool.getResource();
        .flushDB();

        .rpush("mylist", "1", "2", "3", "4", "5");
        System.out.println(.llen("mylist"));
        .lpush("mylist", "new");
        System.out.println(.llen("mylist"));

        .ltrim("mylist".getBytes(), 0, 4);
        System.out.println(.llen("mylist"));

        .ltrim("mylist", 0, 3);
        System.out.println(.llen("mylist"));

        System.out.println();

        List<String> list1 = .lrange("mylist", 0, -1);
        for (int i = 0; i < list1.size(); i++) {
            System.out.println(list1.get(i));
        }
    } catch (Exception e) {
        e.printStackTrace();
    } finally {
        if ( != null) {
            .close();
        }
    }
}
```

程序运行结果如下。

```
5
6
5
4

new
1
2
3
```

5.11 linsert 命令

使用格式如下。

```
linsert key BEFORE|AFTER pivot value
```

该命令用于在列表中的 pivot 元素之前（BEFORE）或之后（AFTER）插入 value 元素。

5.11.1 测试案例

测试案例如下。

```
127.0.0.1:7777> flushdb
OK
127.0.0.1:7777> rpush mylist a b c c c d
(integer) 6
127.0.0.1:7777> linsert mylist before c X
(integer) 7
127.0.0.1:7777> lrange mylist 0 -1
1) "a"
2) "b"
3) "X"
4) "c"
5) "c"
6) "c"
7) "d"
127.0.0.1:7777> linsert mylist after a AA
(integer) 8
127.0.0.1:7777> lrange mylist 0 -1
1) "a"
2) "AA"
3) "b"
4) "X"
5) "c"
6) "c"
7) "c"
8) "d"
127.0.0.1:7777>
```

5.11.2 程序演示

```java
public class Test11 {
    private static Pool pool = new Pool(new PoolConfig(), "192.168.61.84", 7777, 5000, "accp");

    public static void main(String[] args) {
         = null;
        try {
             = pool.getResource();
            .flushDB();

            .rpush("mylist", "a", "a", "c", "c");
            .linsert("mylist".getBytes(), ListPosition.BEFORE, "a".getBytes(), "newa".getBytes());
            .linsert("mylist", ListPosition.AFTER, "c", "newc");

            List<String> list1 = .lrange("mylist", 0, -1);
            for (int i = 0; i < list1.size(); i++) {
                System.out.println(list1.get(i));
            }
        } catch (Exception e) {
            e.printStackTrace();
        } finally {
            if ( != null) {
                .close();
            }
        }
    }
}
```

程序运行结果如下。

```
newa
a
a
c
newc
c
```

5.12 lindex 命令

使用格式如下。

```
lindex key index
```

该命令用于返回列表中指定 index 的元素。

5.12.1 测试案例

测试案例如下。

```
127.0.0.1:7777> del key1
(integer) 1
127.0.0.1:7777> rpush key1 a b c d
(integer) 4
127.0.0.1:7777> lindex key1 1
"b"
127.0.0.1:7777> lindex key1 -1
"d"
127.0.0.1:7777>
```

5.12.2 程序演示

```java
public class Test12 {
    private static Pool pool = new Pool(new PoolConfig(), "192.168.61.84", 7777, 5000, "accp");

    public static void main(String[] args) {
         = null;
        try {
             = pool.getResource();
            .flushDB();

            .rpush("mylist", "a", "b", "c", "d");

            System.out.println(new String(.lindex("mylist".getBytes(), 0)));
            System.out.println(.lindex("mylist", -1));

        } catch (Exception e) {
            e.printStackTrace();
        } finally {
            if ( != null) {
                .close();
            }
        }
```

        }
    }

程序运行结果如下。

a
d

5.13 blpop 命令

如果使用列表来实现任务队列，那么当队列中没有任务时，客户端需要程序员使用轮询的方式来判断列表中有没有新元素，如果没有则继续轮询。这会造成空运行并且占用 CPU 资源，这种情况可以使用阻塞 BLOCK 版本的 pop 命令来解决。

使用格式如下。

```
blpop key [key ...] timeout
```

它是 lpop 命令的阻塞版本。

使用阻塞版本的相关操作时，如果阻塞的时间过长，Linux 会强制断开闲置的网络连接，释放网络资源。当被强制断开连接时会出现异常，所以要将 catch 和重试机制结合使用。

5.13.1 监测一个 key

当给定列表内没有任何元素时，blpop 命令将被阻塞。

1．测试案例

测试案例如图 5-2 所示。

图 5-2　测试案例（一）

如果所有给定的 key 都不存在或包括空列表，那么 blpop 命令将呈阻塞状态，直到有另一个客户端对指定的 key 执行 lpush 或 rpush 命令而解除阻塞状态。

一旦有新的元素出现在某一个列表里，该命令就会解除阻塞状态，并且返回 key 和弹出的元素值。

2．程序演示

进程 1 的示例代码如下。

```
public class Test13_1 {
    private static Pool pool = new Pool(new PoolConfig(), "192.168.56.11", 6379, 5000, "accp");

    public static void main(String[] args) {
```

5.13 blpop 命令

```
         = null;
    try {
         = pool.getResource();
        .flushDB();
        System.out.println("blpop begin");
        List<String> list = .blpop(0, "mykey1");
        for (int i = 0; i < list.size(); i++) {
            System.out.println("blpop 取得的值: " + list.get(i));
        }
        System.out.println("blpop   end");
    } catch (Exception e) {
        e.printStackTrace();
    } finally {
        if ( != null) {
            .close();
        }
    }
}
```

进程 2 的示例代码如下。

```
public class Test13_2 {
    private static Pool pool = new Pool(new PoolConfig(), "192.168.56.11", 6379, 5000, "accp");

    public static void main(String[] args) {
         = null;
        try {
             = pool.getResource();
            .flushDB();

            .rpush("mykey1", "a", "b", "c", "d");

            List<String> list1 = .lrange("mykey1", 0, -1);
            for (int i = 0; i < list1.size(); i++) {
                System.out.println(list1.get(i));
            }

        } catch (Exception e) {
            e.printStackTrace();
        } finally {
            if ( != null) {
                .close();
            }
        }
    }
}
```

运行类 Test13_1.java，控制台输出结果如下。

```
blpop begin
```

进程呈阻塞状态。

运行类 Test13_2.java，控制台输出结果如下。

```
b
c
d
```

运行类 Test13_1.java，控制台输出结果如下。

```
blpop begin
blpop 取得的值：mykey1
blpop 取得的值：a
blpop  end
```

5.13.2 监测多个 key

当指定多个 key 时，按 key 的先后顺序依次检查各个列表，弹出第一个非空列表的第一个（头）元素。

当 blpop 命令被调用时，如果给定多个 key 中至少有一个列表是非空的，那么弹出并删除第一个非空列表的头元素，将弹出的头元素和所属的 key 一起返回给调用者。当指定多个 key 时，blpop 命令按 key 排列的先后顺序依次检查各个列表，如假设 key 的名称是 list1，它是空列表，而 list2 和 list3 都是非空列表，如果执行如下命令。

```
blpop list1 list2 list3 0
```

blpop 命令将返回一个存于 list2 里的元素，因为查询按照从 list1 到 list2、再到 list3 这个顺序来检查当前列表是不是第一个非空列表。

1．测试案例

测试案例如图 5-3 所示。

图 5-3　测试案例（二）

2．程序演示

进程 1 的示例代码如下。

```java
public class Test14_1 {
    private static Pool pool = new Pool(new PoolConfig(), "192.168.56.11", 6379, 5000, "accp");

    public static void main(String[] args) {
         = null;
        try {
             = pool.getResource();
            .flushDB();
            System.out.println("blpop begin");
            List<String> list = .blpop(0, "mykey1", "mykey2", "mykey3");
            for (int i = 0; i < list.size(); i++) {
                System.out.println("blpop 取得的值：" + list.get(i));
```

5.13 blpop 命令

```java
            }
            System.out.println("blpop   end");
        } catch (Exception e) {
            e.printStackTrace();
        } finally {
            if ( != null) {
                .close();
            }
        }
    }
}
```

进程 2 的示例代码如下。

```java
public class Test14_2 {
    private static Pool pool = new Pool(new PoolConfig(), "192.168.56.11", 6379, 5000, "accp");

    public static void main(String[] args) {
         = null;
        try {
             = pool.getResource();
            .flushDB();

            .rpush("mykey3", "a", "b", "c", "d");

            List<String> list1 = .lrange("mykey3", 0, -1);
            for (int i = 0; i < list1.size(); i++) {
                System.out.println(list1.get(i));
            }
        } catch (Exception e) {
            e.printStackTrace();
        } finally {
            if ( != null) {
                .close();
            }
        }
    }
}
```

运行类 Test14_1.java，控制台输出结果如下。

```
blpop begin
```

进程 1 呈阻塞状态。

运行类 Test14_2.java，控制台输出结果如下。

```
b
c
d
```

运行类 Test14_1.java，控制台输出结果如下。

```
blpop begin
blpop 取得的值：mykey3
blpop 取得的值：a
blpop   end
```

5.13.3 测试阻塞时间

当 blpop 命令引起客户端阻塞并且设置了一个非零的阻塞时间参数 timeout 的时候，若经过了指定的 timeout 仍没有对某一特定的 key 执行添加操作，则客户端会解除阻塞状态并且返回 nil。

参数 timeout 表示指定阻塞的最大秒数的整数。timeout 为 0 表示阻塞时间无限制。

1. 测试案例

测试案例如下。

```
127.0.0.1:7777> del key1
(integer) 0
127.0.0.1:7777> blpop key1 5
(nil)
(5.06s)
127.0.0.1:7777>
```

2. 程序演示

```java
public class Test15 {
    private static Pool pool = new Pool(new PoolConfig(), "192.168.61.84", 7777, 5000, "accp");

    public static void main(String[] args) {
         = null;
        try {
             = pool.getResource();
            .flushDB();
            System.out.println("blpop begin " + System.currentTimeMillis());
            List<String> list = .blpop(5, "mykey");
            if (list != null) {
                for (int i = 0; i < list.size(); i++) {
                    System.out.println("blpop 取得的值: " + list.get(i));
                }
            }
            System.out.println("blpop  end " + System.currentTimeMillis());
        } catch (Exception e) {
            e.printStackTrace();
        } finally {
            if ( != null) {
                .close();
            }
        }
    }
}
```

程序运行结果如下。

```
blpop begin 1569290343070
blpop  end 1569290348176
```

5.13.4 先来先得

当多个客户端被同一个 key 阻塞的时候，第一个被处理的客户端是等待最长时间的客户端，

5.13 blpop 命令

因为 Redis 会对所有等待这个 key 的客户端按照 FIFO 的顺序进行服务。

1．测试案例

测试案例如图 5-4 所示。

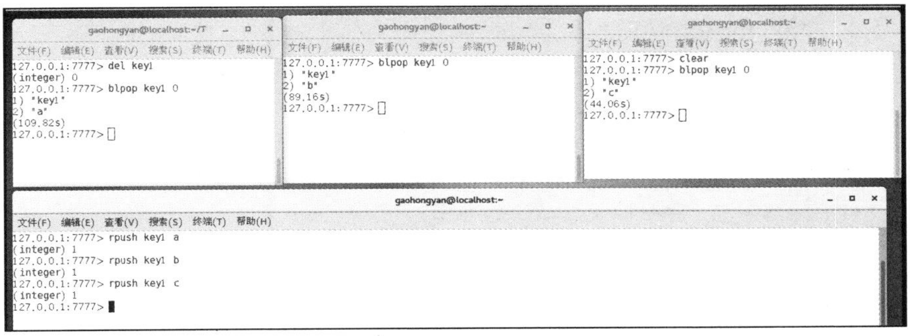

图 5-4 测试案例（三）

2．程序演示

创建 3 个 blpop 测试类，代码如下。

```
public class Test16_1 {
    private static Pool pool = new Pool(new PoolConfig(), "192.168.61.84", 7777, 5000, "accp");

    public static void main(String[] args) {
         = null;
        try {
             = pool.getResource();
            .flushDB();
            System.out.println("1 blpop begin");
            List<String> list = .blpop("mykey", "0");
            for (int i = 0; i < list.size(); i++) {
                System.out.println("blpop 取得的值：" + list.get(i));
            }
            System.out.println("1 blpop   end");
        } catch (Exception e) {
            e.printStackTrace();
        } finally {
            if ( != null) {
                .close();
            }
        }
    }
}

public class Test16_2 {
    private static Pool pool = new Pool(new PoolConfig(), "192.168.61.84", 7777, 5000, "accp");

    public static void main(String[] args) {
         = null;
        try {
             = pool.getResource();
            .flushDB();
```

```java
                System.out.println("2 blpop begin");
                List<String> list = .blpop("mykey", "0");
                for (int i = 0; i < list.size(); i++) {
                    System.out.println("blpop 取得的值: " + list.get(i));
                }
                System.out.println("2 blpop  end");
            } catch (Exception e) {
                e.printStackTrace();
            } finally {
                if ( != null) {
                    .close();
                }
            }
        }
    }

    public class Test16_3 {
        private static Pool pool = new Pool(new PoolConfig(), "192.168.61.84", 7777, 5000, "accp");

        public static void main(String[] args) {
             = null;
            try {
                 = pool.getResource();
                .flushDB();
                System.out.println("3 blpop begin");
                List<String> list = .blpop("mykey", "0");
                for (int i = 0; i < list.size(); i++) {
                    System.out.println("blpop 取得的值: " + list.get(i));
                }
                System.out.println("3 blpop  end");
            } catch (Exception e) {
                e.printStackTrace();
            } finally {
                if ( != null) {
                    .close();
                }
            }
        }
    }
```

再创建执行 rpush 命令的测试类,代码如下。

```java
    public class Test16_4 {
        private static Pool pool = new Pool(new PoolConfig(), "192.168.61.84", 7777, 5000, "accp");

        public static void main(String[] args) {
             = null;
            try {
                 = pool.getResource();
                .flushDB();
                .rpush("mykey", "a", "b", "c");
            } catch (Exception e) {
                e.printStackTrace();
            } finally {
                if ( != null) {
                    .close();
                }
            }
```

            }
        }

按顺序分别启动类。

```
Test16_1.java
Test16_2.java
Test16_3.java
Test16_4.java
```

3 个控制台输出结果分别如下。

```
1 blpop begin
  blpop 取得的值：mykey
  blpop 取得的值：a
1 blpop   end

2 blpop begin
  blpop 取得的值：mykey
  blpop 取得的值：b
  blpop   end

3 blpop begin
  blpop 取得的值：mykey
  blpop 取得的值：c
3 blpop   end
```

5.14　brpop 命令

使用格式如下。

`brpop key [key ...] timeout`

brpop 命令是 rpop 命令的阻塞版本，删除并返回存于列表的最后一个元素。从功能上分析，brpop 命令和 blpop 命令基本是一样的，只不过一个是从尾部弹出元素，而另一个是从头部弹出元素。

关于 brpop 命令的使用方式和对应 API 的使用，请参考 5.13 节。

5.15　brpoplpush 命令

使用格式如下。

`brpoplpush source destination timeout`

brpoplpush 命令是 rpoplpush 命令的阻塞版本，把最后一个元素移动到其他列表的第一个位置。

如果源列表和目标列表是同一个，则该命令可以实现循环链表。

5.15.1　源列表包括元素时的运行效果

当源列表包括元素的时候，该命令运行效果和 rpoplpush 命令一样。

1. 测试案例

测试案例如图 5-5 所示。

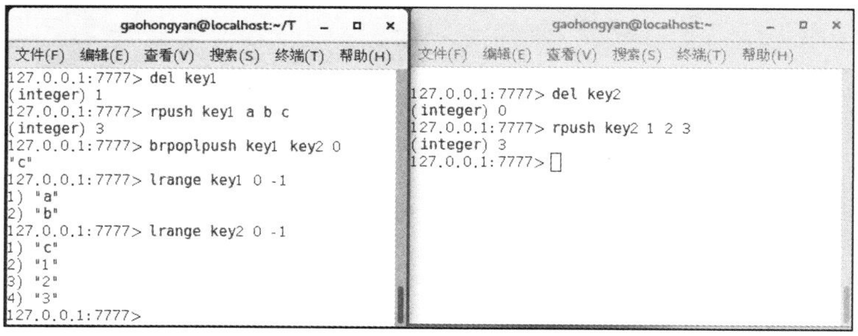

图 5-5 测试案例（四）

2. 程序演示

```java
public class Test17 {
    private static Pool pool = new Pool(new PoolConfig(), "192.168.61.84", 7777, 5000, "accp");

    public static void main(String[] args) {
         = null;
        try {
             = pool.getResource();
            .flushDB();

            .rpush("mylist1", "1", "2", "3");
            .rpush("mylist2", "a", "b", "c");

            .brpoplpush("mylist1".getBytes(), "mylist2".getBytes(), 0);
            .brpoplpush("mylist1", "mylist2", 0);

            List<String> list1 = .lrange("mylist1", 0, -1);
            for (int i = 0; i < list1.size(); i++) {
                System.out.println(list1.get(i));
            }

            System.out.println();

            List<String> list2 = .lrange("mylist2", 0, -1);
            for (int i = 0; i < list2.size(); i++) {
                System.out.println(list2.get(i));
            }

            System.out.println("下面代码测试旋转的效果：");
            // 测试列表旋转命令的效果
            .rpush("mylist3", "1", "2", "3");
            List<String> list3 = null;
            list3 = .lrange("mylist3", 0, -1);
            for (int i = 0; i < list3.size(); i++) {
                System.out.println(list3.get(i));
            }
            System.out.println();
```

```java
            .brpoplpush("mylist3", "mylist3", 0);
            list3 = .lrange("mylist3", 0, -1);
            for (int i = 0; i < list3.size(); i++) {
                System.out.println(list3.get(i));
            }
            System.out.println();
            .brpoplpush("mylist3", "mylist3", 0);
            list3 = .lrange("mylist3", 0, -1);
            for (int i = 0; i < list3.size(); i++) {
                System.out.println(list3.get(i));
            }
            System.out.println();
            .brpoplpush("mylist3", "mylist3", 0);
            list3 = .lrange("mylist3", 0, -1);
            for (int i = 0; i < list3.size(); i++) {
                System.out.println(list3.get(i));
            }
        } catch (Exception e) {
            e.printStackTrace();
        } finally {
            if ( != null) {
                .close();
            }
        }
    }
}
```

程序运行结果如下。

```
1
2
3
a
b
c
```

下面代码测试旋转的效果：

```
1
2
3

3
1
2

2
3
1

1
2
3
```

5.15.2 呈阻塞的效果

当源列表是空的时候，Redis 将会阻塞这个连接，直到另一个客户端添加的元素或者达到

timeout。timeout 为 0 能用于无限期阻塞客户端。

1．测试案例

测试案例如图 5-6 所示。

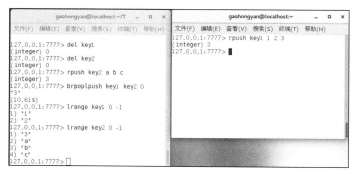

图 5-6　测试案例（五）

2．程序演示

进程 1 的示例代码如下。

```
public class Test18_1 {
    private static Pool pool = new Pool(new PoolConfig(), "192.168.61.84", 7777, 5000, "accp");

    public static void main(String[] args) {
         = null;
        try {
             = pool.getResource();
            .flushDB();
            System.out.println("brpoplpush begin " + System.currentTimeMillis());
            System.out.println(.brpoplpush("mylist1", "mylist2", 0));
            System.out.println("brpoplpush  end " + System.currentTimeMillis());
        } catch (Exception e) {
            e.printStackTrace();
        } finally {
            if ( != null) {
                .close();
            }
        }
    }
}
```

进程 2 的示例代码如下。

```
public class Test18_2 {
    private static Pool pool = new Pool(new PoolConfig(), "192.168.61.84", 7777, 5000, "accp");

    public static void main(String[] args) {
         = null;
        try {
             = pool.getResource();
            .flushDB();

            .rpush("mylist1", "1", "2", "3");
```

```
            List<String> list1 = .lrange("mylist1", 0, -1);
            for (int i = 0; i < list1.size(); i++) {
                System.out.println(list1.get(i));
            }

            System.out.println();

            List<String> list2 = .lrange("mylist2", 0, -1);
            for (int i = 0; i < list2.size(); i++) {
                System.out.println(list2.get(i));
            }
        } catch (Exception e) {
            e.printStackTrace();
        } finally {
            if ( != null) {
                .close();
            }
        }
    }
}
```

执行类 Test18_1.java，控制台输出结果如下。

```
brpoplpush begin 1569291615856
```

进程 1 呈阻塞状态。

运行类 Test18_2.java，控制台输出结果如下。

```
1
2
3
```

运行类 Test18_1.java，控制台输出结果如下。

```
brpoplpush begin 1569291704855
3
brpoplpush   end 1569291707151
```

5.16 使用 sort 命令对列表进行排序

使用格式如下。

```
sort key [BY pattern] [LIMIT offset count] [GET pattern [GET pattern ...]] [ASC|DESC] [ALPHA] [STORE destination]
```

默认是按照数值类型排序的，并且按照两个元素的双精度浮点数进行比较。

5.16.1 按数字大小进行正/倒排序

1．测试案例

测试案例如下。

```
127.0.0.1:7777> del key1
(integer) 0
127.0.0.1:7777> rpush key1 13 234 345 324 23 345 4 67 567 24321 3
(integer) 11
127.0.0.1:7777> sort key1
 1) "3"
 2) "4"
 3) "13"
 4) "23"
 5) "67"
 6) "234"
 7) "324"
 8) "345"
 9) "345"
10) "567"
11) "24321"
127.0.0.1:7777> sort key1 desc
 1) "24321"
 2) "567"
 3) "345"
 4) "345"
 5) "324"
 6) "234"
 7) "67"
 8) "23"
 9) "13"
10) "4"
11) "3"
127.0.0.1:7777>
```

2. 程序演示

```java
public class Test19 {
    private static Pool pool = new Pool(new PoolConfig(), "192.168.61.84", 7777, 5000, "accp");

    public static void main(String[] args) {
         = null;
        try {
             = pool.getResource();
            .flushDB();

            .rpush("mylist1", "132342", "23452", "334567", "456567", "234357", "67879");

            List<String> list = .sort("mylist1");
            for (int i = 0; i < list.size(); i++) {
                System.out.println(list.get(i));
            }

            System.out.println();

            SortingParams param = new SortingParams();
            param.desc();
            list = .sort("mylist1", param);
            for (int i = 0; i < list.size(); i++) {
                System.out.println(list.get(i));
            }
        } catch (Exception e) {
            e.printStackTrace();
```

```
        } finally {
            if (  != null) {
                .close();
            }
        }
    }
}
```

程序运行结果如下。

```
23452
67879
132342
234357
334567
456567

456567
334567
234357
132342
67879
23452
```

5.16.2　按 ASCII 值进行正/倒排序

按 ASCII 值进行正/倒排序支持 DESC 参数。

1. 测试案例

测试案例如下。

```
127.0.0.1:7777> flushdb
OK
127.0.0.1:7777> rpush key1 a a fwe r erth sfd as dfasd fs gfsdf fas fasdf
12
127.0.0.1:7777> sort key1 alpha
a
a
as
dfasd
erth
fas
fasdf
fs
fwe
gfsdf
r
sfd
127.0.0.1:7777> sort key1 alpha desc
sfd
r
gfsdf
fwe
fs
fasdf
fas
```

```
erth
dfasd
as
a
a
127.0.0.1:7777>
```

2. 程序演示

```java
public class Test20 {
    private static Pool pool = new Pool(new PoolConfig(), "192.168.61.84", 7777, 5000, "accp");

    public static void main(String[] args) {
         = null;
        try {
             = pool.getResource();
            .flushDB();

            .rpush("mylist1", "z1", "z2", "z3", "c", "b", "a");

            SortingParams param1 = new SortingParams();
            param1.alpha();
            param1.asc();
            List<String> list = .sort("mylist1", param1);
            for (int i = 0; i < list.size(); i++) {
                System.out.println(list.get(i));
            }

            System.out.println();

            SortingParams param2 = new SortingParams();
            param2.alpha();
            param2.desc();
            list = .sort("mylist1", param2);
            for (int i = 0; i < list.size(); i++) {
                System.out.println(list.get(i));
            }
        } catch (Exception e) {
            e.printStackTrace();
        } finally {
            if ( != null) {
                .close();
            }
        }
    }
}
```

程序运行结果如下。

```
a
b
c
z1
z2
z3

z3
z2
```

```
z1
c
b
a
```

5.16.3 实现分页

1．测试案例

测试案例如下。

```
127.0.0.1:7777> sort key1 ALPHA limit 0 5
1) "a"
2) "a"
3) "as"
4) "dfasd"
5) "erth"
127.0.0.1:7777> sort key1 ALPHA limit 0 5 desc
1) "sfd"
2) "r"
3) "gfsdf"
4) "fwe"
5) "fs"
127.0.0.1:7777>
```

2．程序演示

```java
public class Test21 {
    private static Pool pool = new Pool(new PoolConfig(), "192.168.61.84", 7777, 5000, "accp");

    public static void main(String[] args) {
             = null;
        try {
             = pool.getResource();
            .flushDB();

            .rpush("mylist1", "a", "b", "c", "d", "e", "f", "g");

            SortingParams param1 = new SortingParams();
            param1.alpha();
            param1.asc();
            param1.limit(0, 3);
            List<String> list1 = .sort("mylist1", param1);
            for (int i = 0; i < list1.size(); i++) {
                System.out.println(list1.get(i));
            }
            System.out.println();

            SortingParams param2 = new SortingParams();
            param2.alpha();
            param2.asc();
            param2.limit(3, 3);
            List<String> list2 = .sort("mylist1", param2);
            for (int i = 0; i < list2.size(); i++) {
                System.out.println(list2.get(i));
            }
```

```
                System.out.println();

                SortingParams param3 = new SortingParams();
                param3.alpha();
                param3.asc();
                param3.limit(6, 3);
                List<String> list3 = .sort("mylist1", param3);
                for (int i = 0; i < list3.size(); i++) {
                    System.out.println(list3.get(i));
                }
                System.out.println();
            } catch (Exception e) {
                e.printStackTrace();
            } finally {
                if ( != null) {
                    .close();
                }
            }
        }
    }
```

程序运行结果如下。

```
a
b
c

d
e
f

g
```

5.16.4 通过外部 key 对应 value 的大小关系排序

测试通过外部 key 对应 value 的大小关系来对列表中的元素进行排序。

1. 测试案例

先来测试对列表中的元素进行排序的效果。

```
127.0.0.1:6379> flushdb
OK
127.0.0.1:6379> rpush key 5 4 3 2 1
5
127.0.0.1:6379> sort key asc
1
2
3
4
5
127.0.0.1:6379> sort key desc
5
4
3
2
1
```

5.16 使用 sort 命令对列表进行排序

```
127.0.0.1:6379>
```

此案例在前文已经介绍过了，但某些情况下不直接对列表中的元素进行正/倒排序，对列表中元素的排序要参考其他 key 对应 value 的大小，测试案例如下。

```
127.0.0.1:6379> flushdb
OK
127.0.0.1:6379> set userage_1 50
OK
127.0.0.1:6379> set userage_2 1
OK
127.0.0.1:6379> set userage_3 25
OK
127.0.0.1:6379> rpush userId 3 1 2
3
127.0.0.1:6379> sort userId by userage_*
2
3
1
127.0.0.1:6379> sort userId by userage_* asc
2
3
1
127.0.0.1:6379> sort userId by userage_* desc
1
3
2
127.0.0.1:6379>
```

2．程序演示

```java
public class Test22 {
    private static Pool pool = new Pool(new PoolConfig(), "192.168.56.11", 6379, 5000, "accp");

    public static void main(String[] args) {
         = null;
        try {
             = pool.getResource();

            .flushDB();

            .rpush("userId", "3", "1", "2");

            .set("age_1", "50");

            .set("age_2", "1");

            .set("age_3", "25");

            {
                SortingParams params1 = new SortingParams();
                params1.by("age_*");
                List<String> list1 = .sort("userId", params1);
                for (int i = 0; i < list1.size(); i++) {
                    System.out.println(list1.get(i));
                }
            }
            System.out.println();
```

```
                {
                    SortingParams params1 = new SortingParams();
                    params1.by("age_*");
                    params1.asc();
                    List<String> list1 = .sort("userId", params1);
                    for (int i = 0; i < list1.size(); i++) {
                        System.out.println(list1.get(i));
                    }
                }
                System.out.println();
                {
                    SortingParams params1 = new SortingParams();
                    params1.by("age_*");
                    params1.desc();
                    List<String> list1 = .sort("userId", params1);
                    for (int i = 0; i < list1.size(); i++) {
                        System.out.println(list1.get(i));
                    }
                }
            } catch (Exception e) {
                e.printStackTrace();
            } finally {
                if ( != null) {
                    .close();
                }
            }
        }
    }
```

程序运行结果如下。

```
2
3
1

2
3
1

1
3
2
```

5.16.5 通过外部 key 排序列表并显示 value

测试通过外部 key 对列表中的元素进行排序并显示外部 key 对应的 value。

1. 测试案例

测试案例如下。

```
127.0.0.1:6379> flushdb
OK
127.0.0.1:6379> set userage_1 50
OK
127.0.0.1:6379> set userage_2 1
OK
```

```
127.0.0.1:6379> set userage_3 25
OK
127.0.0.1:6379> rpush userId 3 1 2
3
127.0.0.1:6379> sort userId by userage_* get userage_* asc
1
25
50
127.0.0.1:6379> sort userId by userage_* get userage_* desc
50
25
1
127.0.0.1:6379> set username_1 username50
OK
127.0.0.1:6379> set username_2 username1
OK
127.0.0.1:6379> set username_3 username25
OK
127.0.0.1:6379> sort userId by userage_* get userage_* get username_* asc
1
username1
25
username25
50
username50
127.0.0.1:6379> sort userId by userage_* get userage_* get username_* desc
50
username50
25
username25
1
username1
127.0.0.1:6379> sort userId by userage_* get # get userage_* get username_* asc
2
1
username1
3
25
username25
1
50
username50
127.0.0.1:6379> sort userId by userage_* get # get userage_* get username_* desc
1
50
username50
3
25
username25
2
1
username1
127.0.0.1:6379>
```

2. 程序演示

package lists;

```java
import java.util.List;

import redis.clients..;
import redis.clients..Pool;
import redis.clients..PoolConfig;
import redis.clients..SortingParams;

public class Test23 {
    private static Pool pool = new Pool(new PoolConfig(), "192.168.56.11", 6379, 5000, "accp");

    public static void main(String[] args) {
         = null;
        try {
             = pool.getResource();

            .flushDB();

            .set("username_1", "username50");
            .set("userage_1", "50");

            .set("username_2", "username1");
            .set("userage_2", "1");

            .set("username_3", "username25");
            .set("userage_3", "25");

            .rpush("userId", "3", "1", "2");

            {
                SortingParams params1 = new SortingParams();
                params1.by("userage_*");
                params1.get("userage_*");
                params1.asc();
                List<String> list1 = .sort("userId", params1);
                for (int i = 0; i < list1.size(); i++) {
                    System.out.println(list1.get(i));
                }
            }
            System.out.println();
            {
                SortingParams params1 = new SortingParams();
                params1.by("userage_*");
                params1.get("userage_*");
                params1.desc();
                List<String> list1 = .sort("userId", params1);
                for (int i = 0; i < list1.size(); i++) {
                    System.out.println(list1.get(i));
                }
            }
            System.out.println();
            {
                SortingParams params1 = new SortingParams();
                params1.by("userage_*");
                params1.get("userage_*");
                params1.get("username_*");
                params1.asc();
                List<String> list1 = .sort("userId", params1);
                for (int i = 0; i < list1.size(); i++) {
```

5.16 使用 sort 命令对列表进行排序

```
                System.out.println(list1.get(i));
            }
        }
        System.out.println();
        {
            SortingParams params1 = new SortingParams();
            params1.by("userage_*");
            params1.get("userage_*");
            params1.get("username_*");
            params1.desc();
            List<String> list1 = .sort("userId", params1);
            for (int i = 0; i < list1.size(); i++) {
                System.out.println(list1.get(i));
            }
        }
        System.out.println();
        {
            SortingParams params1 = new SortingParams();
            params1.by("userage_*");
            params1.get("#");
            params1.get("userage_*");
            params1.get("username_*");
            params1.asc();
            List<String> list1 = .sort("userId", params1);
            for (int i = 0; i < list1.size(); i++) {
                System.out.println(list1.get(i));
            }
        }
        System.out.println();
        {
            SortingParams params1 = new SortingParams();
            params1.by("userage_*");
            params1.get("#");
            params1.get("userage_*");
            params1.get("username_*");
            params1.desc();
            List<String> list1 = .sort("userId", params1);
            for (int i = 0; i < list1.size(); i++) {
                System.out.println(list1.get(i));
            }
        }
    } catch (Exception e) {
        e.printStackTrace();
    } finally {
        if ( != null) {
            .close();
        }
    }
}
```

程序运行结果如下。

1
25
50

50

```
25
1

1
username1
25
username25
50
username50

50
username50
25
username25
1
username1

2
1
username1
3
25
username25
1
50
username50

1
50
username50
3
25
username25
2
1
username1
```

5.16.6　将排序结果存储到其他的 key

将排序结果存储到其他的 key。

1．测试案例

测试案例如下。

```
127.0.0.1:6379> sort userId by userage_* get # get userage_* get username_* desc
1
50
username50
3
25
username25
2
1
username1
127.0.0.1:6379> sort userId by userage_* get # get userage_* get username_* desc store otherkey
```

5.16 使用 sort 命令对列表进行排序

```
9
127.0.0.1:6379> lrange otherkey 0 -1
1
50
username50
3
25
username25
2
1
username1
127.0.0.1:6379>
```

2. 程序演示

```java
public class Test24 {
    private static Pool pool = new Pool(new PoolConfig(), "192.168.56.11", 6379, 5000, "accp");

    public static void main(String[] args) {
              = null;
        try {
              = pool.getResource();

            .flushDB();

            .set("username_1", "username50");
            .set("userage_1", "50");

            .set("username_2", "username1");
            .set("userage_2", "1");

            .set("username_3", "username25");
            .set("userage_3", "25");

            .rpush("userId", "3", "1", "2");

            SortingParams params1 = new SortingParams();
            params1.by("userage_*");
            params1.get("#");
            params1.get("userage_*");
            params1.get("username_*");
            params1.desc();

            {
                List<String> list1 = .sort("userId", params1);
                for (int i = 0; i < list1.size(); i++) {
                    System.out.println(list1.get(i));
                }
            }
            .sort("userId", params1, "otherKey");
            System.out.println();
            System.out.println();
            {
                List<String> list1 = .lrange("otherKey", 0, -1);
                for (int i = 0; i < list1.size(); i++) {
                    System.out.println(list1.get(i));
                }
            }
```

```
        } catch (Exception e) {
            e.printStackTrace();
        } finally {
            if ( != null) {
                .close();
            }
        }
    }
}
```

程序运行结果如下。

```
1
50
username50
3
25
username25
2
1
username1


1
50
username50
3
25
username25
2
1
username1
```

5.16.7 跳过排序

跳过排序不使用外部 key 对应 value 的大小作为列表中元素的排序参考，而是使用列表中元素的默认顺序。

1．测试案例

测试案例如下。

```
127.0.0.1:6379> flushdb
OK
127.0.0.1:6379> rpush userId 1 3 5 2 4 6
6
127.0.0.1:6379> set username_1 username1
OK
127.0.0.1:6379> set username_2 username2
OK
127.0.0.1:6379> set username_3 username3
OK
127.0.0.1:6379> set username_4 username4
OK
127.0.0.1:6379> set username_5 username5
OK
```

5.16 使用 sort 命令对列表进行排序

```
127.0.0.1:6379> set username_6 username6
OK
127.0.0.1:6379> sort userId by username_* alpha asc get # get username_*
1
username1
2
username2
3
username3
4
username4
5
username5
6
username6
127.0.0.1:6379> sort userId by nokey get # get username_*
1
username1
3
username3
5
username5
2
username2
4
username4
6
username6
127.0.0.1:6379> sort userId get # get username_*
1
username1
2
username2
3
username3
4
username4
5
username5
6
username6
127.0.0.1:6379>
```

2. 程序演示

```
public class Test25 {
    private static Pool pool = new Pool(new PoolConfig(), "192.168.56.11", 6379, 5000, "accp");

    public static void main(String[] args) {
        = null;
        try {
            = pool.getResource();

            .flushDB();

            .set("username_1", "username1");
            .set("username_2", "username2");
            .set("username_3", "username3");
```

```
                    .set("username_4", "username4");
                    .set("username_5", "username5");
                    .set("username_6", "username6");

                    .rpush("userId", "1", "3", "5", "2", "4", "6");

                    {
                        SortingParams params1 = new SortingParams();
                        params1.by("username_*");
                        params1.alpha();
                        params1.asc();
                        params1.get("#");
                        params1.get("username_*");
                        List<String> list1 = .sort("userId", params1);
                        for (int i = 0; i < list1.size(); i++) {
                            System.out.println(list1.get(i));
                        }
                    }
                    System.out.println();
                    {
                        SortingParams params1 = new SortingParams();
                        params1.by("nokey");
                        params1.get("#");
                        params1.get("username_*");
                        List<String> list1 = .sort("userId", params1);
                        for (int i = 0; i < list1.size(); i++) {
                            System.out.println(list1.get(i));
                        }
                    }
                    System.out.println();
                    {
                        SortingParams params1 = new SortingParams();
                        params1.get("#");
                        params1.get("username_*");
                        List<String> list1 = .sort("userId", params1);
                        for (int i = 0; i < list1.size(); i++) {
                            System.out.println(list1.get(i));
                        }
                    }
            } catch (Exception e) {
                e.printStackTrace();
            } finally {
                if ( != null) {
                    .close();
                }
            }
        }
    }
```

程序运行结果如下。

```
1
username1
2
username2
3
username3
4
username4
5
username5
```

```
6
username6

1
username1
3
username3
5
username5
2
username2
4
username4
6
username6

1
username1
2
username2
3
username3
4
username4
5
username5
6
username6
```

5.17 List 类型命令的常见使用模式

List 类型命令的常见模式如下。
- 使用 lpush+brpop 实现阻塞队列。
- 使用 lpush+rpop 实现非阻塞队列。
- 使用 lpush+lpop 实现栈。
- 使用 lpush+ltrim 实现有界队列。

在实现队列时，使用 lpush 命令将元素放入队列的最前面，然后使用 brpop 命令或 rpop 命令取得等待时间最长的元素。如果元素代表的是任务或者消息，这样处理则可能出现任务或消息的丢失。这是因为 brpop 命令和 rpop 命令都具有删除元素的功能，将元素进行删除并返回给客户端，客户端再对返回的元素进行处理，但在处理的过程中如果出现异常，就会出现任务或消息丢失的情况。因为元素已经从列表中被删除了，所以这时可以将 lpush 命令结合 rpoplpush 命令来解决。

rpoplpush 命令用于原子性地返回并删除存储在源列表的最后一个元素，并将返回的元素存储为目标列表的第一个元素。如果处理任务或消息失败，就从目标列表中取出刚才的元素并将其放回源列表中；如果处理任务或消息成功，就将目标列表中的元素使用 lrem 命令删除。

第 6 章 Set 类型命令

Set 类型命令主要用于处理 Set 数据类型，Set 数据类型的存储形式如图 6-1 所示。

key: mySet　　value: ["中国1","中国2","中国3","美国"]

图 6-1　Set 数据类型的存储形式

和 Java 中的 Set 接口一样，Redis 中的 Set 数据类型不允许存储重复的元素，存储元素具有无序性。Set 数据类型的元素个数最多为 $2^{32}-1$ 个。

6.1　sadd、smembers 和 scard 命令

sadd 命令的使用格式如下。

```
sadd key member [member ...]
```

该命令的作用和 Java 中的 HashSet.add(value)方法一致。

smembers 命令的使用格式如下。

```
smembers key
```

该命令用于返回所有的 value。

scard 命令的使用格式如下。

```
scard key
```

该命令用于返回元素个数。

6.1.1　测试案例

测试案例如下。

```
127.0.0.1:7777> del key1
(integer) 1
127.0.0.1:7777> sadd key1 a a b b c c d e f
```

```
(integer) 6
127.0.0.1:7777> smembers key1
1) "d"
2) "c"
3) "f"
4) "a"
5) "b"
6) "e"
127.0.0.1:7777> scard key1
(integer) 6
127.0.0.1:7777>
```

6.1.2 程序演示

```java
public class Test1 {
    private static Pool pool = new Pool(new PoolConfig(), "192.168.61.84", 7777, 5000, "accp");

    public static void main(String[] args) {
         = null;
        try {
             = pool.getResource();
            .flushDB();

            .sadd("myset1".getBytes(), "a".getBytes(), "a".getBytes(), "b".getBytes(),
                    "b".getBytes(), "c".getBytes(), "c".getBytes());
            .sadd("myset2", "1", "1", "2", "2", "3", "3");

            System.out.println(.scard("myset1".getBytes()));
            System.out.println(.scard("myset1"));
            System.out.println(.scard("myset2".getBytes()));
            System.out.println(.scard("myset2"));

            System.out.println();

            Set<byte[]> set1 = .smembers("myset1".getBytes());
            Set<String> set2 = .smembers("myset2");

            Iterator<byte[]> iterator1 = set1.iterator();
            while (iterator1.hasNext()) {
                System.out.println(new String(iterator1.next()));
            }

            System.out.println();

            Iterator<String> iterator2 = set2.iterator();
            while (iterator2.hasNext()) {
                System.out.println(iterator2.next());
            }

        } catch (Exception e) {
            e.printStackTrace();
        } finally {
            if ( != null) {
                .close();
            }
        }
    }
}
```

}
程序运行结果如下。

```
3
3
3
3

c
a
b

1
2
3
```

6.2　sdiff 和 sdiffstore 命令

sdiff 命令的使用格式如下。

```
sdiff key [key ...]
```

该命令用于返回只有第一个 key 具有，而其他 key 不具有的元素。

sdiffstore 命令的使用格式如下。

```
sdiffstore destination key [key ...]
```

该命令作用和 sdiff 命令基本一样，不同之处是将第一个 key 的独有元素放入目标 key 中。

6.2.1　测试案例

测试案例如下。

```
127.0.0.1:7777> del key1
(integer) 1
127.0.0.1:7777> del key2
(integer) 1
127.0.0.1:7777> del key3
(integer) 1
127.0.0.1:7777> sadd key1 a b c x y z
(integer) 6
127.0.0.1:7777> sadd key2 o p q
(integer) 3
127.0.0.1:7777> sadd key3 a b c x
(integer) 4
127.0.0.1:7777> sdiff key1 key2 key3
1) "y"
2) "z"
127.0.0.1:7777> sdiffstore showkey1 key1 key2 key3
(integer) 2
127.0.0.1:7777> smembers showkey1
1) "y"
2) "z"
127.0.0.1:7777>
```

如果 showkey1 中已有元素，则执行 sdiffstore 命令后会将 showkey1 中的元素清空，再存放 key1 的独有元素。

6.2.2 程序演示

```java
public class Test2 {
    private static Pool pool = new Pool(new PoolConfig(), "192.168.61.84", 7777, 5000, "accp");

    public static void main(String[] args) {
         = null;
        try {
             = pool.getResource();
            .flushDB();

            .sadd("myset1", "a", "b", "c", "x", "y", "z");
            .sadd("myset2", "o", "p", "q");
            .sadd("myset3", "a", "b", "c", "x");

            Set<byte[]> set1 = .sdiff("myset1".getBytes(), "myset2".getBytes(), "myset3".getBytes());
            Set<String> set2 = .sdiff("myset1", "myset2", "myset3");

            Iterator<byte[]> iterator1 = set1.iterator();
            while (iterator1.hasNext()) {
                System.out.println(new String(iterator1.next()));
            }

            System.out.println();

            Iterator<String> iterator2 = set2.iterator();
            while (iterator2.hasNext()) {
                System.out.println(iterator2.next());
            }

            System.out.println();

            .sdiffstore("myset101".getBytes(), "myset1".getBytes(), "myset2".getBytes(), "myset3".getBytes());
            .sdiffstore("myset102", "myset1", "myset2", "myset3");

            Iterator<byte[]> iterator3 = .smembers("myset101".getBytes()).iterator();
            while (iterator3.hasNext()) {
                System.out.println(new String(iterator3.next()));
            }

            System.out.println();

            Iterator<String> iterator4 = .smembers("myset102").iterator();
            while (iterator4.hasNext()) {
                System.out.println(iterator4.next());
            }
        } catch (Exception e) {
            e.printStackTrace();
        } finally {
            if ( != null) {
                .close();
```

            }
          }
        }
    }
}
```

程序运行结果如下。

```
z
y

z
y

z
y

z
y
```

6.3 sinter 和 sinterstore 命令

sinter 命令的使用格式如下。

```
sinter key [key ...]
```

该命令用于取得指定 key 共同交集的 value。

sinterstore 命令的使用格式如下。

```
sinterstore destination key [key ...]
```

该命令作用和 sinter 命令的不同之处是将交集的 value 放入目标 key 中。
这两个命令可以计算出两个人共同的爱好。

6.3.1 测试案例

测试案例如下。

```
127.0.0.1:7777> del key1
(integer) 1
127.0.0.1:7777> del key2
(integer) 0
127.0.0.1:7777> del key3
(integer) 0
127.0.0.1:7777> sadd key1 a b c x
(integer) 4
127.0.0.1:7777> sadd key2 o p q x
(integer) 4
127.0.0.1:7777> sadd key3 a u v x
(integer) 4
127.0.0.1:7777> sinter key1 key2 key3
1) "x"
127.0.0.1:7777> sinterstore endkey key1 key2 key3
(integer) 1
127.0.0.1:7777> smembers endkey
1) "x"
```
```

```
127.0.0.1:7777>
```

6.3.2 程序演示

```java
public class Test3 {
    private static Pool pool = new Pool(new PoolConfig(), "192.168.61.84", 7777, 5000, "accp");

    public static void main(String[] args) {
         = null;
        try {
             = pool.getResource();
            .flushDB();

            .sadd("myset1", "a", "b", "c", "x", "y", "z");
            .sadd("myset2", "b", "o", "p", "q");
            .sadd("myset3", "a", "b", "c", "x");

            Set<byte[]> set1 = .sinter("myset1".getBytes(), "myset2".getBytes(), "myset3".getBytes());
            Set<String> set2 = .sinter("myset1", "myset2", "myset3");

            Iterator<byte[]> iterator1 = set1.iterator();
            while (iterator1.hasNext()) {
                System.out.println(new String(iterator1.next()));
            }

            System.out.println();

            Iterator<String> iterator2 = set2.iterator();
            while (iterator2.hasNext()) {
                System.out.println(iterator2.next());
            }

            System.out.println();

            .sinterstore("myset101".getBytes(), "myset1".getBytes(), "myset2".getBytes(), "myset3".getBytes());
            .sinterstore("myset102", "myset1", "myset2", "myset3");

            Iterator<byte[]> iterator3 = .smembers("myset101".getBytes()).iterator();
            while (iterator3.hasNext()) {
                System.out.println(new String(iterator3.next()));
            }

            System.out.println();

            Iterator<String> iterator4 = .smembers("myset102").iterator();
            while (iterator4.hasNext()) {
                System.out.println(iterator4.next());
            }
        } catch (Exception e) {
            e.printStackTrace();
        } finally {
            if ( != null) {
                .close();
            }
        }
    }
}
```

        }
    }

程序运行结果如下。

b

b

b

b

6.4 sismember 命令

使用格式如下。

```
sismember key member
```

该命令用于判断元素是否在集合中。

6.4.1 测试案例

测试案例如下。

```
127.0.0.1:7777> del key1
(integer) 1
127.0.0.1:7777> sadd key1 a b c
(integer) 3
127.0.0.1:7777> sismember key1 a
(integer) 1
127.0.0.1:7777> sismember key1 b
(integer) 1
127.0.0.1:7777> sismember key1 c
(integer) 1
127.0.0.1:7777> sismember key1 d
(integer) 0
127.0.0.1:7777>
```

6.4.2 程序演示

```java
public class Test4 {
    private static Pool pool = new Pool(new PoolConfig(), "192.168.61.84", 7777, 5000, "accp");

    public static void main(String[] args) {
         = null;
        try {
             = pool.getResource();
            .flushDB();

            .sadd("myset1", "a", "b", "c", "x", "y", "z");

            System.out.println(.sismember("myset1".getBytes(), "a".getBytes()));
            System.out.println(.sismember("myset1".getBytes(), "aa".getBytes()));
```

```
                System.out.println(.sismember("myset1", "b"));
                System.out.println(.sismember("myset1", "bb"));
        } catch (Exception e) {
            e.printStackTrace();
        } finally {
            if ( != null) {
                .close();
            }
        }
    }
}
```

程序运行结果如下。

```
true
false
true
false
```

6.5 smove 命令

使用格式如下。

```
smove source destination member
```

该命令用于将元素从 source（源集合）移动到 destination（目标集合）。

如果 source 不存在或不包括指定的元素，则不执行任何操作，并返回 0；否则，元素将从 source 中被删除并添加到 destination 中。

当指定的元素已存在于 destination 中时，将从 source 中被删除。如果 source 或 destination 不是集合类型，则返回错误。

6.5.1 测试案例

测试案例如下。

```
127.0.0.1:7777> del key1
(integer) 1
127.0.0.1:7777> del key2
(integer) 1
127.0.0.1:7777> sadd key1 a b c
(integer) 3
127.0.0.1:7777> sadd key2 1 2 3
(integer) 3
127.0.0.1:7777> smove key1 key2 b
(integer) 1
127.0.0.1:7777> smembers key2
1) "b"
2) "3"
3) "1"
4) "2"
127.0.0.1:7777>
```

6.5.2 程序演示

```java
public class Test5 {
    private static Pool pool = new Pool(new PoolConfig(), "192.168.61.84", 7777, 5000, "accp");

    public static void main(String[] args) {
        = null;
        try {
            = pool.getResource();
            .flushDB();

            .sadd("myset1", "a", "b", "c", "x", "y", "z");
            .sadd("myset2", "1", "2", "3");

            .smove("myset1".getBytes(), "myset2".getBytes(), "x".getBytes());
            .smove("myset1", "myset2", "y");

            Set<String> set1 = .smembers("myset1");

            Iterator<String> iterator1 = set1.iterator();
            while (iterator1.hasNext()) {
                System.out.println(iterator1.next());
            }

            System.out.println();

            Set<String> set2 = .smembers("myset2");

            Iterator<String> iterator2 = set2.iterator();
            while (iterator2.hasNext()) {
                System.out.println(iterator2.next());
            }

        } catch (Exception e) {
            e.printStackTrace();
        } finally {
            if ( != null) {
                .close();
            }
        }
    }
}
```

程序运行结果如下。

```
z
a
c
b

3
1
x
2
y
```

6.6 srandmember 命令

使用格式如下。

```
srandmember key [count]
```

只提供 key 参数时会随机获取 key 集合中的某一个元素，和 spop 命令作用类似。不同的是，spop 命令会将被获取的随机元素从集合中移除，而 srandmember 命令仅仅获取该随机元素，不做任何的操作，包括删除。

count 参数的作用如下。
- 如果 count 是整数且小于元素的个数，则获取含有 count 个不同的元素的数组。
- 如果 count 是整数且大于元素的个数，则获取整个集合的所有元素。
- 如果 count 是负数，则获取包括 count 绝对值个数的元素的数组；如果 count 的绝对值大于元素的个数，则获取的数组里会出现元素重复的情况。

6.6.1 测试案例

测试案例如下。

```
127.0.0.1:7777> flushdb
OK
127.0.0.1:7777> sadd key1 1 2 3 4 5 6 7 8 9 10
10
127.0.0.1:7777> srandmember key1
8
127.0.0.1:7777> srandmember key1
6
127.0.0.1:7777> srandmember key1
4
127.0.0.1:7777> smembers key1
1
2
3
4
5
6
7
8
9
10
127.0.0.1:7777> srandmember key1 5
9
7
10
3
5
127.0.0.1:7777> srandmember key1 5
1
8
7
2
```

```
5
127.0.0.1:7777> srandmember key1 100
1
2
3
4
5
6
7
8
9
10
127.0.0.1:7777> srandmember key1 -15
7
10
10
10
5
5
1
2
4
2
1
4
6
3
6
127.0.0.1:7777>
```

6.6.2 程序演示

```
public class Test6 {
    private static Pool pool = new Pool(new PoolConfig(), "192.168.61.84", 7777, 5000, "accp");

    public static void main(String[] args) {
         = null;
        try {
             = pool.getResource();
            .flushDB();

            .sadd("myset1", "1", "2", "3", "4", "5", "6");

            System.out.println(new String(.srandmember("myset1".getBytes())));
            System.out.println(.srandmember("myset1"));

            System.out.println();

            Set<String> set1 = .smembers("myset1");
            Iterator<String> iterator1 = set1.iterator();
            while (iterator1.hasNext()) {
                System.out.println(iterator1.next());
            }

            System.out.println();

            List<byte[]> list1 = .srandmember("myset1".getBytes(), 2);
```

6.6 srandmember 命令

```
            List<String> list2 = .srandmember("myset1", 2);

            for (int i = 0; i < list1.size(); i++) {
                System.out.println(new String(list1.get(i)));
            }

            System.out.println();

            for (int i = 0; i < list2.size(); i++) {
                System.out.println(list2.get(i));
            }

            System.out.println();
            System.out.println();

            List<String> list3 = .srandmember("myset1", 10);

            for (int i = 0; i < list3.size(); i++) {
                System.out.println(new String(list3.get(i)));
            }

            System.out.println();

            List<String> list4 = .srandmember("myset1", -10);

            for (int i = 0; i < list4.size(); i++) {
                System.out.println(new String(list4.get(i)));
            }

        } catch (Exception e) {
            e.printStackTrace();
        } finally {
            if ( != null) {
                .close();
            }
        }
    }
}
```

程序运行结果如下。

```
2
5

1
2
3
4
5
6

3
4

3
5
```

```
1
2
3
4
5
6

2
1
5
2
3
6
6
6
3
1
```

6.7　spop 命令

使用格式如下。

```
spop key [count]
```

该命令与 srandmember 命令功能相似，只不过 spop 命令要将随机获取的元素删除。参数 count 不允许为负数，不然会出现如下异常。

```
ERR index out of range
```

6.7.1　测试案例

测试案例如下。

```
127.0.0.1:6379> flushdb
OK
127.0.0.1:6379> sadd key 1 2 3 4 5 6 7 8 9 10
10
127.0.0.1:6379> spop key
9
127.0.0.1:6379> spop key
4
127.0.0.1:6379> spop key
5
127.0.0.1:6379> smembers key
1
2
3
6
7
8
10
127.0.0.1:6379> spop key 2
7
3
127.0.0.1:6379> spop key 100
```

```
1
2
6
8
127.0.0.1:6379> smembers key

127.0.0.1:6379> spop key -1
ERR index out of range

127.0.0.1:6379>
```

6.7.2 程序演示

```java
public class Test7 {
    private static Pool pool = new Pool(new PoolConfig(), "192.168.56.11", 6379, 5000, "accp");

    public static void main(String[] args) {
         = null;
        try {
             = pool.getResource();

            {
                .flushDB();
                .sadd("myset1", "1", "2", "3", "4", "5", "6");
                System.out.println(new String(.spop("myset1".getBytes())));
                System.out.println(.spop("myset1"));
                System.out.println();
                Set<String> set1 = .smembers("myset1");
                Iterator<String> iterator1 = set1.iterator();
                while (iterator1.hasNext()) {
                    System.out.println(iterator1.next());
                }
            }
            System.out.println("--------------------");
            {
                .flushDB();
                .sadd("myset1", "1", "2", "3", "4", "5", "6");
                Set<byte[]> set1 = .spop("myset1".getBytes(), 2);
                Iterator<byte[]> iterator1 = set1.iterator();
                while (iterator1.hasNext()) {
                    System.out.println(new String(iterator1.next()));
                }
                System.out.println();
                Set<String> set2 = .smembers("myset1");
                Iterator<String> iterator2 = set2.iterator();
                while (iterator2.hasNext()) {
                    System.out.println(iterator2.next());
                }
            }
            System.out.println("--------------------");
            {
                .flushDB();
                .sadd("myset1", "1", "2", "3", "4", "5", "6");
                Set<String> set1 = .spop("myset1", 100);
                Iterator<String> iterator1 = set1.iterator();
                while (iterator1.hasNext()) {
                    System.out.println(iterator1.next());
```

```
            }
            System.out.println();
            Set<String> set2 = .smembers("myset1");
            Iterator<String> iterator2 = set2.iterator();
            while (iterator2.hasNext()) {
                System.out.println(iterator2.next());
            }
        }
        System.out.println("--------------------");
        {
            .flushDB();
            .sadd("myset1", "1", "2", "3", "4", "5", "6");
            .spop("myset1", -1);
        }
    } catch (Exception e) {
        e.printStackTrace();
    } finally {
        if ( != null) {
            .close();
        }
    }
}
```

程序运行结果如下。

```
4
6

1
2
3
5
--------------------
6
5

1
2
3
4
--------------------
1
2
3
4
5
6


--------------------
redis.clients..exceptions.DataException: ERR index out of range
    at redis.clients..Protocol.processError(Protocol.java:132)
    at redis.clients..Protocol.process(Protocol.java:166)
    at redis.clients..Protocol.read(Protocol.java:220)
    at redis.clients..Connection.readProtocolWithCheckingBroken(Connection.java:318)
    at redis.clients..Connection.getBinaryMultiBulkReply(Connection.java:270)
```

```
at redis.clients..Connection.getMultiBulkReply(Connection.java:264)
at redis.clients...spop(.java:1273)
at sets.Test7.main(Test7.java:66)
```

6.8 srem 命令

使用格式如下。

```
srem key member [member ...]
```

该命令用于从集合中删除指定的元素。

6.8.1 测试案例

测试案例如下。

```
127.0.0.1:7777> del key1
(integer) 1
127.0.0.1:7777> sadd key1 a b c d
(integer) 4
127.0.0.1:7777> srem key1 a d
(integer) 2
127.0.0.1:7777> smembers key1
1) "b"
2) "c"
127.0.0.1:7777>
```

6.8.2 程序演示

```java
public class Test8 {
    private static Pool pool = new Pool(new PoolConfig(), "192.168.61.84", 7777, 5000, "accp");

    public static void main(String[] args) {
         = null;
        try {
             = pool.getResource();

            .flushDB();
            .sadd("myset1", "1", "2", "3", "4", "5", "6");

            .srem("myset1".getBytes(), "1".getBytes(), "2".getBytes());
            .srem("myset1", "3", "4");

            Set<String> set1 = .smembers("myset1");
            Iterator<String> iterator1 = set1.iterator();
            while (iterator1.hasNext()) {
                System.out.println(iterator1.next());
            }

        } catch (Exception e) {
            e.printStackTrace();
        } finally {
            if ( != null) {
                .close();
            }
```

            }
        }
}
程序运行结果如下。

5
6

6.9 sunion 和 sunionstore 命令

sunion 命令的使用格式如下。

```
sunion key [key ...]
```

该命令用于合并所有 key 中的元素,并去掉重复的元素。

sunionstore 命令的使用格式如下。

```
sunionstore destination key [key ...]
```

该命令用于合并所有 key 中的元素,去掉重复的元素,并将合并后的元素存入目标 key 中。

6.9.1 测试案例

测试案例如下。

```
127.0.0.1:7777> del key1
(integer) 1
127.0.0.1:7777> del key2
(integer) 1
127.0.0.1:7777> del key3
(integer) 1
127.0.0.1:7777> sadd key1 a b c
(integer) 3
127.0.0.1:7777> sadd key2 a d e
(integer) 3
127.0.0.1:7777> sadd key3 d 1 2
(integer) 3
127.0.0.1:7777> sunion key1 key2 key3
1) "2"
2) "d"
3) "c"
4) "1"
5) "b"
6) "a"
7) "e"
127.0.0.1:7777> sunionstore showme key1 key2 key3
(integer) 7
127.0.0.1:7777> smembers showme
1) "2"
2) "d"
3) "c"
4) "1"
5) "b"
6) "a"
```

```
    7) "e"
127.0.0.1:7777>
```

6.9.2 程序演示

```java
public class Test9 {
    private static Pool pool = new Pool(new PoolConfig(), "192.168.61.84", 7777, 5000, "accp");

    public static void main(String[] args) {
         = null;
        try {
             = pool.getResource();

            .flushDB();
            .sadd("myset1", "1", "2", "3");
            .sadd("myset2", "1", "2", "3", "4");
            .sadd("myset3", "1", "2", "3", "4", "a", "b");

            {
                Set<byte[]> set1 = .sunion("myset1".getBytes(), "myset2".getBytes(), "myset3".getBytes());
                Set<String> set2 = .sunion("myset1", "myset2", "myset3");

                Iterator<byte[]> iterator1 = set1.iterator();
                while (iterator1.hasNext()) {
                    System.out.println(new String(iterator1.next()));
                }

                System.out.println();

                Iterator<String> iterator2 = set2.iterator();
                while (iterator2.hasNext()) {
                    System.out.println(iterator2.next());
                }

                System.out.println();
            }

            {
                .sunionstore("myset4".getBytes(), "myset1".getBytes(), "myset2".getBytes(), "myset3".getBytes());
                .sunionstore("myset5", "myset1", "myset2", "myset3");

                Set<String> set1 = .smembers("myset4");
                Iterator<String> iterator1 = set1.iterator();
                while (iterator1.hasNext()) {
                    System.out.println(iterator1.next());
                }

                System.out.println();

                Set<String> set2 = .smembers("myset5");
                Iterator<String> iterator2 = set2.iterator();
                while (iterator2.hasNext()) {
                    System.out.println(iterator2.next());
                }
            }
```

```
        } catch (Exception e) {
            e.printStackTrace();
        } finally {
            if ( != null) {
                .close();
            }
        }
    }
}
```

程序运行结果如下。

```
4
2
a
3
1
b

4
2
a
3
1
b

4
2
a
3
1
b

4
2
a
3
1
b
```

6.10 sscan 命令

使用格式如下。

```
sscan key cursor [MATCH pattern] [COUNT count]
```

该命令用于增量迭代。

6.10.1 测试案例

测试案例如下。

```
127.0.0.1:7777> del setkey
(integer) 0
127.0.0.1:7777> sadd setkey a b c d e f g h j k l m n
```

```
(integer) 13
127.0.0.1:7777> sscan setkey 0
1) "3"
2)  1) "k"
    2) "f"
    3) "b"
    4) "a"
    5) "e"
    6) "l"
    7) "d"
    8) "g"
    9) "j"
   10) "n"
127.0.0.1:7777> sscan setkey 3
1) "0"
2)  1) "c"
    2) "m"
    3) "h"
127.0.0.1:7777>
```

6.10.2 程序演示

创建如下代码生成 sadd 命令所添加元素的字符串，代码如下。

```
public class Test10 {
    public static void main(String[] args) throws IOException {
        String addString = "";
        for (int i = 1; i <= 900; i++) {
            addString = addString + " " + "\"" + (i) + "\"";
        }
        addString = addString.substring(1);
        System.out.println(addString);

        FileWriter fileWriter1 = new FileWriter("c:\\abc\\abc1.txt");
        fileWriter1.write(addString);
        fileWriter1.close();
    }
}
```

测试代码如下。

```
public class Test111 {
    private static Pool pool = new Pool(new PoolConfig(), "192.168.61.84", 7777, 5000, "accp");

    public static void main(String[] args) {
        = null;
        try {
            = pool.getResource();

            .flushDB();
            .sadd("myset1", "1", "2", "3", "4", "5", "6", "7", "8", "9", "10", "11", "12",
"13", "14", "15", "16",
                    "17", "18", "19", "20", "21", "22", "23", "24", "25", "26", "27", "28",
"29", "30", "31", "32",
                    "33", "34", "35", "36", "37", "38", "39", "40", "41", "42", "43", "44",
"45", "46", "47", "48",
                    "49", "50", "51", "52", "53", "54", "55", "56", "57", "58", "59", "60",
```

"61", "62", "63", "64",
"65", "66", "67", "68", "69", "70", "71", "72", "73", "74", "75", "76", "77", "78", "79", "80",
"81", "82", "83", "84", "85", "86", "87", "88", "89", "90", "91", "92", "93", "94", "95", "96",
"97", "98", "99", "100", "101", "102", "103", "104", "105", "106", "107", "108", "109", "110",
"111", "112", "113", "114", "115", "116", "117", "118", "119", "120", "121", "122", "123", "124",
"125", "126", "127", "128", "129", "130", "131", "132", "133", "134", "135", "136", "137", "138",
"139", "140", "141", "142", "143", "144", "145", "146", "147", "148", "149", "150", "151", "152",
"153", "154", "155", "156", "157", "158", "159", "160", "161", "162", "163", "164", "165", "166",
"167", "168", "169", "170", "171", "172", "173", "174", "175", "176", "177", "178", "179", "180",
"181", "182", "183", "184", "185", "186", "187", "188", "189", "190", "191", "192", "193", "194",
"195", "196", "197", "198", "199", "200", "201", "202", "203", "204", "205", "206", "207", "208",
"209", "210", "211", "212", "213", "214", "215", "216", "217", "218", "219", "220", "221", "222",
"223", "224", "225", "226", "227", "228", "229", "230", "231", "232", "233", "234", "235", "236",
"237", "238", "239", "240", "241", "242", "243", "244", "245", "246", "247", "248", "249", "250",
"251", "252", "253", "254", "255", "256", "257", "258", "259", "260", "261", "262", "263", "264",
"265", "266", "267", "268", "269", "270", "271", "272", "273", "274", "275", "276", "277", "278",
"279", "280", "281", "282", "283", "284", "285", "286", "287", "288", "289", "290", "291", "292",
"293", "294", "295", "296", "297", "298", "299", "300", "301", "302", "303", "304", "305", "306",
"307", "308", "309", "310", "311", "312", "313", "314", "315", "316", "317", "318", "319", "320",
"321", "322", "323", "324", "325", "326", "327", "328", "329", "330", "331", "332", "333", "334",
"335", "336", "337", "338", "339", "340", "341", "342", "343", "344", "345", "346", "347", "348",
"349", "350", "351", "352", "353", "354", "355", "356", "357", "358", "359", "360", "361", "362",
"363", "364", "365", "366", "367", "368", "369", "370", "371", "372", "373", "374", "375", "376",
"377", "378", "379", "380", "381", "382", "383", "384", "385", "386", "387", "388", "389", "390",
"391", "392", "393", "394", "395", "396", "397", "398", "399", "400", "401", "402", "403", "404",
"405", "406", "407", "408", "409", "410", "411", "412", "413", "414", "415", "416", "417", "418",
"419", "420", "421", "422", "423", "424", "425", "426", "427", "428", "429", "430", "431", "432",
"433", "434", "435", "436", "437", "438", "439", "440", "441", "442", "443", "444", "445", "446",
"447", "448", "449", "450", "451", "452", "453", "454", "455", "456", "457", "458", "459", "460",
"461", "462", "463", "464", "465", "466", "467", "468", "469", "470",

"471", "472", "473", "474",
                                "475", "476", "477", "478", "479", "480", "481", "482", "483", "484",
"485", "486", "487", "488",
                                "489", "490", "491", "492", "493", "494", "495", "496", "497", "498",
"499", "500", "501", "502",
                                "503", "504", "505", "506", "507", "508", "509", "510", "511", "512",
"513", "514", "515", "516",
                                "517", "518", "519", "520", "521", "522", "523", "524", "525", "526",
"527", "528", "529", "530",
                                "531", "532", "533", "534", "535", "536", "537", "538", "539", "540",
"541", "542", "543", "544",
                                "545", "546", "547", "548", "549", "550", "551", "552", "553", "554",
"555", "556", "557", "558",
                                "559", "560", "561", "562", "563", "564", "565", "566", "567", "568",
"569", "570", "571", "572",
                                "573", "574", "575", "576", "577", "578", "579", "580", "581", "582",
"583", "584", "585", "586",
                                "587", "588", "589", "590", "591", "592", "593", "594", "595", "596",
"597", "598", "599", "600",
                                "601", "602", "603", "604", "605", "606", "607", "608", "609", "610",
"611", "612", "613", "614",
                                "615", "616", "617", "618", "619", "620", "621", "622", "623", "624",
"625", "626", "627", "628",
                                "629", "630", "631", "632", "633", "634", "635", "636", "637", "638",
"639", "640", "641", "642",
                                "643", "644", "645", "646", "647", "648", "649", "650", "651", "652",
"653", "654", "655", "656",
                                "657", "658", "659", "660", "661", "662", "663", "664", "665", "666",
"667", "668", "669", "670",
                                "671", "672", "673", "674", "675", "676", "677", "678", "679", "680",
"681", "682", "683", "684",
                                "685", "686", "687", "688", "689", "690", "691", "692", "693", "694",
"695", "696", "697", "698",
                                "699", "700", "701", "702", "703", "704", "705", "706", "707", "708",
"709", "710", "711", "712",
                                "713", "714", "715", "716", "717", "718", "719", "720", "721", "722",
"723", "724", "725", "726",
                                "727", "728", "729", "730", "731", "732", "733", "734", "735", "736",
"737", "738", "739", "740",
                                "741", "742", "743", "744", "745", "746", "747", "748", "749", "750",
"751", "752", "753", "754",
                                "755", "756", "757", "758", "759", "760", "761", "762", "763", "764",
"765", "766", "767", "768",
                                "769", "770", "771", "772", "773", "774", "775", "776", "777", "778",
"779", "780", "781", "782",
                                "783", "784", "785", "786", "787", "788", "789", "790", "791", "792",
"793", "794", "795", "796",
                                "797", "798", "799", "800", "801", "802", "803", "804", "805", "806",
"807", "808", "809", "810",
                                "811", "812", "813", "814", "815", "816", "817", "818", "819", "820",
"821", "822", "823", "824",
                                "825", "826", "827", "828", "829", "830", "831", "832", "833", "834",
"835", "836", "837", "838",
                                "839", "840", "841", "842", "843", "844", "845", "846", "847", "848",
"849", "850", "851", "852",
                                "853", "854", "855", "856", "857", "858", "859", "860", "861", "862",
"863", "864", "865", "866",
                                "867", "868", "869", "870", "871", "872", "873", "874", "875", "876",

```
                    "877", "878", "879", "880",
                                    "881", "882", "883", "884", "885", "886", "887", "888", "889", "890",
"891", "892", "893", "894",
                                    "895", "896", "897", "898", "899", "900");
                    ScanResult<byte[]> scanResult1 = .sscan("myset1".getBytes(), "0".getBytes());
                    byte[] cursors1 = null;
                    do {
                        List<byte[]> list = scanResult1.getResult();
                        for (int i = 0; i < list.size(); i++) {
                            System.out.println(new String(list.get(i)));
                        }
                        cursors1 = scanResult1.getCursorAsBytes();
                        scanResult1 = .sscan("myset1".getBytes(), new String(cursors1).getBytes());

                    } while (!new String(cursors1).equals("0"));

                    System.out.println("-----------------");
                    System.out.println("-----------------");

                    ScanResult<String> scanResult2 = .sscan("myset1", "0");
                    String cursors2 = null;
                    do {
                        List<String> list = scanResult2.getResult();
                        for (int i = 0; i < list.size(); i++) {
                            System.out.println(list.get(i));
                        }
                        cursors2 = scanResult2.getCursor();
                        scanResult2 = .sscan("myset1", cursors2);
                    } while (!new String(cursors2).equals("0"));

            } catch (Exception e) {
                e.printStackTrace();
            } finally {
                if ( != null) {
                    .close();
                }
            }
        }
    }
```

程序运行后会以增量的方式，多次从集合中取得全部的元素并输出。

第 7 章 Sorted Set 类型命令

Sorted Set 数据类型和 Java 中的 LinkedHashSet 类特性一致。
Sorted Set 数据类型的存储形式如图 7-1 所示。

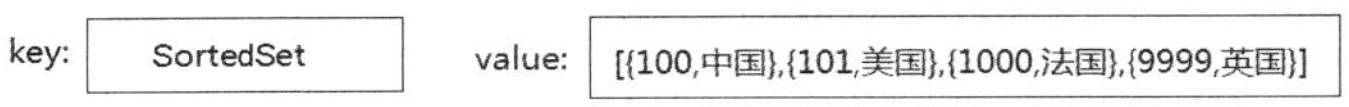

key: SortedSet　　value: [{100,中国},{101,美国},{1000,法国},{9999,英国}]

图 7-1　Sorted Set 数据类型的存储形式

Sorted Set 数据类型中的元素根据分数（score）进行排序，并不像 LinkedHashSet 以添加的顺序作为排序依据，因此适合排行榜的场景。

Sorted Set 数据类型中的元素以 score 的大小默认按升序的方式进行排序。因为存放在集合中，所以同一元素只存在一次，不允许重复的元素存在。

可以用整数来表示 score，因为 Redis 中的 Sorted Set 数据类型使用双精度 64bit 浮点数来表示 score，所以它能够精确地表示 $-2^{53} \sim 2^{53}$ 的整数。sorted set 数据类型的元素最多为 $2^{32}-1$ 个。

7.1　zadd、zrange 和 zrevrange 命令

zadd 命令的使用格式如下。

```
zadd key [NX|XX] [ch] [incr] score member [score member ...]
```

该命令用于将所有指定的元素添加到与 key 关联的有序集合里。添加时可以指定多个分数-元素（score-member）对。如果添加的元素已经是有序集合里面的元素，则会更新元素的 score，并更新到正确的排序位置。

如果 key 不存在，那么将会创建一个新的有序集合，并将 score-member 对添加到有序集合中。如果 key 存在，但是存储的类型不是有序集合将会返回一个错误信息。

score 是一个双精度的浮点数字符串，正数最大值可以使用+inf 作为代替，负数最小值可以使用-inf 作为代替。

zadd 命令用于在 key 和 score-member 对之间可以加入 NX、XX、ch、incr 参数，参数解释

如下。
- NX：不存在才更新。
- XX：存在才更新。
- ch：ch 是 Changed 的缩写。ch 参数的作用是返回新添加的新元素个数和已更新 score 的已存在元素个数之和。命令行中指定的 score 和有序集合中拥有相同 score 的元素则不会计算在内。注意：zadd 命令只返回新添加的新元素的个数。
- incr：当 zadd 命令指定这个参数时，等同于 zincrby 命令，可以对元素的 score 进行递增操作。但同时只能对一个 score-member 进行自增操作。使用 incr 参数将返回元素的新 score，用字符串来表示一个双精度的浮点数。

参数 NX|XX、ch、incr 之间可以联合使用。
zrange 命令的使用格式如下。

```
zrange key start stop [withscores]
```

该命令用于返回与 key 关联的有序集合中指定索引范围的元素，不是 score 范围。元素是按从低到高的 score 顺序进行排序的。

当需要从高到低进行排序时，请参考 zrevrange 命令。

start 和 stop 都是从 0 开始的索引，其中 0 代表第一个元素，1 代表下一个元素，依此类推。它们也可以是负数，如 –1 代表有序集合中的最后一个元素，–2 代表倒数第二个元素，依此类推。

可以使用 withscores 参数，以便将元素的 score 与元素值一起返回。
zrevrange 命令的使用格式如下。

```
zrevrange key start stop [withscores]
```

zrevrange 命令是 zrange 命令的倒序版本。

7.1.1 添加元素并返回指定索引范围的元素

zadd 命令会将所有指定的元素添加到与 key 关联的有序集合里。添加时可以指定多个 score-member 对。

zrange 命令会返回与 key 关联的有序集合中指定索引范围的元素，元素是按从低到高的 score 顺序进行排序的。

1. 测试案例

测试案例如下。

```
127.0.0.1:7777> flushdb
OK
127.0.0.1:7777> keys *
(empty list or set)
127.0.0.1:7777> zadd zset 1 a
(integer) 1
127.0.0.1:7777> zadd zset 2 b
(integer) 1
127.0.0.1:7777> zadd zset 100 z
```

7.1 zadd、zrange 和 zrevrange 命令

```
(integer) 1
127.0.0.1:7777> zadd zset 3 c
(integer) 1
127.0.0.1:7777> zrange zset 0 -1
1) "a"
2) "b"
3) "c"
4) "z"
127.0.0.1:7777>
```

可以批量添加 score 和元素，测试案例如下。

```
127.0.0.1:7777> flushdb
OK
127.0.0.1:7777> keys *
(empty list or set)
127.0.0.1:7777> zadd zset 1 a 2 b 100 z 3 c
(integer) 4
127.0.0.1:7777> zrange zset 0 -1
1) "a"
2) "b"
3) "c"
4) "z"
127.0.0.1:7777>
```

2．程序演示

```java
public class Test1 {
    private static Pool pool = new Pool(new PoolConfig(), "192.168.61.84", 7777, 5000, "accp");

    public static void main(String[] args) {
         = null;
        try {
             = pool.getResource();
            .flushDB();

            //
            .zadd("zset1".getBytes(), 1, "a".getBytes());
            .zadd("zset1", 2, "b");
            //
            Map<byte[], Double> map1 = new HashMap<>();
            map1.put("c".getBytes(), Double.valueOf("3"));
            map1.put("d".getBytes(), Double.valueOf("4"));
            .zadd("zset1".getBytes(), map1);
            //
            Map<String, Double> map2 = new HashMap<>();
            map2.put("e", Double.valueOf("5"));
            map2.put("f", Double.valueOf("6"));
            .zadd("zset1", map2);
            //
            Set<byte[]> set1 = .zrange("zset1".getBytes(), 0, -1);
            Set<String> set2 = .zrange("zset1", 0, -1);

            Iterator<byte[]> iterator1 = set1.iterator();
            while (iterator1.hasNext()) {
                System.out.println(new String(iterator1.next()));
            }
```

```
                System.out.println();

                Iterator<String> iterator2 = set2.iterator();
                while (iterator2.hasNext()) {
                    System.out.println(iterator2.next());
                }

            } catch (Exception e) {
                e.printStackTrace();
            } finally {
                if ( != null) {
                    .close();
                }
            }
        }
    }.
```

程序运行结果如下。

```
a
b
c
d
e
f

a
b
c
d
e
f
```

7.1.2 更新 score 导致重排序并返回新添加元素的个数

使用 zadd 命令时，如果添加的元素已经在有序集合中存在，则会更改元素的 score 并重排序；如果添加的元素不在有序集合中，则向有序集合中添加这些 score 并排序，最后返回新添加 score 的个数。

1．测试案例

测试案例如下。

```
127.0.0.1:7777> zadd key1 1 a 2 b 3 c
3
127.0.0.1:7777> zadd key1 11 a 22 b 100 z
1
127.0.0.1:7777> zrange key1 0 -1
c
a
b
z
127.0.0.1:7777>
```

第二次执行 zadd 命令后，返回 1 代表新添加了 "100 z"。

7.1 zadd、zrange 和 zrevrange 命令

2. 程序演示

```java
public class Test2 {
    private static Pool pool = new Pool(new PoolConfig(), "192.168.61.84", 7777, 5000, "accp");

    public static void main(String[] args) {
         = null;
        try {
             = pool.getResource();
            .flushDB();

            //
            Map<String, Double> map1 = new HashMap<>();
            map1.put("a", Double.valueOf("1"));
            map1.put("b", Double.valueOf("2"));
            map1.put("c", Double.valueOf("3"));
            System.out.println(.zadd("zset1", map1));
            //
            Map<String, Double> map2 = new HashMap<>();
            map2.put("a", Double.valueOf("11"));
            map2.put("b", Double.valueOf("22"));
            map2.put("z", Double.valueOf("100"));
            System.out.println(.zadd("zset1", map2));

            System.out.println();

            Set<String> set = .zrange("zset1", 0, -1);
            Iterator<String> iterator = set.iterator();
            while (iterator.hasNext()) {
                System.out.println(iterator.next());
            }

        } catch (Exception e) {
            e.printStackTrace();
        } finally {
            if ( != null) {
                .close();
            }
        }
    }
}
```

程序运行结果如下。

```
3
1

c
a
b
z
```

7.1.3 使用 ch 参数

在默认情况下，zadd 命令返回新添加元素的个数。如果结合 ch 参数，则会返回更新的元素个数和新添加的元素个数之和。

1. 结合 ch 参数返回更新的元素个数和新添加的元素个数之和

（1）测试案例

测试案例如下。

```
127.0.0.1:7777> flushdb
OK
127.0.0.1:7777> zadd key1 1 a 2 b 3 c
3
127.0.0.1:7777> zadd key1 ch 11 a 22 b 33 c 100 z
4
127.0.0.1:7777> zrange key1 0 -1
a
b
c
z
127.0.0.1:7777>
```

（2）程序演示

```
public class Test3 {
    private static Pool pool = new Pool(new PoolConfig(), "192.168.61.84", 7777, 5000, "accp");

    public static void main(String[] args) {
         = null;
        try {
             = pool.getResource();
            .flushDB();

            //
            Map<String, Double> map1 = new HashMap<>();
            map1.put("a", Double.valueOf("1"));
            map1.put("b", Double.valueOf("2"));
            map1.put("c", Double.valueOf("3"));
            System.out.println(.zadd("zset1", map1));
            //
            Map<String, Double> map2 = new HashMap<>();
            map2.put("a", Double.valueOf("11"));
            map2.put("b", Double.valueOf("22"));
            map2.put("c", Double.valueOf("33"));
            map2.put("z", Double.valueOf("100"));
            ZAddParams param = new ZAddParams();
            param.ch();
            System.out.println(.zadd("zset1", map2, param));

            System.out.println();

            Set<String> set = .zrange("zset1", 0, -1);
            Iterator<String> iterator = set.iterator();
            while (iterator.hasNext()) {
                System.out.println(iterator.next());
            }
        } catch (Exception e) {
            e.printStackTrace();
        } finally {
            if ( != null) {
```

7.1 zadd、zrange 和 zrevrange 命令

```
                    .close();
                }
            }
        }
    }
```

程序运行结果如下。

```
3
4

a
b
c
z
```

2．如果指定的 score 和有序集合中拥有相同的元素，则不会计算在返回值中

（1）测试案例

测试案例如下。

```
127.0.0.1:6379> flushdb
OK
127.0.0.1:6379> zadd key 1 a 2 b 3 c
3
127.0.0.1:6379> zadd key ch 1 a 2 b 3 c 99 y 100 z
2
127.0.0.1:6379> zrange key 0 -1
a
b
c
y
z
127.0.0.1:6379>
```

（2）程序演示

```java
public class Test4 {
    private static Pool pool = new Pool(new PoolConfig(), "192.168.61.84", 7777, 5000, "accp");

    public static void main(String[] args) {
         = null;
        try {
             = pool.getResource();
            .flushDB();

            //
            Map<String, Double> map1 = new HashMap<>();
            map1.put("a", Double.valueOf("1"));
            map1.put("b", Double.valueOf("2"));
            map1.put("c", Double.valueOf("3"));
            System.out.println(.zadd("zset1", map1));
            //
            Map<String, Double> map2 = new HashMap<>();
            map2.put("a", Double.valueOf("1"));
            map2.put("b", Double.valueOf("2"));
            map2.put("c", Double.valueOf("3"));
            map2.put("x", Double.valueOf("99"));
```

```
            map2.put("z", Double.valueOf("100"));
            ZAddParams param = new ZAddParams();
            param.ch();
            System.out.println(.zadd("zset1", map2, param));

            System.out.println();

            Set<String> set = .zrange("zset1", 0, -1);
            Iterator<String> iterator = set.iterator();
            while (iterator.hasNext()) {
                System.out.println(iterator.next());
            }

        } catch (Exception e) {
            e.printStackTrace();
        } finally {
            if ( != null) {
                .close();
            }
        }
    }
}
```

程序运行结果如下。

```
3
2

a
b
c
x
z
```

7.1.4 一起返回元素和 score

使用 zrange 命令时可以结合 withscores 参数，以便将元素和 score 一起返回。

1. 测试案例

测试案例如下。

```
127.0.0.1:7777> del key1
(integer) 0
127.0.0.1:7777> zadd key1 1 a
(integer) 1
127.0.0.1:7777> zadd key1 2 b
(integer) 1
127.0.0.1:7777> zadd key1 3 c
(integer) 1
127.0.0.1:7777> zadd key1 200 b
(integer) 0
127.0.0.1:7777> zrange key1 0 -1
1) "a"
2) "c"
3) "b"
127.0.0.1:7777> zrange key1 0 -1 withscores
```

```
1) "a"
2) "1"
3) "c"
4) "3"
5) "b"
6) "200"
127.0.0.1:7777>
```

2. 程序演示

```java
public class Test5 {
    private static Pool pool = new Pool(new PoolConfig(), "192.168.61.84", 7777, 5000, "accp");

    public static void main(String[] args) {
         = null;
        try {
             = pool.getResource();
            .flushDB();

            .zadd("zset1", 1, "a");
            .zadd("zset1", 2, "b");
            .zadd("zset1", 3, "c");

            {
                Set<String> set1 = .zrange("zset1", 0, -1);
                Iterator<String> iterator1 = set1.iterator();
                while (iterator1.hasNext()) {
                    System.out.println(new String(iterator1.next()));
                }
            }
            System.out.println();
            {
                Set<Tuple> set1 = .zrangeWithScores("zset1".getBytes(), 0, -1);
                Iterator<Tuple> iterator1 = set1.iterator();
                while (iterator1.hasNext()) {
                    Tuple tuple = iterator1.next();
                    System.out.println(tuple.getElement() + " " + tuple.getScore());
                }
            }
            System.out.println();

            {
                Set<Tuple> set1 = .zrangeWithScores("zset1", 0, -1);
                Iterator<Tuple> iterator1 = set1.iterator();
                while (iterator1.hasNext()) {
                    Tuple tuple = iterator1.next();
                    System.out.println(tuple.getElement() + " " + tuple.getScore());
                }
            }

        } catch (Exception e) {
            e.printStackTrace();
        } finally {
            if ( != null) {
                .close();
            }
        }
    }
}
```

}
程序运行结果如下。

a
b
c

a 1.0
b 2.0
c 3.0

a 1.0
b 2.0
c 3.0

7.1.5　score 可以是双精度浮点数

zadd 命令中的 score 可以是双精度浮点数。

1．测试案例

测试案例如下。

```
127.0.0.1:7777> del key1
(integer) 1
127.0.0.1:7777> zadd key1 -1 a
(integer) 1
127.0.0.1:7777> zadd key1 -2 b
(integer) 1
127.0.0.1:7777> zadd key1 -2.5 c
(integer) 1
127.0.0.1:7777> zadd key1 -1.5 d
(integer) 1
127.0.0.1:7777> zadd key1 -3 e
(integer) 1
127.0.0.1:7777> zadd key1 1 f
(integer) 1
127.0.0.1:7777> zadd key1 2 h
(integer) 1
127.0.0.1:7777> zadd key1 1.5 g
(integer) 1
127.0.0.1:7777> zrange key1 0 -1 withscores
 1) "e"
 2) "-3"
 3) "c"
 4) "-2.5"
 5) "b"
 6) "-2"
 7) "d"
 8) "-1.5"
 9) "a"
10) "-1"
11) "f"
12) "1"
13) "g"
14) "1.5"
```

```
15) "h"
16) "2"
127.0.0.1:7777>
```

2. 程序演示

```java
public class Test6 {
    private static Pool pool = new Pool(new PoolConfig(), "192.168.61.84", 7777, 5000, "accp");

    public static void main(String[] args) {
                = null;
        try {
                = pool.getResource();
            .flushDB();

            .zadd("zset1", -2, "-2String");
            .zadd("zset1", 2, "2String");
            .zadd("zset1", -1.5, "-1.5String");
            .zadd("zset1", 1.5, "1.5String");
            .zadd("zset1", 0, "0String");

            {
                Set<Tuple> set1 = .zrangeWithScores("zset1", 0, -1);
                Iterator<Tuple> iterator1 = set1.iterator();
                while (iterator1.hasNext()) {
                    Tuple tuple = iterator1.next();
                    System.out.println(tuple.getElement() + "       " + tuple.getScore());
                }
            }
        } catch (Exception e) {
            e.printStackTrace();
        } finally {
            if ( != null) {
                .close();
            }
        }
    }
}
```

程序运行结果如下。

```
-2String        -2.0
-1.5String      -1.5
0String         0.0
1.5String       1.5
2String         2.0
```

7.1.6 使用 XX 参数

XX 参数代表只更新存在的元素，不添加新元素。

1. 测试案例

测试案例如下。

```
127.0.0.1:7777> flushdb    .
```

```
OK
127.0.0.1:7777> zadd key 1 a 2 b 3 c
3
127.0.0.1:7777> zadd key XX 11 a 22 b 33 c 44 d
0
127.0.0.1:7777> zrange key 0 -1 withscores
a
11
b
22
c
33
127.0.0.1:7777>
```

使用 XX 参数后只更新已存在元素的 score，不添加新元素。

使用 XX 参数后，返回值是 0，如果想获得更新的元素个数，则可以结合 ch 参数，测试代码如下。

```
127.0.0.1:7777> flushdb
OK
127.0.0.1:7777> zadd key 1 a 2 b 3 c
3
127.0.0.1:7777> zadd key ch XX 11 a 22 b 33 c 44 d
3
127.0.0.1:7777> zrange key 0 -1 withscores
a
11
b
22
c
33
127.0.0.1:7777>
```

以上代码更新的元素个数是 3。

2．程序演示

```java
public class Test7 {
    private static Pool pool = new Pool(new PoolConfig(), "192.168.61.84", 7777, 5000, "accp");

    public static void main(String[] args) {
        = null;
        try {
            = pool.getResource();
            .flushDB();

            .zadd("zset1", 1, "a");
            .zadd("zset1", 2, "b");
            .zadd("zset1", 3, "c");

            //
            Map<String, Double> map = new HashMap<>();
            map.put("a", Double.valueOf("11"));
            map.put("b", Double.valueOf("22"));
            map.put("c", Double.valueOf("33"));
            map.put("d", Double.valueOf("44"));
```

```
            ZAddParams param = new ZAddParams();
            param.ch();
            param.xx();

            System.out.println(.zadd("zset1", map, param));

            System.out.println();

            {
                Set<Tuple> set1 = .zrangeWithScores("zset1", 0, -1);
                Iterator<Tuple> iterator1 = set1.iterator();
                while (iterator1.hasNext()) {
                    Tuple tuple = iterator1.next();
                    System.out.println(tuple.getElement() + "        " + tuple.getScore());
                }
            }

        } catch (Exception e) {
            e.printStackTrace();
        } finally {
            if ( != null) {
                .close();
            }
        }
    }
}
```

程序运行结果如下。

```
3

a    11.0
b    22.0
c    33.0
```

7.1.7 使用 NX 参数

zadd 命令中的 NX 参数代表不更新已存在的元素，只添加新元素。

1. 测试案例

测试案例如下。

```
127.0.0.1:7777> flushdb
OK
127.0.0.1:7777> keys *
(empty list or set)
127.0.0.1:7777> zadd zset 1 a 2 b 3 c
(integer) 3
127.0.0.1:7777> zadd zset NX 11 a 22 b 33 c 4 d
(integer) 1
127.0.0.1:7777> zrange zset 0 -1 withscores
1) "a"
2) "1"
3) "b"
4) "2"
5) "c"
```

```
6) "3"
7) "d"
8) "4"
127.0.0.1:7777>
```

2．程序演示

```java
public class Test8 {
    private static Pool pool = new Pool(new PoolConfig(), "192.168.61.84", 7777, 5000, "accp");

    public static void main(String[] args) {
         = null;
        try {
             = pool.getResource();
            .flushDB();

            .zadd("zset1", 1, "a");
            .zadd("zset1", 2, "b");
            .zadd("zset1", 3, "c");

            //
            Map<String, Double> map = new HashMap<>();
            map.put("a", Double.valueOf("11"));
            map.put("b", Double.valueOf("22"));
            map.put("c", Double.valueOf("33"));
            map.put("d", Double.valueOf("4"));

            ZAddParams param = new ZAddParams();
            param.nx();

            System.out.println(.zadd("zset1", map, param));

            System.out.println();

            {
                Set<Tuple> set1 = .zrangeWithScores("zset1", 0, -1);
                Iterator<Tuple> iterator1 = set1.iterator();
                while (iterator1.hasNext()) {
                    Tuple tuple = iterator1.next();
                    System.out.println(tuple.getElement() + "      " + tuple.getScore());
                }
            }

        } catch (Exception e) {
            e.printStackTrace();
        } finally {
            if ( != null) {
                .close();
            }
        }
    }
}
```

程序运行结果如下。

1

```
a    1.0
b    2.0
c    3.0
d    4.0
```

7.1.8　使用 incr 参数

zadd 命令中的 incr 参数的作用等同于 zincrby 命令，可以对元素的 score 进行递增操作，但同时只能对一个 score-member 对进行自增操作。

1．测试案例

测试案例如下。

```
127.0.0.1:7777> flushdb
OK
127.0.0.1:7777> zadd zset 1 a 2 b 3 c
(integer) 3
127.0.0.1:7777> zadd zset incr 100 a
"101"
127.0.0.1:7777> zrange zset 0 -1 withscores
1) "b"
2) "2"
3) "c"
4) "3"
5) "a"
6) "101"
127.0.0.1:7777>
```

2．程序演示

当前版本中的 ZAddParams 类并不提供 incr() 方法，想实现 incr 参数的操作请使用 zincrby 命令对应的如下 Java 方法。

```
.zincrby();
```

zincrby 命令和 .zincrby() 方法在 7.4 节有介绍。

7.1.9　测试字典排序

同一个元素不能在有序集合中重复，因为每个元素都是唯一的，但可以添加具有相同 score 的多个不同元素。当多个元素有相同的 score 时，将使用有序字典进行排序，也就是使用 score 作为第一排序条件，然后对相同 score 的元素按照字典规则进行排序。

1．测试案例

测试案例如下。

```
127.0.0.1:7777> del key1
(integer) 1
127.0.0.1:7777> zadd key1 1 az 1 ay 1 ax
(integer) 3
127.0.0.1:7777> zrange key1 0 -1 withscores
```

```
1) "ax"
2) "1"
3) "ay"
4) "1"
5) "az"
6) "1"
127.0.0.1:7777>
```

2. 程序演示

```java
public class Test9 {
    private static Pool pool = new Pool(new PoolConfig(), "192.168.61.84", 7777, 5000, "accp");

    public static void main(String[] args) {
        = null;
        try {
            = pool.getResource();
            .flushDB();

            .zadd("zset1", 1, "az");
            .zadd("zset1", 1, "ay");
            .zadd("zset1", 1, "ax");

            {
                Set<Tuple> set1 = .zrangeWithScores("zset1", 0, -1);
                Iterator<Tuple> iterator1 = set1.iterator();
                while (iterator1.hasNext()) {
                    Tuple tuple = iterator1.next();
                    System.out.println(tuple.getElement() + "    " + tuple.getScore());
                }
            }

        } catch (Exception e) {
            e.printStackTrace();
        } finally {
            if ( != null) {
                .close();
            }
        }
    }
}
```

程序运行结果如下。

```
ax    1.0
ay    1.0
az    1.0
```

7.1.10 倒序显示

zrevrange 命令以倒序显示有序集合中的元素。

1. 测试案例

测试案例如下。

```
127.0.0.1:7777> flushdb
```

7.1 zadd、zrange 和 zrevrange 命令

```
OK
127.0.0.1:7777> keys *
(empty list or set)
127.0.0.1:7777> zadd zset 1 a 2 b 3 c 4 d 5 e
(integer) 5
127.0.0.1:7777> zrange zset 0 -1
1) "a"
2) "b"
3) "c"
4) "d"
5) "e"
127.0.0.1:7777> zrevrange zset 0 -1
1) "e"
2) "d"
3) "c"
4) "b"
5) "a"
127.0.0.1:7777>
```

2. 程序演示

```java
public class Test10 {
    private static Pool pool = new Pool(new PoolConfig(), "192.168.61.84", 7777, 5000, "accp");

    public static void main(String[] args) {
         = null;
        try {
             = pool.getResource();
            .flushDB();

            .zadd("zset1", 1, "az");
            .zadd("zset1", 1, "ay");
            .zadd("zset1", 1, "ax");

            {
                Set<Tuple> set1 = .zrangeWithScores("zset1", 0, -1);
                Iterator<Tuple> iterator1 = set1.iterator();
                while (iterator1.hasNext()) {
                    Tuple tuple = iterator1.next();
                    System.out.println(tuple.getElement() + "    " + tuple.getScore());
                }
            }

            System.out.println();

            {
                Set<Tuple> set1 = .zrevrangeWithScores("zset1", 0, -1);
                Iterator<Tuple> iterator1 = set1.iterator();
                while (iterator1.hasNext()) {
                    Tuple tuple = iterator1.next();
                    System.out.println(tuple.getElement() + "    " + tuple.getScore());
                }
            }

        } catch (Exception e) {
            e.printStackTrace();
        } finally {
```

```
            if (  != null) {
                .close();
            }
        }
    }
}
```

程序运行结果如下。

```
ax      1.0
ay      1.0
az      1.0

az      1.0
ay      1.0
ax      1.0
```

7.2 zcard 命令

使用格式如下。

```
zcard key
```

该命令用于返回有序集合中元素的个数。

7.2.1 测试案例

测试案例如下。

```
127.0.0.1:7777> flushdb
OK
127.0.0.1:7777> keys *
(empty list or set)
127.0.0.1:7777> zadd zset 1 a 2 b 3 c 4 d 5 e
(integer) 5
127.0.0.1:7777> zcard zset
(integer) 5
127.0.0.1:7777>
```

7.2.2 程序演示

```
public class Test11 {
    private static Pool pool = new Pool(new PoolConfig(), "192.168.61.84", 7777, 5000, "accp");

    public static void main(String[] args) {
         = null;
        try {
             = pool.getResource();
            .flushDB();

            .zadd("zset1", 1, "az");
            .zadd("zset1", 1, "ay");
            .zadd("zset1", 1, "ax");

             {
```

```
            Set<Tuple> set1 = .zrangeWithScores("zset1", 0, -1);
            Iterator<Tuple> iterator1 = set1.iterator();
            while (iterator1.hasNext()) {
                Tuple tuple = iterator1.next();
                System.out.println(tuple.getElement() + "    " + tuple.getScore());
            }
        }

        System.out.println();
        System.out.println(.zcard("zset1".getBytes()));
        System.out.println(.zcard("zset1"));

    } catch (Exception e) {
        e.printStackTrace();
    } finally {
        if ( != null) {
            .close();
        }
    }
}
```

程序运行结果如下。

```
ax    1.0
ay    1.0
az    1.0

3
3
```

7.3 zcount 命令

使用格式如下。

```
zcount key min max
```

该命令用于返回 score 在 min 和 max 之间的元素个数。常量值-inf 代表最小值，+inf 代表最大值。

7.3.1 测试案例

测试案例如下。

```
127.0.0.1:7777> del key1
(integer) 1
127.0.0.1:7777> zadd key1 1 a
(integer) 1
127.0.0.1:7777> zadd key1 2 b
(integer) 1
127.0.0.1:7777> zadd key1 3 c
(integer) 1
127.0.0.1:7777> zcount key1 1 3
(integer) 3
127.0.0.1:7777> zcount key1 1 2
```

```
(integer) 2
127.0.0.1:7777> zcount key1 -inf +inf
(integer) 3
127.0.0.1:7777>
```

7.3.2 程序演示

```java
public class Test12 {
    private static Pool pool = new Pool(new PoolConfig(), "192.168.61.84", 7777, 5000, "accp");

    public static void main(String[] args) {
         = null;
        try {
             = pool.getResource();
            .flushDB();

            .zadd("zset1", 1, "a");
            .zadd("zset1", 2, "b");
            .zadd("zset1", 3, "c");
            .zadd("zset1", 4, "d");

            {
                Set<Tuple> set1 = .zrangeWithScores("zset1", 0, -1);
                Iterator<Tuple> iterator1 = set1.iterator();
                while (iterator1.hasNext()) {
                    Tuple tuple = iterator1.next();
                    System.out.println(tuple.getElement() + "    " + tuple.getScore());
                }
            }

            System.out.println(.zcount("zset1".getBytes(), "1".getBytes(), "1".getBytes()));
            System.out.println(.zcount("zset1".getBytes(), 1, 2));
            System.out.println(.zcount("zset1", "1", "3"));
            System.out.println(.zcount("zset1".getBytes(), 1, 4));
            System.out.println(.zcount("zset1", "-inf", "+inf"));
        } catch (Exception e) {
            e.printStackTrace();
        } finally {
            if ( != null) {
                .close();
            }
        }
    }
}
```

程序运行结果如下。

```
a    1.0
b    2.0
c    3.0
d    4.0
1
2
3
4
4
```

7.4 zincrby 命令

使用格式如下。

```
zincrby key increment member
```

该命令用于对 score 进行自增。如果 increment 值是负数，则该操作相当于减法。

7.4.1 测试案例

测试案例如下。

```
127.0.0.1:7777> flushdb
OK
127.0.0.1:7777> zadd zset 1 a 2 b
(integer) 2
127.0.0.1:7777> zincrby zset 100 a
"101"
127.0.0.1:7777> zincrby zset 200 b
"202"
127.0.0.1:7777> zrange zset 0 -1 withscores
1) "a"
2) "101"
3) "b"
4) "202"
127.0.0.1:7777>
```

7.4.2 程序演示

```
public class Test13 {
    private static Pool pool = new Pool(new PoolConfig(), "192.168.61.84", 7777, 5000, "accp");

    public static void main(String[] args) {
        = null;
        try {
            = pool.getResource();
            .flushDB();

            .zadd("zset1", 1, "a");
            .zadd("zset1", 2, "b");
            .zadd("zset1", 3, "c");
            .zadd("zset1", 4, "d");

            System.out.println(.zincrby("zset1".getBytes(), 100, "a".getBytes()));
            System.out.println(.zincrby("zset1", 100, "a"));

            System.out.println();
            {
                Set<Tuple> set1 = .zrangeWithScores("zset1", 0, -1);
                Iterator<Tuple> iterator1 = set1.iterator();
                while (iterator1.hasNext()) { .
                    Tuple tuple = iterator1.next();
```

```
                    System.out.println(tuple.getElement() + "      " + tuple.getScore());
                }
            }
            System.out.println();

            .flushDB();
            ZIncrByParams param1 = new ZIncrByParams();
            param1.xx();
            System.out.println(.zincrby("zset1", 100, "a", param1));
            .zadd("zset1", 1, "a");
            System.out.println(.zincrby("zset1", 100, "a", param1));

            System.out.println();

            .flushDB();
            ZIncrByParams param2 = new ZIncrByParams();
            param2.nx();
            System.out.println(.zincrby("zset1", 100, "a", param2));

        } catch (Exception e) {
            e.printStackTrace();
        } finally {
            if ( != null) {
                .close();
            }
        }
    }
}
```

程序运行结果如下。

```
101.0
201.0

b       2.0
c       3.0
d       4.0
a       201.0

null
101.0

100.0
```

7.5 zunionstore 命令

使用格式如下。

```
zunionstore destination numkeys key [key ...] [weights weight [weight ...]] [aggregate sum|min|max]
```

该命令用于对多个 key 进行合并。

参数 weights 和 aggregate 可以同时使用。

7.5.1 测试合并的效果

测试合并 score-member 对的效果。

1. 测试案例

测试案例如下。

```
127.0.0.1:7777> del key1
(integer) 1
127.0.0.1:7777> del key2
(integer) 1
127.0.0.1:7777> del key3
(integer) 1
127.0.0.1:7777> zadd key1 1 a 2 b 3 c
(integer) 3
127.0.0.1:7777> zadd key2 1 a 2 b 4 d
(integer) 3
127.0.0.1:7777> zunionstore key3 2 key1 key2
(integer) 4
127.0.0.1:7777> zrange key3 0 -1 withscores
1) "a"
2) "2"
3) "c"
4) "3"
5) "b"
6) "4"
7) "d"
8) "4"
127.0.0.1:7777>
```

2. 程序演示

```java
public class Test14 {
    private static Pool pool = new Pool(new PoolConfig(), "192.168.61.84", 7777, 5000, "accp");

    public static void main(String[] args) {
         = null;
        try {
             = pool.getResource();
            .flushDB();

            .zadd("zset1", 1, "a");
            .zadd("zset1", 2, "b");
            .zadd("zset1", 3, "c");
            .zadd("zset1", 4, "d");

            .zadd("zset2", 1, "a");
            .zadd("zset2", 2, "b");
            .zadd("zset2", 3, "c");
            .zadd("zset2", 4, "d");

            .zunionstore("zset31".getBytes(), "zset1".getBytes(), "zset2".getBytes());
            .zunionstore("zset32", "zset1", "zset2");

            {
                Set<Tuple> set1 = .zrangeWithScores("zset31", 0, -1);
```

```
                Iterator<Tuple> iterator1 = set1.iterator();
                while (iterator1.hasNext()) {
                    Tuple tuple = iterator1.next();
                    System.out.println(tuple.getElement() + "    " + tuple.getScore());
                }
            }

            System.out.println();

            {
                Set<Tuple> set1 = .zrangeWithScores("zset32", 0, -1);
                Iterator<Tuple> iterator1 = set1.iterator();
                while (iterator1.hasNext()) {
                    Tuple tuple = iterator1.next();
                    System.out.println(tuple.getElement() + "    " + tuple.getScore());
                }
            }
        } catch (Exception e) {
            e.printStackTrace();
        } finally {
            if ( != null) {
                .close();
            }
        }
    }
}
```

程序运行结果如下。

```
a    2.0
b    4.0
c    6.0
d    8.0

a    2.0
b    4.0
c    6.0
d    8.0
```

7.5.2 参数 weights 的使用

参数 weights 的作用是在元素合并之前先对 score 进行运算，然后将 score 累加合并。

1. 测试案例

测试案例如下。

```
127.0.0.1:7777> del key1
(integer) 1
127.0.0.1:7777> del key2
(integer) 1
127.0.0.1:7777> del key3
(integer) 1
127.0.0.1:7777> zadd key1 1 a 2 b 3 c
(integer) 3
127.0.0.1:7777> zadd key2 1 a 2 b 4 d
(integer) 3
```

7.5 zunionstore 命令

```
127.0.0.1:7777> zunionstore key3 2 key1 key2 weights 2 3
(integer) 4
127.0.0.1:7777> zrange key3 0 -1 withscores
1) "a"
2) "5"
3) "c"
4) "6"
5) "b"
6) "10"
7) "d"
8) "12"
127.0.0.1:7777>
```

运算过程如下。

key1 中的内容如下。

```
1 a
2 b
3 c
```

key2 中的内容如下。

```
1 a
2 b
4 d
```

"weights 2 3" 的执行步骤如下。

key1 中的 1×2+key2 中的 1×3=5。

key1 中的 2×2+key2 中的 2×3=10。

key1 中的 3×2 =6。

key2 中的 4×3=12。

如果没有给定 weights 参数，则默认值是 1。

2. 程序演示

```java
public class Test15 {
    private static Pool pool = new Pool(new PoolConfig(), "192.168.61.84", 7777, 5000, "accp");

    public static void main(String[] args) {
         = null;
        try {
             = pool.getResource();
            .flushDB();

            .zadd("zset1", 1, "a");
            .zadd("zset1", 2, "b");
            .zadd("zset1", 3, "c");

            .zadd("zset2", 1, "a");
            .zadd("zset2", 2, "b");
            .zadd("zset2", 4, "d");

            ZParams param1 = new ZParams();
            param1.weights(2, 3);
            .zunionstore("zset31".getBytes(), param1, "zset1".getBytes(),
```

```
"zset2".getBytes());
                    .zunionstore("zset32", param1, "zset1", "zset2");
                    {
                        Set<Tuple> set1 = .zrangeWithScores("zset31", 0, -1);
                        Iterator<Tuple> iterator1 = set1.iterator();
                        while (iterator1.hasNext()) {
                            Tuple tuple = iterator1.next();
                            System.out.println(tuple.getElement() + "    " + tuple.getScore());
                        }
                    }

                    System.out.println();

                    {
                        Set<Tuple> set1 = .zrangeWithScores("zset32", 0, -1);
                        Iterator<Tuple> iterator1 = set1.iterator();
                        while (iterator1.hasNext()) {
                            Tuple tuple = iterator1.next();
                            System.out.println(tuple.getElement() + "    " + tuple.getScore());
                        }
                    }
            } catch (Exception e) {
                e.printStackTrace();
            } finally {
                if ( != null) {
                    .close();
                }
            }
        }
    }
```

程序运行结果如下。

```
a    5.0
c    6.0
b    10.0
d    12.0

a    5.0
c    6.0
b    10.0
d    12.0
```

7.5.3 参数 aggregate 的使用

使用 aggregate 参数,可以指定并集的聚合方式,默认使用的参数是 sum,也就是求合,前面的案例使用的就是 sum。

如果使用参数 min 或者 max,则并集中保存的就是 score 值最小或最大的元素。

1. 测试案例

测试案例如下。

```
127.0.0.1:7777> del key1
(integer) 1
```

```
127.0.0.1:7777> del key2
(integer) 1
127.0.0.1:7777> del key3
(integer) 0
127.0.0.1:7777> zadd key1 1 a 2 b 3 c
(integer) 3
127.0.0.1:7777> zadd key2 2 a 1 b 3 c 4 d
(integer) 4
127.0.0.1:7777> zunionstore key3 2 key1 key2 aggregate min
(integer) 4
127.0.0.1:7777> zrange key3 0 -1 withscores
1) "a"
2) "1"
3) "b"
4) "1"
5) "c"
6) "3"
7) "d"
8) "4"
127.0.0.1:7777> zunionstore key3 2 key1 key2 aggregate max
(integer) 4
127.0.0.1:7777> zrange key3 0 -1 withscores
1) "a"
2) "2"
3) "b"
4) "2"
5) "c"
6) "3"
7) "d"
8) "4"
127.0.0.1:7777>
```

2. 程序演示

```java
public class Test16 {
    private static Pool pool = new Pool(new PoolConfig(), "192.168.61.84", 7777, 5000, "accp");

    public static void main(String[] args) {
         = null;
        try {
             = pool.getResource();
            .flushDB();

            .zadd("zset1", 1, "a");
            .zadd("zset1", 2, "b");
            .zadd("zset1", 3, "c");

            .zadd("zset2", 2, "a");
            .zadd("zset2", 1, "b");
            .zadd("zset2", 3, "c");
            .zadd("zset2", 4, "d");

            {
                ZParams param1 = new ZParams();
                param1.aggregate(Aggregate.MIN);
                .zunionstore("zset31".getBytes(), param1, "zset1".getBytes(), "zset2".getBytes());
                .zunionstore("zset32", param1, "zset1", "zset2");
```

```java
                {
                    Set<Tuple> set1 = .zrangeWithScores("zset31", 0, -1);
                    Iterator<Tuple> iterator1 = set1.iterator();
                    while (iterator1.hasNext()) {
                        Tuple tuple = iterator1.next();
                        System.out.println(tuple.getElement() + "      " + tuple.getScore());
                    }
                }

                System.out.println();

                {
                    Set<Tuple> set1 = .zrangeWithScores("zset32", 0, -1);
                    Iterator<Tuple> iterator1 = set1.iterator();
                    while (iterator1.hasNext()) {
                        Tuple tuple = iterator1.next();
                        System.out.println(tuple.getElement() + "      " + tuple.getScore());
                    }
                }
            }
            System.out.println();
            {
                ZParams param1 = new ZParams();
                param1.aggregate(Aggregate.MAX);
                .zunionstore("zset41".getBytes(), param1, "zset1".getBytes(),
"zset2".getBytes());
                .zunionstore("zset42", param1, "zset1", "zset2");

                {
                    Set<Tuple> set1 = .zrangeWithScores("zset41", 0, -1);
                    Iterator<Tuple> iterator1 = set1.iterator();
                    while (iterator1.hasNext()) {
                        Tuple tuple = iterator1.next();
                        System.out.println(tuple.getElement() + "      " + tuple.getScore());
                    }
                }

                System.out.println();

                {
                    Set<Tuple> set1 = .zrangeWithScores("zset42", 0, -1);
                    Iterator<Tuple> iterator1 = set1.iterator();
                    while (iterator1.hasNext()) {
                        Tuple tuple = iterator1.next();
                        System.out.println(tuple.getElement() + "      " + tuple.getScore());
                    }
                }
            }
        } catch (Exception e) {
            e.printStackTrace();
        } finally {
            if ( != null) {
                .close();
            }
        }
    }
}
```

程序运行结果如下。

```
a    1.0
b    1.0
c    3.0
d    4.0

a    1.0
b    1.0
c    3.0
d    4.0

a    2.0
b    2.0
c    3.0
d    4.0

a    2.0
b    2.0
c    3.0
d    4.0
```

7.6　zinterstore 命令

使用格式如下。

```
zinterstore destination numkeys key [key ...] [weights weight [weight ...]] [aggregate sum|min|max]
```

该命令用于对多个 key 进行计算而获得交集。

参数 weights 和 aggregate 可以同时使用。

7.6.1　测试交集的效果

1．测试案例

测试案例如下。

```
127.0.0.1:7777> del key1
(integer) 1
127.0.0.1:7777> del key2
(integer) 1
127.0.0.1:7777> del key3
(integer) 1
127.0.0.1:7777> zadd key1 1 a 2 b 3 c 4 d
(integer) 4
127.0.0.1:7777> zadd key2 1 a 2 b 3 c 5 e
(integer) 4
127.0.0.1:7777> zinterstore key3 2 key1 key2
(integer) 3
127.0.0.1:7777> zrange key3 0 -1 withscores
1) "a"
```

```
2) "2"
3) "b"
4) "4"
5) "c"
6) "6"
127.0.0.1:7777>
```

2. 程序演示

```java
public class Test17 {
    private static Pool pool = new Pool(new PoolConfig(), "192.168.61.84", 7777, 5000, "accp");

    public static void main(String[] args) {
         = null;
        try {
             = pool.getResource();
            .flushDB();

            .zadd("zset1", 1, "a");
            .zadd("zset1", 2, "b");
            .zadd("zset1", 3, "c");
            .zadd("zset1", 4, "d");

            .zadd("zset2", 1, "a");
            .zadd("zset2", 2, "b");
            .zadd("zset2", 3, "c");
            .zadd("zset2", 5, "e");

            .zinterstore("zset31".getBytes(), "zset1".getBytes(), "zset2".getBytes());
            .zinterstore("zset32", "zset1", "zset2");

            {
                Set<Tuple> set1 = .zrangeWithScores("zset31", 0, -1);
                Iterator<Tuple> iterator1 = set1.iterator();
                while (iterator1.hasNext()) {
                    Tuple tuple = iterator1.next();
                    System.out.println(tuple.getElement() + "    " + tuple.getScore());
                }
            }

            System.out.println();

            {
                Set<Tuple> set1 = .zrangeWithScores("zset32", 0, -1);
                Iterator<Tuple> iterator1 = set1.iterator();
                while (iterator1.hasNext()) {
                    Tuple tuple = iterator1.next();
                    System.out.println(tuple.getElement() + "    " + tuple.getScore());
                }
            }
        } catch (Exception e) {
            e.printStackTrace();
        } finally {
            if ( != null) {
                .close();
            }
        }
    }
}
```

}

程序运行结果如下。

```
a    2.0
b    4.0
c    6.0

a    2.0
b    4.0
c    6.0
```

7.6.2 参数 weights 的使用

参数 weights 的作用是在元素合并之前先对 score 进行运算，然后将 score 累加合并。

1．测试案例

测试案例如下。

```
127.0.0.1:7777> del key1
(integer) 1
127.0.0.1:7777> del key2
(integer) 1
127.0.0.1:7777> del key3
(integer) 1
127.0.0.1:7777> zadd key1 1 a 2 b 3 c 4 d
(integer) 4
127.0.0.1:7777> zadd key2 1 a 2 b 3 c 5 e
(integer) 4
127.0.0.1:7777> zinterstore key3 2 key1 key2 weights 3 4
(integer) 3
127.0.0.1:7777> zrange key3 0 -1 withscores
1) "a"
2) "7"
3) "b"
4) "14"
5) "c"
6) "21"
127.0.0.1:7777>
```

运算过程如下。

key1 中的内容如下。

```
1 a
2 b
3 c
4 d
```

key2 中的内容如下。

```
1 a
2 b
3 c
5 e
```

"weights 3 4"的执行步骤如下。

key1 中的 1×3+key2 中的 1×4=7。
key1 中的 2×3+key2 中的 2×4=14。
key1 中的 3×3+key2 中的 3×4=21。
如果没有给定 weights 参数，则默认值是 1。

2．程序演示

```java
public class Test18 {
    private static Pool pool = new Pool(new PoolConfig(), "192.168.61.84", 7777, 5000, "accp");

    public static void main(String[] args) {
        = null;
        try {
            = pool.getResource();
            .flushDB();

            .zadd("zset1", 1, "a");
            .zadd("zset1", 2, "b");
            .zadd("zset1", 3, "c");
            .zadd("zset1", 4, "d");

            .zadd("zset2", 1, "a");
            .zadd("zset2", 2, "b");
            .zadd("zset2", 3, "c");
            .zadd("zset2", 5, "e");

            ZParams param1 = new ZParams();
            param1.weights(3, 4);
            .zinterstore("zset31".getBytes(), param1, "zset1".getBytes(), "zset2".getBytes());
            .zinterstore("zset32", param1, "zset1", "zset2");

            {
                Set<Tuple> set1 = .zrangeWithScores("zset31", 0, -1);
                Iterator<Tuple> iterator1 = set1.iterator();
                while (iterator1.hasNext()) {
                    Tuple tuple = iterator1.next();
                    System.out.println(tuple.getElement() + "    " + tuple.getScore());
                }
            }

            System.out.println();

            {
                Set<Tuple> set1 = .zrangeWithScores("zset32", 0, -1);
                Iterator<Tuple> iterator1 = set1.iterator();
                while (iterator1.hasNext()) {
                    Tuple tuple = iterator1.next();
                    System.out.println(tuple.getElement() + "    " + tuple.getScore());
                }
            }
        } catch (Exception e) {
            e.printStackTrace();
        } finally {
            if ( != null) {
                .close();
            }
```

程序运行结果如下。

```
a    7.0
b    14.0
c    21.0

a    7.0
b    14.0
c    21.0
```

7.6.3 参数 aggregate 的使用

使用 aggregate 参数，可以指定交集的聚合方式，默认使用的参数是 sum。
如果使用参数 min 或者 max，则交集中保存的就是 score 值最小或最大的元素。

1. 测试案例

测试案例如下。

```
127.0.0.1:7777> del key1
(integer) 0
127.0.0.1:7777> del key2
(integer) 0
127.0.0.1:7777> del key3
(integer) 0
127.0.0.1:7777> zadd key1 1 a 2 b 3 c 4 d
(integer) 4
127.0.0.1:7777> zadd key2 2 a 1 b 3 c 5 e
(integer) 4
127.0.0.1:7777> zinterstore key3 2 key1 key2 AGGREGATE min
(integer) 3
127.0.0.1:7777> zrange key3 0 -1 withscores
1) "a"
2) "1"
3) "b"
4) "1"
5) "c"
6) "3"
127.0.0.1:7777> zinterstore key3 2 key1 key2 AGGREGATE max
(integer) 3
127.0.0.1:7777> zrange key3 0 -1 withscores
1) "a"
2) "2"
3) "b"
4) "2"
5) "c"
6) "3"
127.0.0.1:7777>
```

2. 程序演示

```
public class Test19 {
```

第 7 章 Sorted Set 类型命令

```java
    private static Pool pool = new Pool(new PoolConfig(), "192.168.61.84", 7777, 5000, "accp");

    public static void main(String[] args) {
         = null;
        try {
             = pool.getResource();
            .flushDB();

            .zadd("zset1", 1, "a");
            .zadd("zset1", 2, "b");
            .zadd("zset1", 3, "c");
            .zadd("zset1", 4, "d");

            .zadd("zset2", 2, "a");
            .zadd("zset2", 1, "b");
            .zadd("zset2", 3, "c");
            .zadd("zset2", 5, "e");

            {
                ZParams param1 = new ZParams();
                param1.aggregate(Aggregate.MIN);
                .zinterstore("zset31".getBytes(), param1, "zset1".getBytes(), "zset2".getBytes());
                .zinterstore("zset32", param1, "zset1", "zset2");

                {
                    Set<Tuple> set1 = .zrangeWithScores("zset31", 0, -1);
                    Iterator<Tuple> iterator1 = set1.iterator();
                    while (iterator1.hasNext()) {
                        Tuple tuple = iterator1.next();
                        System.out.println(tuple.getElement() + "    " + tuple.getScore());
                    }
                }

                System.out.println();

                {
                    Set<Tuple> set1 = .zrangeWithScores("zset32", 0, -1);
                    Iterator<Tuple> iterator1 = set1.iterator();
                    while (iterator1.hasNext()) {
                        Tuple tuple = iterator1.next();
                        System.out.println(tuple.getElement() + "    " + tuple.getScore());
                    }
                }
            }
            System.out.println();
            {
                ZParams param1 = new ZParams();
                param1.aggregate(Aggregate.MAX);
                .zinterstore("zset41".getBytes(), param1, "zset1".getBytes(), "zset2".getBytes());
                .zinterstore("zset42", param1, "zset1", "zset2");

                {
                    Set<Tuple> set1 = .zrangeWithScores("zset41", 0, -1);
                    Iterator<Tuple> iterator1 = set1.iterator();
                    while (iterator1.hasNext()) {
                        Tuple tuple = iterator1.next();
```

7.7 zrangebylex、zrevrangebylex 和 zremrangebylex 命令

```
                System.out.println(tuple.getElement() + "    " + tuple.getScore());
            }
        }

        System.out.println();

        {
            Set<Tuple> set1 = .zrangeWithScores("zset42", 0, -1);
            Iterator<Tuple> iterator1 = set1.iterator();
            while (iterator1.hasNext()) {
                Tuple tuple = iterator1.next();
                System.out.println(tuple.getElement() + "    " + tuple.getScore());
            }
        }
    } catch (Exception e) {
        e.printStackTrace();
    } finally {
        if ( != null) {
            .close();
        }
    }
}
```

程序运行结果如下。

```
a    1.0
b    1.0
c    3.0

a    1.0
b    1.0
c    3.0

a    2.0
b    2.0
c    3.0

a    2.0
b    2.0
c    3.0
```

7.7 zrangebylex、zrevrangebylex 和 zremrangebylex 命令

zrange 命令按索引的范围查询出元素和 score，命令示例如下。

```
zrange key1 0 -1 withscores
```

如果想按元素的字典顺序进行查询，则需要使用 zrangebylex 命令，命令示例如下。

```
zrangebylex key1 a x
```

上面命令的作用是查询出 a~x 的数据（包括 a 和 x）。

zrangebylex 命令的使用格式如下。

```
zrangebylex key min max [limit offset count]
```

当插入有序集合中的所有元素都具有相同的 score 时,该命令按字典顺序从有序集合中返回最小值和最大值之间的元素。注意:此命令在使用时一定要确保 score 相同,否则达不到预期的效果。

如果在字符串开头有部分字符相同,则较长的字符串被认为大于较短的字符串。

有效的 start 和 stop 必须以符号"("或"["开始。符号"("代表排除,符号"["代表包括。而特殊参数"+"和"-"代表正无限和负无限,命令示例如下。

```
zrangebylex myzset - +
```

如果所有元素都具有相同的 score,则返回有序集合中的所有元素。

zrevrangebylex 命令的使用格式如下。

```
zrevrangebylex key max min [limit offset count]
```

zrevrangebylex 命令是 zrangebylex 命令的倒序版本。

zremrangebylex 命令的使用格式如下。

```
zremrangebylex key min max
```

zremrangebylex 命令是 zrangebylex 命令的删除版本。

准备数据源,内容如下。

```
a
a:A
alibaba:ALIBABA
apple:APPLE
b
b:B
border:BORDER
x
x:X
xx:XX
z
z:Z
zero:ZERO
13711111111
13711111112
13711111113
13811111111
13811111112
13811111113
13911111111
13911111112
13911111113
```

执行如下命令。

```
127.0.0.1:7777> del key1
(integer) 1
127.0.0.1:7777> zadd key1 0 a 0 a:A 0 alibaba:ALIBABA 0 apple:APPLE 0 b 0 b:B 0 border:BORDER
 0 x 0 x:X 0 xx:XX 0 z 0 z:Z 0 zero:ZERO 0 13711111111 0 13711111112 0 13711111113 0 13811111111
 0 13811111112 0 13811111113 0 13911111111 0 13911111112 0 13911111113
(integer) 22
127.0.0.1:7777> zrange key1 0 -1
 1) "13711111111"
```

7.7 zrangebylex、zrevrangebylex 和 zremrangebylex 命令

```
 2) "13711111112"
 3) "13711111113"
 4) "13811111111"
 5) "13811111112"
 6) "13811111113"
 7) "13911111111"
 8) "13911111112"
 9) "13911111113"
10) "a"
11) "a:A"
12) "alibaba:ALIBABA"
13) "apple:APPLE"
14) "b"
15) "b:B"
16) "border:BORDER"
17) "x"
18) "x:X"
19) "xx:XX"
20) "z"
21) "z:Z"
22) "zero:ZERO"
127.0.0.1:7777>
```

7.7.1 测试 "-" 和 "+" 参数

参数 "-" 和 "+" 代表负无限和正无限。

1. 测试案例

测试案例如下。

```
127.0.0.1:7777> zrangebylex key1 - +
 1) "13711111111"
 2) "13711111112"
 3) "13711111113"
 4) "13811111111"
 5) "13811111112"
 6) "13811111113"
 7) "13911111111"
 8) "13911111112"
 9) "13911111113"
10) "a"
11) "a:A"
12) "alibaba:ALIBABA"
13) "apple:APPLE"
14) "b"
15) "b:B"
16) "border:BORDER"
17) "x"
18) "x:X"
19) "xx:XX"
20) "z"
21) "z:Z"
22) "zero:ZERO"
127.0.0.1:7777>
```

2. 程序演示

```java
public class Test20 {
    private static Pool pool = new Pool(new PoolConfig(), "192.168.61.84", 7777, 5000, "accp");

    public static void main(String[] args) {
        = null;
        try {
            = pool.getResource();
            .flushDB();

            .zadd("key1", 0, "a");
            .zadd("key1", 0, "a:A");
            .zadd("key1", 0, "alibaba:ALIBABA");
            .zadd("key1", 0, "apple:APPLE");
            .zadd("key1", 0, "b");
            .zadd("key1", 0, "b:B");
            .zadd("key1", 0, "border:BORDER");
            .zadd("key1", 0, "x");
            .zadd("key1", 0, "x:X");
            .zadd("key1", 0, "xx:XX");
            .zadd("key1", 0, "z");
            .zadd("key1", 0, "z:Z");
            .zadd("key1", 0, "zero:ZERO");
            .zadd("key1", 0, "13711111111");
            .zadd("key1", 0, "13711111112");
            .zadd("key1", 0, "13711111113");
            .zadd("key1", 0, "13811111111");
            .zadd("key1", 0, "13811111112");
            .zadd("key1", 0, "13811111113");
            .zadd("key1", 0, "13911111111");
            .zadd("key1", 0, "13911111112");
            .zadd("key1", 0, "13911111113");
            Set<byte[]> set1 = .zrangeByLex("key1".getBytes(), "-".getBytes(), "+".getBytes());
            Set<String> set2 = .zrangeByLex("key1", "-", "+");
            {
                Iterator<byte[]> iterator = set1.iterator();
                while (iterator.hasNext()) {
                    System.out.println(new String(iterator.next()));
                }
            }
            System.out.println();
            {
                Iterator<String> iterator = set2.iterator();
                while (iterator.hasNext()) {
                    System.out.println(iterator.next());
                }
            }
        } catch (Exception e) {
            e.printStackTrace();
        } finally {
            if ( != null) {
                .close();
            }
        }
    }
}
```

        }
}

程序运行结果如下。

13711111111
13711111112
13711111113
13811111111
13811111112
13811111113
13911111111
13911111112
13911111113
a
a:A
alibaba:ALIBABA
apple:APPLE
b
b:B
border:BORDER
x
x:X
xx:XX
z
z:Z
zero:ZERO

13711111111
13711111112
13711111113
13811111111
13811111112
13811111113
13911111111
13911111112
13911111113
a
a:A
alibaba:ALIBABA
apple:APPLE
b
b:B
border:BORDER
x
x:X
xx:XX
z
z:Z
zero:ZERO

7.7.2 测试以"["开始的参数 1

符号"["代表包括。

1. 测试案例

测试案例如下。

```
127.0.0.1:7777> keys *
(empty list or set)
127.0.0.1:7777> zadd key1 0 77 0 88 0 99
(integer) 3
127.0.0.1:7777> zrangebylex key1 [7 [9
1) "77"
2) "88"
127.0.0.1:7777>
```

此案例中为什么没有把 99 匹配出来呢？先来看以下分析。

查询条件最小值是[7，查询条件最大值是[9，假设有序集合中有 7 和 9 这两个数，则有序集合中的值按字典排序后内容如下。

```
7
77
88
9
99
```

通过条件[7 [9 查询出来的值如下。

```
7
77
88
9
```

但问题是，值 7 和 9 并不存在，取出最终值如下。

```
77
88
```

后面案例的测试逻辑都是根据此思路分析得出的，主要的思路是查看有序集合中的最小值和最大值范围，然后就可以得出查询结果。

2. 程序演示

```java
public class Test21 {
    private static Pool pool = new Pool(new PoolConfig(), "192.168.61.84", 7777, 5000, "accp");

    public static void main(String[] args) {
                 = null;
        try {
                 = pool.getResource();
            .flushDB();

            .zadd("key1", 0, "77");
            .zadd("key1", 0, "88");
            .zadd("key1", 0, "99");

            Set<byte[]> set1 = .zrangeByLex("key1".getBytes(), "[7".getBytes(), "[9".getBytes());
            Set<String> set2 = .zrangeByLex("key1", "[7", "[9");
```

7.7　zrangebylex、zrevrangebylex 和 zremrangebylex 命令

```
            {
                Iterator<byte[]> iterator = set1.iterator();
                while (iterator.hasNext()) {
                    System.out.println(new String(iterator.next()));
                }
            }
            System.out.println();
            {
                Iterator<String> iterator = set2.iterator();
                while (iterator.hasNext()) {
                    System.out.println(iterator.next());
                }
            }
        } catch (Exception e) {
            e.printStackTrace();
        } finally {
            if ( != null) {
                .close();
            }
        }
    }
}
```

程序运行结果如下。

```
77
88

77
88
```

7.7.3　测试以"["开始的参数 2

继续测试以"["开始的参数的使用。

1．测试案例

测试案例如下。

```
127.0.0.1:7777> zrangebylex key1 [a [az
1) "a"
2) "a:A"
3) "alibaba:ALIBABA"
4) "apple:APPLE"
127.0.0.1:7777>
```

2．程序演示

```
public class Test22 {
    private static Pool pool = new Pool(new PoolConfig(), "192.168.61.84", 7777, 5000, "accp");

    public static void main(String[] args) {
         = null;
        try {
             = pool.getResource();
            .flushDB();
```

```
            .zadd("key1", 0, "a");
            .zadd("key1", 0, "a:A");
            .zadd("key1", 0, "alibaba:ALIBABA");
            .zadd("key1", 0, "apple:APPLE");
            .zadd("key1", 0, "b");
            .zadd("key1", 0, "b:B");
            .zadd("key1", 0, "border:BORDER");
            .zadd("key1", 0, "x");
            .zadd("key1", 0, "x:X");
            .zadd("key1", 0, "xx:XX");
            .zadd("key1", 0, "z");
            .zadd("key1", 0, "z:Z");
            .zadd("key1", 0, "zero:ZERO");
            .zadd("key1", 0, "13711111111");
            .zadd("key1", 0, "13711111112");
            .zadd("key1", 0, "13711111113");
            .zadd("key1", 0, "13811111111");
            .zadd("key1", 0, "13811111112");
            .zadd("key1", 0, "13811111113");
            .zadd("key1", 0, "13911111111");
            .zadd("key1", 0, "13911111112");
            .zadd("key1", 0, "13911111113");

            Set<String> set1 = .zrangeByLex("key1", "[a", "[az");
            Iterator<String> iterator = set1.iterator();
            while (iterator.hasNext()) {
                System.out.println(iterator.next());
            }
        } catch (Exception e) {
            e.printStackTrace();
        } finally {
            if ( != null) {
                .close();
            }
        }
    }
}
```

程序运行结果如下。

```
a
a:A
alibaba:ALIBABA
apple:APPLE
```

7.7.4 测试以"["开始的参数 3

继续测试以"["开始的参数的使用。

1. 测试案例

测试案例如下。

```
127.0.0.1:7777> zrangebylex key1 [a [a
1) "a"
127.0.0.1:7777>
```

7.7 zrangebylex、zrevrangebylex 和 zremrangebylex 命令

2. 程序演示

```java
public class Test23 {
    private static Pool pool = new Pool(new PoolConfig(), "192.168.61.84", 7777, 5000, "accp");

    public static void main(String[] args) {
        = null;
        try {
            = pool.getResource();
            .flushDB();

            .zadd("key1", 0, "a");
            .zadd("key1", 0, "a:A");
            .zadd("key1", 0, "alibaba:ALIBABA");
            .zadd("key1", 0, "apple:APPLE");
            .zadd("key1", 0, "b");
            .zadd("key1", 0, "b:B");
            .zadd("key1", 0, "border:BORDER");
            .zadd("key1", 0, "x");
            .zadd("key1", 0, "x:X");
            .zadd("key1", 0, "xx:XX");
            .zadd("key1", 0, "z");
            .zadd("key1", 0, "z:Z");
            .zadd("key1", 0, "zero:ZERO");
            .zadd("key1", 0, "13711111111");
            .zadd("key1", 0, "13711111112");
            .zadd("key1", 0, "13711111113");
            .zadd("key1", 0, "13811111111");
            .zadd("key1", 0, "13811111112");
            .zadd("key1", 0, "13811111113");
            .zadd("key1", 0, "13911111111");
            .zadd("key1", 0, "13911111112");
            .zadd("key1", 0, "13911111113");

            Set<String> set1 = .zrangeByLex("key1", "[a", "[a");
            Iterator<String> iterator = set1.iterator();
            while (iterator.hasNext()) {
                System.out.println(iterator.next());
            }
        } catch (Exception e) {
            e.printStackTrace();
        } finally {
            if ( != null) {
                .close();
            }
        }
    }
}
```

程序运行结果如下。

a

7.7.5 测试 limit 分页

参数 limit 可以实现分页的效果。

1. 测试案例

测试案例如下。

```
127.0.0.1:7777> zrangebylex key1 - + limit 0 3
1) "13711111111"
2) "13711111112"
3) "13711111113"
127.0.0.1:7777> zrangebylex key1 - + limit 3 3
1) "13811111111"
2) "13811111112"
3) "13811111113"
127.0.0.1:7777>
```

2. 程序演示

```java
public class Test24 {
    private static Pool pool = new Pool(new PoolConfig(), "192.168.61.84", 7777, 5000, "accp");

    public static void main(String[] args) {
         = null;
        try {
             = pool.getResource();
            .flushDB();

            .zadd("key1", 0, "a");
            .zadd("key1", 0, "a:A");
            .zadd("key1", 0, "alibaba:ALIBABA");
            .zadd("key1", 0, "apple:APPLE");
            .zadd("key1", 0, "b");
            .zadd("key1", 0, "b:B");
            .zadd("key1", 0, "border:BORDER");
            .zadd("key1", 0, "x");
            .zadd("key1", 0, "x:X");
            .zadd("key1", 0, "xx:XX");
            .zadd("key1", 0, "z");
            .zadd("key1", 0, "z:Z");
            .zadd("key1", 0, "zero:ZERO");
            .zadd("key1", 0, "13711111111");
            .zadd("key1", 0, "13711111112");
            .zadd("key1", 0, "13711111113");
            .zadd("key1", 0, "13811111111");
            .zadd("key1", 0, "13811111112");
            .zadd("key1", 0, "13811111113");
            .zadd("key1", 0, "13911111111");
            .zadd("key1", 0, "13911111112");
            .zadd("key1", 0, "13911111113");

            Set<byte[]> set1 = .zrangeByLex("key1".getBytes(), "-".getBytes(), "+".getBytes(), 0, 3);
            Set<String> set2 = .zrangeByLex("key1", "-", "+", 3, 3);

            {
                Iterator<byte[]> iterator = set1.iterator();
                while (iterator.hasNext()) {
                    System.out.println(new String(iterator.next()));
                }
            }
```

```
            }
            System.out.println();
            {
                Iterator<String> iterator = set2.iterator();
                while (iterator.hasNext()) {
                    System.out.println(iterator.next());
                }
            }
        } catch (Exception e) {
            e.printStackTrace();
        } finally {
            if ( != null) {
                .close();
            }
        }
    }
}
```

程序运行结果如下。

```
13711111111
13711111112
13711111113

13811111111
13811111112
13811111113
```

7.7.6 测试以"("开始的参数 1

符号"("代表排除。

1．测试案例

测试案例如下。

```
127.0.0.1:7777> zrangebylex key1 [a (z
 1) "a"
 2) "a:A"
 3) "alibaba:ALIBABA"
 4) "apple:APPLE"
 5) "b"
 6) "b:B"
 7) "border:BORDER"
 8) "x"
 9) "x:X"
10) "xx:XX"
127.0.0.1:7777>
```

2．程序演示

```
public class Test25 {
    private static Pool pool = new Pool(new PoolConfig(), "192.168.61.84", 7777, 5000, "accp");

    public static void main(String[] args) {
         = null;
        try {
```

```
                = pool.getResource();
            .flushDB();

            .zadd("key1", 0, "a");
            .zadd("key1", 0, "a:A");
            .zadd("key1", 0, "alibaba:ALIBABA");
            .zadd("key1", 0, "apple:APPLE");
            .zadd("key1", 0, "b");
            .zadd("key1", 0, "b:B");
            .zadd("key1", 0, "border:BORDER");
            .zadd("key1", 0, "x");
            .zadd("key1", 0, "x:X");
            .zadd("key1", 0, "xx:XX");
            .zadd("key1", 0, "z");
            .zadd("key1", 0, "z:Z");
            .zadd("key1", 0, "zero:ZERO");
            .zadd("key1", 0, "13711111111");
            .zadd("key1", 0, "13711111112");
            .zadd("key1", 0, "13711111113");
            .zadd("key1", 0, "13811111111");
            .zadd("key1", 0, "13811111112");
            .zadd("key1", 0, "13811111113");
            .zadd("key1", 0, "13911111111");
            .zadd("key1", 0, "13911111112");
            .zadd("key1", 0, "13911111113");

            Set<byte[]> set1 = .zrangeByLex("key1".getBytes(), "[a".getBytes(),
"(z".getBytes());
            Set<String> set2 = .zrangeByLex("key1", "[a", "(z");

            {
                Iterator<byte[]> iterator = set1.iterator();
                while (iterator.hasNext()) {
                    System.out.println(new String(iterator.next()));
                }
            }
            System.out.println();
            {
                Iterator<String> iterator = set2.iterator();
                while (iterator.hasNext()) {
                    System.out.println(iterator.next());
                }
            }
        } catch (Exception e) {
            e.printStackTrace();
        } finally {
            if ( != null) {
                .close();
            }
        }
    }
}
```

程序运行结果如下。

```
a
a:A
alibaba:ALIBABA
apple:APPLE
b
b:B
```

```
border:BORDER
x
x:X
xx:XX

a
a:A
alibaba:ALIBABA
apple:APPLE
b
b:B
border:BORDER
x
x:X
xx:XX
```

7.7.7 测试以"("开始的参数 2

继续测试以"("开始的参数的使用。

1. 测试案例

测试案例如下。

```
127.0.0.1:7777> zrangebylex key1 [137 (139
1) "13711111111"
2) "13711111112"
3) "13711111113"
4) "13811111111"
5) "13811111112"
6) "13811111113"
127.0.0.1:7777>
```

2. 程序演示

```
public class Test26 {
    private static Pool pool = new Pool(new PoolConfig(), "192.168.61.84", 7777, 5000, "accp");

    public static void main(String[] args) {
        = null;
        try {
            = pool.getResource();
            .flushDB();

            .zadd("key1", 0, "a");
            .zadd("key1", 0, "a:A");
            .zadd("key1", 0, "alibaba:ALIBABA");
            .zadd("key1", 0, "apple:APPLE");
            .zadd("key1", 0, "b");
            .zadd("key1", 0, "b:B");
            .zadd("key1", 0, "border:BORDER");
            .zadd("key1", 0, "x");
            .zadd("key1", 0, "x:X");
            .zadd("key1", 0, "xx:XX");
            .zadd("key1", 0, "z");
            .zadd("key1", 0, "z:Z");
            .zadd("key1", 0, "zero:ZERO");
            .zadd("key1", 0, "13711111111");
```

```
                .zadd("key1", 0, "13711111112");
                .zadd("key1", 0, "13711111113");
                .zadd("key1", 0, "13811111111");
                .zadd("key1", 0, "13811111112");
                .zadd("key1", 0, "13811111113");
                .zadd("key1", 0, "13911111111");
                .zadd("key1", 0, "13911111112");
                .zadd("key1", 0, "13911111113");

                Set<byte[]> set1 = .zrangeByLex("key1".getBytes(), "[137".getBytes(),
"(139".getBytes());
                Set<String> set2 = .zrangeByLex("key1", "[137", "(139");

                {
                    Iterator<byte[]> iterator = set1.iterator();
                    while (iterator.hasNext()) {
                        System.out.println(new String(iterator.next()));
                    }
                }
                System.out.println();
                {
                    Iterator<String> iterator = set2.iterator();
                    while (iterator.hasNext()) {
                        System.out.println(iterator.next());
                    }
                }
            } catch (Exception e) {
                e.printStackTrace();
            } finally {
                if ( != null) {
                    .close();
                }
            }
        }
    }
```

程序运行结果如下。

```
13711111111
13711111112
13711111113
13811111111
13811111112
13811111113

13711111111
13711111112
13711111113
13811111111
13811111112
13811111113
```

7.7.8 使用 zrevrangebylex 命令实现倒序查询

1. 测试案例

测试案例如下。

7.7 zrangebylex、zrevrangebylex 和 zremrangebylex 命令   237

```
127.0.0.1:7777> zrevrangebylex key1 + - limit 0 3
1) "zero:ZERO"
2) "z:Z"
3) "z"
127.0.0.1:7777>
```

2. 程序演示

```java
public class Test27 {
    private static Pool pool = new Pool(new PoolConfig(), "192.168.61.84", 7777, 5000, "accp");

    public static void main(String[] args) {
         = null;
        try {
             = pool.getResource();
            .flushDB();

            .zadd("key1", 0, "a");
            .zadd("key1", 0, "a:A");
            .zadd("key1", 0, "alibaba:ALIBABA");
            .zadd("key1", 0, "apple:APPLE");
            .zadd("key1", 0, "b");
            .zadd("key1", 0, "b:B");
            .zadd("key1", 0, "border:BORDER");
            .zadd("key1", 0, "x");
            .zadd("key1", 0, "x:X");
            .zadd("key1", 0, "xx:XX");
            .zadd("key1", 0, "z");
            .zadd("key1", 0, "z:Z");
            .zadd("key1", 0, "zero:ZERO");
            .zadd("key1", 0, "13711111111");
            .zadd("key1", 0, "13711111112");
            .zadd("key1", 0, "13711111113");
            .zadd("key1", 0, "13811111111");
            .zadd("key1", 0, "13811111112");
            .zadd("key1", 0, "13811111113");
            .zadd("key1", 0, "13911111111");
            .zadd("key1", 0, "13911111112");
            .zadd("key1", 0, "13911111113");

            Set<byte[]> set1 = .zrevrangeByLex("key1".getBytes(), "+".getBytes(), "-".getBytes(), 0, 3);
            Set<String> set2 = .zrevrangeByLex("key1", "+", "-", 0, 3);

            {
                Iterator<byte[]> iterator = set1.iterator();
                while (iterator.hasNext()) {
                    System.out.println(new String(iterator.next()));
                }
            }
            System.out.println();
            {
                Iterator<String> iterator = set2.iterator();
                while (iterator.hasNext()) {
                    System.out.println(iterator.next());
                }
            }
        } catch (Exception e) {
```

```
                e.printStackTrace();
        } finally {
            if ( != null) {
                .close();
            }
        }
    }
}
```

程序运行结果如下。

```
zero:ZERO
z:Z
z

zero:ZERO
z:Z
z
```

7.7.9 使用 zremrangebylex 命令删除元素

1. 测试案例

测试案例如下。

```
127.0.0.1:7777> zremrangebylex key1 - +
(integer) 22
127.0.0.1:7777> zrange key1 0 -1
(empty list or set)
127.0.0.1:7777>
```

2. 程序演示

```java
public class Test28 {
    private static Pool pool = new Pool(new PoolConfig(), "192.168.61.84", 7777, 5000, "accp");

    public static void main(String[] args) {
         = null;
        try {
             = pool.getResource();
            .flushDB();

            .zadd("key1", 0, "a");
            .zadd("key1", 0, "a:A");
            .zadd("key1", 0, "alibaba:ALIBABA");
            .zadd("key1", 0, "apple:APPLE");
            .zadd("key1", 0, "b");
            .zadd("key1", 0, "b:B");
            .zadd("key1", 0, "border:BORDER");
            .zadd("key1", 0, "x");
            .zadd("key1", 0, "x:X");
            .zadd("key1", 0, "xx:XX");
            .zadd("key1", 0, "z");
            .zadd("key1", 0, "z:Z");
            .zadd("key1", 0, "zero:ZERO");
            .zadd("key1", 0, "13711111111");
```

```
                    .zadd("key1", 0, "13711111112");
                    .zadd("key1", 0, "13711111113");
                    .zadd("key1", 0, "13811111111");
                    .zadd("key1", 0, "13811111112");
                    .zadd("key1", 0, "13811111113");
                    .zadd("key1", 0, "13911111111");
                    .zadd("key1", 0, "13911111112");
                    .zadd("key1", 0, "13911111113");

                    System.out.println(.zremrangeByLex("key1", "-", "+"));
                    System.out.println(.zcard("key1"));

            } catch (Exception e) {
                e.printStackTrace();
            } finally {
                if ( != null) {
                    .close();
                }
            }
        }
}
```

程序运行结果如下。

```
22
0
```

7.8 zlexcount 命令

使用格式如下。

```
zlexcount key min max
```

该命令与 zrangebylex 命令类似，只不过 zrangebylex 命令查询的是元素，而 zlexcount 命令查询的是元素的个数。

7.8.1 测试案例

测试案例如下。

```
127.0.0.1:7777> zrangebylex key1 [137 (138
1) "13711111111"
2) "13711111112"
3) "13711111113"
127.0.0.1:7777> zlexcount key1 [137 (138
(integer) 3
127.0.0.1:7777>
```

7.8.2 程序演示

```
public class Test29 {
    private static Pool pool = new Pool(new PoolConfig(), "192.168.61.84", 7777, 5000, "accp");

    public static void main(String[] args) {
```

```
            = null;
        try {
             = pool.getResource();
            .flushDB();

            .zadd("key1", 0, "a");
            .zadd("key1", 0, "a:A");
            .zadd("key1", 0, "alibaba:ALIBABA");
            .zadd("key1", 0, "apple:APPLE");
            .zadd("key1", 0, "b");
            .zadd("key1", 0, "b:B");
            .zadd("key1", 0, "border:BORDER");
            .zadd("key1", 0, "x");
            .zadd("key1", 0, "x:X");
            .zadd("key1", 0, "xx:XX");
            .zadd("key1", 0, "z");
            .zadd("key1", 0, "z:Z");
            .zadd("key1", 0, "zero:ZERO");
            .zadd("key1", 0, "13711111111");
            .zadd("key1", 0, "13711111112");
            .zadd("key1", 0, "13711111113");
            .zadd("key1", 0, "13811111111");
            .zadd("key1", 0, "13811111112");
            .zadd("key1", 0, "13811111113");
            .zadd("key1", 0, "13911111111");
            .zadd("key1", 0, "13911111112");
            .zadd("key1", 0, "13911111113");

            Set<String> set = .zrangeByLex("key1", "[137", "(138");
            Iterator<String> iterator = set.iterator();
            while (iterator.hasNext()) {
                System.out.println(iterator.next());
            }

            System.out.println();

            System.out.println(.zlexcount("key1".getBytes(), "[137".getBytes(),
"(138".getBytes()));
            System.out.println(.zlexcount("key1", "[137", "(138"));

        } catch (Exception e) {
            e.printStackTrace();
        } finally {
            if ( != null) {
                .close();
            }
        }
    }
}
```

程序运行结果如下。

```
13711111111
13711111112
13711111113

3
3
```

7.9 zrangebyscore、zrevrangebyscore 和 zremrangebyscore 命令

zrangebyscore 命令的使用格式如下。

```
zrangebyscore key min max [withscores] [limit offset count]
```

按 score 范围从有序集合中取得元素，范围包括参数 min 和 max 的值。如果不想具有包括功能，则要使用 "("。参数 min 和 max 可以使用 -inf 和 +inf 代替，代表最小值和最大值。

zrevrangebyscore 命令的使用格式如下。

```
zrevrangebyscore key max min [withscores] [limit offset count]
```

zrevrangebyscore 命令是 zrangebyscore 命令的倒序版本。

zremrangebyscore 命令的使用格式如下。

```
zremrangebyscore key min max
```

zremrangebyscore 命令是 zrangebyscore 命令的删除版本。

7.9.1 测试案例

测试案例如下。

```
127.0.0.1:7777> flushdb
OK
127.0.0.1:7777> zadd key1 1 a 11 b 111 c 1111 d 2 e 3 f 33 g
7
127.0.0.1:7777> zrange key1 0 -1 withscores
a
1
e
2
f
3
b
11
g
33
c
111
d
1111
127.0.0.1:7777> zrangebyscore key1 1 5 withscores
a
1
e
2
f
3
127.0.0.1:7777> zrangebyscore key1 (1 5 withscores
e
2
f
```

```
3
127.0.0.1:7777> zrangebyscore key1 -inf +inf withscores
a
1
e
2
f
3
b
11
g
33
c
111
d
1111
127.0.0.1:7777> zrangebyscore key1 (1 (3 withscores
e
2
127.0.0.1:7777> zrangebyscore key1 -inf (1111 withscores
a
1
e
2
f
3
b
11
g
33
c
111
127.0.0.1:7777> zrangebyscore key1 -inf (1111 withscores limit 0 3
a
1
e
2
f
3
127.0.0.1:7777> zrevrangebyscore key1 +inf -inf withscores limit 0 3
d
1111
c
111
g
33
127.0.0.1:7777> zremrangebyscore key1 -inf +inf
7
127.0.0.1:7777> zrange key1 0 -1

127.0.0.1:7777>
```

score 具体的值还可以结合-inf 和+inf 使用。

7.9.2 程序演示

```
public class Test30 {
```

7.9 zrangebyscore、zrevrangebyscore 和 zremrangebyscore 命令

```java
private static Pool pool = new Pool(new PoolConfig(), "192.168.61.84", 7777, 5000, "accp");

public static void main(String[] args) {
     = null;
    try {
         = pool.getResource();
        .flushDB();

        .zadd("key1", 1, "a");
        .zadd("key1", 11, "b");
        .zadd("key1", 111, "c");
        .zadd("key1", 1111, "d");
        .zadd("key1", 2, "e");
        .zadd("key1", 3, "f");
        .zadd("key1", 33, "g");

        {
            Set<Tuple> set = .zrangeWithScores("key1", 0, -1);
            Iterator<Tuple> iterator1 = set.iterator();
            while (iterator1.hasNext()) {
                Tuple tuple = iterator1.next();
                System.out.println(tuple.getElement() + "    " + tuple.getScore());
            }
        }

        System.out.println();

        {
            Set<Tuple> set = .zrangeByScoreWithScores("key1", 1, 5);
            Iterator<Tuple> iterator1 = set.iterator();
            while (iterator1.hasNext()) {
                Tuple tuple = iterator1.next();
                System.out.println(tuple.getElement() + "    " + tuple.getScore());
            }
        }

        System.out.println();

        {
            Set<Tuple> set = .zrangeByScoreWithScores("key1", "(1", "5");
            Iterator<Tuple> iterator1 = set.iterator();
            while (iterator1.hasNext()) {
                Tuple tuple = iterator1.next();
                System.out.println(tuple.getElement() + "    " + tuple.getScore());
            }
        }

        System.out.println();

        {
            Set<Tuple> set = .zrangeByScoreWithScores("key1", "-inf", "+inf");
            Iterator<Tuple> iterator1 = set.iterator();
            while (iterator1.hasNext()) {
                Tuple tuple = iterator1.next();
                System.out.println(tuple.getElement() + "    " + tuple.getScore());
            }
        }
```

```java
            System.out.println();

            {
                Set<Tuple> set = .zrangeByScoreWithScores("key1", "(1", "(3");
                Iterator<Tuple> iterator1 = set.iterator();
                while (iterator1.hasNext()) {
                    Tuple tuple = iterator1.next();
                    System.out.println(tuple.getElement() + "    " + tuple.getScore());
                }
            }

            System.out.println();

            {
                Set<Tuple> set = .zrangeByScoreWithScores("key1", "-inf", "(1111");
                Iterator<Tuple> iterator1 = set.iterator();
                while (iterator1.hasNext()) {
                    Tuple tuple = iterator1.next();
                    System.out.println(tuple.getElement() + "    " + tuple.getScore());
                }
            }

            System.out.println();

            {
                Set<Tuple> set = .zrangeByScoreWithScores("key1", "-inf", "(1111", 0, 3);
                Iterator<Tuple> iterator1 = set.iterator();
                while (iterator1.hasNext()) {
                    Tuple tuple = iterator1.next();
                    System.out.println(tuple.getElement() + "    " + tuple.getScore());
                }
            }

            System.out.println();

            {
                Set<Tuple> set = .zrevrangeByScoreWithScores("key1", "+inf", "-inf", 0, 3);
                Iterator<Tuple> iterator1 = set.iterator();
                while (iterator1.hasNext()) {
                    Tuple tuple = iterator1.next();
                    System.out.println(tuple.getElement() + "    " + tuple.getScore());
                }
            }

            System.out.println();

            System.out.println(.zremrangeByScore("key1", "-inf", "+inf"));
            System.out.println(.zcard("key1"));
        } catch (Exception e) {
            e.printStackTrace();
        } finally {
            if ( != null) {
                .close();
            }
        }
    }
}
```

程序运行结果如下。

```
a       1.0
e       2.0
f       3.0
b       11.0
g       33.0
c       111.0
d       1111.0

a       1.0
e       2.0
f       3.0

e       2.0
f       3.0

a       1.0
e       2.0
f       3.0
b       11.0
g       33.0
c       111.0
d       1111.0

e       2.0

a       1.0
e       2.0
f       3.0
b       11.0
g       33.0
c       111.0

a       1.0
e       2.0
f       3.0

d       1111.0
c       111.0
g       33.0

7
0
```

7.10　zpopmax 和 zpopmin 命令

zpopmax 命令的使用格式如下。

```
zpopmax key [count]
```

该命令用于删除并返回最多 count 个 score 值最大的元素。

zpopmin 命令的使用格式如下。

```
zpopmin key [count]
```

该命令用于删除并返回最多 count 个 score 值最小的元素。

7.10.1 测试案例

测试案例如下。

```
127.0.0.1:7777> del key1
(integer) 1
127.0.0.1:7777> zadd key1 1 a 2 b 3 c 4 d 5 e 6 f 7 g 8 h 9 i
(integer) 9
127.0.0.1:7777> zrange key1 0 -1 withscores
 1) "a"
 2) "1"
 3) "b"
 4) "2"
 5) "c"
 6) "3"
 7) "d"
 8) "4"
 9) "e"
10) "5"
11) "f"
12) "6"
13) "g"
14) "7"
15) "h"
16) "8"
17) "i"
18) "9"
127.0.0.1:7777> zpopmax key1
1) "i"
2) "9"
127.0.0.1:7777> zrange key1 0 -1 withscores
 1) "a"
 2) "1"
 3) "b"
 4) "2"
 5) "c"
 6) "3"
 7) "d"
 8) "4"
 9) "e"
10) "5"
11) "f"
12) "6"
13) "g"
14) "7"
15) "h"
16) "8"
127.0.0.1:7777> zpopmax key1 2
1) "h"
2) "8"
3) "g"
4) "7"
127.0.0.1:7777> zrange key1 0 -1 withscores
1) "a"
2) "1"
```

```
   3) "b"
   4) "2"
   5) "c"
   6) "3"
   7) "d"
   8) "4"
   9) "e"
  10) "5"
  11) "f"
  12) "6"
127.0.0.1:7777> zpopmin key1
1) "a"
2) "1"
127.0.0.1:7777> zrange key1 0 -1 withscores
 1) "b"
 2) "2"
 3) "c"
 4) "3"
 5) "d"
 6) "4"
 7) "e"
 8) "5"
 9) "f"
10) "6"
127.0.0.1:7777> zpopmin key1 2
1) "b"
2) "2"
3) "c"
4) "3"
127.0.0.1:7777> zrange key1 0 -1 withscores
1) "d"
2) "4"
3) "e"
4) "5"
5) "f"
6) "6"
127.0.0.1:7777>
```

7.10.2 程序演示

```java
public class Test31 {
    private static Pool pool = new Pool(new PoolConfig(), "192.168.56.11", 6379, 5000, "accp");

    public static void main(String[] args) {
         = null;
        try {
             = pool.getResource();
            .flushDB();

            .zadd("key1", 1, "a");
            .zadd("key1", 2, "b");
            .zadd("key1", 3, "c");
            .zadd("key1", 4, "d");
            .zadd("key1", 5, "e");
            .zadd("key1", 6, "f");
            .zadd("key1", 7, "g");
```

```java
                {
                    Tuple tuple = .zpopmin("key1");
                    System.out.println(tuple.getElement() + "    " + tuple.getScore());
                }
                System.out.println();
                {
                    Set<Tuple> set = .zpopmin("key1", 2);
                    Iterator<Tuple> iterator1 = set.iterator();
                    while (iterator1.hasNext()) {
                        Tuple tuple = iterator1.next();
                        System.out.println(tuple.getElement() + "    " + tuple.getScore());
                    }
                }
                System.out.println();
                {
                    Tuple tuple = .zpopmax("key1");
                    System.out.println(tuple.getElement() + "    " + tuple.getScore());
                }
                System.out.println();
                {
                    Set<Tuple> set = .zpopmax("key1", 2);
                    Iterator<Tuple> iterator1 = set.iterator();
                    while (iterator1.hasNext()) {
                        Tuple tuple = iterator1.next();
                        System.out.println(tuple.getElement() + "    " + tuple.getScore());
                    }
                }
                System.out.println();
                {
                    Set<Tuple> set1 = .zrangeWithScores("key1", 0, -1);
                    Iterator<Tuple> iterator1 = set1.iterator();
                    while (iterator1.hasNext()) {
                        Tuple tuple = iterator1.next();
                        System.out.println(tuple.getElement() + "    " + tuple.getScore());
                    }
                }
            } catch (
        Exception e) {
            e.printStackTrace();
        } finally {
            if ( != null) {
                .close();
            }
        }
    }
}
```

程序运行结果如下。

```
a    1.0
b    2.0
c    3.0

g    7.0

f    6.0
```

```
e    5.0
d    4.0
```

7.11 bzpopmax 和 bzpopmin 命令

bzpopmax 命令的使用格式如下。

```
BZPOPMAX key [key ...] timeout
```

该命令是 zpopmax 命令的阻塞版本。

bzpopmin 命令的使用格式如下。

```
BZPOPMIN key [key ...] timeout
```

该命令是 zpopmin 命令的阻塞版本。

timeout 参数为 0，表示永远等待。

7.12 zrank、zrevrank 和 zremrangebyrank 命令

zrank 命令的使用格式如下。

```
zrank key member
```

该命令用于取得元素在有序集合中的排名。排名以 0 为起始，相当于索引。

zrevrank 命令的使用格式如下。

```
zrevrank key member
```

zrevrank 命令是 zrank 命令的倒序版本。

zremrangebyrank 命令的使用格式如下。

```
zremrangebyrank key start stop
```

该命令用于删除指定排名范围中的元素。

7.12.1 测试案例

测试案例如下。

```
127.0.0.1:7777> flushdb
OK
127.0.0.1:7777> zadd key1 11 a 22 b 33 c 44 d 55 e
5
127.0.0.1:7777> zrank key1 a
0
127.0.0.1:7777> zrank key1 b
1
127.0.0.1:7777> zrank key1 c
2
127.0.0.1:7777> zrank key1 d
3
127.0.0.1:7777> zrank key1 e
```

```
4
127.0.0.1:7777> zrevrank key1 a
4
127.0.0.1:7777> zrevrank key1 b
3
127.0.0.1:7777> zrevrank key1 c
2
127.0.0.1:7777> zrevrank key1 d
1
127.0.0.1:7777> zrevrank key1 e
0
127.0.0.1:7777> zremrangebyrank key1 0 2
3
127.0.0.1:7777> zrange key1 0 -1
d
e
127.0.0.1:7777>
```

7.12.2 程序演示

```
public class Test32 {
    private static Pool pool = new Pool(new PoolConfig(), "192.168.61.84", 7777, 5000, "accp");

    public static void main(String[] args) {
         = null;
        try {
             = pool.getResource();
            .flushDB();

            .zadd("key1", 11, "a");
            .zadd("key1", 22, "b");
            .zadd("key1", 33, "c");
            .zadd("key1", 44, "d");
            .zadd("key1", 55, "e");

            System.out.println(.zrank("key1".getBytes(), "a".getBytes()));
            System.out.println(.zrank("key1".getBytes(), "b".getBytes()));
            System.out.println(.zrank("key1".getBytes(), "c".getBytes()));
            System.out.println(.zrank("key1".getBytes(), "d".getBytes()));
            System.out.println(.zrank("key1".getBytes(), "e".getBytes()));

            System.out.println();

            System.out.println(.zrank("key1", "a"));
            System.out.println(.zrank("key1", "b"));
            System.out.println(.zrank("key1", "c"));
            System.out.println(.zrank("key1", "d"));
            System.out.println(.zrank("key1", "e"));

            System.out.println();

            System.out.println(.zrevrank("key1".getBytes(), "a".getBytes()));
            System.out.println(.zrevrank("key1".getBytes(), "b".getBytes()));
            System.out.println(.zrevrank("key1".getBytes(), "c".getBytes()));
            System.out.println(.zrevrank("key1".getBytes(), "d".getBytes()));
            System.out.println(.zrevrank("key1".getBytes(), "e".getBytes()));
```

```
            System.out.println();

            System.out.println(.zrevrank("key1", "a"));
            System.out.println(.zrevrank("key1", "b"));
            System.out.println(.zrevrank("key1", "c"));
            System.out.println(.zrevrank("key1", "d"));
            System.out.println(.zrevrank("key1", "e"));

            System.out.println();

            .zremrangeByRank("key1", 0, 2);

            {
                Set<Tuple> set = .zrangeWithScores("key1", 0, -1);
                Iterator<Tuple> iterator1 = set.iterator();
                while (iterator1.hasNext()) {
                    Tuple tuple = iterator1.next();
                    System.out.println(tuple.getElement() + "    " + tuple.getScore());
                }
            }
        } catch (Exception e) {
            e.printStackTrace();
        } finally {
            if ( != null) {
                .close();
            }
        }
    }
}
```

程序运行结果如下。

0
1
2
3
4

0
1
2
3
4

4
3
2
1
0

4
3
2
1
0

d   44.0
e   55.0

7.13 zrem 命令

使用格式如下。

```
zrem key member [member ...]
```

该命令用于删除指定的元素。

7.13.1 测试案例

测试案例如下。

```
127.0.0.1:7777> flushdb
OK
127.0.0.1:7777> zadd key1 1 a 2 b 3 c 40 d 50 e
5
127.0.0.1:7777> zrange key1 0 -1 withscores
a
1
b
2
c
3
d
40
e
50
127.0.0.1:7777> zrem key1 c d e
3
127.0.0.1:7777> zrange key1 0 -1 withscores
a
1
b
2
127.0.0.1:7777>
```

7.13.2 程序演示

```
public class Test33 {
    private static Pool pool = new Pool(new PoolConfig(), "192.168.61.84", 7777, 5000, "accp");

    public static void main(String[] args) {
         = null;
        try {
             = pool.getResource();
            .flushDB();

            .zadd("key1", 1, "a");
            .zadd("key1", 1, "b");
            .zadd("key1", 2, "c");
            .zadd("key1", 40, "d");
            .zadd("key1", 50, "e");

            .zrem("key1".getBytes(), "a".getBytes(), "b".getBytes());
```

```
                .zrem("key1", "c", "d");

                {
                    Set<Tuple> set = .zrangeWithScores("key1", 0, -1);
                    Iterator<Tuple> iterator1 = set.iterator();
                    while (iterator1.hasNext()) {
                        Tuple tuple = iterator1.next();
                        System.out.println(tuple.getElement() + "    " + tuple.getScore());
                    }
                }
            } catch (Exception e) {
                e.printStackTrace();
            } finally {
                if ( != null) {
                    .close();
                }
            }
        }
    }
```

程序运行结果如下。

e   50.0

7.14 zscore 命令

使用格式如下。

```
zscore key member
```

该命令用于返回元素的 score。

7.14.1 测试案例

测试案例如下。

```
127.0.0.1:7777> flushdb
OK
127.0.0.1:7777> zadd key1 1 a 2 b 3 c 40 d 50 e
5
127.0.0.1:7777> zscore key1 a
1
127.0.0.1:7777> zscore key1 b
2
127.0.0.1:7777> zscore key1 c
3
127.0.0.1:7777> zscore key1 d
40
127.0.0.1:7777> zscore key1 e
50
127.0.0.1:7777>
```

7.14.2 程序演示

```
public class Test34 {
```

```
private static Pool pool = new Pool(new PoolConfig(), "192.168.61.84", 7777, 5000, "accp");
public static void main(String[] args) {
     = null;
    try {
         = pool.getResource();
        .flushDB();

        .zadd("key1", 1, "a");
        .zadd("key1", 1, "b");
        .zadd("key1", 2, "c");
        .zadd("key1", 40, "d");
        .zadd("key1", 50, "e");

        System.out.println(.zscore("key1".getBytes(), "a".getBytes()));
        System.out.println(.zscore("key1", "b"));
        System.out.println(.zscore("key1", "c"));
        System.out.println(.zscore("key1", "d"));
        System.out.println(.zscore("key1", "e"));

    } catch (Exception e) {
        e.printStackTrace();
    } finally {
        if ( != null) {
            .close();
        }
    }
}
```

程序运行结果如下。

```
1.0
1.0
2.0
40.0
50.0
```

7.15 zscan 命令

使用格式如下。

```
zscan key cursor [MATCH pattern] [COUNT count]
```

该命令用于增量迭代。

7.15.1 测试案例

测试案例如下。

```
127.0.0.1:7777> del zkey
(integer) 0
127.0.0.1:7777> zadd zkey 1 a 2 b 3 c 4 d 5 e
(integer) 5
127.0.0.1:7777> zscan zkey 0
1) "0"
```

```
    2)  1) "a"
        2) "1"
        3) "b"
        4) "2"
        5) "c"
        6) "3"
        7) "d"
        8) "4"
        9) "e"
       10) "5"
127.0.0.1:7777>
```

7.15.2 程序演示

```java
public class Test35 {
    private static Pool pool = new Pool(new PoolConfig(), "192.168.61.84", 7777, 5000, "accp");

    public static void main(String[] args) {
         = null;
        try {
             = pool.getResource();
            .flushDB();

            for (int i = 1; i <= 900; i++) {
                .zadd("key1", 1, "" + (i + 1));
            }

            ScanResult<Tuple> scanResult1 = .zscan("key1".getBytes(), "0".getBytes());
            byte[] cursors1 = null;
            do {
                List<Tuple> list = scanResult1.getResult();
                for (int i = 0; i < list.size(); i++) {
                    System.out.println(list.get(i).getScore() + " " +
list.get(i).getElement());
                }
                cursors1 = scanResult1.getCursorAsBytes();
                scanResult1 = .zscan("key1".getBytes(), cursors1);

            } while (!new String(cursors1).equals("0"));

            System.out.println("-----------------");
            System.out.println("-----------------");

            ScanResult<Tuple> scanResult2 = .zscan("key1", "0");
            String cursors2 = null;
            do {
                List<Tuple> list = scanResult2.getResult();
                for (int i = 0; i < list.size(); i++) {
                    System.out.println(list.get(i).getScore() + " " +
list.get(i).getElement());
                }
                cursors2 = scanResult2.getCursor();
                scanResult2 = .zscan("key1", cursors2);
            } while (!new String(cursors2).equals("0"));

        } catch (Exception e) {
            e.printStackTrace();
```

```
        } finally {
            if (  != null) {
                .close();
            }
        }
    }
}
```

程序运行后会以增量的方式，多次从有序集合中取得全部的元素并输出。

7.16 sort 命令

使用 sort 命令对有序集合排序时，只针对 value 进行排序，而不针对 score。

7.16.1 测试案例

测试案例如下。

```
127.0.0.1:6379> flushdb
OK
127.0.0.1:6379> zadd key1 10 a 20 b 30 c 40 d 50 e
(integer) 5
127.0.0.1:6379> zadd key2 10 5 20 4 30 3 40 2 50 1
(integer) 5
127.0.0.1:6379> zrange key1 0 -1 withscores
 1) "a"
 2) "10"
 3) "b"
 4) "20"
 5) "c"
 6) "30"
 7) "d"
 8) "40"
 9) "e"
10) "50"
127.0.0.1:6379> zrange key2 0 -1 withscores
 1) "5"
 2) "10"
 3) "4"
 4) "20"
 5) "3"
 6) "30"
 7) "2"
 8) "40"
 9) "1"
10) "50"
127.0.0.1:6379> sort key1 alpha
1) "a"
2) "b"
3) "c"
4) "d"
5) "e"
127.0.0.1:6379> sort key2
1) "1"
2) "2"
```

```
3) "3"
4) "4"
5) "5"
127.0.0.1:6379>
```

7.16.2 程序演示

```java
public class Test36 {
    private static Pool pool = new Pool(new PoolConfig(), "192.168.1.108", 6379, 5000, "accp");

    public static void main(String[] args) {
         = null;
        try {
             = pool.getResource();
            .flushDB();

            Map<String, Double> map1 = new HashMap<>();
            map1.put("a", Double.valueOf("10"));
            map1.put("b", Double.valueOf("20"));
            map1.put("c", Double.valueOf("30"));
            map1.put("d", Double.valueOf("40"));
            map1.put("e", Double.valueOf("50"));
            .zadd("key1", map1);

            Map<String, Double> map2 = new HashMap<>();
            map2.put("5", Double.valueOf("10"));
            map2.put("4", Double.valueOf("20"));
            map2.put("3", Double.valueOf("30"));
            map2.put("2", Double.valueOf("40"));
            map2.put("1", Double.valueOf("50"));
            .zadd("key2", map2);

            {
                SortingParams params = new SortingParams();
                params.alpha();
                List<String> list = .sort("key1", params);
                for (int i = 0; i < list.size(); i++) {
                    System.out.println(list.get(i));
                }
            }
            System.out.println();
            {
                List<String> list = .sort("key2");
                for (int i = 0; i < list.size(); i++) {
                    System.out.println(list.get(i));
                }
            }
        } catch (Exception e) {
            e.printStackTrace();
        } finally {
            if ( != null) {
                .close();
            }
        }
    }
}
```

程序运行结果如下。

```
a
b
c
d
e

1
2
3
4
5
```

第 8 章 Key 类型命令

Key 类型命令主要用于处理 key。

8.1 del 和 exists 命令

del 命令的使用格式如下。

```
del key [key ...]
```

该命令用于删除给定的一个或多个 key。不存在的 key 会被忽略。
返回值是被删除 key 的数量。
exists 命令的使用格式如下。

```
exists key
```

该命令用于判断给定 key 是否存在。
如果 key 存在,则返回 1;否则返回 0。

8.1.1 测试案例

测试案例如下。

```
127.0.0.1:7777> set a avalue
OK
127.0.0.1:7777> set b bvalue
OK
127.0.0.1:7777> set c cvalue
OK
127.0.0.1:7777> exists a
1
127.0.0.1:7777> exists b
1
127.0.0.1:7777> exists c
1
127.0.0.1:7777> del a
1
127.0.0.1:7777> exists a
```

```
0
127.0.0.1:7777> del b c
2
127.0.0.1:7777> exists b
0
127.0.0.1:7777> exists c
0
127.0.0.1:7777>
```

exists 命令允许判断多个 key，测试案例如下。

```
127.0.0.1:7777> keys *
1) "b"
2) "a"
3) "mykey"
4) "c"
127.0.0.1:7777> exists a b c d
(integer) 3
127.0.0.1:7777>
```

8.1.2 程序演示

```
public class Test1 {
    private static Pool pool = new Pool(new PoolConfig(), "192.168.61.84", 7777, 5000, "accp");

    public static void main(String[] args) {
         = null;
        try {
             = pool.getResource();

            {
                .set("a".getBytes(), "avalue".getBytes());
                .set("b", "bvalue");
                .set("c", "cvalue");

                System.out.println(.exists("a".getBytes()));
                System.out.println(.exists("a".getBytes()) + " " + .exists("b".getBytes())
                        + .exists("c".getBytes()));
                System.out.println(.exists("a"));
                System.out.println(.exists("a") + " " + .exists("b") + " " + .exists("c"));
            }

            System.out.println();

            {
                .del("a".getBytes());
                .del("b".getBytes(), "c".getBytes());
                System.out.println(.exists("a") + " " + .exists("b") + " " + .exists("c"));
            }

            System.out.println();

            .set("a".getBytes(), "avalue".getBytes());
            .set("b", "bvalue");
            .set("c", "cvalue");
```

```
                {
                    .del("a");
                    .del("b", "c");
                    System.out.println(.exists("a") + " " + .exists("b") + " " + .exists("c"));
                }
            } catch (Exception e) {
                e.printStackTrace();
            } finally {
                if ( != null) {
                    .close();
                }
            }
        }
    }
```

程序运行结果如下。

```
true
true true true
true
true true true

false false false

false false false
```

8.2 unlink 命令

使用格式如下。

```
unlink key [key ...]
```

此命令与 del 命令非常相似，功能也是删除指定的 key。

如果 key 不存在，就会被忽略。但是，该命令在不同的线程中执行并实现内存回收，因此它不会阻塞，而 del 命令会阻塞。

unlink 命令只断开 key 与 value 的关联，实际的删除操作是以异步的方式执行的。

执行成功后返回未断开关联的 key 的数量。

8.2.1 测试案例

测试案例如下。

```
127.0.0.1:7777[1]> del key1
1
127.0.0.1:7777[1]> del key2
0
127.0.0.1:7777[1]> set key1 key1value
OK
127.0.0.1:7777[1]> set key2 key2value
OK
127.0.0.1:7777[1]> unlink key1 key2
2
127.0.0.1:7777[1]> get key1
```

```
127.0.0.1:7777[1]> get key2

127.0.0.1:7777[1]> exists key1
0
127.0.0.1:7777[1]> exists key2
0
127.0.0.1:7777[1]>
```

8.2.2 程序演示

```java
public class Test2 {
    private static Pool pool = new Pool(new PoolConfig(), "192.168.61.84", 7777, 5000, "accp");

    public static void main(String[] args) {
         = null;
        try {
             = pool.getResource();
            .set("key1", "key1value");
            .set("key2", "key2value");
            .set("key3", "key3value");
            .set("key4", "key4value");
            .set("key5", "key5value");
            .set("key6", "key6value");
            .set("key7", "key7value");
            .set("key8", "key8value");
            .set("key9", "key9value");

            .unlink("key1".getBytes());
            .unlink("key2".getBytes(), "key3".getBytes());
            .unlink("key4");
            .unlink("key5", "key6");

            System.out.println(.get("key1"));
            System.out.println(.get("key2"));
            System.out.println(.get("key3"));
            System.out.println(.get("key4"));
            System.out.println(.get("key5"));
            System.out.println(.get("key6"));
            System.out.println(.get("key7"));
            System.out.println(.get("key8"));
            System.out.println(.get("key9"));

            System.out.println();

            System.out.println(.exists("key1"));
            System.out.println(.exists("key2"));
            System.out.println(.exists("key3"));
            System.out.println(.exists("key4"));
            System.out.println(.exists("key5"));
            System.out.println(.exists("key6"));
            System.out.println(.exists("key7"));
            System.out.println(.exists("key8"));
            System.out.println(.exists("key9"));

        } catch (Exception e) {
            e.printStackTrace();
```

```
            } finally {
                if ( != null) {
                    .close();
                }
            }
        }
    }
}
```

程序运行结果如下。

```
null
null
null
null
null
null
key7value
key8value
key9value

false
false
false
false
false
false
true
true
true
```

8.3 rename 命令

使用格式如下。

```
rename key newkey
```

该命令用于对 key 进行重命名，当 key 不存在时返回错误。如果 newkey 已经存在，则最终使用 key 对应的值。

8.3.1 测试案例

测试案例如下。

```
127.0.0.1:7777> del key1
1
127.0.0.1:7777> del key2
1
127.0.0.1:7777> set key1 key1value
OK
127.0.0.1:7777> set key2 key2value
OK
127.0.0.1:7777> get key1
key1value
127.0.0.1:7777> get key2
key2value
```

```
127.0.0.1:7777> rename key1 key2
OK
127.0.0.1:7777> get key1

127.0.0.1:7777> get key2
key1value
127.0.0.1:7777> rename keyNoExists newKey
ERR no such key

127.0.0.1:7777>
```

8.3.2 程序演示

```
public class Test3 {
    private static Pool pool = new Pool(new PoolConfig(), "192.168.61.84", 7777, 5000, "accp");

    public static void main(String[] args) {
         = null;
        try {
             = pool.getResource();
            .set("key1", "key1value");
            .set("key2", "key2value");

            System.out.println(.get("key1"));
            System.out.println(.get("key2"));

            System.out.println();

            .rename("key1".getBytes(), "key2".getBytes());
            System.out.println(.get("key1"));
            System.out.println(.get("key2"));

            System.out.println();

            .rename("key2", "key1");
            System.out.println(.get("key1"));
            System.out.println(.get("key2"));
        } catch (Exception e) {
            e.printStackTrace();
        } finally {
            if ( != null) {
                .close();
            }
        }
    }
}
```

程序运行结果如下。

```
key1value
key2value

null
key1value

key1value
null
```

8.4 renamenx 命令

使用格式如下。

```
renamenx key newkey
```

如果 newkey 不存在，则将 key 重命名为 newkey；如果 newkey 存在，则取消操作。当 key 不存在时，它返回错误。

返回 1 代表成功对 key 进行重命名。如果 newkey 已存在，则返回 0。

8.4.1 测试案例

测试案例如下。

```
127.0.0.1:7777> set a aa
OK
127.0.0.1:7777> set b bb
OK
127.0.0.1:7777> set c cc
OK
127.0.0.1:7777> keys *
c
a
b
127.0.0.1:7777> mget a b c
aa
bb
cc
127.0.0.1:7777> renamenx a newa //newkey 不存在，成功重命名
1
127.0.0.1:7777> keys *
c
newa
b
127.0.0.1:7777> get newa
aa
127.0.0.1:7777> renamenx b c //newkey 是 c，已存在，取消重命名
0
127.0.0.1:7777> keys *
c
newa
b
127.0.0.1:7777> renamenx noExistsKey zzzzzzzzz //key 不存在，返回错误
ERR no such key
127.0.0.1:7777> keys *
c
newa
b
127.0.0.1:7777>
```

8.4.2 程序演示

```java
public class Test4 {
    private static Pool pool = new Pool(new PoolConfig(), "192.168.61.84", 7777, 5000, "accp");
```

```java
public static void main(String[] args) {
     = null;
    try {
         = pool.getResource();
        .flushDB();

        .set("a", "aa");
        .set("b", "bb");
        .set("c", "cc");

        {
            // .keys("*")的作用是取出所有的 key
            Set<String> set = .keys("*");
            Iterator<String> iterator = set.iterator();
            while (iterator.hasNext()) {
                System.out.println(iterator.next());
            }

            System.out.println();

            List<String> listString = .mget("a", "b", "c");
            for (int i = 0; i < listString.size(); i++) {
                System.out.println(listString.get(i));
            }
        }

        System.out.println();

        {
            .renamenx("a".getBytes(), "newa".getBytes());
            Set<String> set = .keys("*");
            Iterator<String> iterator = set.iterator();
            while (iterator.hasNext()) {
                System.out.println(iterator.next());
            }

            System.out.println();

            System.out.println(.get("newa"));
            System.out.println(.get("b"));
            System.out.println(.get("c"));
        }

        System.out.println();

        {
            .renamenx("b", "c");
            Set<String> set = .keys("*");
            Iterator<String> iterator = set.iterator();
            while (iterator.hasNext()) {
                System.out.println(iterator.next());
            }

            System.out.println();

            System.out.println(.get("newa"));
            System.out.println(.get("b"));
```

```
                System.out.println(.get("c"));
            }

            System.out.println();
            {
                .renamenx("我是不存在的key", "c");
            }

        } catch (Exception e) {
            e.printStackTrace();
        } finally {
            if ( != null) {
                .close();
            }
        }
    }
}
```

程序运行结果如下。

```
a
b
c

aa
bb
cc

newa
b
c

aa
bb
cc

newa
b
c

aa
bb
cc

redis.clients..exceptions.DataException: ERR no such key
    at redis.clients..Protocol.processError(Protocol.java:132)
    at redis.clients..Protocol.process(Protocol.java:166)
    at redis.clients..Protocol.read(Protocol.java:220)
    at redis.clients..Connection.readProtocolWithCheckingBroken(Connection.java:318)
    at redis.clients..Connection.getIntegerReply(Connection.java:260)
    at redis.clients...renamenx(.java:324)
    at keys.Test4.main(Test4.java:76)
```

8.5 keys 命令

使用格式如下。

```
keys pattern
```

该命令用于返回匹配的所有 key 列表。

Redis 在入门级便携式计算机上可以在 40ms 内扫描拥有 100 万个 key 的数据库。但需要注意，如果在生产环境中，并且对大型数据库执行此命令，则可能会破坏性能，会出现阻塞的情况，因此不建议在生产环境中执行此命令。

8.5.1 测试搜索模式：?

h?llo 可以匹配 hello、hallo 和 hxllo，"?"代表一个字符。

1．测试案例

测试案例如下。

```
127.0.0.1:7777> flushdb
OK
127.0.0.1:7777> set h1llo 1
OK
127.0.0.1:7777> set h2llo 2
OK
127.0.0.1:7777> set h3llo 3
OK
127.0.0.1:7777> set hxllo x
OK
127.0.0.1:7777> set hyllo y
OK
127.0.0.1:7777> set hzllo z
OK
127.0.0.1:7777> keys h?llo
hzllo
h3llo
h2llo
hyllo
hxllo
h1llo
127.0.0.1:7777>
```

2．程序演示

```java
public class Test5 {
    private static Pool pool = new Pool(new PoolConfig(), "192.168.61.84", 7777, 5000, "accp");

    public static void main(String[] args) {
         = null;
        try {
             = pool.getResource();
            .flushDB();

            .set("h1llo", "1");
            .set("h2llo", "2");
            .set("h3llo", "3");
            .set("hxllo", "x");
            .set("hyllo", "y");
            .set("hzllo", "z");

            Set<String> set = .keys("h?llo");
            Iterator<String> iterator = set.iterator();
```

```
            while (iterator.hasNext()) {
                System.out.println(iterator.next());
            }

        } catch (Exception e) {
            e.printStackTrace();
        } finally {
            if ( != null) {
                .close();
            }
        }
    }
}
```

程序运行结果如下。

```
h2llo
hyllo
h3llo
hxllo
hzllo
h1llo
```

8.5.2 测试搜索模式：*

h*llo 匹配 hllo 和 heeeello，"*"代表任意个数的字符。

1．测试案例

测试案例如下。

```
127.0.0.1:7777> flushdb
OK
127.0.0.1:7777> set h123456llo 1
OK
127.0.0.1:7777> set h123llo    2
OK
127.0.0.1:7777> set h1llo      3
OK
127.0.0.1:7777> set habcllo    4
OK
127.0.0.1:7777> set hallo      5
OK
127.0.0.1:7777> set hello      6
OK
127.0.0.1:7777> keys h*
h123456llo
h123llo
habcllo
hallo
hello
h1llo
127.0.0.1:7777>
```

2．程序演示

```
public class Test6 {
```

```java
    private static Pool pool = new Pool(new PoolConfig(), "192.168.61.84", 7777, 5000, "accp");
    public static void main(String[] args) {
         = null;
        try {
             = pool.getResource();
            .flushDB();

            .set("h123456llo", "1");
            .set("h123llo", "2");
            .set("h1llo", "3");
            .set("habcllo", "x");
            .set("hallo", "y");
            .set("hello", "z");

            Set<String> set = .keys("h*llo");
            Iterator<String> iterator = set.iterator();
            while (iterator.hasNext()) {
                System.out.println(iterator.next());
            }
        } catch (Exception e) {
            e.printStackTrace();
        } finally {
            if ( != null) {
                .close();
            }
        }
    }
}
```

程序运行结果如下。

```
hallo
h123llo
hello
h123456llo
habcllo
h1llo
```

8.5.3 测试搜索模式：[]

h[ae]llo 匹配 hallo 和 hello，但不匹配 hillo。"[]"中的内容之间有"或"关系，只匹配其中的一个字符。

1．测试案例

测试案例如下。

```
127.0.0.1:7777> flushdb
OK
127.0.0.1:7777> set hello 1
OK
127.0.0.1:7777> set hallo 2
OK
127.0.0.1:7777> set haello 3
```

8.5 keys 命令

```
OK
127.0.0.1:7777> keys h[a]llo
hallo
127.0.0.1:7777> keys h[e]llo
hello
127.0.0.1:7777> keys h[ae]llo
hello
hallo
127.0.0.1:7777>
```

2. 程序演示

```java
public class Test7 {
    private static Pool pool = new Pool(new PoolConfig(), "192.168.61.84", 7777, 5000, "accp");

    public static void main(String[] args) {
         = null;
        try {
             = pool.getResource();
            .flushDB();
            .set("hello", "1");
            .set("hallo", "2");
            .set("haello", "3");

            {
                Set<String> set = .keys("h[a]llo");
                Iterator<String> iterator = set.iterator();
                while (iterator.hasNext()) {
                    System.out.println(iterator.next());
                }
            }

            System.out.println();

            {
                Set<String> set = .keys("h[e]llo");
                Iterator<String> iterator = set.iterator();
                while (iterator.hasNext()) {
                    System.out.println(iterator.next());
                }
            }

            System.out.println();

            {
                Set<String> set = .keys("h[ae]llo");
                Iterator<String> iterator = set.iterator();
                while (iterator.hasNext()) {
                    System.out.println(iterator.next());
                }
            }
        } catch (Exception e) {
            e.printStackTrace();
        } finally {
            if ( != null) {
                .close();
            }
        }
    }
}
```

程序运行结果如下。

hallo

hello

hello
hallo

8.5.4 测试搜索模式：[^]

h[^e]llo 匹配 hallo 和 hbllo 等，但不匹配 hello。

1. 测试案例

测试案例如下。

```
127.0.0.1:7777> flushdb
OK
127.0.0.1:7777> set hallo 1
OK
127.0.0.1:7777> set hbllo 2
OK
127.0.0.1:7777> set hcllo 3
OK
127.0.0.1:7777> set hdllo 4
OK
127.0.0.1:7777> set hello 5
OK
127.0.0.1:7777> keys h[^e]llo
hallo
hcllo
hdllo
hbllo
127.0.0.1:7777>
```

2. 程序演示

```
public class Test8 {
    private static Pool pool = new Pool(new PoolConfig(), "192.168.61.84", 7777, 5000, "accp");

    public static void main(String[] args) {
         = null;
        try {
             = pool.getResource();
            .flushDB();

            .set("hallo", "1");
            .set("hbllo", "2");
            .set("hcllo", "3");
            .set("hdllo", "4");
            .set("hello", "5");

            {
                Set<String> set = .keys("h[^e]llo");
                Iterator<String> iterator = set.iterator();
```

```
                while (iterator.hasNext()) {
                    System.out.println(iterator.next());
                }
            }
        } catch (Exception e) {
            e.printStackTrace();
        } finally {
            if ( != null) {
                .close();
            }
        }
    }
}
```

程序运行结果如下。

```
hcllo
hallo
hbllo
hdllo
```

8.5.5 测试搜索模式：[a-b]

h[a-b]llo 匹配 hallo 和 hbllo。

1. 测试案例

测试案例如下。

```
127.0.0.1:6379> mset h1llo 1 h2llo 2 h3llo 3 h4llo 4
OK
127.0.0.1:6379> keys h[1-3]llo
1) "h3llo"
2) "h2llo"
3) "h1llo"
127.0.0.1:6379>
```

查询特殊字符可以使用 "\" 对特殊字符进行转义，如要查询 "*" 或 "?"。

2. 程序演示

```
public class Test9 {
    private static Pool pool = new Pool(new PoolConfig(), "192.168.56.11", 6379, 5000, "accp");

    public static void main(String[] args) {
         = null;
        try {
             = pool.getResource();
            .flushDB();

            .set("hallo", "1");
            .set("hbllo", "2");
            .set("hcllo", "3");
            .set("hdllo", "4");

            {
                Set<String> set = .keys("h[a-c]llo");
```

```
                    Iterator<String> iterator = set.iterator();
                    while (iterator.hasNext()) {
                        System.out.println(iterator.next());
                    }
                }
            } catch (Exception e) {
                e.printStackTrace();
            } finally {
                if ( != null) {
                    .close();
                }
            }
        }
    }
}
```

程序运行结果如下。

```
hcllo
hallo
hbllo
```

8.6 type 命令

使用格式如下。

```
type key
```

该命令用于获取 key 的 value 的数据类型，常见的数据类型有 String、List、Set、Sonted、Set 和 Hash。

8.6.1 测试案例

测试案例如下。

```
127.0.0.1:7777> flushdb
OK
127.0.0.1:7777> set a avalue
OK
127.0.0.1:7777> rpush b 1 2 3
3
127.0.0.1:7777> hset c a aa b bb
2
127.0.0.1:7777> sadd d 1 2 3 4
4
127.0.0.1:7777> zadd e 1 11 2 22
2
127.0.0.1:7777> type a
string
127.0.0.1:7777> type b
list
127.0.0.1:7777> type c
hash
127.0.0.1:7777> type d
set
127.0.0.1:7777> type e
```

8.6.2 程序演示

```
public class Test10 {
    private static Pool pool = new Pool(new PoolConfig(), "192.168.61.84", 7777, 5000, "accp");

    public static void main(String[] args) {
         = null;
        try {
             = pool.getResource();
            .flushDB();

            .set("a", "aa");// String
            .rpush("b", "bb");// List
            .hset("c", "key", "value");// Hash
            .sadd("d", "dd");// Set
            .zadd("e", 1, "ee");// Sorted Set

            System.out.println(.type("a".getBytes()));
            System.out.println(.type("b"));
            System.out.println(.type("c"));
            System.out.println(.type("d"));
            System.out.println(.type("e"));
        } catch (Exception e) {
            e.printStackTrace();
        } finally {
            if ( != null) {
                .close();
            }
        }
    }
}
```

程序运行结果如下。

```
string
list
hash
set
zset
```

8.7 randomkey 命令

使用格式如下。

```
randomkey
```

该命令用于随机返回 key。

8.7.1 测试案例

测试案例如下。

```
127.0.0.1:7777> flushdb
OK
127.0.0.1:7777> set a aa
OK
127.0.0.1:7777> set b bb
OK
127.0.0.1:7777> set c cc
OK
127.0.0.1:7777> set d dd
OK
127.0.0.1:7777> set e ee
OK
127.0.0.1:7777> set f ff
OK
127.0.0.1:7777> randomkey
c
127.0.0.1:7777> randomkey
e
127.0.0.1:7777> randomkey
e
127.0.0.1:7777> randomkey
d
127.0.0.1:7777> randomkey
c
127.0.0.1:7777> randomkey
e
127.0.0.1:7777> randomkey
e
127.0.0.1:7777> randomkey
f
127.0.0.1:7777> randomkey
c
127.0.0.1:7777>
```

8.7.2 程序演示

```java
public class Test11 {
    private static Pool pool = new Pool(new PoolConfig(), "192.168.61.84", 7777, 5000, "accp");

    public static void main(String[] args) {
         = null;
        try {
             = pool.getResource();
            .flushDB();

            .set("a", "aa");
            .set("b", "bb");
            .set("c", "cc");
            .set("d", "dd");
            .set("e", "ee");
            .set("f", "ff");

            System.out.println(.randomKey());
            System.out.println(.randomKey());
            System.out.println(.randomKey());
            System.out.println(.randomKey());
            System.out.println(.randomKey());
```

```
            System.out.println(.randomKey());
            System.out.println(.randomKey());
            System.out.println(.randomKey());
            System.out.println(.randomKey());
        } catch (Exception e) {
            e.printStackTrace();
        } finally {
            if ( != null) {
                .close();
            }
        }
    }
}
```

程序运行结果如下。

```
b
b
b
c
c
e
b
e
b
```

8.8 dump 和 restore 命令

dump 命令的使用格式如下。

```
dump key
```

该命令用于序列化指定 key 对应的值,通常将序列化值作为备份数据。

序列化值有以下几个特点。

- 它带有 64 位校验和,用于检测错误和验证数据有效性,在进行反序列化之前会先检查校验和的有效性。
- 序列化值的编码格式和 RDB 文件保持一致。
- RDB 版本号会被编码在序列化值当中,如果由于 Redis 的版本不同而造成 RDB 编码格式不兼容,那么 Redis 会拒绝对序列化值进行反序列化操作。
- 序列化值不包括 TTL 信息。

如果 key 不存在,则返回 nil;否则,返回序列化值。

restore 命令的使用格式如下。

```
restore key ttl serialized-value [replace]
```

使用 restore 命令可以对序列化值进行反序列化,并将结果保存到当前 Redis 或其他 Redis 实例中,相当于还原数据。参数 ttl 以 ms 为单位,代表 key 的 TTL,如果 ttl 为 0,那么不设置 TTL。

restore 命令在执行反序列化之前会先对序列化值的 RDB 版本号和校验和进行检查,如果 RDB 版本号不相同或者数据不完整的话,那么 restore 命令会拒绝进行反序列化,并返回一个错误。

如果反序列化成功，则返回 OK；否则，返回一个错误。

dump 和 restore 命令为非原子性命令。

为什么不使用 get 和 set 命令实现数据的备份和还原呢？因为使用 get 命令获取的数据可能被恶意或非恶意地改动，造成欲还原的数据被破坏。可以使用 dump 和 restore 命令解决这个问题，因为 restore 命令在还原数据时是要对校验和进行检查的，不通过检查不执行还原操作。

8.8.1 测试序列化和反序列化

1. 测试案例

测试案例如下。

```
127.0.0.1:6379> flushdb
OK
127.0.0.1:6379> set a aa
OK
127.0.0.1:6379> get a
"aa"
127.0.0.1:6379> dump a
"\x00\x02aa\t\x00\x04\x92\xc5P\x1e\x7f\xeb\x93"
127.0.0.1:6379> del a
(integer) 1
127.0.0.1:6379> keys *
(empty list or set)
127.0.0.1:6379> restore a 0 "\x00\x02aa\t\x00\x04\x92\xc5P\x1e\x7f\xeb\x93"
OK
127.0.0.1:6379> keys *
1) "a"
127.0.0.1:6379> get a
"aa"
127.0.0.1:6379>
```

不要使用--raw 参数连接 Redis 服务器。

2. 程序演示

```java
public class Test12 {
    private static Pool pool = new Pool(new PoolConfig(), "192.168.56.11", 6379, 5000, "accp");

    public static void main(String[] args) {
         = null;
        try {
             = pool.getResource();
            .flushDB();

            .set("a", "aa");
            .set("b", "bb");
            System.out.println(.get("a"));
            System.out.println(.get("b"));
```

```
                System.out.println();

                byte[] byte1Array = .dump("a".getBytes());
                byte[] byte2Array = .dump("b");

                .del("a");
                .del("b");

                .restore("c".getBytes(), 0, byte1Array);
                .restore("d", 0, byte2Array);

                System.out.println(.get("c"));
                System.out.println(.get("d"));

            } catch (Exception e) {
                e.printStackTrace();
            } finally {
                if ( != null) {
                    .close();
                }
            }
        }
    }
```

程序运行结果如下。

```
aa
bb

aa
bb
```

8.8.2 测试 restore 命令的 replace 参数

如果 key 已经存在，并且设置了 replace 参数，那么使用反序列化值来代替 key 原有的值。如果 key 已经存在，但是没有设置 replace 参数，那么该命令返回一个错误。

1．测试案例

测试案例如下。

```
127.0.0.1:7777> flushdb
OK
127.0.0.1:7777> set a aa
OK
127.0.0.1:7777> set b bb
OK
127.0.0.1:7777> dump a
"\x00\x02aa\t\x00\x04\x92\xc5P\x1e\x7f\xeb\x93"
127.0.0.1:7777> restore b 0 "\x00\x02aa\t\x00\x04\x92\xc5P\x1e\x7f\xeb\x93"
(error) BUSYKEY Target key name already exists.
127.0.0.1:7777> restore b 0 "\x00\x02aa\t\x00\x04\x92\xc5P\x1e\x7f\xeb\x93" replace
OK
127.0.0.1:7777> get a
"aa"
127.0.0.1:7777> get b
```

```
                                      "aa"
                                      127.0.0.1:7777>
```

不要使用--raw 参数连接 Redis 服务器。

2. 程序演示

```java
public class Test13 {
    private static Pool pool = new Pool(new PoolConfig(), "192.168.61.84", 7777, 5000, "accp");

    public static void main(String[] args) {
         = null;
        try {
             = pool.getResource();
            .flushDB();

            .set("a", "aa");
            .set("b", "bb");
            System.out.println(.get("a"));
            System.out.println(.get("b"));

            System.out.println();

            byte[] byte2Array = .dump("a");

            .restore("b", 0, byte2Array);

        } catch (Exception e) {
            e.printStackTrace();
        } finally {
            if ( != null) {
                .close();
            }
        }
    }
}
```

程序运行结果如下。

```
aa
bb

redis.clients..exceptions.DataException: BUSYKEY Target key name already exists.
    at redis.clients..Protocol.processError(Protocol.java:132)
    at redis.clients..Protocol.process(Protocol.java:166)
    at redis.clients..Protocol.read(Protocol.java:220)
    at redis.clients..Connection.readProtocolWithCheckingBroken(Connection.java:318)
    at redis.clients..Connection.getStatusCodeReply(Connection.java:236)
    at redis.clients...restore(.java:3121)
    at keys.Test13.main(Test13.java:25)
```

如果想要在反序列化的过程中，对旧 key 对应的值进行覆盖，则使用 replace 参数，测试代码如下。

```java
public class Test14 {
    private static Pool pool = new Pool(new PoolConfig(), "192.168.61.84", 7777, 5000, "accp");

    public static void main(String[] args) {
```

```
            = null;
        try {
             = pool.getResource();
            .flushDB();

            .set("a", "aa");
            .set("b", "bb");
            System.out.println(.get("a"));
            System.out.println(.get("b"));

            System.out.println();

            byte[] byte2Array = .dump("a");

            .restoreReplace("b", 0, byte2Array);

            System.out.println(.get("a"));
            System.out.println(.get("b"));
        } catch (Exception e) {
            e.printStackTrace();
        } finally {
            if ( != null) {
                .close();
            }
        }
    }
}
```

程序运行结果如下。

```
aa
bb

aa
aa
```

8.8.3　更改序列化值造成数据无法还原

1. 测试案例

测试案例如下。

```
127.0.0.1:6379> flushdb
OK
127.0.0.1:6379> set a aa
OK
127.0.0.1:6379> dump a
"\x00\x02aa\t\x00\x04\x92\xc5P\x1e\x7f\xeb\x93"
127.0.0.1:6379> del a
(integer) 1
127.0.0.1:6379> restore a 0 "\x00\x02aa\t\x00\x04\x92\xc5P\x1e\x7f\xeb\x93zzzzzzzzzzzz"
(error) ERR DUMP payload version or checksum are wrong
127.0.0.1:6379> keys *
(empty list or set)
127.0.0.1:6379>
```

不要使用--raw 参数连接 Redis 服务器。

2. 程序演示

```
public class Test15 {
    private static Pool pool = new Pool(new PoolConfig(), "192.168.56.11", 6379, 5000, "accp");

    public static void main(String[] args) {
         = null;
        try {
             = pool.getResource();
            .flushDB();

            .set("a", "aa");
            System.out.println(.get("a"));

            System.out.println();

            byte[] byte2Array = .dump("a");
            byte2Array[0] = 123;// 数据被更改!

            .del("a");

            .restore("b", 0, byte2Array);
        } catch (Exception e) {
            e.printStackTrace();
        } finally {
            if ( != null) {
                .close();
            }
        }
    }
}
```

程序运行结果如下。

```
aa

redis.clients..exceptions.DataException: ERR DUMP payload version or checksum are wrong
    at redis.clients..Protocol.processError(Protocol.java:132)
    at redis.clients..Protocol.process(Protocol.java:166)
    at redis.clients..Protocol.read(Protocol.java:220)
    at redis.clients..Connection.readProtocolWithCheckingBroken(Connection.java:318)
    at redis.clients..Connection.getStatusCodeReply(Connection.java:236)
    at redis.clients...restore(.java:3155)
    at keys.Test15.main(Test15.java:26)
```

8.9 expire 和 ttl 命令

expire 命令的使用格式如下。

```
expire key seconds
```

> 注意：seconds 参数是当前时间之后的秒数。

8.9 expire 和 ttl 命令

expire 命令用于在 key 上设置 TTL，超时后 key 将被自动删除。
超时效果可以被删除，也可以被保持，具体如下。

- 删除超时的效果可以使用 del、set、getset 和所有*store 的命令。使用 PERSIST 命令将 key 重新转换为永久 key 也可以删除超时效果。
- 保持超时的效果可以使用"能改变"key 中 value 的相关命令。如使用 incr 命令对旧 value 进行增加，使用 lpush 命令对旧 value 添加新的元素，或者使用 hset 命令改变一个散列的字段的旧 value 都会使超时效果保持不变。如果使用 rename 命令对 key 进行重命名，则原有的 TTL 将转移到新 key 中。

注意：使用非正数的 TTL 值来调用 expire、pexpire 命令，或在过去的某个时间调用 expireat、pexpireat 命令将导致 key 被删除。

对一个已经拥有 TTL 的 key 再次执行 expire 命令时，会对该 key 重新设置新的 TTL。
ttl 命令的使用格式如下。

```
ttl key
```

ttl 命令的作用是返回具有 TTL 的 key 的剩余生存时间。
如果 key 不存在，则该命令将返回-2；如果 key 存在，但没有设置 TTL，则该命令返回-1。
删除 TTL 请使用 persist 命令。

8.9.1 测试 key 存在和不存在的 ttl 命令返回值

如果 key 不存在，ttl 命令将返回-2；如果 key 存在，但没有设置 TTL，则 ttl 命令返回-1。

1．测试案例

测试案例如下。

```
127.0.0.1:7777> flushdb
OK
127.0.0.1:7777> set a aa
OK
127.0.0.1:7777> ttl a
(integer) -1
127.0.0.1:7777> ttl b
(integer) -2
127.0.0.1:7777>
```

2．程序演示

```
public class Test16 {
    private static Pool pool = new Pool(new PoolConfig(), "192.168.61.84", 7777, 5000, "accp");

    public static void main(String[] args) {
        = null;
        try {
            = pool.getResource();
            .flushDB();
```

```
                    .set("a", "aa");

                System.out.println(.ttl("a".getBytes()));
                System.out.println(.ttl("b"));

            } catch (Exception e) {
                e.printStackTrace();
            } finally {
                if ( != null) {
                    .close();
                }
            }
        }
    }
```

程序运行结果如下。

```
-1
-2
```

8.9.2 使用 expire 和 ttl 命令

1. 测试案例

测试案例如下。

```
127.0.0.1:7777> del key1
1
127.0.0.1:7777> del key2
1
127.0.0.1:7777> set key1 key1value
OK
127.0.0.1:7777> expire key1 10
1
127.0.0.1:7777> ttl key1
7
127.0.0.1:7777> ttl key1
4
127.0.0.1:7777> ttl key1
3
127.0.0.1:7777> ttl key1
2
127.0.0.1:7777> ttl key1
1
127.0.0.1:7777> ttl key1
-2
127.0.0.1:7777> ttl key1
-2
127.0.0.1:7777> get key1

127.0.0.1:7777>
```

2. 程序演示

```
public class Test17 {
    private static Pool pool = new Pool(new PoolConfig(), "192.168.56.11", 6379, 5000, "accp");
```

8.9 expire 和 ttl 命令

```java
public static void main(String[] args) {
     = null;
    try {
         = pool.getResource();
        .flushDB();

        .set("a", "aa");
        .set("b", "bb");

        .expire("a".getBytes(), 10);
        .expire("b", 15);

        for (int i = 0; i < 16; i++) {
            System.out.println(.ttl("a"));
            System.out.println(.ttl("b"));
            System.out.println();
            Thread.sleep(1000);
        }
        System.out.println(.get("a"));
        System.out.println(.get("b"));
    } catch (Exception e) {
        e.printStackTrace();
    } finally {
        if ( != null) {
            .close();
        }
    }
}
```

程序运行结果如下。

10
15

9
14

8
13

7
12

6
11

5
10

4
9

3
8

2
7

```
1
6
-2
5
-2
4
-2
3
-2
2
-2
1
-2
-2
null
null
```

8.9.3　rename 命令不会删除 TTL

测试 rename 命令不会除 TTL，会保持原有 key 的 TTL 不变。

1．测试案例

测试案例如下。

```
127.0.0.1:7777> flushdb
OK
127.0.0.1:7777> set a aa ex 30 //此种方法是同时执行设置值与设置 TTL 操作
OK
127.0.0.1:7777> get a
aa
127.0.0.1:7777> ttl a
26
127.0.0.1:7777> rename a aaaaa
OK
127.0.0.1:7777> ttl aaaaa
16
127.0.0.1:7777> ttl aaaaa
14
127.0.0.1:7777> ttl aaaaa
13
127.0.0.1:7777> ttl aaaaa
12
127.0.0.1:7777>
```

2．程序演示

```java
public class Test18 {
    private static Pool pool = new Pool(new PoolConfig(), "192.168.61.84", 7777, 5000, "accp");
```

```java
    public static void main(String[] args) {
         = null;
        try {
             = pool.getResource();
            .flushDB();

            SetParams param = new SetParams();
            param.ex(10);
            .set("a", "aa", param);

            System.out.println(.ttl("a"));

            System.out.println();

            .rename("a", "newA");

            for (int i = 0; i < 10; i++) {
                System.out.println(.ttl("newA"));
                Thread.sleep(1000);
            }
        } catch (Exception e) {
            e.printStackTrace();
        } finally {
            if ( != null) {
                .close();
            }
        }
    }
}
```

程序运行结果如下。

```
10

10
9
8
7
6
5
4
3
2
1
```

8.9.4 del、set、getset 和 *store 命令会删除 TTL

测试 del、set、getset 和 *store 命令会删除 TTL。

1. 测试案例

测试案例如下。

```
127.0.0.1:7777> del key1
0
127.0.0.1:7777> set key1 key1value
OK
127.0.0.1:7777> expire key1 100
```

```
1
127.0.0.1:7777> ttl key1
98
127.0.0.1:7777> ttl key1
97
127.0.0.1:7777> ttl key1
97
127.0.0.1:7777> set key1 key1newvalue
OK
127.0.0.1:7777> ttl key1
-1
127.0.0.1:7777> ttl key1
-1
127.0.0.1:7777>
```

2. 程序演示

```
public class Test19 {
    private static Pool pool = new Pool(new PoolConfig(), "192.168.61.84", 7777, 5000, "accp");

    public static void main(String[] args) {
         = null;
        try {
             = pool.getResource();
            .flushDB();

            SetParams param = new SetParams();
            param.ex(100);
            .set("a", "aa", param);

            System.out.println(.ttl("a"));

            .set("a", "aanew");

            System.out.println(.ttl("a"));
        } catch (Exception e) {
            e.printStackTrace();
        } finally {
            if ( != null) {
                .close();
            }
        }
    }
}
```

程序运行结果如下。

```
100
-1
```

8.9.5 改变 value 不会删除 TTL

1. 测试案例

测试案例如下。

```
127.0.0.1:7777> del key1
1
```

8.9 expire 和 ttl 命令

```
127.0.0.1:7777> set key1 100
OK
127.0.0.1:7777> expire key1 200
1
127.0.0.1:7777> ttl key1
196
127.0.0.1:7777> ttl key1
195
127.0.0.1:7777> ttl key1
195
127.0.0.1:7777> get key1
100
127.0.0.1:7777> incr key1
101
127.0.0.1:7777> incr key1
102
127.0.0.1:7777> incr key1
103
127.0.0.1:7777> get key1
103
127.0.0.1:7777> ttl key1
180
127.0.0.1:7777> ttl key1
176
127.0.0.1:7777> ttl key1
175
127.0.0.1:7777>
```

2. 程序演示

```java
public class Test20 {
    private static Pool pool = new Pool(new PoolConfig(), "192.168.61.84", 7777, 5000, "accp");

    public static void main(String[] args) {
         = null;
        try {
             = pool.getResource();
            .flushDB();

            SetParams param = new SetParams();
            param.ex(500);
            .set("a", "100", param);

            System.out.println(.get("a"));
            System.out.println(.ttl("a"));

            System.out.println();

            .incrBy("a", 100);
            .incrBy("a", 100);
            .incrBy("a", 100);
            .incrBy("a", 100);

            Thread.sleep(4000);

            System.out.println(.get("a"));
            System.out.println(.ttl("a"));
```

```
        } catch (Exception e) {
            e.printStackTrace();
        } finally {
            if ( != null) {
                .close();
            }
        }
    }
}
```

程序运行结果如下。

```
100
500

500
496
```

8.9.6 expire 命令会重新设置新的 TTL

1. 测试案例

测试案例如下。

```
127.0.0.1:7777> del key1
0
127.0.0.1:7777> set key1 key1value
OK
127.0.0.1:7777> expire key1 100
1
127.0.0.1:7777> ttl key1
98
127.0.0.1:7777> ttl key1
97
127.0.0.1:7777> ttl key1
97
127.0.0.1:7777> expire key1 10000
1
127.0.0.1:7777> ttl key1
9999
127.0.0.1:7777> ttl key1
9998
127.0.0.1:7777> ttl key1
9997
127.0.0.1:7777>
```

2. 程序演示

```
public class Test21 {
    private static Pool pool = new Pool(new PoolConfig(), "192.168.61.84", 7777, 5000, "accp");

    public static void main(String[] args) {
         = null;
        try {
             = pool.getResource();
```

```
            .flushDB();

            SetParams param = new SetParams();
            param.ex(1000);
            .set("a", "aa", param);

            System.out.println(.get("a"));
            System.out.println(.ttl("a"));

            .expire("a", 10000);

            System.out.println();

            System.out.println(.get("a"));
            System.out.println(.ttl("a"));
        } catch (Exception e) {
            e.printStackTrace();
        } finally {
            if ( != null) {
                .close();
            }
        }
    }
}
```

程序运行结果如下。

```
aa
1000

aa
10000
```

8.10 pexpire 和 pttl 命令

pexpire 命令的使用格式如下。

```
pexpire key milliseconds
```

注意：milliseconds 参数是当前时间之后的毫秒数。

此命令的工作原理与 expire 命令完全相同，但 key 的 TTL 是以 ms 为单位的，而不是 s。
如果成功设置了 TTL，则返回 1；如果 key 不存在，则返回为 0。
pttl 命令的使用格式如下。

```
pttl key
```

与 ttl 命令一样，pttl 命令返回具有 TTL 的 key 的剩余生存时间，唯一的区别是 ttl 命令返回的剩余生存时间以 s 为单位，而 pttl 命令以 ms 为单位。
如果 key 不存在，则该命令将返回 −2；如果 key 存在，但没有关联的 TTL，则该命令返回 −1。

8.10.1 测试案例

测试案例如下。

```
127.0.0.1:7777> del key1
1
127.0.0.1:7777> set key1 key1value
OK
127.0.0.1:7777> pexpire key1 6000
1
127.0.0.1:7777> pttl key1
3896
127.0.0.1:7777> pttl key1
3122
127.0.0.1:7777> pttl key1
2267
127.0.0.1:7777> pttl key1
1601
127.0.0.1:7777> pttl key1
713
127.0.0.1:7777> pttl key1
-2
127.0.0.1:7777> pttl key1
-2
127.0.0.1:7777> get key1

127.0.0.1:7777> exists key1
0
127.0.0.1:7777>
```

8.10.2 程序演示

```
public class Test22 {
    private static Pool pool = new Pool(new PoolConfig(), "192.168.31.45", 7777, 5000, "accp");

    public static void main(String[] args) {
         = null;
        try {
             = pool.getResource();
            .flushDB();

            .set("a", "aa");
            .set("b", "bb");
            .pexpire("a", 9000);
            .pexpire("b".getBytes(), 9000);

            for (int i = 0; i < 12; i++) {
                System.out.println(.pttl("a".getBytes()) + "   " + .pttl("a") + "   " + .get("a"));
                System.out.println(.pttl("b".getBytes()) + "   " + .pttl("b") + "   " + .get("b"));
                System.out.println();
                Thread.sleep(1000);
            }
        } catch (Exception e) {
```

```
            e.printStackTrace();
        } finally {
            if ( != null) {
                .close();
            }
        }
    }
}
```

程序运行结果如下。

```
9000    8999    aa
8999    8999    bb

7998    7998    aa
7998    7998    bb

6997    6997    aa
6997    6996    bb

5996    5996    aa
5995    5995    bb

4995    4995    aa
4994    4994    bb

3994    3994    aa
3993    3993    bb

2993    2992    aa
2992    2992    bb

1992    1991    aa
1991    1991    bb

990     990     aa
990     990     bb

-2      -2      null
-2      -2      null

-2      -2      null
-2      -2      null

-2      -2      null
-2      -2      null
```

8.11 expireat 命令

使用格式如下。

```
expireat key timestamp
```

注意：timestamp 参数是 UNIX 时间戳，时间单位是 s。

expireat 命令具有与 expire 命令相同的效果和语义，但 expireat 命令不指定 TTL 的秒数，而是指定绝对的 UNIX 时间戳（自 1970 年 1 月 1 日起的秒数）。当前时间超过 UNIX 时间戳时时，立即删除 key。

如果设置了 TTL，则返回为 1；如果 key 不存在，则返回为 0。

8.11.1 测试案例

先使用 Java 代码返回未来 50s 后的 UNIX 时间戳，单位为 s。

```
public class Test23 {
    public static void main(String[] args) {
        Calendar calendarRef = Calendar.getInstance();
        calendarRef.add(Calendar.SECOND, 50);
        System.out.println(calendarRef.getTime().getTime() / 1000);
    }
}
```

控制台输出结果如下。

```
1541573888
```

输出的值代表自 1970 年 1 月 1 日起到当前时间延后 50s 的秒数。

测试案例如下。

```
127.0.0.1:7777> del key1
1
127.0.0.1:7777> set key1 key1value
OK
127.0.0.1:7777> expireat key1 1541573888
1
127.0.0.1:7777> ttl key1
35
127.0.0.1:7777> ttl key1
34
127.0.0.1:7777> ttl key1
33
127.0.0.1:7777> ttl key1
18
127.0.0.1:7777> get key1
key1value
127.0.0.1:7777> get key1
key1value
127.0.0.1:7777> ttl key1
7
127.0.0.1:7777> ttl key1
0
127.0.0.1:7777> ttl key1
-2
127.0.0.1:7777> ttl key1
-2
127.0.0.1:7777> get key1

127.0.0.1:7777>
```

8.11.2 程序演示

在测试案例之前，建议先把宿主主机和虚拟机的时间进行统一，否则会出现提前几秒删除 key 的情况。

测试代码如下。

```java
public class Test24 {
    private static Pool pool = new Pool(new PoolConfig(), "192.168.31.45", 7777, 5000, "accp");

    public static void main(String[] args) {
        Calendar calendarRef = Calendar.getInstance();
        calendarRef.add(Calendar.SECOND, 10);
        long secondNum = calendarRef.getTime().getTime() / 1000;
         = null;
        try {
             = pool.getResource();
            .flushDB();

            .set("a", "aa");
            .set("b", "bb");
            .expireAt("a", secondNum);
            .expireAt("b".getBytes(), secondNum);

            for (int i = 0; i < 12; i++) {
                System.out.println(.ttl("a".getBytes()) + "    " + .ttl("a") + "    " + .get("a"));
                System.out.println(.ttl("b".getBytes()) + "    " + .ttl("b") + "    " + .get("b"));
                System.out.println();
                Thread.sleep(1000);
            }
        } catch (Exception e) {
            e.printStackTrace();
        } finally {
            if ( != null) {
                .close();
            }
        }
    }
}
```

程序运行结果如下。

```
10    10    aa
10    10    bb

9    9    aa
9    9    bb

8    8    aa
8    8    bb

7    7    aa
7    7    bb
```

```
6    6    aa
6    6    bb

5    5    aa
5    5    bb

4    4    aa
4    4    bb

3    3    aa
3    3    bb

2    2    aa
2    2    bb

1    1    aa
1    1    bb

-2   -2   null
-2   -2   null

-2   -2   null
-2   -2   null
```

8.12 pexpireat 命令

使用格式如下。

```
pexpireat key milliseconds-timestamp
```

注意：milliseconds-timestamp 参数是 UNIX 时间戳，时间单位是 ms。

pexpireat 命令具有与 expireat 命令相同的效果和语义，但 key 超时的 UNIX 时间戳以 ms 而不是 s 为单位。

如果成功设置了 TTL，则返回 1；如果 key 不存在，则返回 0。

8.12.1 测试案例

先使用 Java 代码返回未来 50s 后的 UNIX 时间戳，单位为 ms。

```java
public class Test25 {
    public static void main(String[] args) {
        Calendar calendarRef = Calendar.getInstance();
        calendarRef.add(Calendar.SECOND, 50);
        System.out.println(calendarRef.getTime().getTime());
    }
}
```

控制台输出结果如下。

```
1541575171298
```

输出的值代表自 1970 年 1 月 1 日起到当前时间延后 50s 的毫秒数。

测试案例如下。

```
127.0.0.1:7777> del key1
0
127.0.0.1:7777> set key1 key1value
OK
127.0.0.1:7777> pexpireat key1 1541575171298
1
127.0.0.1:7777> ttl key1
35
127.0.0.1:7777> ttl key1
34
127.0.0.1:7777> ttl key1
33
127.0.0.1:7777> pttl key1
28860
127.0.0.1:7777> ttl key1
24
127.0.0.1:7777> ttl key1
22
127.0.0.1:7777> ttl key1
-2
127.0.0.1:7777> ttl key1
-2
127.0.0.1:7777> get key1

127.0.0.1:7777>
```

8.12.2 程序演示

```java
public class Test26 {
    private static Pool pool = new Pool(new PoolConfig(), "192.168.31.45", 7777, 5000, "accp");

    public static void main(String[] args) {
        Calendar calendarRef = Calendar.getInstance();
        calendarRef.add(Calendar.SECOND, 10);
        long secondNum = calendarRef.getTime().getTime();
            = null;
        try {
             = pool.getResource();
            .flushDB();

            .set("a", "aa");
            .set("b", "bb");
            .pexpireAt("a", secondNum);
            .pexpireAt("b".getBytes(), secondNum);

            for (int i = 0; i < 12; i++) {
                System.out.println(.ttl("a".getBytes()) + "   " + .ttl("a") + "   "
                        + .get("a"));
                System.out.println(.ttl("b".getBytes()) + "   " + .ttl("b") + "   "
                        + .get("b"));
                System.out.println();
                Thread.sleep(1000);
            }
        } catch (Exception e) {
            e.printStackTrace();
        } finally {
            if ( != null) {
```

```
                    .close();
                }
            }
        }
    }
```

程序运行结果如下。

```
10    10    aa
10    10    bb

9     9     aa
9     9     bb

8     8     aa
8     8     bb

7     7     aa
7     7     bb

6     6     aa
6     6     bb

5     5     aa
5     5     bb

4     4     aa
4     4     bb

3     3     aa
3     3     bb

2     2     aa
2     2     bb

1     1     aa
1     1     bb

-2    -2    null
-2    -2    null

-2    -2    null
-2    -2    null
```

8.13 persist 命令

使用格式如下。

```
persist key
```

该命令用于删除 key 上的 TTL，将 key 转换成没有 TTL 的 key，永久保存 key，不会过期时删除。

如果 TTL 已删除，则返回 1；如果 key 不存在或没有关联的 TTL，则返回为 0。

8.13.1 测试案例

测试案例如下。

```
127.0.0.1:7777> del key1
0
127.0.0.1:7777> set key1 key1value
OK
127.0.0.1:7777> expire key1 50
1
127.0.0.1:7777> ttl key1
48
127.0.0.1:7777> ttl key1
48
127.0.0.1:7777> ttl key1
47
127.0.0.1:7777> persist key1
1
127.0.0.1:7777> ttl key1
-1
127.0.0.1:7777> ttl key1
-1
127.0.0.1:7777>
```

8.13.2 程序演示

```java
public class Test27 {
    private static Pool pool = new Pool(new PoolConfig(), "192.168.31.45", 7777, 5000, "accp");

    public static void main(String[] args) {
         = null;
        try {
             = pool.getResource();
            .flushDB();

            .set("a", "aa");
            .set("b", "bb");

            .expire("a", 40);
            .expire("b", 40);

            for (int i = 0; i < 5; i++) {
                System.out.println(.ttl("a".getBytes()) + "    " + .ttl("a") + "    " + .get("a"));
                System.out.println(.ttl("b".getBytes()) + "    " + .ttl("b") + "    " + .get("b"));
                System.out.println();
                Thread.sleep(1000);
            }

            .persist("a".getBytes());
            .persist("b");

            System.out.println(.ttl("a".getBytes()) + "    " + .ttl("a") + "    " + .get("a"));
            System.out.println(.ttl("b".getBytes()) + "    " + .ttl("b") + "    " + .get("b"));
```

```
        } catch (Exception e) {
           e.printStackTrace();
        } finally {
           if ( != null) {
              .close();
           }
        }
    }
}
```

程序运行结果如下。

```
40    40    aa
40    40    bb

39    39    aa
39    39    bb

38    38    aa
38    38    bb

37    37    aa
37    37    bb

36    36    aa
36    36    bb

-1    -1    aa
-1    -1    bb
```

8.14　move 命令

使用格式如下。

```
move key db
```

该命令用于将 key 从当前选定的源数据库移动到指定的目标数据库，源数据库中的 key 会被删除。当 key 已存在于目标数据库中，或者当前选定的源数据库中不存在 key 时，不执行任何操作。

如果成功移动了 key，则返回 1；如果未移动 key，则返回 0。

8.14.1　测试案例

测试案例如下。

```
127.0.0.1:7777> select 0
OK
127.0.0.1:7777> flushdb
OK
127.0.0.1:7777> select 1
OK
127.0.0.1:7777[1]> flushdb
OK
```

8.14 move 命令

```
127.0.0.1:7777[1]> select 0
OK
127.0.0.1:7777> set a aa
OK
127.0.0.1:7777> move a 1
1
127.0.0.1:7777> keys *

127.0.0.1:7777> select 1
OK
127.0.0.1:7777[1]> keys *
a
127.0.0.1:7777[1]> get a
aa
127.0.0.1:7777[1]>
```

8.14.2 程序演示

```
public class Test28 {
    private static Pool pool = new Pool(new PoolConfig(), "192.168.31.45", 7777, 5000, "accp");

    public static void main(String[] args) {
         = null;
        try {
             = pool.getResource();
            .select(0);
            .flushDB();
            .select(1);
            .flushDB();

            .select(0);
            .set("a", "aa");
            .set("b", "bb");

            .move("a".getBytes(), 1);
            .move("b", 1);

            {
                System.out.println("0 数据库中的 key 开始");
                Set<String> set = .keys("*");
                Iterator<String> iterator = set.iterator();
                while (iterator.hasNext()) {
                    System.out.println(iterator.next());
                }
                System.out.println("0 数据库中的 key 结束");
            }

            .select(1);

            {
                System.out.println("1 数据库中的 key 开始");
                Set<String> set = .keys("*");
                Iterator<String> iterator = set.iterator();
                while (iterator.hasNext()) {
                    System.out.println(iterator.next());
                }
                System.out.println("1 数据库中的 key 结束");
```

```
                    }
                } catch (Exception e) {
                    e.printStackTrace();
                } finally {
                    if ( != null) {
                        .close();
                    }
                }
            }
        }
```

程序运行结果如下。

```
0 数据库中的 key 开始
0 数据库中的 key 结束
1 数据库中的 key 开始
b
a
1 数据库中的 key 结束
```

8.15 object 命令

使用格式如下。

```
object subcommand [arguments [arguments ...]]
```

object 命令可以获取 key 的元数据，检查与 key 关联的 Redis Object 的内部信息，内部信息可以理解成元数据，它对调试 key 使用指定编码以节省存储空间非常有用。另外，当使用 Redis 作为缓存时，应用程序还可以使用 object 命令得出的报告信息来实现应用程序级别的 key 删除策略，以释放缓存空间。

object 命令支持多个子命令，具体如下。

- object refcount key：返回指定 key 关联的 value 的引用数。此命令主要用于调试。Redis 新版本的 refcount 返回值并不是精确的数字。
- object encoding key：返回 key 关联的 value 的内部表示形式。type 命令取得 key 对应的存储数据类型，而 object encoding 命令取得数据类型内部存储的具体格式。
- object idletime key：返回未通过 read 或 write 操作的 key 的空闲时间。当内存淘汰策略设置为最近最少使用（Least Recently Used，LRU）策略或不淘汰时，此子命令可用。
- object freq key：返回指定 key 访问频率的对数。当内存淘汰策略设置为最近最不常用（Least FrequentlyUsed，LFU）策略时，此子命令可用。此命令的返回值是给 Redis 内部参考使用的，作用是在内存不够时决定将哪些数据清除。
- object help：返回辅助的帮助文本。

使用 object encoding key 命令可以获得编码格式，也就是使用哪种数据类型存储数据。

- String 可以被编码为 RAW 字符串或 int（为了节约内存，Redis 会将字符串表示的 64bit 有符号整数编码为整数来进行存储）。
- List 可以被编码为 ziplist 或 linkedlist。
- Set 可以被编码为 intset 或者 hashtable。

- Hash 可以编码为 ziplist 或者 hashtable。
- Sorted Set 可以被编码为 ziplist 或者 skiplist。

数据最终使用哪种编码格式存储取决于 value 的大小。

Redis 会随着 ralue 的大小来决定最终使用什么类型的内部编码格式，应用层程序员无法决定。

将 String 编码成 int 数据类型可以节省内存，验证代码如下。

```java
public class Test29 {
    public static void main(String[] args) {
        String value = "123";
        byte[] byteArray = value.getBytes();
        for (int i = 0; i < byteArray.length; i++) {
            System.out.println(byteArray[i] + "   " + Integer.toBinaryString(byteArray[i]));
        }
        System.out.println();
        // 需要使用 24bit 来存储
        System.out.println("数字 123 的二进制值为" + Integer.toBinaryString(123));
        // 使用 int 数据类型存储只需要 8bit 即可
    }
}
```

程序运行结果如下。

```
49   110001
50   110010
51   110011
```

数字 123 的二进制值为：1111011

如果存储字母或汉字，则不会减少占用空间，只有 String 存储数字格式的数据才会减少占用空间。

8.15.1　object refcount key 命令的使用

1. 测试案例

测试案例如下。

```
127.0.0.1:7777> flushdb
OK
127.0.0.1:7777> set a 0
OK
127.0.0.1:7777> set b 9999
OK
127.0.0.1:7777> set c 10000
OK
127.0.0.1:7777> get a
0
127.0.0.1:7777> get b
9999
127.0.0.1:7777> get c
10000
127.0.0.1:7777> object refcount a
2147483647
```

```
127.0.0.1:7777> object refcount b
2147483647
127.0.0.1:7777> object refcount c
1
127.0.0.1:7777> del a b c
3
127.0.0.1:7777> object refcount a

127.0.0.1:7777> object refcount b

127.0.0.1:7777> object refcount c

127.0.0.1:7777>
```

2. 程序演示

```
public class Test30 {
    private static Pool pool = new Pool(new PoolConfig(), "192.168.61.84", 7777, 5000, "accp");

    public static void main(String[] args) {
         = null;
        try {
             = pool.getResource();
            .select(0);
            .flushDB();

            .set("a", "0");
            .set("b", "9999");
            .set("c", "10000");

            System.out.println(.get("a"));
            System.out.println(.get("b"));
            System.out.println(.get("c"));

            System.out.println();

            System.out.println(.objectRefcount("a"));
            System.out.println(.objectRefcount("b"));
            System.out.println(.objectRefcount("c"));

            .del("a");
            .del("b");
            .del("c");

            System.out.println();

            System.out.println(.objectRefcount("a"));
            System.out.println(.objectRefcount("b"));
            System.out.println(.objectRefcount("c"));

        } catch (Exception e) {
            e.printStackTrace();
        } finally {
            if ( != null) {
                .close();
            }
        }
    }
```

        }
    }
程序运行结果如下。

```
0
9999
10000

2147483647
2147483647
1

null
null
null
```

Redis 提供了数据缓存，将 0~9999（包括 0 和 9999）这些数据放入缓存中，如果设置的值在此范围内，则返回值是 2147483647；否则，返回值是 1。当前的 Redis 版本只能返回 2147483647 或 1。该命令在 Redis 开发人员调试时被使用，应用层程序员基本不涉及。

8.15.2　object encoding key 命令的使用

Redis 中的 String 内部编码有如下 3 种。
- 8B 的长整数。
- embstr：小于等于 39B 的字符串。
- raw：大于 39B 的字符串。

1. 测试案例

测试案例如下。

```
127.0.0.1:7777> del key1
(integer) 1
127.0.0.1:7777> set key1 123
OK
127.0.0.1:7777> object encoding key1
"int"
127.0.0.1:7777> set key1 "123"
OK
127.0.0.1:7777> object encoding key1
"int"
127.0.0.1:7777> set key1 "abc"
OK
127.0.0.1:7777> object encoding key1
"embstr"
127.0.0.1:7777> set key1 "abc12312asdfasdfsdagsdfgdfhdfghfgdhsdfgsdfgSRFQ234RQ3WERFASDFASDFASDFasdfsdghdfhjfgjfghfghkjghjkghjkrteyuertyawrefasdfwasfasdfasdf"
OK
127.0.0.1:7777> object encoding key1
"raw"
127.0.0.1:7777>
```

2. 程序演示

public class Test31 {

```
    private static Pool pool = new Pool(new PoolConfig(), "192.168.31.45", 7777, 5000, "accp");

    public static void main(String[] args) {
         = null;
        try {
             = pool.getResource();
            .select(0);
            .flushDB();

            .set("a", "123");
            .set("b", "abc");
            .set("c",
                    "asdfasdfafdsgasdfwrelhywrlieyuosirduygfhalksdhalskdfhalsdkfhjals
kdfhaskdfhjastrhqwp4iteheslkrdghaskldfjhaslkdfhasldkfhasdlfkjh");

            System.out.println(new String(.objectEncoding("a".getBytes())));
            System.out.println(new String(.objectEncoding("b".getBytes())));
            System.out.println(.objectEncoding("c"));
        } catch (Exception e) {
            e.printStackTrace();
        } finally {
            if ( != null) {
                .close();
            }
        }
    }
}
```

程序运行结果如下。

```
int
embstr
raw
```

8.15.3 object idletime key 命令的使用

1．测试案例

测试案例如下。

```
127.0.0.1:7777> flushall
OK
127.0.0.1:7777> set a aa
OK
127.0.0.1:7777> object idletime a
5
127.0.0.1:7777> object idletime a
6
127.0.0.1:7777> object idletime a
7
127.0.0.1:7777> object idletime a
7
127.0.0.1:7777> object idletime a
8
127.0.0.1:7777> object idletime a
9
```

```
127.0.0.1:7777> object idletime a
9
127.0.0.1:7777> get a
aa
127.0.0.1:7777> object idletime a
2
127.0.0.1:7777> object idletime a
5
127.0.0.1:7777>
```

2. 程序演示

```
public class Test32 {
    private static Pool pool = new Pool(new PoolConfig(), "192.168.31.45", 7777, 5000, "accp");

    public static void main(String[] args) {
         = null;
        try {
             = pool.getResource();
            .select(0);
            .flushDB();

            .set("a", "avalue");

            for (int i = 0; i < 5; i++) {
                Thread.sleep(1000);
                System.out.println(.objectIdletime("a".getBytes()) + " "
+ .objectIdletime("a"));
            }

            System.out.println(.get("a"));

            for (int i = 0; i < 3; i++) {
                Thread.sleep(1000);
                System.out.println(.objectIdletime("a".getBytes()) + " "
+ .objectIdletime("a"));
            }
        } catch (Exception e) {
            e.printStackTrace();
        } finally {
            if ( != null) {
                .close();
            }
        }
    }
}
```

程序运行结果如下。

```
1 1
2 2
3 3
4 4
5 5
avalue
1 1
2 2
3 3
```

8.15.4　object freq key 命令的使用

object freq key 命令与内存淘汰策略有关，Redis 对内存的淘汰策略主要有两种。
- LFU：删除访问频率最低的数据。
- LRU：删除很久没有被访问的数据。

假设内存最大容量为 3，数据访问顺序如下。

```
set(2,2)
set(1,1)
get(2)
get(1)
get(2)
set(3,3)
set(4,4)
```

则在执行 set(4,4)时 LFU 策略应该淘汰(3,3)，因为 (3,3)中数据的访问频率是最低的；而使用 LRU 策略应该淘汰(1,1)，因为(1,1)中的数据是很久没有被访问的。

执行如下命令。

```
127.0.0.1:7777> object freq key1
(error) ERR An LFU maxmemory policy is not selected, access frequency not tracked. Please note that when switching between policies at runtime LRU and LFU data will take some time to adjust.
127.0.0.1:7777>
```

此时出现了异常，提示并没有开启 LFU 策略，更改 redis.conf 配置文件如下。

```
maxmemory-policy allkeys-lfu
```

并没有提供针对 object freq 命令的 Java API。

测试案例

测试案例如下。

```
127.0.0.1:7777> flushdb
OK
127.0.0.1:7777> set 1 1
OK
127.0.0.1:7777> set 2 2
OK
127.0.0.1:7777> set 3 3
OK
127.0.0.1:7777> set 4 4
OK
127.0.0.1:7777> object freq 1
3
127.0.0.1:7777> object freq 2
5
127.0.0.1:7777> object freq 3
4
127.0.0.1:7777> object freq 4
5
127.0.0.1:7777> set 2 22
```

```
OK
127.0.0.1:7777> set 3 33
OK
127.0.0.1:7777> set 4 44
OK
127.0.0.1:7777> set 2 222
OK
127.0.0.1:7777> set 3 333
OK
127.0.0.1:7777> set 4 444
OK
127.0.0.1:7777> object freq 1
2
127.0.0.1:7777> object freq 2
6
127.0.0.1:7777> object freq 3
5
127.0.0.1:7777> object freq 4
6
127.0.0.1:7777>
```

命令返回值越小，被 LFU 策略淘汰的概率越大。

8.15.5　object help 命令的使用

查看 object help 命令的帮助文档。

并没有提供针对 object help 命令的 Java API。

测试案例

测试案例如下。

```
127.0.0.1:7777> object help
1) OBJECT <subcommand> arg arg ... arg. Subcommands are:
2) ENCODING <key> -- Return the kind of internal representation used in order to store the value associated with a key.
3) FREQ <key> -- Return the access frequency index of the key. The returned integer is proportional to the logarithm of the recent access frequency of the key.
4) IDLETIME <key> -- Return the idle time of the key, that is the approximated number of seconds elapsed since the last access to the key.
5) REFCOUNT <key> -- Return the number of references of the value associated with the specified key.
127.0.0.1:7777>
```

8.16　migrate 命令

使用格式如下。

```
migrate host port key|"" destination-db timeout [COPY] [REPLACE] [KEYS key [key ...]]
```

该命令用于原子性地将 key 从源 Redis 实例传输到目标 Redis 实例中。成功时，key 将从源 Redis 实例中被删除，并保证存于目标 Redis 实例中。

move 命令在当前 Redis 实例中对数据进行移动，而 migrate 命令可以跨不同的 Redis 实例。

该命令的内部实现是这样的：它在源 Redis 实例中对给定 key 执行 dump 命令，将它进行序列化，然后传送到目标 Redis 实例中；目标 Redis 实例再执行 restore 命令对 key 进行反序列化，并将反序列化所得的 key 添加到数据库中。源 Redis 实例就像目标 Redis 实例的客户端，只要看到 restore 命令返回 OK，源 Redis 实例就会调用 del 命令删除其中的 key。

参数 timeout 以 ms 为单位，指定源 Redis 实例和目标 Redis 实例进行数据转移时的最大时间。操作耗时如果大于 timeout 就会出现异常。

migrate 命令需要在给定的 timeout 内完成数据转移操作。如果在转移数据时发生 IO 错误，或者到达了 timeout，那么命令会停止执行，并返回一个 -IOERR 错误。当该错误出现时，有以下两种可能。

- key 可能存在于两个 Redis 实例中，源 Redis 实例中的 key 并没有被删除。如目的 Redis 实例成功添加了数据，返回给源 Redis 实例 OK，但由于网络出现异常，源 Redis 实例并没有接收到 OK，因此不会删除源 Redis 实例中的数据。
- key 可能只存在于源 Redis 实例中，目标 Redis 实例中并没有 key，也就是并没有转移成功。如在转移时网络出现异常。

当返回任何以 ERR 开头的其他错误时，migrate 命令保证 key 仍然存在于源 Redis 实例中，除非目标 Redis 实例中已存在同名的 key。

如果源 Redis 实例中没有要转移的 key，则返回 NOKEY。因为缺少 key 在正常情况下是可能的，如 key 超时了，所以 NOKEY 不是一个错误。

可以在执行一次 migrate 命令时实现批量转移 key。从 Redis 3.0.6 开始，migrate 命令支持一种新的大容量转移模式，该模式使用流水线，以便在 Redis 实例之间一起迁移 key，减少了网络开销。想使用此模式，就要使用 keys 参数，并将正常 key 参数设置为空字符串""，实际的 key 名称将在 keys 参数之后提供，命令示例如下。

```
migrate 192.168.31.45 8888 "" 0 5000 REPLACE auth accp KEYS a b c
```

如果目标 Redis 实例有密码，则需要添加 auth 参数和密码值 accp。
参数的解释如下。

- REPLACE：替换目标 Redis 实例中的现有 key。
- KEYS：如果 key 参数是空字符串，该命令将改为转移 KEYS 参数后面的所有 key。

Redis 中的数据转移可以使用 move、dump+restore 和 migrate 命令，其中 migrate 命令功能最为完整和强大。

8.16.1 测试案例

本案例需要使用两个 Redis 实例。
在源 Redis 实例中测试案例如下。

```
127.0.0.1:7777> del key1
(integer) 1
127.0.0.1:7777> del key2
(integer) 0
127.0.0.1:7777> del key3
(integer) 0
127.0.0.1:7777> set key1 a
```

```
OK
127.0.0.1:7777> set key2 b
OK
127.0.0.1:7777> set key3 c
127.0.0.1:7777> migrate 192.168.31.45 6379 "" 0 5000 REPLACE auth accp KEYS key1 key2 key3
OK
127.0.0.1:7777>
```

在目标 Redis 实例中测试案例如下。

```
127.0.0.1:6379> get key1
"a"
127.0.0.1:6379> get key2
"b"
127.0.0.1:6379> get key3
"c"
127.0.0.1:6379>
```

8.16.2 程序演示

```java
public class Test33 {
    private static Pool pool = new Pool(new PoolConfig(), "192.168.56.11", 6379, 5000, "accp");

    public static void main(String[] args) {
         = null;
        try {
             = pool.getResource();
            .select(0);
            .flushDB();

            .set("a", "aaJava");
            .set("b", "bbJava");
            .set("c", "ccJava");

            MigrateParams param = new MigrateParams();
            param.auth("123456");

            .migrate("192.144.231.254", 6379, 0, 5000, param, "a", "b", "c");

        } catch (Exception e) {
            e.printStackTrace();
        } finally {
            if ( != null) {
                .close();
            }
        }
    }
}
```

执行上面的程序完成数据的转移，再执行下面的程序输出目标 Redis 实例中的数据。

```java
public class Test34 {
    private static Pool pool = new Pool(new PoolConfig(), "192.144.231.254", 6379, 5000, "123456");

    public static void main(String[] args) {
         = null;
        try {
```

```
                = pool.getResource();
                .select(0);

                System.out.println(.get("a"));
                System.out.println(.get("b"));
                System.out.println(.get("c"));

            } catch (Exception e) {
                e.printStackTrace();
            } finally {
                if ( != null) {
                    .close();
                }
            }
        }
    }
```

程序运行结果如下。

```
aaJava
bbJava
ccJava
```

8.17　scan 命令

使用格式如下。

```
scan cursor [MATCH pattern] [COUNT count]
```

scan、sscan、hscan 及 zscan 命令密切相关，它们都以增量的方式迭代元素集合。

这 4 个命令解释如下。

- scan：迭代当前选定数据库中的 key。
- sscan：迭代 Set 中的元素。
- hscan：迭代 Hash 中的 field 和 value。
- zscan：迭代 Sorted Set 中的元素和 score。

由于上面这些命令允许以增量的方式进行迭代，每次调用只返回少量元素，因此它们可以在生产环境中使用，而不会有使用 keys *或 smembers 等命令长时间阻塞服务器的缺点（阻塞的时间可能是几秒，这对运行效率来讲是非常低效的）。

以增量迭代 scan 命令来说，可能在增量迭代过程中，集合中的元素被修改，而对返回值无法提供完全准确的保证，也就是可能看不到最新版本的数据。

这 4 个命令最明显的区别是 sscan、hscan 和 zscan 命令的第一个参数分别是 Set、Hash 和 Sorted Set 中 key 的名称。而 scan 命令不需要任何 key 名参数，因为它迭代当前数据库中的所有 key，因此迭代对象是数据库本身。

scan 命令是一个基于游标的迭代器，代表在每次调用此命令时服务器都会返回一个最新的游标值，用户需要使用该游标值作为游标参数才可以执行下一次迭代。当游标值设置为 0 时开始迭代，当服务器返回的游标值为 0 时停止迭代。

8.17.1 测试案例

测试案例如下。

```
127.0.0.1:7777> mset a aa b bb c cc d dd e ee f ff g gg h hh i ii j jj k kk l ll m mm n
nn o oo p pp q qq r rr s ss p pp u uu v vv w ww x xx y yy z zz 1 11 2 22 3 33 4 44 5 55
OK
127.0.0.1:7777> keys *
 1) "p"
 2) "v"
 3) "z"
 4) "x"
 5) "w"
 6) "c"
 7) "a"
 8) "q"
 9) "u"
10) "o"
11) "3"
12) "g"
13) "m"
14) "y"
15) "n"
16) "j"
17) "h"
18) "s"
19) "d"
20) "l"
21) "1"
22) "b"
23) "i"
24) "r"
25) "f"
26) "k"
27) "2"
28) "e"
29) "4"
30) "5"
127.0.0.1:7777> scan 0
1) "18"
2)  1) "p"
    2) "3"
    3) "f"
    4) "k"
    5) "a"
    6) "1"
    7) "b"
    8) "y"
    9) "e"
   10) "z"
127.0.0.1:7777> scan 18
1) "21"
2) 1) "d"
   2) "l"
   3) "g"
   4) "2"
```

```
          5) "u"
          6) "o"
          7) "j"
          8) "4"
          9) "v"
         10) "q"
127.0.0.1:7777> scan 21
1) "0"
2)  1) "i"
    2) "r"
    3) "n"
    4) "x"
    5) "w"
    6) "c"
    7) "m"
    8) "h"
    9) "s"
   10) "5"
127.0.0.1:7777>
```

结合 match 和 count 参数的示例如下。

```
127.0.0.1:6379> flushdb
OK
127.0.0.1:6379> mset a1 a1 a2 a2 a3 a3 a4 a4 x x y y z z
OK
127.0.0.1:6379> scan 0 match a* count 2
1) "6"
2) 1) "a1"
   2) "a3"
   3) "a4"
127.0.0.1:6379> scan 6 match a* count 2
1) "1"
2) 1) "a2"
127.0.0.1:6379> scan 1 match a* count 2
1) "0"
2) (empty list or set)
127.0.0.1:6379>
```

8.17.2　程序演示

```java
public class Test35 {
    private static Pool pool = new Pool(new PoolConfig(), "192.168.31.45", 8888, 5000, "accp");

    public static void main(String[] args) {
         = null;
        try {
             = pool.getResource();
            .flushDB();
            .select(0);

            for (int i = 0; i < 50; i++) {
                .set("" + (i + 1), "" + (i + 1));
            }

            ScanResult<byte[]> scanResult1 = .scan("0".getBytes());
            byte[] cursors1 = null;
```

```
            do {
                List<byte[]> list = scanResult1.getResult();
                for (int i = 0; i < list.size(); i++) {
                    System.out.println(new String(list.get(i)));
                }
                cursors1 = scanResult1.getCursorAsBytes();
                scanResult1 = .scan(new String(cursors1).getBytes());

            } while (!new String(cursors1).equals("0"));

            System.out.println("-----------------");
            System.out.println("-----------------");

            ScanResult<String> scanResult2 = .scan("0");
            String cursors2 = null;
            do {
                List<String> list = scanResult2.getResult();
                for (int i = 0; i < list.size(); i++) {
                    System.out.println(list.get(i));
                }
                cursors2 = scanResult2.getCursor();
                scanResult2 = .scan(cursors2);
            } while (!new String(cursors2).equals("0"));

        } catch (Exception e) {
            e.printStackTrace();
        } finally {
            if ( != null) {
                .close();
            }
        }
    }
}
```

程序运行后输出信息，成功使用 scan 命令取出全部的 key。

8.18 touch 命令

使用格式如下。

```
touch key [key ...]
```

该命令用于修改指定 key 的最后访问时间。若 key 不存在，则不执行任何操作。此命令的作用是增加 key 的活跃度，避免其被内存淘汰策略所删除。

8.18.1 测试案例

测试案例如下。

```
127.0.0.1:7777> flushdb
OK
127.0.0.1:7777> set a aa
OK
127.0.0.1:7777> object idletime a
4
```

```
127.0.0.1:7777> object idletime a
5
127.0.0.1:7777> object idletime a
6
127.0.0.1:7777> object idletime a
6
127.0.0.1:7777> object idletime a
7
127.0.0.1:7777> object idletime a
7
127.0.0.1:7777> object idletime a
8
127.0.0.1:7777> object idletime a
8
127.0.0.1:7777> object idletime a
9
127.0.0.1:7777> touch a
1
127.0.0.1:7777> object idletime a
2
127.0.0.1:7777> object idletime a
3
127.0.0.1:7777> object idletime a
3
127.0.0.1:7777>
```

8.18.2 程序演示

```java
public class Test36 {
    private static Pool pool = new Pool(new PoolConfig(), "192.168.31.45", 7777, 5000, "accp");

    public static void main(String[] args) {
         = null;
        try {
             = pool.getResource();
            .flushDB();
            .select(0);

            .set("a", "a");
            for (int i = 0; i < 5; i++) {
                Thread.sleep(1000);
                System.out.println(.objectIdletime("a"));
            }
            .touch("a");

            System.out.println();

            for (int i = 0; i < 5; i++) {
                Thread.sleep(1000);
                System.out.println(.objectIdletime("a"));
            }
        } catch (Exception e) {
            e.printStackTrace();
        } finally {
            if ( != null) {
                .close();
            }
```

        }
    }
}

程序运行结果如下。

1
2
3
4
5

1
2
3
4
5

第 9 章 HyperLogLog、Bloom Filter 类型命令及 Redis-Cell 模块

本章将介绍 HyperLogLog 和 Bloom Filter 类型命令，以及 Redis-Cell 模块。其中 HyperLogLog 是 Redis 自带的数据类型；RedisBloom 是 Redis 第三方扩展功能的概率数据类型模块，包括 4 个数据类型：Bloom Filter、Cuckoo Filter、Count-Mins-Sketch 及 TopK。

9.1 HyperLogLog 类型命令

如果想统计一个页面被访问的次数可以使用 incr 命令，但如果想统计有多少个 IP 地址访问了它呢？借用 Set 数据类型的唯一特性，可以使用 Set 存储 IP 地址，再使用 scard 命令就能统计有多少个 IP 地址访问了这个页面，但这样做会占用大量内存空间。Set 数据类型中以字符串存储 IPv4 格式的地址 255.255.255.255，字符串长度为 15B。如果有 200000 个 IP 地址访问，那么存储容量的大小为 200000×15=3000000B，3000000/1024=2929.6875MB，相当于要占用 3GB 的内存空间。如果网站有 10000 个页面呢？并且还想统计每天每个页面被多少个 IP 地址访问了呢？这样数据存储容量的规模不可想象，购买内存的成本会非常高，这时可以考虑使用 HyperLogLog 数据类型。

HyperLogLog 数据类型是一种概率数据类型，用于计算唯一事物的"近似数量"。由于是近似数量，因此其值并不精确，存在最大 0.81%的误差，但 HyperLogLog 数据类型的优点是最多只占用 12KB 内存空间，以更低的精度换取更小的空间。

Redis 在操作 HyperLogLog 数据类型时提供了如下 3 个命令。
- pfadd：向 key 添加元素。
- pfcount：返回 key 中存储元素的个数。
- pfmerge：合并两个 HyperLogLog 数据类型中的元素。

9.1.1 pfadd 和 pfcount 命令

pfadd 命令的使用格式如下。

```
pfadd key element [element ...]
```

该命令用于向 key 中添加元素。

9.1 HyperLogLog 类型命令

如果 HyperLogLog 数据类型的近似数量（元素个数）在执行该命令时发生变化，则返回 1，否则返回 0。

pfcount 命令的使用格式如下。

```
pfcount key [key ...]
```

当参数为一个 key 时，该命令返回存储在 HyperLogLog 数据类型的元素个数近似值。

当参数为多个 key 时，该命令返回这些 key 并集的近似数量，近似数量是将指定多个 key 的 HyperLoglog 数据类型合并到一个临时的 HyperLogLog 数据类型中计算而得到的。

1. 测试案例

```
127.0.0.1:7777> flushdb
OK
127.0.0.1:7777> pfadd key1 1 2 3 4 5 6 7 8 9 10 1 2 3 4 5 6 7 8 9 10
1
127.0.0.1:7777> pfcount key1
10
127.0.0.1:7777> pfadd key2 a b c d e
1
127.0.0.1:7777> pfcount key2
5
127.0.0.1:7777> pfcount key1 key2
15
127.0.0.1:7777> pfadd key3 a b c d e x y z
1
127.0.0.1:7777> pfcount key3
8
127.0.0.1:7777> pfcount key1 key3
18
127.0.0.1:7777> pfcount key2 key3
8
127.0.0.1:7777>
```

在使用 pfcount 命令指定多个 key 时，统计出来的近似数量是去重之后的。

2. 程序演示

```java
public class Test1 {
    private static Pool pool = new Pool(new PoolConfig(), "192.168.61.84", 7777, 5000, "accp");

    public static void main(String[] args) {
         = null;
        try {
             = pool.getResource();
            .flushDB();

            .pfadd("key1", "1", "2", "3", "4", "5", "6", "7", "8", "9", "10", "1", "2", "3", "4", "5", "6", "7",
                    "8", "9", "10");
            System.out.println(.pfcount("key1"));

            .pfadd("key2", "a", "b", "c", "d", "e");
            System.out.println(.pfcount("key2"));
```

```
            .pfadd("key3", "a", "b", "c", "d", "e", "x", "y", "z");
            System.out.println(.pfcount("key3"));

            System.out.println(.pfcount("key1", "key3"));
            System.out.println(.pfcount("key2", "key3"));

        } catch (Exception e) {
            e.printStackTrace();
        } finally {
            if ( != null) {
                .close();
            }
        }
    }
}
```

程序运行结果如下。

```
10
5
8
18
8
```

9.1.2 pfmerge 命令

pfmerge 命令的使用格式如下。

```
pfmerge destkey sourcekey [sourcekey ...]
```

该命令用于合并 HyperLogLog。

该命令将多个 sourcekey 合并为一个 destkey，合并后的 destkey 接近于所有合并 sourcekey 的可见集合的并集。

1. 测试案例

```
127.0.0.1:7777> flushdb
OK
127.0.0.1:7777> pfadd key1 1 2 3 4 5 6 7 8 9 10 1 2 3 4 5 6 7 8 9 10
1
127.0.0.1:7777> pfadd key2 a b c d e
1
127.0.0.1:7777> pfadd key3 a b c d e x y z
1
127.0.0.1:7777> pfmerge key4 key1 key2
OK
127.0.0.1:7777> pfcount key4
15
127.0.0.1:7777> pfmerge key5 key2 key3
OK
127.0.0.1:7777> pfcount key5
8
127.0.0.1:7777>
```

2. 程序演示

```
public class Test2 {
    private static Pool pool = new Pool(new PoolConfig(), "192.168.61.84", 7777, 5000, "accp");

    public static void main(String[] args) {
         = null;
        try {
             = pool.getResource();
            .flushDB();

            .pfadd("key1", "1", "2", "3", "4", "5", "6", "7", "8", "9", "10", "1", "2", "3", "4", "5", "6", "7",
                    "8", "9", "10");
            System.out.println(.pfcount("key1"));

            .pfadd("key2", "a", "b", "c", "d", "e");
            System.out.println(.pfcount("key2"));

            .pfadd("key3", "a", "b", "c", "d", "e", "x", "y", "z");
            System.out.println(.pfcount("key3"));

            System.out.println();

            System.out.println(.pfmerge("key4", "key1", "key2"));
            System.out.println(.pfmerge("key5", "key2", "key3"));

            System.out.println();

            System.out.println(.pfcount("key4"));
            System.out.println(.pfcount("key5"));
        } catch (Exception e) {
            e.printStackTrace();
        } finally {
            if ( != null) {
                .close();
            }
        }
    }
}
```

程序运行结果如下。

```
10
5
8

OK
OK

15
8
```

9.1.3 测试误差

```
public class Test3 {
    private static Pool pool = new Pool(new PoolConfig(), "192.168.61.84", 7777, 5000, "accp");
```

```java
    public static void main(String[] args) {
         = null;
        try {
             = pool.getResource();
            .flushDB();

            int runTime = 100000;
            for (int i = 0; i < runTime; i++) {
                .pfadd("myhyperloglog", "" + (i + 1));
            }
            System.out.println(runTime);
            long getValue = .pfcount("myhyperloglog");
            System.out.println(getValue);
            System.out.println("误差率为:" + ((double) (runTime - getValue) / runTime * 100) + "%");
        } catch (Exception e) {
            e.printStackTrace();
        } finally {
            if ( != null) {
                .close();
            }
        }
    }
}
```

程序运行结果如下。

```
100000
99562
误差率为: 0.438%
```

误差并没有超过 0.81%。

9.2 Bloom Filter 类型命令

HyperLogLog 数据类型以近似数量的形式统计出海量元素的个数，但却不能确定某一个元素是否被添加过，因为 HyperLogLog 数据类型并没有提供 PFCONTAINS 方法，这时可以使用 Bloom Filter 数据类型来实现这样的需求。

举一个例子，某些 App 要求每次给客户推送的内容都是不重复的，如果用传统的 RDBMS 存储统计信息，那么无论如何优化也达不到理想中的效果。RDBMS 不管在硬盘还是内存占用等方面，都是极度浪费资源的，这种场景正是使用 Bloom Filter 数据类型的好时机。

Bloom Filter 数据类型就像一个 "不太精确的 Set 数据类型"，它使用 contains() 方法判断是否会误判一个元素存在。Bloom Filter 数据类型判断某个元素存在时，这个元素可能不存在，而判断某个元素不存在时，此元素肯定不存在。根据这个特性，使用 Bloom Filter 数据类型实现推送系统时，可以绝对精确地向客户推送没有看过的内容。

9.2.1 在 Redis 中安装 RedisBloom 模块

在 Redis 中需要以模块的方式安装 RedisBloom。下载 Redis 的 RedisBloom 的压缩包，如图 9-1 所示。

下载成功如图 9-2 所示。

图 9-1　下载压缩包　　　　　　　图 9-2　下载成功

解压后如图 9-3 所示。

图 9-3　解压后

在解压后的文件夹中执行 make 命令开始编译，如图 9-4 所示。

图 9-4　开始编译

编译成功后创建了 redisbloom.so 文件，如图 9-5 所示。

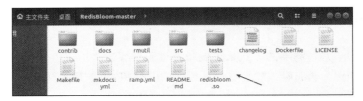

图 9-5　创建了 redisbloom.so 文件

将创建的 redisbloom.so 文件复制到 redis 文件夹中，如图 9-6 所示。

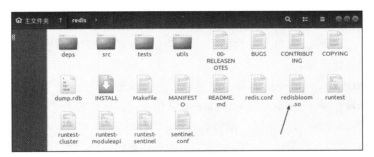

图 9-6　将创建的 redisbloom.so 文件复制到 redis 文件夹中

并且在 redis.conf 配置文件中配置 redisbloom.so 文件，如图 9-7 所示。

```
################################## MODULES #####################################

# Load modules at startup. If the server is not able to load modules
# it will abort. It is possible to use multiple loadmodule directives.
#
# loadmodule /path/to/my_module.so
# loadmodule /path/to/other_module.so

loadmodule /home/ghy/T/redis/redisbloom.so
```

图 9-7　配置 redisbloom.so 文件

添加如下配置。

```
loadmodule /home/ghy/T/redis/redisbloom.so
```

使用如下命令。

```
redis-server redis.conf
```

启动 Redis 服务后可以看到成功加载 RedisBloom 模块，如图 9-8 所示。

```
Module 'bf' loaded from /home/ghy/T/redis/redisbloom.so
```

图 9-8　成功加载 RedisBloom 模块

在 Docker 环境下使用如下命令启动容器。

```
docker run -p 6379:6379 --name redis-redisbloom redislabs/rebloom:latest
```

9.2.2　bf.reserve、bf.add 和 bf.info 命令

bf.reserve 命令的使用格式如下。

```
bf.reserve {key} {error_rate} {capacity} [EXPANSION expansion] [NONSCALING]
```

根据指定的误判率和初始容量创建一个空的布隆过滤器。命令执行成功返回 OK，否则返回异常。

可以通过创建子判过滤器的方式来扩展布隆过滤器容量（扩容），但与创建布隆过滤器时指定合适的容量相比，子布隆过滤器将消耗更多的内存和 CPU 资源。

参数解释如下。

- key：key 的名称。
- error_rate：期望的误判率，取 0～1 的十进制数。如期望的误判率为 0.1%（1000 个中有 1 个），error_rate 应该设置为 0.001。其值越接近于 0，则内存消耗越大，CPU 使用率越高。
- capacity：计划添加到布隆过滤器中的元素个数，添加超过此数量的元素后，布隆过虑器的性能开始下降。
- EXPANSION expansion：如果创建了一个新的子布隆过滤器，则其容量将是当前布隆过滤器的容量 × expansion，expansion 默认值为 2，这意味着新的子布隆过滤器的布隆过虑器的将是前一个子布隆过滤器容量的两倍。
- NONSCALING：如果达到初始的容量，则阻止布隆过滤器创建其他子布隆过滤器。不可扩容的布隆过滤器所需的内存容量比可扩容的布隆过滤器要少。

在使用布隆过滤器时，需要着重考虑两点。
- 预估数据量 n，也就是 capacity。
- 期望的误判率 p，也就是 error_rate。

这两点关乎布隆过滤器的内存占用量，内存占用量的计算比较复杂，使用如下公式。

$$m = -\frac{n \times \ln p}{(\ln k)^2}$$

公式比较复杂，可以进行在线计算，如图 9-9 所示。

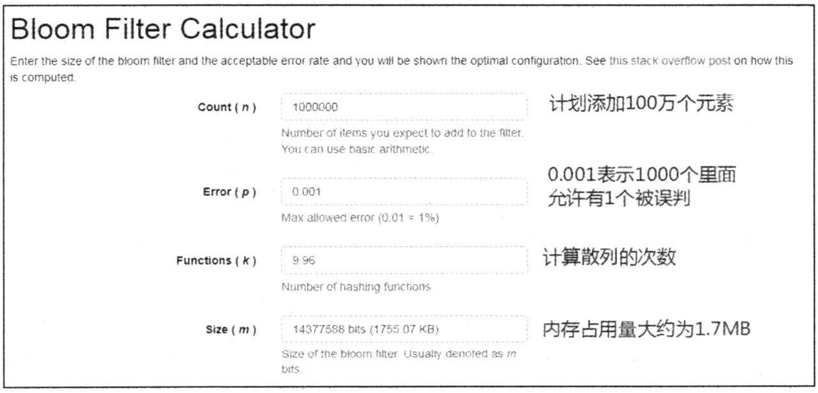

图 9-9 计算内存占用量

bf.add 命令的使用格式如下。

```
bf.add {key} {item}
```

该命令用于将元素添加到布隆过滤器中，如果该布隆过滤器不存在，则创建布隆过滤器。如果添加了新的元素，则返回 1；返回 0 则代表添加的元素有可能已经存在。

bf.info 命令的使用格式如下。

```
bf.info {key}
```

该命令用于返回 key 的相关信息。

1. 测试案例

测试案例如下。

```
127.0.0.1:6379> flushdb
OK
127.0.0.1:6379> bf.reserve mykey 0.001 1000000
OK
127.0.0.1:6379> type mykey
MBbloom--
127.0.0.1:6379> keys *
1) "mykey"
127.0.0.1:6379>
```

继续测试自动扩容的效果，测试案例如下。

```
127.0.0.1:6379> flushdb
```

```
OK
127.0.0.1:6379> bf.reserve mykey 0.001 3
OK
127.0.0.1:6379> bf.add mykey a
(integer) 1
127.0.0.1:6379> bf.add mykey b
(integer) 1
127.0.0.1:6379> bf.add mykey c
(integer) 1
127.0.0.1:6379> bf.info mykey
 1) Capacity
 2) (integer) 3
 3) Size
 4) (integer) 158
 5) Number of filters
 6) (integer) 1
 7) Number of items inserted
 8) (integer) 3
 9) Expansion rate
10) (integer) 2
127.0.0.1:6379> bf.add mykey d
(integer) 1
127.0.0.1:6379> bf.info mykey
 1) Capacity
 2) (integer) 9
 3) Size
 4) (integer) 291
 5) Number of filters
 6) (integer) 2
 7) Number of items inserted
 8) (integer) 4
 9) Expansion rate
10) (integer) 2
127.0.0.1:6379>
```

如果使用 NONSCALING 参数,则容量不够时出现异常,不再扩容,测试案例如下。

```
127.0.0.1:6379> flushdb
OK
127.0.0.1:6379> bf.reserve mykey 0.001 3 NONSCALING
OK
127.0.0.1:6379> bf.add mykey a
(integer) 1
127.0.0.1:6379> bf.add mykey b
(integer) 1
127.0.0.1:6379> bf.add mykey c
(integer) 1
127.0.0.1:6379> bf.info mykey
 1) Capacity
 2) (integer) 3
 3) Size
 4) (integer) 158
 5) Number of filters
 6) (integer) 1
 7) Number of items inserted
 8) (integer) 3
 9) Expansion rate
10) (integer) 2
```

```
127.0.0.1:6379> bf.add mykey d
(error) Non scaling filter is full
127.0.0.1:6379> bf.info mykey
 1) Capacity
 2) (integer) 3
 3) Size
 4) (integer) 158
 5) Number of filters
 6) (integer) 1
 7) Number of items inserted
 8) (integer) 3
 9) Expansion rate
10) (integer) 2
127.0.0.1:6379>
```

使用 EXPANSION 参数可以定义扩展的容量的大小，默认值是 2，测试案例如下。

```
127.0.0.1:6379> flushdb
OK
127.0.0.1:6379> bf.reserve mykey 0.001 3 EXPANSION 4
OK
127.0.0.1:6379> bf.info mykey
 1) Capacity
 2) (integer) 3
 3) Size
 4) (integer) 158
 5) Number of filters
 6) (integer) 1
 7) Number of items inserted
 8) (integer) 0
 9) Expansion rate
10) (integer) 4
127.0.0.1:6379> bf.add mykey a
(integer) 1
127.0.0.1:6379> bf.add mykey b
(integer) 1
127.0.0.1:6379> bf.add mykey c
(integer) 1
127.0.0.1:6379> bf.add mykey d
(integer) 1
127.0.0.1:6379> bf.info mykey
 1) Capacity
 2) (integer) 15
 3) Size
 4) (integer) 304
 5) Number of filters
 6) (integer) 2
 7) Number of items inserted
 8) (integer) 4
 9) Expansion rate
10) (integer) 4
127.0.0.1:6379>
```

2．程序演示

下载最新版本的源代码，使用如下命令自行编译 JAR 包。

```
mvn package -Dmaven.test.skip=true
```

创建运行类代码如下。

```java
public class Test4 {
    private static Pool pool = new Pool(new PoolConfig(), "192.168.56.11", 6379, 5000, "accp");

    public static void main(String[] args) {
         = null;
        Client client = null;
        try {
             = pool.getResource();
            .flushDB();

            client = new Client(pool);
            client.createFilter("mykey", 3, 0.001);
            client.add("mykey", "a");
            client.add("mykey", "b");
            client.add("mykey", "c");
            System.out.println(.dbSize());
            System.out.println(.type("mykey"));
            // jrebloom-2.0.0-SNAPSHOT.jar 没有实现 BF.INFO 命令对应的方法
        } catch (Exception e) {
            e.printStackTrace();
        } finally {
            if ( != null) {
                .close();
            }
            if (client != null) {
                client.close();
            }
        }
    }
}
```

程序运行结果如下。

```
1
MBbloom--
```

9.2.3　bf.madd 命令

使用格式如下。

```
bf.madd {key} {item} [item...]
```

该命令用于向布隆过滤器中添加多个元素，返回值是 boolean[] 类型即尔数组。如果成功添加新的元素，则返回 true；如果元素已经存在，则返回 false。

1. 测试案例

测试案例如下。

```
127.0.0.1:6379> flushdb
OK
127.0.0.1:6379> clear
```

9.2 Bloom Filter 类型命令

```
127.0.0.1:6379> bf.madd mykey a b c d
1) (integer) 1
2) (integer) 1
3) (integer) 1
4) (integer) 1
127.0.0.1:6379> bf.info mykey
 1) Capacity
 2) (integer) 100
 3) Size
 4) (integer) 290
 5) Number of filters
 6) (integer) 1
 7) Number of items inserted
 8) (integer) 4
 9) Expansion rate
10) (integer) 2
127.0.0.1:6379> bf.madd mykey a b c d e
1) (integer) 0
2) (integer) 0
3) (integer) 0
4) (integer) 0
5) (integer) 1
127.0.0.1:6379> bf.info mykey
 1) Capacity
 2) (integer) 100
 3) Size
 4) (integer) 290
 5) Number of filters
 6) (integer) 1
 7) Number of items inserted
 8) (integer) 5
 9) Expansion rate
10) (integer) 2
127.0.0.1:6379>
```

2. 程序演示

```java
public class Test5 {
    private static Pool pool = new Pool(new PoolConfig(), "192.168.56.11", 6379, 5000, "accp");

    public static void main(String[] args) {

         = null;
        Client client = null;
        try {
             = pool.getResource();
            .flushDB();

            client = new Client(pool);
            {
                boolean[] resultArray = client.addMulti("a", "b", "c", "d");
                for (int i = 0; i < resultArray.length; i++) {
                    System.out.println(resultArray[i]);
                }
            }
            System.out.println();
            {
                boolean[] resultArray = client.addMulti("a", "b", "c", "d", "e");
```

```
            for (int i = 0; i < resultArray.length; i++) {
                System.out.println(resultArray[i]);
            }
        }
        System.out.println(.dbSize());
    } catch (Exception e) {
        e.printStackTrace();
    } finally {
        if ( != null) {
            .close();
        }
        if (client != null) {
            client.close();
        }
    }
}
```

程序运行结果如下。

```
true
true
true

false
false
false
true
1
```

9.2.4　bf.insert 命令

使用格式如下。

```
bf.insert {key} [CAPACITY {cap}] [ERROR {error}] [EXPANSION expansion] [NOCREATE]
[NONSCALING] ITEMS {item...}
```

该命令用于创建布隆过滤器的同时向布隆过滤器中添加一个或多个元素。返回值是 boolean[]类型，如果成功添加新的元素，返回 true；如果元素已经存在，返回 false。

参数解释如下。

- key：key 的名称。
- CAPACITY：如果指定此参数，则对创建的布隆过滤器设置 cap。如果布隆过滤器已存在，则忽略此参数。如果创建布隆过滤器时并未指定此参数，则使用默认 cap。
- ERROR：如果指定此参数，则对创建的布隆过滤器设置 error。如果布隆过滤器已存在，则忽略此参数。如果创建布隆过滤器时并未指定此参数，则使用默认 error。
- EXPANSION：如果创建了一个新的子布隆过滤器，则其容量将是当前布隆过滤器的容量*expansion，expansion 默认值为 2，这意味着新的子布隆过滤器的容量将是当前布隆过滤器容量的两倍。
- NOCREATE：指定此参数，代表如果布隆过滤器不存在，则不创建布隆过滤器，并且会返回错误信息。参数 NOCREATE 与 CAPACITY 或 ERROR 一起使用会发生错误。

9.2 Bloom Filter 类型命令

- NONSCALING：如果达到初始的容量，则阻止布隆过滤器创建其他子布隆过滤器。不可扩容的过滤器所需的内存容量比可扩容的过滤器要少。
- ITEMS：添加一个或多个元素。

测试案例

1）测试布隆过滤器不存在的情况下成功添加 3 个元素，其他参数使用默认值，测试案例如下。

```
127.0.0.1:6379> flushdb
OK
127.0.0.1:6379> clear
127.0.0.1:6379> bf.insert mykey items a b c
1) (integer) 1
2) (integer) 1
3) (integer) 1
127.0.0.1:6379> bf.info mykey
 1) Capacity
 2) (integer) 100
 3) Size
 4) (integer) 290
 5) Number of filters
 6) (integer) 1
 7) Number of items inserted
 8) (integer) 3
 9) Expansion rate
10) (integer) 2
```

2）测试布隆过滤器存在的情况下，添加新的元素，测试案例如下。

```
127.0.0.1:6379> bf.insert mykey items x y z
1) (integer) 1
2) (integer) 1
3) (integer) 1
127.0.0.1:6379> bf.info mykey
 1) Capacity
 2) (integer) 100
 3) Size
 4) (integer) 290
 5) Number of filters
 6) (integer) 1
 7) Number of items inserted
 8) (integer) 6
 9) Expansion rate
10) (integer) 2
127.0.0.1:6379>
```

3）测试布隆过滤器不存在的情况下，使用 NOCREATE 参数返回异常的效果，测试案例如下。

```
127.0.0.1:6379> bf.insert nokey nocreate items 1 2 3
(error) ERR not found
127.0.0.1:6379>
```

9.2.5　bf.exists 命令

使用格式如下。

```
bf.exists {key} {item}
```

该命令用于判断元素是否在集合中。

如果元素肯定不存在，返回 0；如果元素可能存在，返回 1。

1. 测试案例

测试案例如下。

```
127.0.0.1:6379> flushdb
OK
127.0.0.1:6379> bf.insert mykey items a b c d
1) (integer) 1
2) (integer) 1
3) (integer) 1
4) (integer) 1
127.0.0.1:6379> bf.exists mykey a
(integer) 1
127.0.0.1:6379> bf.exists mykey b
(integer) 1
127.0.0.1:6379> bf.exists mykey c
(integer) 1
127.0.0.1:6379> bf.exists mykey d
(integer) 1
127.0.0.1:6379>
```

2. 程序演示

```java
public class Test6 {
    private static Pool pool = new Pool(new PoolConfig(), "192.168.56.11", 6379, 5000, "accp");

    public static void main(String[] args) {
          = null;
        Client client = null;
        try {
              = pool.getResource();
            .flushDB();

            client = new Client(pool);
            client.add("mykey", "myvalue");
            System.out.println(client.exists("mykey", "myvalue"));
        } catch (Exception e) {
            e.printStackTrace();
        } finally {
            if ( != null) {
                .close();
            }
            if (client != null) {
                client.close();
            }
```

9.2 Bloom Filter 类型命令

        }
    }
}

程序运行结果如下。

```
true
```

9.2.6 bf.mexists 命令

使用格式如下。

```
bf.mexists {key} {item} [item...]
```

该命令用于判断多个元素是否在集合中。

1. 测试案例

测试案例如下。

```
127.0.0.1:6379> flushdb
OK
127.0.0.1:6379> bf.insert mykey items a b c
1) (integer) 1
2) (integer) 1
3) (integer) 1
127.0.0.1:6379> bf.mexists mykey a b c d
1) (integer) 1
2) (integer) 1
3) (integer) 1
4) (integer) 0
127.0.0.1:6379>
```

2. 程序演示

```java
public class Test7 {
    private static Pool pool = new Pool(new PoolConfig(), "192.168.56.11", 6379, 5000, "accp");

    public static void main(String[] args) {

         = null;
        Client client = null;
        try {
             = pool.getResource();
            .flushDB();

            client = new Client(pool);
            client.add("mykey", "a");
            client.add("mykey", "b");
            client.add("mykey", "c");

            boolean[] booleanArray = client.existsMulti("mykey", "a", "b", "c", "d");
            for (int i = 0; i < booleanArray.length; i++) {
                System.out.println(booleanArray[i]);
            }
        } catch (Exception e) {
```

```
                e.printStackTrace();
            } finally {
                if ( != null) {
                    .close();
                }
                if (client != null) {
                    client.close();
                }
            }
        }
    }
}
```

程序运行结果如下。

```
true
true
true
false
```

9.2.7 验证布隆过滤器有误判

```
public class Test8 {
    private static Pool pool = new Pool(new PoolConfig(), "192.168.56.11", 6379, 5000, "accp");

    public static void main(String[] args) {
         = null;
        Client client = null;
        try {
             = pool.getResource();
            .flushDB();

            client = new Client(pool);
            client.createFilter("mykey", 500000, 0.001);
            for (int i = 0; i < 500000; i++) {
                client.add("mykey", "username" + (i + 1));
                System.out.println("add " + (i + 1));
            }
            int existsCount = 0;
            for (int i = 500000; i < 1000000; i++) {
                if (client.exists("mykey", "username" + (i + 1))) {
                    existsCount++;
                }
            }
            java.text.NumberFormat format = java.text.NumberFormat.getInstance();
            format.setGroupingUsed(false);// 不以科学记数法显示
            BigDecimal bd = new BigDecimal("" + ((double) existsCount) / 500000);
            String numberString = bd.toPlainString();
            System.out.println(existsCount + "/500000" + "=" + numberString);
        } catch (Exception e) {
            e.printStackTrace();
        } finally {
            if ( != null) {
                .close();
            }
            if (client != null) {
```

```
            client.close();
        }
    }
  }
}
```

程序运行结果如下。

```
add 499999
add 500000
236/500000=0.000472
```

误判率 0.000472 小于 0.001。

9.3 使用 Redis-Cell 模块实现限流

限流是互联网行业中应用得比较多的功能之一，指在有限的时间内允许多少次操作，如 60s 之内允许最多有 5 次回帖，使用 Redis-Cell 模块能非常容易地实现这类功能。

9.3.1 在 Redis 中安装 Redis-Cell 模块

进入 Redis-Cell 模块网站，下载二进制文件，如图 9-10 所示。

图 9-10 下载二进制文件

下载 Linux 版本如图 9-11 所示。

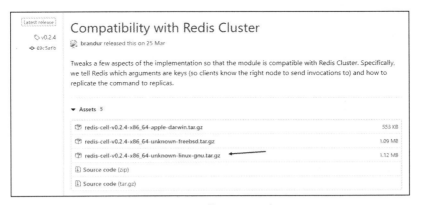

图 9-11 下载 Linux 版本

解压后获得 libredis_cell.so 文件，在 redis.conf 配置文件中进行配置。

```
loadmodule /home/ghy/T/redis/libredis_cell.so
```

启动 Redis 服务后可以看到图 9-12 所示的日志，成功加载 Redis-Cell 模块。

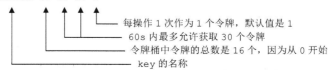

图 9-12　成功加载 Redis-Cell 模块

9.3.2　测试案例

在 redis-cli 中使用 cl.throttle 命令操作 Redis-Cell 模块，cl.throttle 命令的使用格式如下。

```
cl.throttle user123 15 30 60 1
                │    │  │  │ │
                │    │  │  │ └── 每操作 1 次作为 1 个令牌，默认值是 1
                │    │  │  └──── 60s 内最多允许获取 30 个令牌
                │    │  └─────── 令牌桶中令牌的总数是 16 个，因为从 0 开始
                │    └────────── key 的名称
```

执行如下命令并返回结果。

```
127.0.0.1:6379> flushdb
OK
127.0.0.1:6379> cl.throttle mykey 5 10 60 1
1) (integer) 0//0 次请求成功, 1 次请求被拒绝
2) (integer) 6//令牌桶中令牌的总数
3) (integer) 5//令牌桶中当前可用的令牌, 已经用了 1 个令牌
4) (integer) -1//若请求被拒绝, 该值表示多久后令牌桶中会重新添加 1 个新的令牌, 单位为 s, 可以作为重试时间
5) (integer) 6//表示多久后令牌桶中的令牌会添满
127.0.0.1:6379>
```

测试案例如下。

```
127.0.0.1:6379> cl.throttle mykey 3 5 60 1
1) (integer) 0//0 次请求成功
2) (integer) 4//令牌桶中令牌的总数
3) (integer) 3//令牌桶中当前可用的令牌, 因为已经用了 1 个令牌, 所以剩 3 个令牌
4) (integer) -1//没有被拒绝
5) (integer) 12//需要 12s 将令牌桶添满, 每个令牌需要 12s
127.0.0.1:6379> cl.throttle mykey 3 5 60 1
1) (integer) 0//0 次请求成功
2) (integer) 4//令牌桶中令牌的总数
3) (integer) 2//令牌桶中当前可用的令牌, 因为已经用了 2 个令牌, 所以剩 2 个令牌
4) (integer) -1//没有被拒绝
5) (integer) 23//需要 23s 将令牌桶添满, 每个令牌需要 12s
127.0.0.1:6379> cl.throttle mykey 3 5 60 1
1) (integer) 0//0 次请求成功
2) (integer) 4//令牌桶中令牌的总数
3) (integer) 1//令牌桶中当前可用的令牌, 因为已经用了 3 个令牌, 所以剩 1 个令牌
4) (integer) -1//没有被拒绝
5) (integer) 35//需要 35s 将令牌桶添满, 每个令牌需要 12s
127.0.0.1:6379> cl.throttle mykey 3 5 60 1
1) (integer) 0//0 次请求成功
2) (integer) 4//令牌桶中令牌的总数
3) (integer) 0//令牌桶中当前可用的令牌, 因为已经用了 4 个令牌, 所以剩 0 个令牌
4) (integer) -1//没有被拒绝
5) (integer) 47//需要 47s 将令牌桶添满, 每个令牌需要 12s
127.0.0.1:6379> cl.throttle mykey 3 5 60 1
1) (integer) 1//1 请求被拒绝
```

2) (integer) 4//令牌桶中令牌的总数
3) (integer) 0//令牌桶中当前可用的令牌,因为已经用了4个令牌,所以剩0个令牌
4) (integer) 10//需要10s添加1个新的令牌
5) (integer) 46//需要46s将令牌桶添满,每个令牌需要12s

下面实现限制论坛回帖频率的案例,要求一个人对同一个帖子可以无时间、频率限制回复3次,超过3次后,每60s后才能回复一次,测试案例如下。

```
127.0.0.1:6379> flushdb
OK
127.0.0.1:6379> cl.throttle mykey 2 1 60 1
1) (integer) 0
2) (integer) 3
3) (integer) 2
4) (integer) -1
5) (integer) 60
127.0.0.1:6379> cl.throttle mykey 2 1 60 1
1) (integer) 0
2) (integer) 3
3) (integer) 1
4) (integer) -1
5) (integer) 119
127.0.0.1:6379> cl.throttle mykey 2 1 60 1
1) (integer) 0
2) (integer) 3
3) (integer) 0
4) (integer) -1
5) (integer) 178
127.0.0.1:6379> cl.throttle mykey 2 1 60 1
1) (integer) 1
2) (integer) 3
3) (integer) 0
4) (integer) 57
5) (integer) 177
127.0.0.1:6379> cl.throttle mykey 2 1 60 1
1) (integer) 1
2) (integer) 3
3) (integer) 0
4) (integer) 57
5) (integer) 177
127.0.0.1:6379> cl.throttle mykey 2 1 60 1
1) (integer) 1
2) (integer) 3
3) (integer) 0
4) (integer) 56
5) (integer) 176
127.0.0.1:6379>
```

第4~6次执行命令时,返回结果是拒绝的,必须等60s后才可以进行下一次的帖子回复,60s过后再执行如下命令。

```
127.0.0.1:6379> cl.throttle mykey 2 1 60 1
1) (integer) 0
2) (integer) 3
3) (integer) 0
4) (integer) -1
5) (integer) 135
```

```
127.0.0.1:6379>
```

使用刚刚生成的 1 个令牌, 剩余 0 个令牌。

9.3.3 程序演示

扩展自定义命令枚举类代码如下。

```java
package extcommand;

import redis.clients..commands.ProtocolCommand;
import redis.clients..util.SafeEncoder;

public enum RedisCellCommand implements ProtocolCommand {

    CLTHROTTLE("CL.THROTTLE");

    private final byte[] raw;

    RedisCellCommand(String alt) {
        raw = SafeEncoder.encode(alt);
    }

    public byte[] getRaw() {
        return raw;
    }
}
```

运行类代码如下。

```java
public class Test9 {
    private static Pool pool = new Pool(new PoolConfig(), "192.168.116.21", 6379, 5000, "accp");

    public static void main(String[] args) {
         = null;
        try {
             = pool.getResource();
            .flushDB();

            Connection client = .getClient();
            for (int i = 0; i < 6; i++) {
                client.sendCommand(RedisCellCommand.CLTHROTTLE, "mykey", "2", "1", "60", "1");
                List<Long> replay = client.getIntegerMultiBulkReply();
                System.out.println("运行结果: " + replay.get(0));
                System.out.println("令牌桶中令牌的总数: " + replay.get(1));
                System.out.println("令牌桶中当前可用的令牌: " + replay.get(2));
                System.out.println("需要" + replay.get(3) + "秒添加 1 个新的令牌");
                System.out.println("需要" + replay.get(4) + "秒将令牌桶添满");
                System.out.println();
            }
        } catch (Exception e) {
            e.printStackTrace();
        } finally {
            if ( != null) {
                .close();
            }
        }
    }
}
```

        }
}

程序运行结果如下。

运行结果：0
令牌桶中令牌的总数：3
令牌桶中当前可用的令牌：2
需要-1s 添加 1 个新的令牌
需要 60s 将令牌桶添满

运行结果：0
令牌桶中令牌的总数：3
令牌桶中当前可用的令牌：1
需要-1s 添加 1 个新的令牌
需要 119s 将令牌桶添满

运行结果：0
令牌桶中令牌的总数：3
令牌桶中当前可用的令牌：0
需要-1s 添加 1 个新的令牌
需要 179s 将令牌桶添满

运行结果：1
令牌桶中令牌的总数：3
令牌桶中当前可用的令牌：0
需要 59s 添加 1 个新的令牌
需要 179s 将令牌桶添满

运行结果：1
令牌桶中令牌的总数：3
令牌桶中当前可用的令牌：0
需要 59s 添加 1 个新的令牌
需要 179s 将令牌桶添满

运行结果：1
令牌桶中令牌的总数：3
令牌桶中当前可用的令牌：0
需要 59s 添加 1 个新的令牌
需要 179s 将令牌桶添满

第 10 章 GEO 类型命令

Redis 提供了 GEO 地理位置数据类型的支持。使用 GEO 类型命令可以实现"附近的人""附近约车""就近派活"等与地理位置和距离有关的业务功能。

10.1 geoadd 和 geopos 命令

geoadd 命令的使用格式如下。

```
geoadd key longitude latitude member [longitude latitude member ...]
```

该命令用于将指定的地理空间项（包括经度、纬度、名称）添加到指定的 key 中。数据以有序集合的方式存储在 key 中。

geoadd 命令对可使用的坐标值有限制：非常靠近两极区域的坐标值不可使用。经、纬度的有效值在 EPSG:900913、EPSG:3785 的范围内。OSGEO:41001 标准中有如下两个限制。
- 有效经度为 $-180°\sim180°$。
- 有效纬度为 $-85.05112878°\sim85.05112878°$。

如果使用非指定范围内的坐标值，会出现异常。

geopos 命令的使用格式如下。

```
geopos key member [member ...]
```

该命令用于获得指定 key 中 member 的地理位置，值是近似值。

10.1.1 测试案例

测试案例如下。

```
127.0.0.1:7777> flushdb
OK
127.0.0.1:7777> geoadd key 50 50 A
1
127.0.0.1:7777> geoadd key 51 51 B 52 52 C
2
127.0.0.1:7777> keys *
```

```
key
127.0.0.1:7777> geopos key A
49.99999970197677612
49.99999957172130394
127.0.0.1:7777> geopos key B
51.00000232458114624
51.00000029822487591
127.0.0.1:7777> geopos key C
51.99999958276748657
52.00000102472843366
127.0.0.1:7777> geopos key A B C
49.99999970197677612
49.99999957172130394
51.00000232458114624
51.00000029822487591
51.99999958276748657
52.00000102472843366
127.0.0.1:7777>
```

10.1.2 程序演示

```java
public class Test1 {
    private static Pool pool = new Pool(new PoolConfig(), "192.168.61.84", 7777, 5000, "accp");

    public static void main(String[] args) {
         = null;
        try {
             = pool.getResource();

            .geoadd("key", 51, 51, "A");
            .geoadd("key".getBytes(), 52, 52, "B".getBytes());

            Map<String, GeoCoordinate> map1 = new HashMap();
            map1.put("C", new GeoCoordinate(53, 53));
            map1.put("D", new GeoCoordinate(54, 54));

            Map<byte[], GeoCoordinate> map2 = new HashMap();
            map2.put("E".getBytes(), new GeoCoordinate(55, 55));
            map2.put("F".getBytes(), new GeoCoordinate(56, 56));

            .geoadd("key", map1);
            .geoadd("key".getBytes(), map2);

            List<GeoCoordinate> listGeoCoordinate1 = .geopos("key", "A", "B", "C", "D", "E", "F");
            for (int i = 0; i < listGeoCoordinate1.size(); i++) {
                GeoCoordinate geo = listGeoCoordinate1.get(i);
                System.out.println(geo.getLongitude() + " " + geo.getLatitude());
            }

            System.out.println();

            List<GeoCoordinate> listGeoCoordinate2 = .geopos("key".getBytes(), "A".getBytes(),
"B".getBytes(),
                    "C".getBytes(), "D".getBytes(), "E".getBytes(), "F".getBytes());
            for (int i = 0; i < listGeoCoordinate2.size(); i++) {
                GeoCoordinate geo = listGeoCoordinate2.get(i);
                System.out.println(geo.getLongitude() + " " + geo.getLatitude());
```

```
            }
        } catch (Exception e) {
            e.printStackTrace();
        } finally {
            if ( != null) {
                .close();
            }
        }
    }
}
```

程序运行结果如下。

```
51.000002324581146 51.000000298224876
51.99999958276749 52.000001024728434
53.00000220537186 52.99999921651083
53.9999994635582 53.99999994301439
55.00000208616257 55.00000066951796
55.99999934434891 55.999998861300355

51.000002324581146 51.000000298224876
51.99999958276749 52.000001024728434
53.00000220537186 52.99999921651083
53.9999994635582 53.99999994301439
55.00000208616257 55.00000066951796
55.99999934434891 55.999998861300355
```

10.2 geodist 命令

使用格式如下。

```
geodist key member1 member2 [unit]
```

该命令用于返回两个元素之间的距离。

距离单位可以选择如下单位，默认是 m。

- m：米。
- km：公里。
- mi：英里。
- ft：英尺。

10.2.1 测试案例

测试案例如下。

```
127.0.0.1:7777> geoadd key 50 50 A
0
127.0.0.1:7777> geoadd key 60 60 B
0
127.0.0.1:7777> geodist key A B
1279091.0775
127.0.0.1:7777> geodist key A B m
1279091.0775
127.0.0.1:7777> geodist key A B km
```

```
1279.0911
127.0.0.1:7777> geodist key A B mi
794.7923
127.0.0.1:7777> geodist key A B ft
4196493.0363
127.0.0.1:7777>
```

10.2.2 程序演示

```java
public class Test2 {
    private static Pool pool = new Pool(new PoolConfig(), "192.168.1.109", 7777, 5000, "accp");

    public static void main(String[] args) {
         = null;
        try {
             = pool.getResource();

            .geoadd("key", 50, 50, "A");
            .geoadd("key", 60, 60, "B");

            System.out.println(.geodist("key", "A", "B"));
            System.out.println(.geodist("key", "A", "B", GeoUnit.M));
            System.out.println(.geodist("key", "A", "B", GeoUnit.KM));
            System.out.println(.geodist("key", "A", "B", GeoUnit.MI));
            System.out.println(.geodist("key", "A", "B", GeoUnit.FT));
        } catch (Exception e) {
            e.printStackTrace();
        } finally {
            if ( != null) {
                .close();
            }
        }
    }
}
```

程序运行结果如下。

```
1279091.0775
1279091.0775
1279.0911
794.7923
4196493.0363
```

10.3 geohash 命令

使用格式如下。

```
geohash key member [member ...]
```

该命令用于返回地理位置的散列字符串，字符串长度为 11 个字符。

10.3.1 测试案例

测试案例如下。

```
127.0.0.1:7777> flushdb
OK
127.0.0.1:7777> geoadd key 40 60 A
1
127.0.0.1:7777> geoadd key 70 80 B
1
127.0.0.1:7777> geohash key A
ufsmq4xj7d0
127.0.0.1:7777> geohash key B
vw1z0gs3y10
127.0.0.1:7777> geohash key A B
ufsmq4xj7d0
vw1z0gs3y10
127.0.0.1:7777>
```

10.3.2 程序演示

```
public class Test3 {
    private static Pool pool = new Pool(new PoolConfig(), "192.168.61.84", 7777, 5000, "accp");

    public static void main(String[] args) {
         = null;
        try {
             = pool.getResource();

            .geoadd("key", 40, 60, "A");
            .geoadd("key", 70, 80, "B");

            List<String> list1 = .geohash("key", "A");
            for (int i = 0; i < list1.size(); i++) {
                System.out.println(list1.get(i));
            }
            System.out.println();
            List<String> list2 = .geohash("key", "B");
            for (int i = 0; i < list2.size(); i++) {
                System.out.println(list2.get(i));
            }
            System.out.println();
            List<String> list3 = .geohash("key", "A", "B");
            for (int i = 0; i < list3.size(); i++) {
                System.out.println(list3.get(i));
            }

        } catch (Exception e) {
            e.printStackTrace();
        } finally {
            if ( != null) {
                .close();
            }
        }
    }
}
```

程序运行结果如下。

```
ufsmq4xj7d0
```

```
vw1z0gs3y10

ufsmq4xj7d0
vw1z0gs3y10
```

10.4 georadius 命令

使用格式如下。

```
georadius key longitude latitude radius m|km|ft|mi [withcoord] [withdist] [withhash] [count count] [asc|desc] [store key] [storedist key]
```

该命令用于根据指定坐标（中心点），返回围绕坐标在指定半径之内的地理位置。

结合如下 3 个参数可以返回其他附加的结果。

- withdist：返回查找的结果与中心点的距离。
- withcoord：返回经、纬坐标。
- withhash：返回散列字符串。

默认情况下，georadius 命令返回的结果是未排序的，可以使用如下两个参数进行排序。

- asc：相对中心点，将返回的结果从近到远进行排序。
- desc：相对中心点，将返回的结果从远到近进行排序。

结合参数 count 可以对返回结果的数量进行限制。

参数 store 和 storedist 可以实现将返回的结果或距离另存到其他 key 中。

执行如下命令初始化测试环境。

```
127.0.0.1:7777> flushdb
OK
127.0.0.1:7777> geoadd key 30 31 A 30 32 B 30 33 C 30 34 D 30 35 E
5
127.0.0.1:7777> geodist key A B m
111226.0989
127.0.0.1:7777> geodist key A C m
222452.4797
127.0.0.1:7777> geodist key A D m
333678.8605
127.0.0.1:7777> geodist key A E m
444904.9594
127.0.0.1:7777>
```

10.4.1 测试距离单位 m、km、ft 和 mi

1. 测试案例

测试案例如下。

```
127.0.0.1:7777> georadius key 30 31 300000 m
A
B
C
127.0.0.1:7777>
```

2. 程序演示

本测试以 m 为单位，其他单位依此类推，不再重复演示。

```java
public class Test4 {
    private static Pool pool = new Pool(new PoolConfig(), "192.168.30.181", 7777, 5000, "accp");

    public static void main(String[] args) {
        = null;
        try {
            = pool.getResource();

            .flushDB();

            .geoadd("key", 30, 31, "A");
            .geoadd("key", 30, 32, "B");
            .geoadd("key", 30, 33, "C");
            .geoadd("key", 30, 34, "D");
            .geoadd("key", 30, 35, "E");

            List<GeoRadiusResponse> list = .georadius("key", 30, 31, 300000, GeoUnit.M);
            for (int i = 0; i < list.size(); i++) {
                GeoRadiusResponse r = list.get(i);
                System.out.println("getCoordinate=" + r.getCoordinate() + " " +
"getDistance=" + r.getDistance() + " "
                        + "getMember=" + new String(r.getMember()) + " " + "getMemberByString="
                        + r.getMemberByString());
            }
        } catch (Exception e) {
            e.printStackTrace();
        } finally {
            if ( != null) {
                .close();
            }
        }
    }
}
```

程序运行结果如下。

```
getCoordinate=null getDistance=0.0 getMember=A getMemberByString=A
getCoordinate=null getDistance=0.0 getMember=B getMemberByString=B
getCoordinate=null getDistance=0.0 getMember=C getMemberByString=C
```

10.4.2 测试 withcoord、withdist 和 withhash

1. 测试案例

测试案例如下。

```
127.0.0.1:7777> georadius key 30 31 300000 m withcoord withdist withhash
A
0.1381
3491389173364598
30.00000089406967163
31.00000097648057817
```

```
B
111226.2075
3503191788823350
30.00000089406967163
31.99999916826298119
C
222452.5883
3503277692036727
30.00000089406967163
32.99999989476653894
127.0.0.1:7777>
```

2. 程序演示

```java
public class Test5 {
    private static Pool pool = new Pool(new PoolConfig(), "192.168.30.181", 7777, 5000, "accp");

    public static void main(String[] args) {
         = null;
        try {
             = pool.getResource();

            .flushDB();

            .geoadd("key", 30, 31, "A");
            .geoadd("key", 30, 32, "B");
            .geoadd("key", 30, 33, "C");
            .geoadd("key", 30, 34, "D");
            .geoadd("key", 30, 35, "E");

            GeoRadiusParam param = new GeoRadiusParam();
            param.withCoord();
            param.withDist();

            List<GeoRadiusResponse> list = .georadius("key", 30, 31, 300000, GeoUnit.M, param);
            for (int i = 0; i < list.size(); i++) {
                GeoRadiusResponse r = list.get(i);
                System.out.println("getCoordinate=" + r.getCoordinate() + " " + "getDistance="
                        + r.getDistance() + " "
                        + "getMember=" + new String(r.getMember()) + " " + "getMemberByString="
                        + r.getMemberByString());
            }
        } catch (Exception e) {
            e.printStackTrace();
        } finally {
            if ( != null) {
                .close();
            }
        }
    }
}
```

程序运行结果如下。

```
getCoordinate=(30.00000089406967,31.000000976480578) getDistance=0.1381 getMember=A getMemberByString=A
getCoordinate=(30.00000089406967,31.99999916826298) getDistance=111226.2075 getMember=B getMemberByString=B
```

```
    getCoordinate=(30.00000089406967,32.99999989476654) getDistance=222452.5883 getMember=C
getMemberByString=C
```

10.4.3 测试 asc 和 desc

1．测试案例

测试案例如下。

```
127.0.0.1:7777> georadius key 30 31 300000 m
A
B
C
127.0.0.1:7777> georadius key 30 31 300000 m asc
A
B
C
127.0.0.1:7777> georadius key 30 31 300000 m desc
C
B
A
127.0.0.1:7777>
```

2．程序演示

```
public class Test6 {
    private static Pool pool = new Pool(new PoolConfig(), "192.168.30.181", 7777, 5000, "accp");

    public static void main(String[] args) {
         = null;
        try {
             = pool.getResource();

            .flushDB();

            .geoadd("key", 30, 31, "A");
            .geoadd("key", 30, 32, "B");
            .geoadd("key", 30, 33, "C");
            .geoadd("key", 30, 34, "D");
            .geoadd("key", 30, 35, "E");

            {
                GeoRadiusParam param = new GeoRadiusParam();
                param.sortAscending();

                List<GeoRadiusResponse> list = .georadius("key", 30, 31, 300000, GeoUnit.M, param);
                for (int i = 0; i < list.size(); i++) {
                    GeoRadiusResponse r = list.get(i);
                    System.out.println("getCoordinate=" + r.getCoordinate() + " " +
"getDistance=" + r.getDistance()
                            + " " + "getMember=" + new String(r.getMember()) + " " +
"getMemberByString="
                            + r.getMemberByString());
                }
            }
```

```
            System.out.println();

            {
                GeoRadiusParam param = new GeoRadiusParam();
                param.sortDescending();

                List<GeoRadiusResponse> list = .georadius("key", 30, 31, 300000, GeoUnit.M,
param);
                for (int i = 0; i < list.size(); i++) {
                    GeoRadiusResponse r = list.get(i);
                    System.out.println("getCoordinate=" + r.getCoordinate() + " " +
"getDistance=" + r.getDistance()
                            + " " + "getMember=" + new String(r.getMember()) + " " +
"getMemberByString="
                            + r.getMemberByString());
                }
            }
        } catch (Exception e) {
            e.printStackTrace();
        } finally {
            if ( != null) {
                .close();
            }
        }
    }
}
```

程序运行结果如下。

```
getCoordinate=null getDistance=0.0 getMember=A getMemberByString=A
getCoordinate=null getDistance=0.0 getMember=B getMemberByString=B
getCoordinate=null getDistance=0.0 getMember=C getMemberByString=C

getCoordinate=null getDistance=0.0 getMember=C getMemberByString=C
getCoordinate=null getDistance=0.0 getMember=B getMemberByString=B
getCoordinate=null getDistance=0.0 getMember=A getMemberByString=A
```

10.4.4　测试 count

1. 测试案例

测试案例如下。

```
127.0.0.1:7777> georadius key 30 31 300000 m asc
A
B
C
127.0.0.1:7777> georadius key 30 31 300000 m asc count 2
A
B
127.0.0.1:7777>
```

2. 程序演示

```
public class Test7 {
```

```java
    private static Pool pool = new Pool(new PoolConfig(), "192.168.30.181", 7777, 5000, "accp");
    public static void main(String[] args) {
         = null;
        try {
             = pool.getResource();
            
            .flushDB();
            
            .geoadd("key", 30, 31, "A");
            .geoadd("key", 30, 32, "B");
            .geoadd("key", 30, 33, "C");
            .geoadd("key", 30, 34, "D");
            .geoadd("key", 30, 35, "E");
            
            GeoRadiusParam param = new GeoRadiusParam();
            param.sortAscending();
            param.count(2);
            
            List<GeoRadiusResponse> list = .georadius("key", 30, 31, 300000, GeoUnit.M, param);
            for (int i = 0; i < list.size(); i++) {
                GeoRadiusResponse r = list.get(i);
                System.out.println("getCoordinate=" + r.getCoordinate() + " " +
"getDistance=" + r.getDistance() + " "
                        + "getMember=" + new String(r.getMember()) + " " + "getMemberByString="
                        + r.getMemberByString());
            }
        } catch (Exception e) {
            e.printStackTrace();
        } finally {
            if ( != null) {
                .close();
            }
        }
    }
}
```

程序运行结果如下。

```
getCoordinate=null getDistance=0.0 getMember=A getMemberByString=A
getCoordinate=null getDistance=0.0 getMember=B getMemberByString=B
```

10.4.5 测试 store 和 storedist

1. 测试案例

测试案例如下。

```
127.0.0.1:7777> georadius key 30 31 300000 m asc store a
3
127.0.0.1:7777> georadius key 30 31 300000 m asc storedist b
3
127.0.0.1:7777> type a
zset
127.0.0.1:7777> type b
zset
```

```
127.0.0.1:7777> zrange a 0 -1 withscores
A
3491389173364598
B
3503191788823350
C
3503277692036727
127.0.0.1:7777> zrange b 0 -1 withscores
A
0.13806553995715179
B
111226.20748900202
C
222452.58829528961
127.0.0.1:7777>
```

2. 程序演示

当前版本不支持这两个参数的使用。

10.5 georadiusbymember 命令

使用格式如下。

```
georadiusbymember key member radius m|km|ft|mi [withcoord] [withdist] [withhash] [count count] [asc|desc] [store key] [storedist key]
```

该命令用于根据元素返回附近地理位置。

10.5.1 测试距离单位 m、km、ft 和 mi

1. 测试案例

测试案例如下。

```
127.0.0.1:7777> georadiusbymember key A 300000 m
A
B
C
127.0.0.1:7777>
```

2. 程序演示

```java
public class Test8 {
    private static Pool pool = new Pool(new PoolConfig(), "192.168.30.181", 7777, 5000, "accp");

    public static void main(String[] args) {
         = null;
        try {
             = pool.getResource();

            .flushDB();

            .geoadd("key", 30, 31, "A");
```

```
                .geoadd("key", 30, 32, "B");
                .geoadd("key", 30, 33, "C");
                .geoadd("key", 30, 34, "D");
                .geoadd("key", 30, 35, "E");
                
                List<GeoRadiusResponse> list = .georadiusByMember("key", "A", 300000, GeoUnit.M);
                for (int i = 0; i < list.size(); i++) {
                    GeoRadiusResponse r = list.get(i);
                    System.out.println("getCoordinate=" + r.getCoordinate() + " " +
"getDistance=" + r.getDistance() + " "
                            + "getMember=" + new String(r.getMember()) + " " +
"getMemberByString="
                            + r.getMemberByString());
                }
        } catch (Exception e) {
            e.printStackTrace();
        } finally {
            if ( != null) {
                .close();
            }
        }
    }
}
```

程序运行结果如下。

```
getCoordinate=null getDistance=0.0 getMember=A getMemberByString=A
getCoordinate=null getDistance=0.0 getMember=B getMemberByString=B
getCoordinate=null getDistance=0.0 getMember=C getMemberByString=C
```

10.5.2 测试 withcoord、withdist 和 withhash

1．测试案例

测试案例如下。

```
127.0.0.1:7777> georadiusbymember key A 300000 m withcoord withdist withhash
A
0.0000
3491389173364598
30.00000089406967163
31.00000097648057817
B
111226.0989
3503191788823350
30.00000089406967163
31.99999916826298119
C
222452.4797
3503277692036727
30.00000089406967163
32.99999989476653894
127.0.0.1:7777>
```

2．程序演示

```
public class Test9 {
```

```
        private static Pool pool = new Pool(new PoolConfig(), "192.168.1.108", 6379, 5000, "default",
            "accp");

    public static void main(String[] args) {
         = null;
        try {
             = pool.getResource();

            .flushDB();

            .geoadd("key", 30, 31, "A");
            .geoadd("key", 30, 32, "B");
            .geoadd("key", 30, 33, "C");
            .geoadd("key", 30, 34, "D");
            .geoadd("key", 30, 35, "E");

            GeoRadiusParam param = new GeoRadiusParam();
            param.withCoord();
            param.withDist();
            param.withHash();

            List<GeoRadiusResponse> list = .georadiusByMember("key", "A", 300000,
GeoUnit.M, param);
            for (int i = 0; i < list.size(); i++) {
                GeoRadiusResponse r = list.get(i);
                System.out.println("getCoordinate=" + r.getCoordinate() + " " +
"getDistance=" + r.getDistance() + " "
                        + "getMember=" + new String(r.getMember()) + " " +
"getMemberByString=" + r.getMemberByString()
                        + " getRawScore=" + r.getRawScore());
            }
        } catch (Exception e) {
            e.printStackTrace();
        } finally {
            if ( != null) {
                .close();
            }
        }
    }

}
```

程序运行结果如下。

```
getCoordinate=(30.00000089406967,31.000000976480578) getDistance=0.0 getMember=A getMemberByString=A getRawScore=3491389173364598
getCoordinate=(30.00000089406967,31.99999916826298) getDistance=111226.0989 getMember=B getMemberByString=B getRawScore=3503191788823350
getCoordinate=(30.00000089406967,32.99999989476654) getDistance=222452.4797 getMember=C getMemberByString=C getRawScore=3503277692036727
```

10.5.3 测试 asc 和 desc

1. 测试案例

测试案例如下。

```
127.0.0.1:7777> georadiusbymember key A 300000 m
A
B
C
127.0.0.1:7777> georadiusbymember key A 300000 m asc
A
B
C
127.0.0.1:7777> georadiusbymember key A 300000 m desc
C
B
A
127.0.0.1:7777>
```

2. 程序演示

```
public class Test10 {
    private static Pool pool = new Pool(new PoolConfig(), "192.168.30.181", 7777, 5000, "accp");

    public static void main(String[] args) {
         = null;
        try {
             = pool.getResource();

            .flushDB();

            .geoadd("key", 30, 31, "A");
            .geoadd("key", 30, 32, "B");
            .geoadd("key", 30, 33, "C");
            .geoadd("key", 30, 34, "D");
            .geoadd("key", 30, 35, "E");

            {
                GeoRadiusParam param = new GeoRadiusParam();
                param.sortAscending();

                List<GeoRadiusResponse> list = .georadiusByMember("key", "A", 300000,
GeoUnit.M, param);
                for (int i = 0; i < list.size(); i++) {
                    GeoRadiusResponse r = list.get(i);
                    System.out.println("getCoordinate=" + r.getCoordinate() + " " +
"getDistance=" + r.getDistance()
                            + " " + "getMember=" + new String(r.getMember()) + " " +
"getMemberByString="
                            + r.getMemberByString());
                }
            }

            System.out.println();

            {
                GeoRadiusParam param = new GeoRadiusParam();
                param.sortDescending();

                List<GeoRadiusResponse> list = .georadiusByMember("key", "A", 300000,
GeoUnit.M, param);
                for (int i = 0; i < list.size(); i++) {
```

10.5 georadiusbymember 命令

```
                    GeoRadiusResponse r = list.get(i);
                    System.out.println("getCoordinate=" + r.getCoordinate() + " " +
"getDistance=" + r.getDistance()
                        + " " + "getMember=" + new String(r.getMember()) + " " +
"getMemberByString="
                        + r.getMemberByString());
                }
            }
        } catch (Exception e) {
            e.printStackTrace();
        } finally {
            if ( != null) {
                .close();
            }
        }
    }
}
```

程序运行结果如下。

```
getCoordinate=null getDistance=0.0 getMember=A getMemberByString=A
getCoordinate=null getDistance=0.0 getMember=B getMemberByString=B
getCoordinate=null getDistance=0.0 getMember=C getMemberByString=C

getCoordinate=null getDistance=0.0 getMember=C getMemberByString=C
getCoordinate=null getDistance=0.0 getMember=B getMemberByString=B
getCoordinate=null getDistance=0.0 getMember=A getMemberByString=A
```

10.5.4 测试 count

1. 测试案例

测试案例如下。

```
127.0.0.1:7777> georadiusbymember key A 300000 m ASC
A
B
C
127.0.0.1:7777> georadiusbymember key A 300000 m ASC count 2
A
B
127.0.0.1:7777>
```

2. 程序演示

```
public class Test11 {
    private static Pool pool = new Pool(new PoolConfig(), "192.168.30.181", 7777, 5000, "accp");

    public static void main(String[] args) {
         = null;
        try {
             = pool.getResource();

            .flushDB();

            .geoadd("key", 30, 31, "A");
```

```
                .geoadd("key", 30, 32, "B");
                .geoadd("key", 30, 33, "C");
                .geoadd("key", 30, 34, "D");
                .geoadd("key", 30, 35, "E");

                GeoRadiusParam param = new GeoRadiusParam();
                param.sortAscending();
                param.count(2);

                List<GeoRadiusResponse> list = .georadiusByMember("key", "A", 300000,
GeoUnit.M, param);
                for (int i = 0; i < list.size(); i++) {
                    GeoRadiusResponse r = list.get(i);
                    System.out.println("getCoordinate=" + r.getCoordinate() + " " +
"getDistance=" + r.getDistance() + " "
                            + "getMember=" + new String(r.getMember()) + " " + "getMemberByString="
                            + r.getMemberByString());
                }
            } catch (Exception e) {
                e.printStackTrace();
            } finally {
                if ( != null) {
                    .close();
                }
            }
        }
    }
```

程序运行结果如下。

```
getCoordinate=null getDistance=0.0 getMember=A getMemberByString=A
getCoordinate=null getDistance=0.0 getMember=B getMemberByString=B
```

10.5.5 测试 store 和 storedist

1．测试案例

测试案例如下。

```
127.0.0.1:7777> georadiusbymember key A 300000 m asc store a
3
127.0.0.1:7777> georadiusbymember key A 300000 m asc storedist b
3
127.0.0.1:7777> type a
zset
127.0.0.1:7777> type b
zset
127.0.0.1:7777> zrange a 0 -1 withscores
A
3491389173364598
B
3503191788823350
C
3503277692036727
127.0.0.1:7777> zrange b 0 -1 withscores
A
```

```
0
B
111226.09887864796
C
222452.47968495192
127.0.0.1:7777>
```

2．程序演示

当前版本不支持这两个参数的使用。

10.6 删除 GEO 数据类型中的元素

GEO 数据类型内部使用 Sorted Set 数据类型，删除元素可以使用 zrem 命令。

10.6.1 测试案例

测试案例如下。

```
127.0.0.1:6379> flushdb
OK
127.0.0.1:6379> geoadd key1 50 50 a 60 60 b 70 70 c 80 80 d
(integer) 4
127.0.0.1:6379> type key1
zset
127.0.0.1:6379> zcard key1
(integer) 4
127.0.0.1:6379> zrem key1 a b
(integer) 2
127.0.0.1:6379> zcard key1
(integer) 2
127.0.0.1:6379> zrange key1 0 -1
1) "c"
2) "d"
127.0.0.1:6379>
```

10.6.2 程序演示

```
public class Test12 {
    private static Pool pool = new Pool(new PoolConfig(), "192.168.56.11", 6379, 5000, "accp");

    public static void main(String[] args) {
         = null;
        try {
             = pool.getResource();

            .flushDB();

            .geoadd("key", 50, 50, "a");
            .geoadd("key", 60, 60, "b");
            .geoadd("key", 70, 70, "c");
            .geoadd("key", 80, 80, "d");

            System.out.println(.type("key"));
```

```
                System.out.println(.zcard("key"));
                .zrem("key", "a", "b");
                System.out.println(.zcard("key"));
                Set<String> set = .zrange("key", 0, -1);
                Iterator<String> iterator = set.iterator();
                while (iterator.hasNext()) {
                    System.out.println(iterator.next());
                }
            } catch (Exception e) {
                e.printStackTrace();
            } finally {
                if ( != null) {
                    .close();
                }
            }
        }
    }
```

程序运行结果如下。

```
zset
4
2
c
d
```

第 11 章　Pub/Sub 类型命令

Pub/Sub（发布/订阅）模式在生活中随处可见，如某些网站的"话题广场"就是典型的 Pub/Sub 模式，如图 11-1 所示。

图 11-1　话题广场

在话题广场中，用户选择自己感兴趣的话题进行订阅，当发布了与所订阅话题有关的帖子时，网站会自动把帖子传送给订阅的用户。

Pub/Sub 模式有 3 个角色。

- 主题（Topic）：发布者与订阅者沟通的桥梁。
- 订阅者（Subscriber）：订阅主题，并从主题获取消息。
- 发布者（Publisher）：向主题发布消息。

3 个角色的结构如图 11-2 所示。

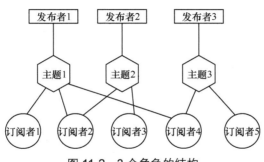

图 11-2　3 个角色的结构

订阅者首先订阅指定的主题，发布者把消息传送给主题，主题会把消息传送给订阅该主题的订阅者。

在 Redis 中，主题换了一个新的名称，即"频道"，频道其实和原来主题的功能和作用是一样的。Redis 中的 Pub/Sub 模式的结构如图 11-3 所示。

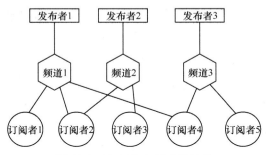

图 11-3　Pub/Sub 模式的结构

订阅者首先订阅指定的频道，发布者把消息传送给频道，频道会把消息传送给订阅该频道的订阅者。

Redis 中的 Pub/Sub 模式可以总结出如下 3 个特性。

- 以频道为中介，实现了发布者与订阅者之间的解耦，发布者不知道订阅者在哪里，而订阅者也不知道发布者在哪里。
- 订阅者要先订阅频道，然后频道会将发布者发布的消息传送给订阅者。如果发布者在订阅频道前发布消息，则订阅者接收不到消息。
- Pub/Sub 模式就是 Java 中的观察者模式。

11.1　publish 和 subscribe 命令

publish 和 subscribe 命令的作用是发布与订阅。

使用格式如下。

```
publish channel message
```

该命令用于向指定的频道发布消息。

使用格式如下。

```
subscribe channel [channel ...]
```

该命令用于订阅指定的频道。

一旦客户端（订阅者）进入订阅状态，就不能执行除 subscribe、psubscribe、unsubscribe 和 punsubscribe 以外的命令。

11.1.1　测试案例

订阅者 A 执行如下命令。

11.1 publish 和 subscribe 命令

```
127.0.0.1:7777> subscribe channelA channelB
subscribe
channelA
1
subscribe
channelB
2
```

订阅者 B 执行如下命令。

```
127.0.0.1:7777> subscribe channelB channelC
subscribe
channelB
1
subscribe
channelC
2
```

发布者发布 3 条消息，命令如下。

```
127.0.0.1:7777> publish channelA amessage
1
127.0.0.1:7777> publish channelB bmessage
2
127.0.0.1:7777> publish channelC cmessage
1
127.0.0.1:7777>
```

订阅者 A 接收的消息如下。

```
message
channelA
amessage
message
channelB
bmessage
```

订阅者 B 接收的消息如下。

```
message
channelB
bmessage
message
channelC
cmessage
```

11.1.2 程序演示

```java
public class MyPubSub extends PubSub {
    // 接收的消息
    public void onMessage(String channel, String message) {
        System.out.println("onMessage channel=" + channel + " message=" + message);
    }

    // 发布的消息
    public void onPMessage(String pattern, String channel, String message) {
        System.out.println("onPMessage pattern=" + pattern + " channel=" + channel + " message=" + message);
```

```java
        }

        // 订阅的消息
        public void onSubscribe(String channel, int subscribedChannels) {
            System.out.println("onSubscribe channel=" + channel + " subscribedChannels=" + subscribedChannels);
        }

        // 取消订阅
        public void onUnsubscribe(String channel, int subscribedChannels) {
            System.out.println("onUnsubscribe channel=" + channel + " subscribedChannels=" + subscribedChannels);
        }

        // 批量取消订阅
        public void onPUnsubscribe(String pattern, int subscribedChannels) {
            System.out.println("onPUnsubscribe pattern=" + pattern + " subscribedChannels=" + subscribedChannels);
        }

        // 批量订阅
        public void onPSubscribe(String pattern, int subscribedChannels) {
            System.out.println("onPSubscribe pattern=" + pattern + " subscribedChannels=" + subscribedChannels);
        }

        // 测试频道是否正常
        public void onPong(String pattern) {
            System.out.println("onPong channel=" + pattern);
        }
    }

    public class Test1_pub {
        private static Pool pool = new Pool(new PoolConfig(), "192.168.1.109", 7777, 5000, "accp");

        public static void main(String[] args) {
             = null;
            try {
                 = pool.getResource();
                .flushDB();

                .publish("channelAA", "AAMessage");
                .publish("channelBB", "BBMessage");
                .publish("channelCC", "CCMessage");

                System.out.println("Test1_pub 运行结束！");
            } catch (Exception e) {
                e.printStackTrace();
            } finally {
                if ( != null) {
                    .close();
                }
            }
        }
    }

    public class Test1_sub1 {
        private static Pool pool = new Pool(new PoolConfig(), "192.168.1.109", 7777, 5000, "accp");
```

11.1 publish 和 subscribe 命令

```java
    public static void main(String[] args) {
         = null;
        try {
             = pool.getResource();
            .flushDB();

            .subscribe(new MyPubSub(), "channelAA", "channelBB");

            System.out.println("Test1_sub1 运行结束！");

        } catch (Exception e) {
            e.printStackTrace();
        } finally {
            if ( != null) {
                .close();
            }
        }
    }
}

public class Test1_sub2 {
    private static Pool pool = new Pool(new PoolConfig(), "192.168.1.109", 7777, 5000, "accp");

    public static void main(String[] args) {
         = null;
        try {
             = pool.getResource();
            .flushDB();

            .subscribe(new MyPubSub(), "channelBB", "channelCC");

            System.out.println("Test1_sub2 运行结束！");

        } catch (Exception e) {
            e.printStackTrace();
        } finally {
            if ( != null) {
                .close();
            }
        }
    }
}
```

运行 Test1_sub1.java 类，控制台输出结果如下。

```
onSubscribe channel=channelAA subscribedChannels=1
onSubscribe channel=channelBB subscribedChannels=2
```

运行 Test1_sub2.java 类，控制台输出结果如下。

```
onSubscribe channel=channelBB subscribedChannels=1
onSubscribe channel=channelCC subscribedChannels=2
```

运行 Test1_pub.java 类，控制台输出结果如下。

```
Test1_pub 运行结束！
```

Test1_sub1.java 类的控制台输出结果如下。

```
onSubscribe channel=channelAA subscribedChannels=1
onSubscribe channel=channelBB subscribedChannels=2
onMessage channel=channelAA message=AAMessage
onMessage channel=channelBB message=BBMessage
```

Test1_sub2.java 类的控制台输出结果如下。

```
onSubscribe channel=channelBB subscribedChannels=1
onSubscribe channel=channelCC subscribedChannels=2
onMessage channel=channelBB message=BBMessage
onMessage channel=channelCC message=CCMessage
```

测试完成后发现，Test1_sub1.java 类和 Test1_sub2.java 类的进程并未被销毁，而是呈阻塞的状态，一直在等待新的消息到达。

11.2 unsubscribe 命令

使用格式如下。

```
unsubscribe [channel [channel ...]]
```

该命令用于取消订阅指定频道，如果频道未指定，则取消订阅所有频道。

11.2.1 测试案例

由于在 redis-cli 中一旦进入订阅状态，就无法执行 unsubscribe 命令实现取消订阅的效果，因此需要在 Redis 环境中进行。

11.2.2 程序演示

```java
class TestUnsubscribeThread2 extends Thread {
    private PubSub pubsub;

    public TestUnsubscribeThread5(PubSub pubsub) {
        super();
        this.pubsub = pubsub;
    }

    public void run() {
        try {
            Thread.sleep(3000);
            pubsub.unsubscribe("a", "b", "c");
            // pubsub.unsubscribe(): 不带参数则取消订阅所有频道
        } catch (InterruptedException e) {
            e.printStackTrace();
        }
    }
}

class TestPublishThread2 extends Thread {
    private ;
```

```java
    public TestPublishThread2() {
        super();
        this. = ;
    }

    public void run() {
        try {
            Thread.sleep(1000);
            .publish("a", "avalue");
            .publish("b", "bvalue");
            .publish("c", "cvalue");
        } catch (InterruptedException e) {
            e.printStackTrace();
        }
    }
}

public class Test2_sub {
    private static Pool pool = new Pool(new PoolConfig(), "192.168.1.109", 7777, 5000, "accp");

    public static void main(String[] args) {
        1 = null;
        2 = null;
        try {
            1 = pool.getResource();
            2 = pool.getResource();

            1.flushDB();

            MyPubSub pubsub = new MyPubSub();

            TestPublishThread5 publishThread = new TestPublishThread5(2);
            publishThread.start();

            TestUnsubscribeThread5 unsubscribeThread = new TestUnsubscribeThread5(pubsub);
            unsubscribeThread.start();

            1.subscribe(pubsub, "a", "b", "c");

            System.out.println("Test2_sub.java 运行结束！");

        } catch (Exception e) {
            e.printStackTrace();
        } finally {
            if (1 != null) {
                1.close();
            }
        }
    }
}
```

程序运行结果如下。

```
onSubscribe channel=a subscribedChannels=1
onSubscribe channel=b subscribedChannels=2
onSubscribe channel=c subscribedChannels=3
onMessage channel=a message=avalue
```

```
onMessage channel=b message=bvalue
onMessage channel=c message=cvalue
onUnsubscribe channel=a subscribedChannels=2
onUnsubscribe channel=b subscribedChannels=1
onUnsubscribe channel=c subscribedChannels=0
Test2_sub.java 运行结束!
```

11.3 psubscribe 命令

使用格式如下。

```
psubscribe pattern [pattern ...]
```

该命令用于订阅与指定模式 pattern 匹配的频道，支持 glob 风格的模式匹配。
- h?llo：可以订阅 hello、hallo 和 hxllo 频道。
- h*llo：可以订阅 hllo 和 heeeello 频道。
- h[ae]llo：可以订阅 hello 和 hallo 频道，但不订阅 hillo 频道。

执行如下命令创建订阅环境。

```
127.0.0.1:7777> SUBSCRIBE hallo hbllo hcllo hdllo hello haallo hbbllo hccllo hddllo heello
subscribe
hallo
1
subscribe
hbllo
2
subscribe
hcllo
3
subscribe
hdllo
4
subscribe
hello
5
subscribe
haallo
6
subscribe
hbbllo
7
subscribe
hccllo
8
subscribe
hddllo
9
subscribe
heello
10
```

11.3.1 模式?的使用

h?llo 可以订阅 hello、hallo 和 hxllo 频道。

11.3 psubscribe 命令

1. 测试案例

订阅者执行如下命令。

```
127.0.0.1:7777> psubscribe h?llo
psubscribe
h?llo
1
```

发布者发布消息，命令如下。

```
127.0.0.1:7777> publish hallo message_a
1
127.0.0.1:7777> publish hbllo message_b
1
127.0.0.1:7777> publish hcllo message_c
1
127.0.0.1:7777> publish hdllo message_d
1
127.0.0.1:7777> publish hello message_e
1
127.0.0.1:7777> publish haallo message_aa
0
127.0.0.1:7777> publish hbbllo message_bb
0
127.0.0.1:7777> publish hccllo message_cc
0
127.0.0.1:7777> publish hddllo message_dd
0
127.0.0.1:7777> publish heello message_ee
0
127.0.0.1:7777>
```

订阅者接收的消息如下。

```
127.0.0.1:7777> psubscribe h?llo
psubscribe
h?llo
1
pmessage
h?llo
hallo
message_a
pmessage
h?llo
hbllo
message_b
pmessage
h?llo
hcllo
message_c
pmessage
h?llo
hdllo
message_d
pmessage
h?llo
```

```
hello
message_e
```

2. 程序演示

```java
public class Test3_pub {
    private static Pool pool = new Pool(new PoolConfig(), "192.168.1.109", 7777, 5000, "accp");

    public static void main(String[] args) {
         = null;
        try {
             = pool.getResource();
            .flushDB();

            .publish("hallo", "message_a");
            .publish("hbllo", "message_b");
            .publish("hcllo", "message_c");
            .publish("hdllo", "message_d");
            .publish("hello", "message_e");

            .publish("haallo", "message_aa");
            .publish("hbbllo", "message_bb");
            .publish("hccllo", "message_cc");
            .publish("hddllo", "message_dd");
            .publish("heello", "message_ee");

            System.out.println("Test3_pub 运行结束！");
        } catch (Exception e) {
            e.printStackTrace();
        } finally {
            if ( != null) {
                .close();
            }
        }
    }
}

public class Test3_sub {
    private static Pool pool = new Pool(new PoolConfig(), "192.168.1.109", 7777, 5000, "accp");

    public static void main(String[] args) {
         = null;
        try {
             = pool.getResource();
            .flushDB();

            .psubscribe(new MyPubSub(), "h?llo");

            System.out.println("Test3_sub 运行结束！");

        } catch (Exception e) {
            e.printStackTrace();
        } finally {
            if ( != null) {
                .close();
            }
        }
    }
}
```

运行 Test3_sub.java 类，控制台输出结果如下。

```
onPSubscribe pattern=h?llo subscribedChannels=1
```

运行 Test3_pub.java 类，控制台输出结果如下。

```
Test3_pub 运行结束！
```

运行 Test3_sub.java 类，控制台输出结果如下。

```
onPSubscribe pattern=h?llo subscribedChannels=1
onPMessage pattern=h?llo channel=hallo message=message_a
onPMessage pattern=h?llo channel=hbllo message=message_b
onPMessage pattern=h?llo channel=hcllo message=message_c
onPMessage pattern=h?llo channel=hdllo message=message_d
onPMessage pattern=h?llo channel=hello message=message_e
```

11.3.2 模式*的使用

h*llo 可以订阅 hllo 和 heeeello 频道。

1. 测试案例

订阅者执行如下命令。

```
127.0.0.1:7777> psubscribe h*llo
psubscribe
h*llo
1
```

发布者发布消息，命令如下。

```
127.0.0.1:7777> publish hllo message_
1
127.0.0.1:7777> publish hallo message_a
2
127.0.0.1:7777> publish hbllo message_b
2
127.0.0.1:7777> publish hcllo message_c
2
127.0.0.1:7777> publish hdllo message_d
2
127.0.0.1:7777> publish hello message_e
2
127.0.0.1:7777> publish haallo message_aa
1
127.0.0.1:7777> publish hbbllo message_bb
1
127.0.0.1:7777> publish hccllo message_cc
1
127.0.0.1:7777> publish hddllo message_dd
1
127.0.0.1:7777> publish heello message_ee
1
127.0.0.1:7777>
```

订阅者获得的消息如下。

```
127.0.0.1:7777> psubscribe h*llo
psubscribe
h*llo
1
pmessage
h*llo
hllo
message_
pmessage
h*llo
hallo
message_a
pmessage
h*llo
hbllo
message_b
pmessage
h*llo
hcllo
message_c
pmessage
h*llo
hdllo
message_d
pmessage
h*llo
hello
message_e
pmessage
h*llo
haallo
message_aa
pmessage
h*llo
hbbllo
message_bb
pmessage
h*llo
hccllo
message_cc
pmessage
h*llo
hddllo
message_dd
pmessage
h*llo
heello
message_ee
```

2. 程序演示

```
public class Test4_pub {
    private static Pool pool = new Pool(new PoolConfig(), "192.168.1.109", 7777, 5000, "accp");

    public static void main(String[] args) {
         = null;
```

```java
            try {
                 = pool.getResource();
                .flushDB();

                .publish("hllo", "message_");

                .publish("hallo", "message_a");
                .publish("hbllo", "message_b");
                .publish("hcllo", "message_c");
                .publish("hdllo", "message_d");
                .publish("hello", "message_e");

                .publish("haallo", "message_aa");
                .publish("hbbllo", "message_bb");
                .publish("hccllo", "message_cc");
                .publish("hddllo", "message_dd");
                .publish("heello", "message_ee");

                System.out.println("Test4_pub 运行结束！");
            } catch (Exception e) {
                e.printStackTrace();
            } finally {
                if ( != null) {
                    .close();
                }
            }
        }
    }

public class Test4_sub {
    private static Pool pool = new Pool(new PoolConfig(), "192.168.1.109", 7777, 5000, "accp");

    public static void main(String[] args) {
         = null;
        try {
             = pool.getResource();
            .flushDB();

            .psubscribe(new MyPubSub(), "h*llo");

            System.out.println("Test4_sub 运行结束！");
        } catch (Exception e) {
            e.printStackTrace();
        } finally {
            if ( != null) {
                .close();
            }
        }
    }
}
```

运行 Test4_sub.java 类，控制台输出结果如下。

```
onPSubscribe pattern=h*llo subscribedChannels=1
```

运行 Test4_pub.java 类，控制台输出结果如下。

Test4_pub 运行结束!

运行 Test4_sub.java 类,控制台输出结果如下。

```
onPSubscribe pattern=h*llo subscribedChannels=1
onPMessage pattern=h*llo channel=hllo message=message_
onPMessage pattern=h*llo channel=hallo message=message_a
onPMessage pattern=h*llo channel=hbllo message=message_b
onPMessage pattern=h*llo channel=hcllo message=message_c
onPMessage pattern=h*llo channel=hdllo message=message_d
onPMessage pattern=h*llo channel=hello message=message_e
onPMessage pattern=h*llo channel=haallo message=message_aa
onPMessage pattern=h*llo channel=hbbllo message=message_bb
onPMessage pattern=h*llo channel=hccllo message=message_cc
onPMessage pattern=h*llo channel=hddllo message=message_dd
onPMessage pattern=h*llo channel=heello message=message_ee
```

11.3.3 模式[xy]的使用

h[ae]llo 可以订阅 hallo 或 hello 频道,但不订阅 hillo 频道。

1. 测试案例

订阅者执行如下命令。

```
127.0.0.1:7777> psubscribe h[abcde]llo
psubscribe
h[abcde]llo
1
```

发布者发布消息,命令如下。

```
127.0.0.1:7777> publish hallo message_a
2
127.0.0.1:7777> publish hbllo message_b
2
127.0.0.1:7777> publish hcllo message_c
2
127.0.0.1:7777> publish hdllo message_d
2
127.0.0.1:7777> publish hello message_e
2
127.0.0.1:7777> publish haallo message_aa
1
127.0.0.1:7777> publish hbbllo message_bb
1
127.0.0.1:7777> publish hccllo message_cc
1
127.0.0.1:7777> publish hddllo message_dd
1
127.0.0.1:7777> publish heello message_ee
1
127.0.0.1:7777>
```

订阅者获得的消息如下。

```
127.0.0.1:7777> PSUBSCRIBE h[abcde]llo
```

11.3 psubscribe 命令

```
psubscribe
h[abcde]llo
1
pmessage
h[abcde]llo
hallo
message_a
pmessage
h[abcde]llo
hbllo
message_b
pmessage
h[abcde]llo
hcllo
message_c
pmessage
h[abcde]llo
hdllo
message_d
pmessage
h[abcde]llo
hello
message_e
```

2. 程序演示

```java
public class Test5_pub {
    private static Pool pool = new Pool(new PoolConfig(), "192.168.1.109", 7777, 5000, "accp");

    public static void main(String[] args) {
         = null;
        try {
             = pool.getResource();
            .flushDB();

            .publish("hallo", "message_a");
            .publish("hbllo", "message_b");
            .publish("hcllo", "message_c");
            .publish("hdllo", "message_d");
            .publish("hello", "message_e");

            .publish("haallo", "message_aa");
            .publish("hbbllo", "message_bb");
            .publish("hccllo", "message_cc");
            .publish("hddllo", "message_dd");
            .publish("heello", "message_ee");

            System.out.println("Test5_pub 运行结束！");
        } catch (Exception e) {
            e.printStackTrace();
        } finally {
            if ( != null) {
                .close();
            }
        }
    }
}
```

```java
public class Test5_sub {
    private static Pool pool = new Pool(new PoolConfig(), "192.168.1.109", 7777, 5000, "accp");

    public static void main(String[] args) {
         = null;
        try {
             = pool.getResource();
            .flushDB();

            .psubscribe(new MyPubSub(), "h[abcde]llo");

            System.out.println("Test5_sub 运行结束！");
        } catch (Exception e) {
            e.printStackTrace();
        } finally {
            if ( != null) {
                .close();
            }
        }
    }
}
```

运行 Test5_sub.java 类，控制台输出结果如下。

```
onPSubscribe pattern=h[abcde]llo subscribedChannels=1
```

运行 Test5_pub.java 类，控制台输出结果如下。

```
Test5_pub 运行结束！
```

运行 Test5_sub.java 类，控制台输出结果如下。

```
onPSubscribe pattern=h[abcde]llo subscribedChannels=1
onPMessage pattern=h[abcde]llo channel=hallo message=message_a
onPMessage pattern=h[abcde]llo channel=hbllo message=message_b
onPMessage pattern=h[abcde]llo channel=hcllo message=message_c
onPMessage pattern=h[abcde]llo channel=hdllo message=message_d
onPMessage pattern=h[abcde]llo channel=hello message=message_e
```

11.4 punsubscribe 命令

使用格式如下。

```
punsubscribe [pattern [pattern ...]]
```

该命令用于按模式 pattern 批量取消订阅，如果 pattern 未指定，则取消订阅所有频道。

11.4.1 测试案例

由于一旦在 redis-cli 中进入订阅状态，就无法执行 punsubscribe 命令实现批量取消订阅的效果，因此需要在 Redis 环境中进行。

11.4.2 程序演示

```java
class TestUnsubscribeThread6 extends Thread {
```

11.4 punsubscribe 命令

```java
    private PubSub pubsub;

    public TestUnsubscribeThread6(PubSub pubsub) {
        super();
        this.pubsub = pubsub;
    }

    public void run() {
        try {
            Thread.sleep(3000);
            pubsub.punsubscribe("h?llo");
            // pubsub.punsubscribe(): 不带参数则取消的订阅所有频道
        } catch (InterruptedException e) {
            e.printStackTrace();
        }
    }
}

class TestPublishThread6 extends Thread {
    private  ;

    public TestPublishThread6( ) {
        super();
        this. = ;
    }

    public void run() {
        try {
            Thread.sleep(1000);
            .publish("hallo", "hallo_value");
            .publish("hbllo", "hbllo_value");
            .publish("hcllo", "hcllo_value");
        } catch (InterruptedException e) {
            e.printStackTrace();
        }
    }
}

public class Test6_sub {
    private static Pool pool = new Pool(new PoolConfig(), "192.168.1.109", 7777, 5000, "accp");

    public static void main(String[] args) {
         1 = null;
         2 = null;
        try {
             1 = pool.getResource();
             2 = pool.getResource();

             1.flushDB();

            MyPubSub pubsub = new MyPubSub();

            TestPublishThread6 publishThread = new TestPublishThread6(2);
            publishThread.start();

            TestUnsubscribeThread6 unsubscribeThread = new TestUnsubscribeThread6(pubsub);
            unsubscribeThread.start();
```

```
            l.psubscribe(pubsub, "h?llo");

            System.out.println("Test6_sub.java 运行结束！");
        } catch (Exception e) {
            e.printStackTrace();
        } finally {
            if (l != null) {
                l.close();
            }
        }
    }
}
```

程序运行结果如下。

```
onPSubscribe pattern=h?llo subscribedChannels=1
onPMessage pattern=h?llo channel=hallo message=hallo_value
onPMessage pattern=h?llo channel=hbllo message=hbllo_value
onPMessage pattern=h?llo channel=hcllo message=hcllo_value
onPUnsubscribe pattern=h?llo subscribedChannels=0
Test6_sub.java 运行结束！
```

11.5 pubsub 命令

使用格式如下。

```
pubsub subcommand [argument [argument ...]]
```

该命令用于获得订阅发布的状态，使用形式如下。

```
pubsub <subcommand> ... args ...
```

11.5.1 pubsub channels [pattern] 子命令

pubsub channels [pattern]子命令可以列出所有被模式匹配的活动频道。活动频道是指至少有一个订阅者订阅的频道。如果不加 pattern 参数，则列出所有活动频道。

1. 测试案例

订阅者执行如下命令。

```
127.0.0.1:7777> subscribe channelA channelB channelC
subscribe
channelA
1
subscribe
channelB
2
subscribe
channelC
3
```

在其他终端输入如下命令。

```
127.0.0.1:7777> pubsub channels
```

11.5 pubsub 命令

```
channelB
channelC
channelA
127.0.0.1:7777> PUBSUB channels channelA
channelA
127.0.0.1:7777> PUBSUB channels channelB
channelB
127.0.0.1:7777> PUBSUB channels channelC
channelC
127.0.0.1:7777> PUBSUB channels c*A
channelA
127.0.0.1:7777>
```

2. 程序演示

```java
class TestPubSubThread extends Thread {
    private ;

    public TestPubSubThread( ) {
        super();
        this. = ;
    }

    public void run() {
        try {
            Thread.sleep(1000);
            List list1 = .pubsubChannels("*");
            for (int i = 0; i < list1.size(); i++) {
                System.out.println(list1.get(i));
            }
            System.out.println();
            List list2_1 = .pubsubChannels("channelA");
            for (int i = 0; i < list2_1.size(); i++) {
                System.out.println(list2_1.get(i));
            }
            List list2_2 = .pubsubChannels("channelB");
            for (int i = 0; i < list2_2.size(); i++) {
                System.out.println(list2_2.get(i));
            }
            List list2_3 = .pubsubChannels("channelC");
            for (int i = 0; i < list2_3.size(); i++) {
                System.out.println(list2_3.get(i));
            }
            System.out.println();
            List list3 = .pubsubChannels("c*A");
            for (int i = 0; i < list3.size(); i++) {
                System.out.println(list3.get(i));
            }
        } catch (InterruptedException e) {
            e.printStackTrace();
        }
    }
}

public class Test7_pub {
    private static Pool pool = new Pool(new PoolConfig(), "192.168.1.109", 7777, 5000, "accp");

    public static void main(String[] args) {
```

```
            1 = null;
            2 = null;
        try {
            1 = pool.getResource();
            2 = pool.getResource();

            1.flushDB();

            MyPubSub pubsub = new MyPubSub();

            TestPubSubThread publishThread = new TestPubSubThread(2);
            publishThread.start();

            1.subscribe(pubsub, "channelA", "channelB", "channelC");

            System.out.println("Test7_pub.java 运行结束！");

        } catch (Exception e) {
            e.printStackTrace();
        } finally {
            if (1 != null) {
                1.close();
            }
        }
    }
}
```

程序运行结果如下。

```
onSubscribe channel=channelA subscribedChannels=1
onSubscribe channel=channelB subscribedChannels=2
onSubscribe channel=channelC subscribedChannels=3
Z
Y
X
channelB
channelC
channelA

channelA
channelB
channelC

channelA
```

11.5.2　pubsub numsub [channel-1…channel-N] 子命令

pubsub numsub [channel-1…channel-N]子命令可以返回指定频道的订阅数。

1．测试案例

订阅者 A 执行如下命令。

```
127.0.0.1:7777> subscribe A B
subscribe
A
1
```

```
subscribe
B
2
```

订阅者 B 执行如下命令。

```
127.0.0.1:7777> subscribe B C
subscribe
B
1
subscribe
C
2
```

在其他终端输入如下命令。

```
127.0.0.1:7777> pubsub numsub A B C
A
1
B
2
C
1
127.0.0.1:7777>
```

2. 程序演示

```java
public class Test8_pub {
    private static Pool pool = new Pool(new PoolConfig(), "192.168.1.109", 7777, 5000, "accp");

    public static void main(String[] args) {
         = null;
        try {
             = pool.getResource();
            .flushDB();
            Map<String, String> map = .pubsubNumSub("X", "Y", "Z");
            Iterator<String> iterator = map.keySet().iterator();
            while (iterator.hasNext()) {
                String key = iterator.next();
                System.out.println(key + " " + map.get(key));
            }
            System.out.println("Test8_pub 运行结束！");
        } catch (Exception e) {
            e.printStackTrace();
        } finally {
            if ( != null) {
                .close();
            }
        }
    }
}

public class Test8_sub1 {
    private static Pool pool = new Pool(new PoolConfig(), "192.168.1.109", 7777, 5000, "accp");

    public static void main(String[] args) {
         = null;
        try {
```

```
            = pool.getResource();
           .flushDB();

           .subscribe(new MyPubSub(), "X", "Y");

           System.out.println("Test8_sub1 运行结束！");

       } catch (Exception e) {
           e.printStackTrace();
       } finally {
           if ( != null) {
                .close();
           }
       }
    }
}

public class Test8_sub2 {
    private static Pool pool = new Pool(new PoolConfig(), "192.168.1.109", 7777, 5000, "accp");

    public static void main(String[] args) {
         = null;
        try {
             = pool.getResource();
            .flushDB();

            .subscribe(new MyPubSub(), "Y", "Z");

            System.out.println("Test8_sub2 运行结束！");

        } catch (Exception e) {
            e.printStackTrace();
        } finally {
            if ( != null) {
                .close();
            }
        }
    }
}
```

运行 Test8_sub1.java 类，控制台输出结果如下：

```
onSubscribe channel=X subscribedChannels=1
onSubscribe channel=Y subscribedChannels=2
```

运行 Test8_sub2.java 类，控制台输出结果如下：

```
onSubscribe channel=Y subscribedChannels=1
onSubscribe channel=Z subscribedChannels=2
```

运行 Test8_pubsub.java 类，控制台输出结果如下：

```
X 1
Y 2
Z 1
Test8_pub 运行结束！
```

11.5.3 pubsub numpat 子命令

pubsub numpat 子命令可以返回使用 psubscribe 命令订阅的频道数量。

1. 测试案例

订阅者 A 执行如下命令。

```
127.0.0.1:7777> psubscribe h?llo
psubscribe
h?llo
1
```

订阅者 B 执行如下命令。

```
127.0.0.1:7777> psubscribe h*llo
psubscribe
h*llo
1
```

订阅者 C 执行如下命令。

```
127.0.0.1:7777> psubscribe h[ab]llo
psubscribe
h[ab]llo
1
```

在其他终端输入如下命令。

```
127.0.0.1:7777> pubsub numpat
3
127.0.0.1:7777>
```

2. 程序演示

```java
public class Test9_pub {
    private static Pool pool = new Pool(new PoolConfig(), "192.168.1.109", 7777, 5000, "accp");

    public static void main(String[] args) {
         = null;
        try {
             = pool.getResource();
            .flushDB();

            System.out.println(.pubsubNumPat());

            System.out.println("Test9_pub 运行结束！");
        } catch (Exception e) {
            e.printStackTrace();
        } finally {
            if ( != null) {
                .close();
            }
        }
    }
}
```

```java
public class Test9_sub1 {
    private static Pool pool = new Pool(new PoolConfig(), "192.168.1.109", 7777, 5000, "accp");

    public static void main(String[] args) {
         = null;
        try {
             = pool.getResource();
            .flushDB();

            .psubscribe(new MyPubSub(), "h?llo");

            System.out.println("Test9_sub1.java 运行结束！");

        } catch (Exception e) {
            e.printStackTrace();
        } finally {
            if ( != null) {
                .close();
            }
        }
    }
}

public class Test9_sub2 {
    private static Pool pool = new Pool(new PoolConfig(), "192.168.1.109", 7777, 5000, "accp");

    public static void main(String[] args) {
         = null;
        try {
             = pool.getResource();
            .flushDB();

            .psubscribe(new MyPubSub(), "h*llo");

            System.out.println("Test9_sub2 运行结束！");

        } catch (Exception e) {
            e.printStackTrace();
        } finally {
            if ( != null) {
                .close();
            }
        }
    }
}

public class Test9_sub3 {
    private static Pool pool = new Pool(new PoolConfig(), "192.168.1.109", 7777, 5000, "accp");

    public static void main(String[] args) {
         = null;
        try {
             = pool.getResource();
            .flushDB();

            .psubscribe(new MyPubSub(), "h[ab]llo");
```

```
                    System.out.println("Test9_sub3 运行结束！");
            } catch (Exception e) {
                e.printStackTrace();
            } finally {
                if ( != null) {
                    .close();
                }
            }
        }
    }
```

运行 Test9_sub1.java 类，控制台输出结果如下。

```
onPSubscribe pattern=h?llo subscribedChannels=1
```

运行 Test9_sub2.java 类，控制台输出结果如下。

```
onPSubscribe pattern=h*llo subscribedChannels=1
```

运行 Test9_sub3.java 类，控制台输出结果如下。

```
onPSubscribe pattern=h[ab]llo subscribedChannels=1
```

运行 Test9_pub.java 类，控制台输出结果如下。

```
3
Test9_pub 运行结束！
```

Pub/Sub 模式可以实现解耦，但其还是有一些显著的缺点。

- 没有任何订阅者，发布者发布的消息将被丢弃，不支持消息持久化。
- 有一个发布者、3 个订阅者，发布者持续发布消息，3 个订阅者接收消息。当其中一个订阅者出现宕机再重启后，这个时间段内的消息是不会恢复接收的，造成没有接收到完整的消息、数据丢失。

如果想解决上面两个缺点，可以使用 Stream 数据类型。

第 12 章 Stream 类型命令

Stream 数据类型是 Redis 5.0 新添加的数据类型，是 Redis 数据类型中最复杂的，尽管其数据结构本身非常简单。其最大特点就是有序存储 field-value。

先来看一看其他数据类型的缺点。

- String：想要存储 field-value 对，必须存储 JSON 格式，JSON 格式里包括 field-value 对。另外需要在 JSON 格式的内容中自行处理元素的有序性，如使用数组；缺点是不支持直接存储 field-value 对。
- Hash：无序，支持存储 field-value 对；缺点是无序。
- List：有序，想要存储 field-value 对必须存储 JSON 格式；缺点是不支持直接存储 field-value 对。
- Set：无序，想要存储 field-value 对必须存储 JSON 格式；缺点是无序和不支持直接存储 field-value 对。
- Sorted Set：有序，想要存储 field-value 对必须存储 JSON 格式；缺点是不支持直接存储 field-value 对。

以上 5 大数据类型都或多或少有缺点，但 Stream 数据类型的出现却改正了这些缺点。Stream 数据类型不仅支持有序性，还支持直接存储 field-value 对。另外，Stream 数据类型也允许消费者以阻塞的方式等待生产者向 Stream 数据类型中发送新消息，此外还有"消费者组"的实现，作用是允许多个消费者相互配合来消费同一个 Stream 数据类型中不同部分的消息。上面介绍的这些知识点都在本章以案例的形式呈现。

Stream 数据类型的存储形式如图 12-1 所示。

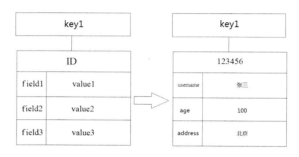

图 12-1 Stream 数据类型的存储形式

Stream 数据类型中的 key 对应的 value 由一个 ID 和若干 field-value 对组成，和 Hash 数据类型非常相似。但 Hash 数据类型存储的元素是无序的，而 Stream 数据类型借助于 ID 的大小可以使存储的元素是有序的，和 Sorted Set 数据类型借助于 score 存储的元素是有序的效果一样。和 Sorted Set 数据类型相比，Stream 数据类型的优势是可以直接存储 field-value 对。

12.1 xadd 命令

使用格式如下。

```
xadd key ID field string [field string ...]
```

该命令用于添加元素。

参数 field string 整体代表流条目（Streams Entry），一个流条目由多个 field-string 对组成。流条目整体可以理解成一个普通的元素，为了便于理解，本章将"流条目"和"元素"作为同一件事物。

ID 由 time 和 sequence 两部分组成，使用格式为"time-sequence"。

生成元素 ID 可以有两种方式。

- 自动生成：在自动生成 ID 的情况下，time 单位是 ms，是当前 Redis 实例的服务器时间。当 time 一样时，为了标识元素的唯一性，需要使用 sequence 进行自增。用 time 作为 ID 的优势是可以根据时间范围查询元素。使用"*"自动生成 ID，由 Redis 根据当前时间自动生成一个唯一的 ID，每次自动生成的 ID 都会比上一个 ID 更大，因为时间一直在前进，就像数据库的主键自增一样。
- 自定义：在手动生成 ID 的情况下，time 和 sequence 的值是可以自定义的。一般使用自定义 ID 的情况较少。

12.1.1 自动生成 ID

1. 使用"*"自动生成 ID

（1）测试案例

测试案例如下。

```
127.0.0.1:7777> xadd key1 * a aa b bb c cc
"1570709620187-0"
127.0.0.1:7777> keys *
1) "key1"
127.0.0.1:7777>
```

（2）程序演示

```
public class Test1 {
    private static Pool pool = new Pool(new PoolConfig(), "192.168.1.109", 7777, 5000, "accp");

    public static void main(String[] args) {
         = null;
```

```
            try {
                 = pool.getResource();
                .flushAll();

                Map map = new HashMap();
                map.put("a", "aa");
                map.put("b", "bb");
                map.put("c", "cc");

                StreamEntryID id = .xadd("key1", StreamEntryID.NEW_ENTRY, map);
                Date nowDate = new Date();
                System.out.println("nowDate.getTime()=" + nowDate.getTime());
                System.out.println("                    " + id.getTime() + " " + id.getSequence()
                    + " " + id.toString());

                Set<String> set = .keys("*");
                Iterator<String> iterator = set.iterator();
                while (iterator.hasNext()) {
                    System.out.println(iterator.next());
                }
            } catch (Exception e) {
                e.printStackTrace();
            } finally {
                if ( != null) {
                    .close();
                }
            }
        }
    }
```

程序运行结果如下。

```
nowDate.getTime()=1570711253653
                    1570711255266 0 1570711255266-0
key1
```

从运行结果来看，id.getTime()方法返回的值是从 1970 年 1 月 1 日到现在的毫秒数，两个毫秒数不一样，是宿主主机和虚拟机时间不同步造成的。

在上面的运行结果中，id.getSequence()方法返回 0 的原因是在同一时间内只添加了一个元素，只生成一个 ID，如果在同一时间内添加了多个元素，则 id.getSequence()方法按自增方式返回。测试程序如下。

```
public class Test2 {
    private static Pool pool = new Pool(new PoolConfig(), "192.168.1.109", 7777, 5000, "accp");

    public static void main(String[] args) {
         = null;
        try {
             = pool.getResource();
            .flushAll();

            Map map = new HashMap();
            map.put("a", "aa");
            map.put("b", "bb");
            map.put("c", "cc");
```

```
            for (int i = 0; i < 10; i++) {
                StreamEntryID id = .xadd("key1", StreamEntryID.NEW_ENTRY, map);
                System.out.println(id.getTime() + " " + id.getSequence() + " " + id.toString());
            }
        } catch (Exception e) {
            e.printStackTrace();
        } finally {
            if ( != null) {
                .close();
            }
        }
    }
}
```

程序运行结果如下。

```
1570711337218 0 1570711337218-0
1570711337219 0 1570711337219-0
1570711337220 0 1570711337220-0
1570711337220 1 1570711337220-1
1570711337221 0 1570711337221-0
1570711337221 1 1570711337221-1
1570711337221 2 1570711337221-2
1570711337221 3 1570711337221-3
1570711337221 4 1570711337221-4
1570711337222 0 1570711337222-0
```

2. 如果 Streams.maxIdTime>local.currentTime，则使用 maxIdTime 并且序列自增

（1）测试案例

先运行如下程序生成 ID。

```
package test;

public class Test3 {
    public static void main(String[] args) {
        long longValue = Long.MAX_VALUE;
        System.out.println(longValue);
        long useValue = longValue - 5807;
        System.out.println("未来的时间：" + useValue);
        System.out.println("现在的时间：" + System.currentTimeMillis());
    }
}
```

程序运行结果如下。

```
9223372036854775807
未来的时间：9223372036854770000
现在的时间：1573092272784
```

使用 9223372036854770000 作为 ID，9223372036854770000 比当前计算机现在的时间 1573092272784 要大。

测试案例如下。

```
127.0.0.1:7777> xadd key1 9223372036854770000 a aa
9223372036854770000-0
127.0.0.1:7777> xadd key1 123 a aa
ERR The ID specified in XADD is equal or smaller than the target stream top item

127.0.0.1:7777> xadd key1 * a aa
9223372036854770000-1
127.0.0.1:7777> xadd key1 * a aa
9223372036854770000-2
127.0.0.1:7777> xadd key1 * a aa
9223372036854770000-3
127.0.0.1:7777> xadd key1 * a aa
9223372036854770000-4
127.0.0.1:7777>
```

序列自增了。

执行如下命令。

```
127.0.0.1:7777> xadd key1 123 a aa
ERR The ID specified in XADD is equal or smaller than the target stream top item
```

出现异常的原因是新的 ID 值 123 比流中最大的 ID 值 9223372036854770000 小，Redis 不支持添加比流中最大的 ID 小的元素。

（2）程序演示

```java
public class Test4 {
    private static Pool pool = new Pool(new PoolConfig(), "192.168.1.109", 7777, 5000, "accp");

    public static void main(String[] args) {
         = null;
        try {
             = pool.getResource();
            .flushAll();

            Map map = new HashMap();
            map.put("a", "aa");

            long longValue = Long.MAX_VALUE;
            long useValue = longValue - 5807;

            StreamEntryID id = new StreamEntryID(useValue, 0);

            .xadd("key1", id, map);

            StreamEntryID getId1 = .xadd("key1", StreamEntryID.NEW_ENTRY, map);
            StreamEntryID getId2 = .xadd("key1", StreamEntryID.NEW_ENTRY, map);
            StreamEntryID getId3 = .xadd("key1", StreamEntryID.NEW_ENTRY, map);
            StreamEntryID getId4 = .xadd("key1", StreamEntryID.NEW_ENTRY, map);

            System.out.println(getId1.toString());
            System.out.println(getId2.toString());
            System.out.println(getId3.toString());
            System.out.println(getId4.toString());

        } catch (Exception e) {
            e.printStackTrace();
        } finally {
```

12.1 xadd 命令

```
            if (   != null) {
                .close();
            }
        }
    }
}
```

程序运行结果如下。

```
9223372036854770000-1
9223372036854770000-2
9223372036854770000-3
9223372036854770000-4
```

12.1.2 自定义 ID

如果想实现按 ID 大小查询，就需要使用自定义 ID 的功能了。

如果在主从复制模式下，则从节点的 ID 和主节点的 ID 是一样的。

1. 使用自定义方式生成 ID

（1）测试案例

测试案例如下。

```
127.0.0.1:7777> xadd key1 123-321 a aa b cc
"123-321"
127.0.0.1:7777>
```

自定义 ID 的最小 ID 值是 0-1，测试案例如下。

```
127.0.0.1:7777> xadd key1 0-0 a aa
(error) ERR The ID specified in XADD must be greater than 0-0
127.0.0.1:7777> xadd key1 0-1 a aa
"0-1"
127.0.0.1:7777>
```

（2）程序演示

```
public class Test5 {
    private static Pool pool = new Pool(new PoolConfig(), "192.168.1.109", 7777, 5000, "accp");

    public static void main(String[] args) {
          = null;
        try {
             = pool.getResource();
            .flushAll();

            Map map = new HashMap();
            map.put("a", "aa");
            map.put("b", "bb");
            map.put("c", "cc");

            StreamEntryID id1 = new StreamEntryID("123-321");
            StreamEntryID id2 = new StreamEntryID(456, 654);
```

```
                StreamEntryID getId1 = .xadd("key1", id1, map);
                StreamEntryID getId2 = .xadd("key2", id2, map);

                System.out.println(getId1.getTime() + " " + getId1.getSequence() + " " + getId1.toString());
                System.out.println(getId2.getTime() + " " + getId2.getSequence() + " " + getId2.toString());

            } catch (Exception e) {
                e.printStackTrace();
            } finally {
                if ( != null) {
                    .close();
                }
            }
        }
}
```

程序运行结果如下。

```
123 321 123-321
456 654 456-654
```

2．只有添加的 ID 值大于现有的最大 ID 值才能添加成功

（1）测试案例

测试案例如下。

```
127.0.0.1:7777> xadd key1 123 a aa b bb c cc
123-0
127.0.0.1:7777> xadd key1 456 a aa b bb c cc
456-0
127.0.0.1:7777> xrange key1 - +
123-0
a
aa
b
bb
c
cc
456-0
a
aa
b
bb
c
cc
127.0.0.1:7777>
```

（2）程序演示

```
public class Test6 {
    private static Pool pool = new Pool(new PoolConfig(), "192.168.1.109", 7777, 5000, "accp");

    public static void main(String[] args) {
         = null;
```

```
        try {
             = pool.getResource();
            .flushAll();

            Map map = new HashMap();
            map.put("a", "aa");
            map.put("b", "bb");
            map.put("c", "cc");

            StreamEntryID id1 = new StreamEntryID(123, 888);
            StreamEntryID id2 = new StreamEntryID(456, 888);

            .xadd("key1", id1, map);
            .xadd("key1", id2, map);

        } catch (Exception e) {
            e.printStackTrace();
        } finally {
            if ( != null) {
                .close();
            }
        }
    }
}
```

程序运行后在终端输入如下命令。

```
127.0.0.1:7777> xrange key1 - +
123-888
c
cc
a
aa
b
bb
456-888
c
cc
a
aa
b
bb
127.0.0.1:7777>
```

成功添加 ID。

3. 如果添加的 ID 值小于现有的最大 ID 值，则添加失败

（1）测试案例

测试案例如下。

```
127.0.0.1:7777> xadd key1 100 a aa
100-0
127.0.0.1:7777> xadd key1 200 b bb
200-0
127.0.0.1:7777> xadd key1 150 c cc
```

ERR The ID specified in XADD is equal or smaller than the target stream top item
127.0.0.1:7777>

（2）程序演示

```
public class Test7 {
    private static Pool pool = new Pool(new PoolConfig(), "192.168.1.109", 7777, 5000, "accp");

    public static void main(String[] args) {
         = null;
        try {
             = pool.getResource();
            .flushAll();

            Map map = new HashMap();
            map.put("a", "aa");

            StreamEntryID id1 = new StreamEntryID(100, 888);
            StreamEntryID id2 = new StreamEntryID(200, 888);
            StreamEntryID id3 = new StreamEntryID(150, 888);

            .xadd("key1", id1, map);
            .xadd("key1", id2, map);
            .xadd("key1", id3, map);
        } catch (Exception e) {
            e.printStackTrace();
        } finally {
            if ( != null) {
                .close();
            }
        }
    }
}
```

程序运行结果如下。

```
redis.clients..exceptions.DataException: ERR The ID specified in XADD is equal or smaller than the target stream top item
    at redis.clients..Protocol.processError(Protocol.java:132)
    at redis.clients..Protocol.process(Protocol.java:166)
    at redis.clients..Protocol.read(Protocol.java:220)
    at redis.clients..Connection.readProtocolWithCheckingBroken(Connection.java:318)
    at redis.clients..Connection.getBinaryBulkReply(Connection.java:255)
    at redis.clients..Connection.getBulkReply(Connection.java:245)
    at redis.clients...xadd(.java:3675)
    at redis.clients...xadd(.java:3668)
    at streams.Test7.main(Test7.java:29)
```

将 ID 值是 100 和 200 的元素成功添加到 Redis 中。若 ID 值是 150，则添加失败。

12.1.3　流存储的元素具有顺序性

1. 测试案例

测试案例如下。

```
127.0.0.1:7777> xadd key1 123 a aa
123-0
127.0.0.1:7777> xadd key1 456 b bb
456-0
127.0.0.1:7777> xadd key1 789 c cc
789-0
127.0.0.1:7777> xrange key1 - +
123-0
a
aa
456-0
b
bb
789-0
c
cc
127.0.0.1:7777>
```

2. 程序演示

```
public class Test8 {
    private static Pool pool = new Pool(new PoolConfig(), "192.168.1.109", 7777, 5000, "accp");

    public static void main(String[] args) {
         = null;
        try {
             = pool.getResource();
            .flushAll();

            Map map = new HashMap();
            map.put("a", "aa");

            StreamEntryID id1 = new StreamEntryID(123, 0);
            StreamEntryID id2 = new StreamEntryID(456, 0);
            StreamEntryID id3 = new StreamEntryID(789, 0);

            .xadd("key1", id1, map);
            .xadd("key1", id2, map);
            .xadd("key1", id3, map);

            List<StreamEntry> listEntry = .xrange("key1", null, null, Integer.MAX_VALUE);
            for (int i = 0; i < listEntry.size(); i++) {
                StreamEntry entry = listEntry.get(i);
                System.out.println(entry.getID().toString() + " " +
entry.getFields().toString());
            }

        } catch (Exception e) {
            e.printStackTrace();
        } finally {
            if ( != null) {
                .close();
            }
        }
    }
}
```

程序运行结果如下。

```
123-0 {a=aa}
456-0 {a=aa}
789-0 {a=aa}
```

12.1.4　使用 maxlen 限制流的绝对长度

验证使用 maxlen 限制流的绝对长度，这样会保留最新的元素，也就是 ID 值小的元素会被删除。

1. 测试案例

运行如下程序添加 5000 个元素。

```
public class Test9 {
    private static Pool pool = new Pool(new PoolConfig(), "192.168.1.109", 7777, 5000, "accp");

    public static void main(String[] args) {
         = null;
        try {
             = pool.getResource();
            .flushAll();

            Map map = new HashMap();
            map.put("a", "aa");

            for (int i = 0; i < 5000; i++) {
                StreamEntryID id = new StreamEntryID(i + 1, 0);
                .xadd("key1", id, map);
            }
        } catch (Exception e) {
            e.printStackTrace();
        } finally {
            if ( != null) {
                .close();
            }
        }
    }
}
```

运行如下命令。

```
127.0.0.1:7777>xadd key1 maxlen 1000 5001 a aa
5001-0
127.0.0.1:7777>
```

运行如下程序获取剩余元素的个数和 ID 值的范围。

```
public class Test10 {
    private static Pool pool = new Pool(new PoolConfig(), "192.168.61.2", 6379, 5000, "accp");

    public static void main(String[] args) {
         = null;
        try {
             = pool.getResource();
```

```
            List<StreamEntry> listEntry = .xrange("key1", null, null, Integer.MAX_VALUE);
            System.out.println("listEntry.size()=" + listEntry.size());
            for (int i = 0; i < listEntry.size(); i++) {
                StreamEntry entry = listEntry.get(i);
                System.out.println(entry.getID().toString() + " " + entry.getFields().toString());
            }
        } catch (Exception e) {
            e.printStackTrace();
        } finally {
            if ( != null) {
                .close();
            }
        }
    }
}
```

程序运行结果如下。

```
listEntry.size()=1000
4002-0 {a=aa}
……
5001-0 {z=zz}
```

剩余 1000 个元素的 ID 值范围是 4002-0～5001-0。

2. 程序演示

```
public class Test11 {
    private static Pool pool = new Pool(new PoolConfig(), "192.168.61.2", 6379, 5000, "accp");

    public static void main(String[] args) {
         = null;
        try {
             = pool.getResource();
            .flushAll();

            Map map = new HashMap();
            map.put("a", "aa");

            for (int i = 0; i < 5000; i++) {
                StreamEntryID id = new StreamEntryID(i + 1, 0);
                .xadd("key1", id, map);
            }

            StreamEntryID maxId = new StreamEntryID(5001, 0);
            .xadd("key1", maxId, map, 1000, false);

            List<StreamEntry> listEntry = .xrange("key1", null, null, Integer.MAX_VALUE);
            System.out.println("listEntry.size()=" + listEntry.size());
            for (int i = 0; i < listEntry.size(); i++) {
                StreamEntry entry = listEntry.get(i);
                System.out.println(entry.getID().toString() + " " + entry.getFields().toString());
            }
        } catch (Exception e) {
            e.printStackTrace();
```

```
            } finally {
                if ( != null) {
                    .close();
                }
            }
        }
    }
}
```

程序运行结果如下。

```
listEntry.size()=1000
4002-0 {a=aa}
......
5001-0 {a=aa}
```

剩余 1000 个元素的 ID 值范围是 4002-0~5001-0。

12.1.5 使用 maxlen ~ 限制流的近似长度

验证使用 maxlen~限制流的近似长度，会保留最新的元素。

1．测试案例

运行如下程序添加 5000 个元素。

```java
public class Test12 {
    private static Pool pool = new Pool(new PoolConfig(), "192.168.1.109", 7777, 5000, "accp");

    public static void main(String[] args) {
         = null;
        try {
             = pool.getResource();
            .flushAll();

            Map map = new HashMap();
            map.put("a", "aa");

            for (int i = 0; i < 5000; i++) {
                StreamEntryID id = new StreamEntryID(i + 1, 0);
                .xadd("key1", id, map);
            }
        } catch (Exception e) {
            e.printStackTrace();
        } finally {
            if ( != null) {
                .close();
            }
        }
    }
}
```

运行如下命令。

```
127.0.0.1:7777> xadd key1 maxlen ~ 1000 5001 a aa
5001-0
127.0.0.1:7777>
```

参数 maxlen ～ 1000 代表"绝不能少于 1000 个"。

运行如下程序获取剩余元素的个数。

```java
public class Test13 {
    private static Pool pool = new Pool(new PoolConfig(), "192.168.61.2", 6379, 5000, "accp");

    public static void main(String[] args) {
         = null;
        try {
             = pool.getResource();

            List<StreamEntry> listEntry = .xrange("key1", null, null, Integer.MAX_VALUE);
            System.out.println("listEntry.size()=" + listEntry.size());
            for (int i = 0; i < listEntry.size(); i++) {
                StreamEntry entry = listEntry.get(i);
                System.out.println(entry.getID().toString() + " " + entry.getFields().toString());
            }
        } catch (Exception e) {
            e.printStackTrace();
        } finally {
            if ( != null) {
                .close();
            }
        }
    }
}
```

程序运行结果如下。

```
listEntry.size()=1062
3940-0 {a=aa}
......
5001-0 {a=aa}
```

2. 程序演示

```java
public class Test14 {
    private static Pool pool = new Pool(new PoolConfig(), "192.168.61.2", 6379, 5000, "accp");

    public static void main(String[] args) {
         = null;
        try {
             = pool.getResource();
            .flushAll();

            Map map = new HashMap();
            map.put("a", "aa");

            for (int i = 0; i < 5000; i++) {
                StreamEntryID id = new StreamEntryID(i + 1, 0);
                .xadd("key1", id, map);
            }

            StreamEntryID maxId = new StreamEntryID(5001, 0);
            .xadd("key1", maxId, map, 1000, true);
```

```
                        List<StreamEntry> listEntry = .xrange("key1", null, null, Integer.MAX_VALUE);
                        System.out.println("listEntry.size()=" + listEntry.size());
                        for (int i = 0; i < listEntry.size(); i++) {
                            StreamEntry entry = listEntry.get(i);
                            System.out.println(entry.getID().toString() + " " + 
entry.getFields().toString());
                        }
                    } catch (Exception e) {
                        e.printStackTrace();
                    } finally {
                        if ( != null) {
                            .close();
                        }
                    }
                }
            }
```

程序运行结果如下。

```
listEntry.size()=1062
3940-0 {a=aa}
......
5001-0 {a=aa}
```

12.2 xlen 命令

使用格式如下。

```
xlen key
```

该命令用于获取 key 中存储的元素个数。

12.2.1 测试案例

测试案例如下。

```
127.0.0.1:7777> xadd key1 123 a aa
123-0
127.0.0.1:7777> xadd key1 456 a aa
456-0
127.0.0.1:7777> xadd key1 789 a aa
789-0
127.0.0.1:7777> xadd key1 123456789 a aa
123456789-0
127.0.0.1:7777> xlen key1
4
127.0.0.1:7777>
```

12.2.2 程序演示

```
public class Test15 {
    private static Pool pool = new Pool(new PoolConfig(), "192.168.1.109", 7777, 5000, "accp");

    public static void main(String[] args) {
         = null;
        try {
```

```
                = pool.getResource();
            .flushAll();

            Map map = new HashMap();
            map.put("a", "aa");

            for (int i = 0; i < 5000; i++) {
                StreamEntryID id = new StreamEntryID(i + 1, 0);
                .xadd("key1", id, map);
            }

            System.out.println(.xlen("key1".getBytes()));
            System.out.println(.xlen("key1"));

        } catch (Exception e) {
            e.printStackTrace();
        } finally {
            if ( != null) {
                .close();
            }
        }
    }
}
```

程序运行结果如下。

```
5000
5000
```

12.3 xdel 命令

使用格式如下。

```
xdel key ID [ID ...]
```

该命令用于根据 ID 删除对应的元素。

12.3.1 基本使用方法

本节将测试 xdel 命令的基本使用方法。

1. 测试案例

测试案例如下。

```
127.0.0.1:7777> xadd key1 123 a aa
123-0
127.0.0.1:7777> xadd key1 456 a aa
456-0
127.0.0.1:7777> xadd key1 789 a aa
789-0
127.0.0.1:7777> xdel key1 123 789
2
127.0.0.1:7777> xrange key1 - +
456-0
```

```
a
aa
127.0.0.1:7777>
```

2. 程序演示

```java
public class Test16 {
    private static Pool pool = new Pool(new PoolConfig(), "192.168.1.109", 7777, 5000, "accp");

    public static void main(String[] args) {
         = null;
        try {
             = pool.getResource();
            .flushAll();

            Map map = new HashMap();
            map.put("a", "aa");

            StreamEntryID id1 = new StreamEntryID(123, 0);
            StreamEntryID id2 = new StreamEntryID(456, 0);
            StreamEntryID id3 = new StreamEntryID(789, 0);

            .xadd("key1", id1, map);
            .xadd("key1", id2, map);
            .xadd("key1", id3, map);

            .xdel("key1", id1);
            .xdel("key1", id3);

            List<StreamEntry> listEntry = .xrange("key1", null, null, Integer.MAX_VALUE);
            for (int i = 0; i < listEntry.size(); i++) {
                StreamEntry entry = listEntry.get(i);
                System.out.println(entry.getID());
            }
        } catch (Exception e) {
            e.printStackTrace();
        } finally {
            if ( != null) {
                .close();
            }
        }
    }
}
```

程序运行结果如下。

```
456-0
```

12.3.2 添加操作的成功条件

本节将测试只有添加的 ID 值比现有最大 ID 值大，添加操作才能成功。

1. 测试案例

测试案例如下。

```
127.0.0.1:7777> flushdb
```

```
OK
127.0.0.1:7777> xadd mykey 123 a aa
"123-0"
127.0.0.1:7777> xadd mykey 456 a aa
"456-0"
127.0.0.1:7777> xadd mykey 789 a aa
"789-0"
127.0.0.1:7777> xdel mykey 789
(integer) 1
127.0.0.1:7777> xadd mykey 789 a aa
(error) ERR The ID specified in XADD is equal or smaller than the target stream top item
```

命令执行后出现异常，如何获得现有最大 ID 值呢？使用 xinfo 命令即可，测试案例如下。

```
127.0.0.1:7777> xinfo stream mykey
 1) "length"
 2) (integer) 2
 3) "radix-tree-keys"
 4) (integer) 1
 5) "radix-tree-nodes"
 6) (integer) 2
 7) "groups"
 8) (integer) 0
 9) "last-generated-id"
10) "789-0"
11) "first-entry"
12) 1) "123-0"
    2) 1) "a"
       2) "aa"
13) "last-entry"
14) 1) "456-0"
    2) 1) "a"
       2) "aa"
```

输出了如下信息。

```
 9) "last-generated-id"
10) "789-0"
```

说明现有最大 ID 值为 789-0，只要添加元素的 ID 值比这个 ID 值大，就可以成功进行添加操作，测试案例如下。

```
127.0.0.1:7777> xadd mykey 790 a aa
"790-0"
127.0.0.1:7777>
```

2. 程序演示

```java
public class BigMaxId {
    private static Pool pool = new Pool(new PoolConfig(), "192.168.1.103", 7777, 5000, "accp");

    public static void main(String[] args) {
         = null;
        try {
             = pool.getResource();
            .flushAll();

            Map map = new HashMap();
            map.put("a", "aa");
```

```
                StreamEntryID id1 = new StreamEntryID(123, 0);
                StreamEntryID id2 = new StreamEntryID(456, 0);
                StreamEntryID id3 = new StreamEntryID(789, 0);
                StreamEntryID id4 = new StreamEntryID(790, 0);

                .xadd("key1", id1, map);
                .xadd("key1", id2, map);
                .xadd("key1", id3, map);

                .xdel("key1", id3);

                try {
                    .xadd("key1", id3, map);
                } catch (Exception e) {
                    e.printStackTrace();
                }

                .xadd("key1", id4, map);

                List<StreamEntry> listEntry = .xrange("key1", null, null, Integer.MAX_VALUE);
                for (int i = 0; i < listEntry.size(); i++) {
                    StreamEntry entry = listEntry.get(i);
                    System.out.println(entry.getID());
                }

        } catch (Exception e) {
            e.printStackTrace();
        } finally {
            if ( != null) {
                .close();
            }
        }
    }
}
```

程序运行结果如下。

```
    redis.clients..exceptions.DataException: ERR The ID specified in XADD is equal or smaller
than the target stream top item
        at redis.clients..Protocol.processError(Protocol.java:132)
        at redis.clients..Protocol.process(Protocol.java:166)
        at redis.clients..Protocol.read(Protocol.java:220)
        at redis.clients..Connection.readProtocolWithCheckingBroken(Connection.java:318)
        at redis.clients..Connection.getBinaryBulkReply(Connection.java:255)
        at redis.clients..Connection.getBulkReply(Connection.java:245)
        at redis.clients...xadd(.java:3713)
        at redis.clients...xadd(.java:3706)
        at test.BigMaxId.main(BigMaxId.java:37)
123-0
456-0
790-0
```

12.4　xrange 命令

使用格式如下。

12.4　xrange 命令

```
xrange key start end [COUNT count]
```

该命令用于按 ID 范围正序返回元素（包括 start 和 end 值，属于 start≤ID≤end 的关系）。xrange 命令可以在如下场景中使用。

- 按时间范围返回元素，因为 ID 可以以时间为值并进行排序。
- 如果流中存储的元素数量比较多，可以采用 COUNT 参数实现增量迭代，类似于 SCAN 命令。
- 返回单个元素。

与 xrange 命令对应的有一个倒序命令 xrevrange，以相反的顺序返回元素，除了返回顺序相反以外，它们在功能上是完全相同的。xrevrange 命令将会在 12.5 节介绍。

12.4.1　使用-和+取得全部元素

符号"–"相当于 0-0，而符号"+"相当于 18446744073709551615-18446744073709551615，代表取出范围内的全部元素。

1．测试案例

测试案例如下。

```
127.0.0.1:6379> xadd key1 1 a aa
"1-0"
127.0.0.1:6379> xadd key1 2 b bb
"2-0"
127.0.0.1:6379> xadd key1 3 c cc
"3-0"
127.0.0.1:6379> xadd key1 4 d dd
"4-0"
127.0.0.1:6379> xadd key1 5 e ee
"5-0"
127.0.0.1:6379> xrange key1 - +
1) 1) "1-0"
   2) 1) "a"
      2) "aa"
2) 1) "2-0"
   2) 1) "b"
      2) "bb"
3) 1) "3-0"
   2) 1) "c"
      2) "cc"
4) 1) "4-0"
   2) 1) "d"
      2) "dd"
5) 1) "5-0"
   2) 1) "e"
      2) "ee"
127.0.0.1:6379>
```

2．程序演示

```
public class Test17 {
    private static Pool pool = new Pool(new PoolConfig(), "192.168.1.109", 7777, 5000, "accp");
```

```
    public static void main(String[] args) {
         = null;
        try {
             = pool.getResource();
            .flushAll();

            Map map = new HashMap();
            map.put("a", "aa");

            for (int i = 0; i < 10; i++) {
                StreamEntryID id = new StreamEntryID(i + 1, 0);
                .xadd("key1", id, map);
            }

            List<StreamEntry> listEntry = .xrange("key1", null, null, Integer.MAX_VALUE);
            for (int i = 0; i < listEntry.size(); i++) {
                StreamEntry entry = listEntry.get(i);
                System.out.println(entry.getID());
            }

        } catch (Exception e) {
            e.printStackTrace();
        } finally {
            if ( != null) {
                .close();
            }
        }
    }
}
```

程序运行结果如下。

```
1-0
2-0
3-0
4-0
5-0
6-0
7-0
8-0
9-0
10-0
```

12.4.2 自动补全特性

验证按包括 sequence 值的范围查询元素和 sequence 值自动补全特性。

1．测试案例

测试案例如下。

```
127.0.0.1:7777> xadd key1 123-1 a aa
123-1
127.0.0.1:7777> xadd key1 123-2 a aa
123-2
127.0.0.1:7777> xadd key1 123-3 a aa
123-3
```

```
127.0.0.1:7777> xadd key1 123-4 a aa
123-4
127.0.0.1:7777> xadd key1 123-5 a aa
123-5
127.0.0.1:7777> xrange key1 123-1 123-4
123-1
a
aa
123-2
a
aa
123-3
a
aa
123-4
a
aa
127.0.0.1:7777> xrange key1 123 123
123-1
a
aa
123-2
a
aa
123-3
a
aa
123-4
a
aa
123-5
a
aa
127.0.0.1:7777>
```

执行如下命令。

```
xrange key1 123 123
```

sequence 值自动补全成如下形式。

```
xrange key1 123-0 123-18446744073709551615
```

2. 程序演示

```java
public class Test18 {
    private static Pool pool = new Pool(new PoolConfig(), "192.168.1.109", 7777, 5000, "accp");

    public static void main(String[] args) {
         = null;
        try {
             = pool.getResource();
            .flushAll();

            Map map = new HashMap();
            map.put("a", "aa");

            StreamEntryID id1 = new StreamEntryID(123, 1);
```

```
                    StreamEntryID id2 = new StreamEntryID(123, 2);
                    StreamEntryID id3 = new StreamEntryID(123, 3);
                    StreamEntryID id4 = new StreamEntryID(123, 4);
                    StreamEntryID id5 = new StreamEntryID(123, 5);

                    .xadd("key1", id1, map);
                    .xadd("key1", id2, map);
                    .xadd("key1", id3, map);
                    .xadd("key1", id4, map);
                    .xadd("key1", id5, map);

                    {
                        List<StreamEntry> listEntry = .xrange("key1", id1, id4, Integer.MAX_VALUE);
                        for (int i = 0; i < listEntry.size(); i++) {
                            StreamEntry entry = listEntry.get(i);
                            System.out.println(entry.getID().toString() + " " +
entry.getFields().toString());
                        }
                    }
                    System.out.println();
                    StreamEntryID beginId = new StreamEntryID(123, 0);
                    StreamEntryID endId = new StreamEntryID(123, Long.MAX_VALUE);
                    {
                        List<StreamEntry> listEntry = .xrange("key1", beginId, endId,
Integer.MAX_VALUE);
                        for (int i = 0; i < listEntry.size(); i++) {
                            StreamEntry entry = listEntry.get(i);
                            System.out.println(entry.getID().toString() + " " +
entry.getFields().toString());
                        }
                    }
            } catch (Exception e) {
                e.printStackTrace();
            } finally {
                if ( != null) {
                    .close();
                }
            }
        }
    }
```

程序运行结果如下。

```
123-1 {a=aa}
123-2 {a=aa}
123-3 {a=aa}
123-4 {a=aa}

123-1 {a=aa}
123-2 {a=aa}
123-3 {a=aa}
123-4 {a=aa}
123-5 {a=aa}
```

Redis 中不支持 sequence 自动补全特性，必须在 StreamEntryID()构造方法中传入 sequence 参数。

```
public StreamEntryID(long time, long sequence)
```

12.4.3 使用 count 限制返回元素的个数

1. 测试案例

测试案例如下。

```
127.0.0.1:7777> xadd key 123 a aa
123-0
127.0.0.1:7777> xadd key 456 b bb
456-0
127.0.0.1:7777> xadd key 789 c cc
789-0
127.0.0.1:7777> xrange key - + count 2
123-0
a
aa
456-0
b
bb
127.0.0.1:7777>
```

2. 程序演示

```java
public class Test19 {
    private static Pool pool = new Pool(new PoolConfig(), "192.168.1.109", 7777, 5000, "accp");

    public static void main(String[] args) {
         = null;
        try {
             = pool.getResource();
            .flushAll();

            Map map = new HashMap();
            map.put("a", "aa");

            StreamEntryID id1 = new StreamEntryID(123, 1);
            StreamEntryID id2 = new StreamEntryID(123, 2);
            StreamEntryID id3 = new StreamEntryID(123, 3);
            StreamEntryID id4 = new StreamEntryID(123, 4);
            StreamEntryID id5 = new StreamEntryID(123, 5);

            .xadd("key1", id1, map);
            .xadd("key1", id2, map);
            .xadd("key1", id3, map);
            .xadd("key1", id4, map);
            .xadd("key1", id5, map);

            List<StreamEntry> listEntry = .xrange("key1", null, null, 3);
            for (int i = 0; i < listEntry.size(); i++) {
                StreamEntry entry = listEntry.get(i);
                System.out.println(entry.getID().toString() + " " + entry.getFields().toString());
            }
        } catch (Exception e) {
            e.printStackTrace();
```

```
        } finally {
            if (  != null) {
                .close();
            }
        }
    }
}
```

程序运行结果如下。

```
123-1 {a=aa}
123-2 {a=aa}
123-3 {a=aa}
```

12.4.4 迭代/分页流

1．测试案例

测试案例如下。

```
127.0.0.1:7777> xadd mykey 1-1 a aa1
1-1
127.0.0.1:7777> xadd mykey 1-2 a aa2
1-2
127.0.0.1:7777> xadd mykey 1-3 a aa3
1-3
127.0.0.1:7777> xadd mykey 2-1 a aa4
2-1
127.0.0.1:7777> xadd mykey 2-2 a aa5
2-2
127.0.0.1:7777> xadd mykey 2-3 a aa6
2-3
127.0.0.1:7777> xadd mykey 3-1 a aa7
3-1
127.0.0.1:7777> xadd mykey 4-1 a aa8
4-1
127.0.0.1:7777> xadd mykey 5-1 a aa9
5-1
127.0.0.1:7777> xadd mykey 6-1 a aa10
6-1
127.0.0.1:7777> xrange mykey - + count 2
1-1
a
aa1
1-2
a
aa2
127.0.0.1:7777> xrange mykey 1-3 + count 2
1-3
a
aa3
2-1
a
aa4
127.0.0.1:7777> xrange mykey 2-2 + count 2
2-2
```

```
a
aa5
2-3
a
aa6
127.0.0.1:7777> xrange mykey 2-4 + count 2
3-1
a
aa7
4-1
a
aa8
127.0.0.1:7777> xrange mykey 4-2 + count 2
5-1
a
aa9
6-1
a
aa10
127.0.0.1:7777> xrange mykey 6-2 + count 2

127.0.0.1:7777>
```

2. 程序演示

```java
public class Test20 {
    private static Pool pool = new Pool(new PoolConfig(), "192.168.1.109", 7777, 5000, "accp");

    public static void main(String[] args) {
         = null;
        try {
             = pool.getResource();
            .flushAll();

            Map map = new HashMap();
            map.put("a", "aa");

            StreamEntryID id1 = new StreamEntryID(1, 1);
            StreamEntryID id2 = new StreamEntryID(1, 2);
            StreamEntryID id3 = new StreamEntryID(1, 3);
            StreamEntryID id4 = new StreamEntryID(2, 1);
            StreamEntryID id5 = new StreamEntryID(2, 2);
            StreamEntryID id6 = new StreamEntryID(2, 3);
            StreamEntryID id7 = new StreamEntryID(3, 1);
            StreamEntryID id8 = new StreamEntryID(4, 1);
            StreamEntryID id9 = new StreamEntryID(5, 1);
            StreamEntryID id10 = new StreamEntryID(6, 1);

            .xadd("key1", id1, map);
            .xadd("key1", id2, map);
            .xadd("key1", id3, map);
            .xadd("key1", id4, map);
            .xadd("key1", id5, map);
            .xadd("key1", id6, map);
            .xadd("key1", id7, map);
            .xadd("key1", id8, map);
            .xadd("key1", id9, map);
            .xadd("key1", id10, map);
```

```
                List<StreamEntry> listEntry = .xrange("key1", null, null, 2);
                while (listEntry.size() != 0) {
                    StreamEntryID lastId = null; // 当前查询页中最后元素的 ID
                    for (int i = 0; i < listEntry.size(); i++) {
                        StreamEntry entry = listEntry.get(i);
                        System.out.println(entry.getID().toString() + " " +
entry.getFields().toString());
                        lastId = entry.getID();
                    }
把当前查询页中最后元素的 ID 的 sequence 值加 1
                    lastId = new StreamEntryID(lastId.getTime(), lastId.getSequence() + 1);
// 作为下一查询页的起始元素 ID
                    listEntry = .xrange("key1", lastId, null, 2);
                    System.out.println();
                }

        } catch (Exception e) {
            e.printStackTrace();
        } finally {
            if ( != null) {
                .close();
            }
        }
    }
}
```

程序运行结果如下。

```
1-1 {a=aa}
1-2 {a=aa}

1-3 {a=aa}
2-1 {a=aa}

2-2 {a=aa}
2-3 {a=aa}

3-1 {a=aa}
4-1 {a=aa}

5-1 {a=aa}
6-1 {a=aa}
```

12.4.5　取得单一元素

1．测试案例

测试案例如下。

```
127.0.0.1:7777> xadd key 123-1 a aa
123-1
127.0.0.1:7777> xadd key 123-2 a aa
123-2
127.0.0.1:7777> xadd key 123-3 a aa
123-3
```

```
127.0.0.1:7777> xrange key 123-2 123-2
123-2
a
aa
127.0.0.1:7777>
```

2. 程序演示

```java
public class Test21 {
    private static Pool pool = new Pool(new PoolConfig(), "192.168.1.109", 7777, 5000, "accp");

    public static void main(String[] args) {
         = null;
        try {
             = pool.getResource();
            .flushAll();

            Map map = new HashMap();
            map.put("a", "aa");

            StreamEntryID id1 = new StreamEntryID(11, 1);
            StreamEntryID id2 = new StreamEntryID(21, 2);
            StreamEntryID id3 = new StreamEntryID(31, 3);

            .xadd("key1", id1, map);
            .xadd("key1", id2, map);
            .xadd("key1", id3, map);

            List<StreamEntry> listEntry = .xrange("key1", id2, id2, Integer.MAX_VALUE);
            for (int i = 0; i < listEntry.size(); i++) {
                StreamEntry entry = listEntry.get(i);
                System.out.println(entry.getID().toString() + " " + entry.getFields().toString());
            }
        } catch (Exception e) {
            e.printStackTrace();
        } finally {
            if ( != null) {
                .close();
            }
        }
    }
}
```

程序运行结果如下。

```
21-2 {a=aa}
```

12.5 xrevrange 命令

使用格式如下。

```
xrevrange key end start [COUNT count]
```

该命令用于按 ID 范围倒序返回元素（包括 end 和 start 值，属于 end≤ID≤start 的关系）。

12.5.1 使用+和-取得全部元素

符号"+"相当于18446744073709551615-18446744073709551615，而符号"-"相当于0-0，代表取出范围内的全部元素。

1. 测试案例

测试案例如下。

```
127.0.0.1:7777> xadd key 1 a aa
1-0
127.0.0.1:7777> xadd key 2 b bb
2-0
127.0.0.1:7777> xadd key 3 c cc
3-0
127.0.0.1:7777> xadd key 4 d dd
4-0
127.0.0.1:7777> xadd key 5 e ee
5-0
127.0.0.1:7777> xrevrange key + -
5-0
e
ee
4-0
d
dd
3-0
c
cc
2-0
b
bb
1-0
a
aa
127.0.0.1:7777>
```

2. 程序演示

```java
public class Test22 {
    private static Pool pool = new Pool(new PoolConfig(), "192.168.1.109", 7777, 5000, "accp");

    public static void main(String[] args) {
         = null;
        try {
             = pool.getResource();
            .flushAll();

            Map map = new HashMap();
            map.put("a", "aa");

            for (int i = 0; i < 10; i++) {
                StreamEntryID id = new StreamEntryID(i + 1, 0);
                .xadd("key1", id, map);
            }
```

```
            List<StreamEntry> listEntry = .xrevrange("key1", null, null, Integer.MAX_VALUE);
            for (int i = 0; i < listEntry.size(); i++) {
                StreamEntry entry = listEntry.get(i);
                System.out.println(entry.getID());
            }

        } catch (Exception e) {
            e.printStackTrace();
        } finally {
            if ( != null) {
                .close();
            }
        }
    }
}
```

程序运行结果如下。

```
10-0
9-0
8-0
7-0
6-0
5-0
4-0
3-0
2-0
1-0
```

12.5.2 迭代/分页流

1. 测试案例

测试案例如下。

```
127.0.0.1:7777> flushdb
OK
127.0.0.1:7777> xadd mykey 1-1 a aa
"1-1"
127.0.0.1:7777> xadd mykey 1-2 a aa
"1-2"
127.0.0.1:7777> xadd mykey 3 a aa
"3-0"
127.0.0.1:7777> xadd mykey 4 a aa
"4-0"
127.0.0.1:7777> xadd mykey 5 a aa
"5-0"
127.0.0.1:7777> xadd mykey 6 a aa
"6-0"
127.0.0.1:7777> xadd mykey 7 a aa
"7-0"
127.0.0.1:7777> xrevrange mykey + - count 2
1) 1) "7-0"
   2) 1) "a"
      2) "aa"
```

```
    2) 1) "6-0"
       2) 1) "a"
          2) "aa"
127.0.0.1:7777> xrevrange mykey 5-18446744073709551615 - count 2
1) 1) "5-0"
   2) 1) "a"
      2) "aa"
2) 1) "4-0"
   2) 1) "a"
      2) "aa"
127.0.0.1:7777> xrevrange mykey 3 - count 2
1) 1) "3-0"
   2) 1) "a"
      2) "aa"
2) 1) "1-2"
   2) 1) "a"
      2) "aa"
127.0.0.1:7777> xrevrange mykey 1-1 - count 2
1) 1) "1-1"
   2) 1) "a"
      2) "aa"
127.0.0.1:7777>
```

当使用 xrevrange 命令进行分页处理时，需要注意，当执行查询下一页的命令时，会将前一页最后一个 ID 的 sequence 值减 1，作为查询下一页的起始 ID 值。但是，如果 sequence 值已经是 0 了，则 ID 的 time 值应该减 1，而且 sequence 值应该使用 18446744073709551615，也可以将 18446744073709551615 省略。

2．程序演示

```java
public class Test23 {
    private static Pool pool = new Pool(new PoolConfig(), "192.168.1.109", 7777, 5000, "accp");

    public static void main(String[] args) {
         = null;
        try {
             = pool.getResource();
            .flushAll();

            Map map = new HashMap();
            map.put("a", "aa");

            StreamEntryID id1 = new StreamEntryID(11, 1);
            StreamEntryID id2 = new StreamEntryID(21, 2);
            StreamEntryID id3 = new StreamEntryID(31, 3);
            StreamEntryID id4 = new StreamEntryID(41, 0);
            StreamEntryID id5 = new StreamEntryID(51, 0);
            StreamEntryID id6 = new StreamEntryID(61, 0);
            StreamEntryID id7 = new StreamEntryID(71, 0);
            StreamEntryID id8 = new StreamEntryID(81, 0);
            StreamEntryID id9 = new StreamEntryID(91, 0);
            StreamEntryID id10 = new StreamEntryID(100, 0);

            .xadd("key1", id1, map);
            .xadd("key1", id2, map);
```

12.5 xrevrange 命令

```
                    .xadd("key1", id3, map);
                    .xadd("key1", id4, map);
                    .xadd("key1", id5, map);
                    .xadd("key1", id6, map);
                    .xadd("key1", id7, map);
                    .xadd("key1", id8, map);
                    .xadd("key1", id9, map);
                    .xadd("key1", id10, map);

                    List<StreamEntry> listEntry = .xrevrange("key1", null, null, 3);
                    while (listEntry.size() != 0) {
                        StreamEntryID lastId = null;
                        for (int i = 0; i < listEntry.size(); i++) {
                            StreamEntry entry = listEntry.get(i);
                            System.out.println(entry.getID().toString() + " " +
entry.getFields().toString());
                            lastId = entry.getID();
                        }
                        long nextTime = lastId.getTime();
                        long nextSequence = lastId.getSequence();
                        if (nextSequence == 0) {
                            nextTime = nextTime - 1;
                            nextSequence = Long.MAX_VALUE;
                        } else {
                            nextSequence = nextSequence - 1;
                        }
                        lastId = new StreamEntryID(nextTime, nextSequence);
                        listEntry = .xrevrange("key1", lastId, null, 3);
                        System.out.println();
                    }

            } catch (Exception e) {
                e.printStackTrace();
            } finally {
                if ( != null) {
                    .close();
                }
            }
        }
    }
```

程序运行结果如下。

```
100-0 {a=aa}
91-0 {a=aa}
81-0 {a=aa}

71-0 {a=aa}
61-0 {a=aa}
51-0 {a=aa}

41-0 {a=aa}
31-3 {a=aa}
21-2 {a=aa}

11-1 {a=aa}
```

12.6 xtrim 命令

使用格式如下。

```
xtrim key maxlen [~] count
```

该命令限制的长度为 count。

参数 maxlen [~] count 支持绝对 count 长度和近似 count 长度，与 xadd 命令的 maxlen 参数功能一模一样，会保留最新的元素。

12.6.1 测试案例

xtrim 命令的示例如下。

```
xtrim mykey maxlen 1000
xtrim mykey maxlen ~ 1000
```

xtrim 命令在使用前需要在其中添加很多个元素，然后才能测出 maxlen 1000 和 maxlen ~ 1000 的区别和效果。

篇幅有限，具体的使用形式请参考 xadd key maxlen [~] x count x 命令。

12.6.2 程序演示

测试案例如下。

```java
public class XTrimTest {
    private static Pool pool = new Pool(new PoolConfig(), "192.168.1.103", 7777, 5000, "accp");

    public static void main(String[] args) {
         = null;
        try {
             = pool.getResource();
            .flushAll();

            {
                Map map = new HashMap();
                map.put("a", "aa");

                for (int i = 0; i < 5000; i++) {
                    StreamEntryID id = new StreamEntryID(i + 1, 0);
                    .xadd("key1", id, map);
                }
                long trimLen = .xtrim("key1", 10, false);
                System.out.println("trimLen=" + trimLen);
                System.out.println("xlen=" + .xlen("key1"));
            }

            System.out.println();
            .flushAll();
            System.out.println();
```

```
        {
            Map map = new HashMap();
            map.put("a", "aa");

            for (int i = 0; i < 5000; i++) {
                StreamEntryID id = new StreamEntryID(i + 1, 0);
                .xadd("key1", id, map);
            }
            long trimLen = .xtrim("key1", 10, true);
            System.out.println("trimLen=" + trimLen);
            System.out.println("xlen=" + .xlen("key1"));
        }
    } catch (Exception e) {
        e.printStackTrace();
    } finally {
        if ( != null) {
            .close();
        }
    }
}
```

程序运行结果如下。

```
trimLen=4990
xlen=10


trimLen=4900
xlen=100
```

12.7 xread 命令

使用格式如下。

```
xread [COUNT count] [BLOCK milliseconds] STREAMS key [key ...] id [id ...]
```

该命令用于读取流中比指定 ID 值大的元素（属于大于关系）。

xrange 命令和 xrevrange 只能从一个流中读取元素，而 xread 命令支持从多个流中读取元素，还支持阻塞与非阻塞的操作。

xread 命令还具有阻塞功能，和 Pub/Sub 模式或者阻塞队列功能非常相似，但却有本质上的不同。

- xread 可以有多个消费者以阻塞的方式一同监听新的元素。如果有新的元素到达，xread 则把新的元素分发到不同的消费者，每个消费者接收的元素是相同的，和 Pub/Sub 模式的效果是一样的；但和阻塞队列不同，使用阻塞队列的消费者接收的元素是不相同的。
- Pub/Sub 模式和阻塞队列中的元素是瞬时的，元素被消费完毕后立即删除，并不保存，而流中的元素会一直保存，除非手动删除。不同的消费者通过接收的最后一个 ID 与服务器进行对比，从而知道哪些元素是最新的。
- Stream 数据类型提供消费者组的概念，更细化地控制流中元素的处理。关于此知识点将在后文进行更详细的介绍。

12.7.1 实现元素读取

测试实现非阻塞元素读取。

1. 测试案例

执行如下程序提供测试元素。

```java
public class Test24 {
    private static Pool pool = new Pool(new PoolConfig(), "192.168.1.109", 7777, 5000, "accp");

    public static void main(String[] args) {
         = null;
        try {
             = pool.getResource();
            .flushAll();

            Map map = new HashMap();
            map.put("a", "aa");

            StreamEntryID id1 = new StreamEntryID(1, 1);
            StreamEntryID id2 = new StreamEntryID(1, 2);
            StreamEntryID id3 = new StreamEntryID(1, 3);
            StreamEntryID id4 = new StreamEntryID(2, 1);
            StreamEntryID id5 = new StreamEntryID(2, 2);
            StreamEntryID id6 = new StreamEntryID(2, 3);
            StreamEntryID id7 = new StreamEntryID(3, 1);
            StreamEntryID id8 = new StreamEntryID(4, 1);
            StreamEntryID id9 = new StreamEntryID(5, 1);
            StreamEntryID id10 = new StreamEntryID(6, 1);

            .xadd("key1", id1, map);
            .xadd("key1", id2, map);
            .xadd("key1", id3, map);
            .xadd("key1", id4, map);
            .xadd("key1", id5, map);
            .xadd("key1", id6, map);
            .xadd("key1", id7, map);
            .xadd("key1", id8, map);
            .xadd("key1", id9, map);
            .xadd("key1", id10, map);

        } catch (Exception e) {
            e.printStackTrace();
        } finally {
            if ( != null) {
                .close();
            }
        }
    }
}
```

执行如下命令进行测试。

```
127.0.0.1:7777> xread STREAMS key1 0-0
1) 1) "key1"
```

```
   2) 1) 1) "1-1"
         2) 1) "a"
            2) "aa"
      2) 1) "1-2"
         2) 1) "a"
            2) "aa"
      3) 1) "1-3"
         2) 1) "a"
            2) "aa"
      4) 1) "2-1"
         2) 1) "a"
            2) "aa"
      5) 1) "2-2"
         2) 1) "a"
            2) "aa"
      6) 1) "2-3"
         2) 1) "a"
            2) "aa"
      7) 1) "3-1"
         2) 1) "a"
            2) "aa"
      8) 1) "4-1"
         2) 1) "a"
            2) "aa"
      9) 1) "5-1"
         2) 1) "a"
            2) "aa"
     10) 1) "6-1"
         2) 1) "a"
            2) "aa"
127.0.0.1:7777> xread STREAMS key1 4-1
1) 1) "key1"
   2) 1) 1) "5-1"
         2) 1) "a"
            2) "aa"
      2) 1) "6-1"
         2) 1) "a"
            2) "aa"
127.0.0.1:7777> xread STREAMS key1 4-0
1) 1) "key1"
   2) 1) 1) "4-1"
         2) 1) "a"
            2) "aa"
      2) 1) "5-1"
         2) 1) "a"
            2) "aa"
      3) 1) "6-1"
         2) 1) "a"
            2) "aa"
127.0.0.1:7777> xlen key1
(integer) 10
127.0.0.1:7777>
```

对 ID 的比较是大于关系，而不是大于等于关系。

2. 程序演示

```
public class Test25 {
```

第 12 章 Stream 类型命令

```java
private static Pool pool = new Pool(new PoolConfig(), "192.168.1.103", 7777, 5000, "accp");

public static void main(String[] args) {
     = null;
    try {
         = pool.getResource();
        .flushAll();

        {
            Map map = new HashMap();
            map.put("a", "aa");

            StreamEntryID id1 = new StreamEntryID(1, 1);
            StreamEntryID id2 = new StreamEntryID(1, 2);
            StreamEntryID id3 = new StreamEntryID(1, 3);
            StreamEntryID id4 = new StreamEntryID(2, 1);
            StreamEntryID id5 = new StreamEntryID(2, 2);
            StreamEntryID id6 = new StreamEntryID(2, 3);
            StreamEntryID id7 = new StreamEntryID(3, 1);
            StreamEntryID id8 = new StreamEntryID(4, 1);
            StreamEntryID id9 = new StreamEntryID(5, 1);
            StreamEntryID id10 = new StreamEntryID(6, 1);

            .xadd("key1", id1, map);
            .xadd("key1", id2, map);
            .xadd("key1", id3, map);
            .xadd("key1", id4, map);
            .xadd("key1", id5, map);
            .xadd("key1", id6, map);
            .xadd("key1", id7, map);
            .xadd("key1", id8, map);
            .xadd("key1", id9, map);
            .xadd("key1", id10, map);
        }

        StreamEntryID id = new StreamEntryID(1, 1);
        Entry<String, StreamEntryID> entry = new AbstractMap.SimpleEntry("key1", id);

        List<Entry<String, List<StreamEntry>>> listEntry = .xread(-1, 0, entry);
        for (int i = 0; i < listEntry.size(); i++) {
            Entry<String, List<StreamEntry>> eachEntry = listEntry.get(i);
            System.out.println(eachEntry.getKey());
            List<StreamEntry> listStreamEntry = eachEntry.getValue();
            for (int j = 0; j < listStreamEntry.size(); j++) {
                StreamEntry eachStreamEntry = listStreamEntry.get(j);
                StreamEntryID eachId = eachStreamEntry.getID();
                System.out.println(eachId.getTime() + " " + eachId.getSequence());
                Map<String, String> fieldValueMap = eachStreamEntry.getFields();
                Iterator<String> iterator = fieldValueMap.keySet().iterator();
                while (iterator.hasNext()) {
                    String field = iterator.next();
                    String value = fieldValueMap.get(field);
                    System.out.println("    " + field + " " + value);
                }
            }
        }
```

```
            } catch (Exception e) {
                e.printStackTrace();
            } finally {
                if ( != null) {
                    .close();
                }
            }
        }
}
```

程序运行结果如下。

```
key1
1 2
    a aa
1 3
    a aa
2 1
    a aa
2 2
    a aa
2 3
    a aa
3 1
    a aa
4 1
    a aa
5 1
    a aa
6 1
    a aa
```

查询结果不包括 ID 值 1-1，相当于 SQL 语句中的大于查询，而不是大于等于查询。

12.7.2　从多个流中读取元素

1. 测试案例

执行如下程序提供测试元素。

```
public class Test26 {
    private static Pool pool = new Pool(new PoolConfig(), "192.168.1.103", 7777, 5000, "accp");

    public static void main(String[] args) {
         = null;
        try {
             = pool.getResource();
            .flushAll();

            {
                Map map = new HashMap();
                map.put("a", "aa");

                StreamEntryID id1 = new StreamEntryID(1, 1);
                StreamEntryID id2 = new StreamEntryID(1, 2);
```

```java
            StreamEntryID id3 = new StreamEntryID(1, 3);
            StreamEntryID id4 = new StreamEntryID(2, 1);
            StreamEntryID id5 = new StreamEntryID(2, 2);
            StreamEntryID id6 = new StreamEntryID(2, 3);
            StreamEntryID id7 = new StreamEntryID(3, 1);
            StreamEntryID id8 = new StreamEntryID(4, 1);
            StreamEntryID id9 = new StreamEntryID(5, 1);
            StreamEntryID id10 = new StreamEntryID(6, 1);

            .xadd("key1", id1, map);
            .xadd("key1", id2, map);
            .xadd("key1", id3, map);
            .xadd("key1", id4, map);
            .xadd("key1", id5, map);
            .xadd("key1", id6, map);
            .xadd("key1", id7, map);
            .xadd("key1", id8, map);
            .xadd("key1", id9, map);
            .xadd("key1", id10, map);
        }
        {
            Map map = new HashMap();
            map.put("b", "bb");

            StreamEntryID id1 = new StreamEntryID(7, 1);
            StreamEntryID id2 = new StreamEntryID(7, 2);
            StreamEntryID id3 = new StreamEntryID(7, 3);
            StreamEntryID id4 = new StreamEntryID(8, 1);
            StreamEntryID id5 = new StreamEntryID(8, 2);
            StreamEntryID id6 = new StreamEntryID(8, 3);
            StreamEntryID id7 = new StreamEntryID(9, 1);
            StreamEntryID id8 = new StreamEntryID(10, 1);
            StreamEntryID id9 = new StreamEntryID(11, 1);
            StreamEntryID id10 = new StreamEntryID(12, 1);

            .xadd("key2", id1, map);
            .xadd("key2", id2, map);
            .xadd("key2", id3, map);
            .xadd("key2", id4, map);
            .xadd("key2", id5, map);
            .xadd("key2", id6, map);
            .xadd("key2", id7, map);
            .xadd("key2", id8, map);
            .xadd("key2", id9, map);
            .xadd("key2", id10, map);
        }

    } catch (Exception e) {
        e.printStackTrace();
    } finally {
        if ( != null) {
            .close();
        }
    }
}

}
```

12.7 xread 命令

执行如下命令进行测试。

```
127.0.0.1:7777> xread STREAMS key1 key2 5-1 10-1
1) 1) "key1"
   2) 1) 1) "6-1"
         2) 1) "a"
            2) "aa"
2) 1) "key2"
   2) 1) 1) "11-1"
         2) 1) "b"
            2) "bb"
      2) 1) "12-1"
         2) 1) "b"
            2) "bb"
127.0.0.1:7777>
```

2. 程序演示

```
public class Test27 {
    private static Pool pool = new Pool(new PoolConfig(), "192.168.1.103", 7777, 5000, "accp");

    public static void main(String[] args) {
         = null;
        try {
             = pool.getResource();
            .flushAll();

            {
                Map map = new HashMap();
                map.put("a", "aa");

                StreamEntryID id1 = new StreamEntryID(1, 1);
                StreamEntryID id2 = new StreamEntryID(1, 2);
                StreamEntryID id3 = new StreamEntryID(1, 3);
                StreamEntryID id4 = new StreamEntryID(2, 1);
                StreamEntryID id5 = new StreamEntryID(2, 2);
                StreamEntryID id6 = new StreamEntryID(2, 3);
                StreamEntryID id7 = new StreamEntryID(3, 1);
                StreamEntryID id8 = new StreamEntryID(4, 1);
                StreamEntryID id9 = new StreamEntryID(5, 1);
                StreamEntryID id10 = new StreamEntryID(6, 1);

                .xadd("key1", id1, map);
                .xadd("key1", id2, map);
                .xadd("key1", id3, map);
                .xadd("key1", id4, map);
                .xadd("key1", id5, map);
                .xadd("key1", id6, map);
                .xadd("key1", id7, map);
                .xadd("key1", id8, map);
                .xadd("key1", id9, map);
                .xadd("key1", id10, map);
            }
            {
                Map map = new HashMap();
                map.put("b", "bb");

                StreamEntryID id1 = new StreamEntryID(7, 1);
```

```
                    StreamEntryID id2 = new StreamEntryID(7, 2);
                    StreamEntryID id3 = new StreamEntryID(7, 3);
                    StreamEntryID id4 = new StreamEntryID(8, 1);
                    StreamEntryID id5 = new StreamEntryID(8, 2);
                    StreamEntryID id6 = new StreamEntryID(8, 3);
                    StreamEntryID id7 = new StreamEntryID(9, 1);
                    StreamEntryID id8 = new StreamEntryID(10, 1);
                    StreamEntryID id9 = new StreamEntryID(11, 1);
                    StreamEntryID id10 = new StreamEntryID(12, 1);

                    .xadd("key2", id1, map);
                    .xadd("key2", id2, map);
                    .xadd("key2", id3, map);
                    .xadd("key2", id4, map);
                    .xadd("key2", id5, map);
                    .xadd("key2", id6, map);
                    .xadd("key2", id7, map);
                    .xadd("key2", id8, map);
                    .xadd("key2", id9, map);
                    .xadd("key2", id10, map);
                }

                StreamEntryID id1 = new StreamEntryID(5, 1);
                StreamEntryID id2 = new StreamEntryID(10, 1);

                Entry<String, StreamEntryID> entry1 = new AbstractMap.SimpleEntry("key1", id1);
                Entry<String, StreamEntryID> entry2 = new AbstractMap.SimpleEntry("key2", id2);

                List<Entry<String, List<StreamEntry>>> listEntry = .xread(-1, 0, entry1, entry2);
                for (int i = 0; i < listEntry.size(); i++) {
                    Entry<String, List<StreamEntry>> eachEntry = listEntry.get(i);
                    System.out.println(eachEntry.getKey());
                    List<StreamEntry> listStreamEntry = eachEntry.getValue();
                    for (int j = 0; j < listStreamEntry.size(); j++) {
                        StreamEntry eachStreamEntry = listStreamEntry.get(j);
                        StreamEntryID eachId = eachStreamEntry.getID();
                        System.out.println(eachId.getTime() + " " + eachId.getSequence());
                        Map<String, String> fieldValueMap = eachStreamEntry.getFields();
                        Iterator<String> iterator = fieldValueMap.keySet().iterator();
                        while (iterator.hasNext()) {
                            String field = iterator.next();
                            String value = fieldValueMap.get(field);
                            System.out.println("    " + field + " " + value);
                        }
                    }
                    System.out.println();
                }

            } catch (Exception e) {
                e.printStackTrace();
            } finally {
                if ( != null) {
                    .close();
                }
            }
        }
    }
}
```

程序运行结果如下。

```
key2
11 1
    b bb
12 1
    b bb

key1
6 1
    a aa
```

12.7.3 实现 count

1. 测试案例

运行如下程序提供测试元素。

```java
public class Test28 {
    private static Pool pool = new Pool(new PoolConfig(), "192.168.1.109", 7777, 5000, "accp");

    public static void main(String[] args) {
        = null;
        try {
             = pool.getResource();
            .flushAll();

            Map map = new HashMap();
            map.put("a", "aa");

            StreamEntryID id1 = new StreamEntryID(1, 1);
            StreamEntryID id2 = new StreamEntryID(1, 2);
            StreamEntryID id3 = new StreamEntryID(1, 3);
            StreamEntryID id4 = new StreamEntryID(2, 1);
            StreamEntryID id5 = new StreamEntryID(2, 2);
            StreamEntryID id6 = new StreamEntryID(2, 3);
            StreamEntryID id7 = new StreamEntryID(3, 1);
            StreamEntryID id8 = new StreamEntryID(4, 1);
            StreamEntryID id9 = new StreamEntryID(5, 1);
            StreamEntryID id10 = new StreamEntryID(6, 1);

            .xadd("key1", id1, map);
            .xadd("key1", id2, map);
            .xadd("key1", id3, map);
            .xadd("key1", id4, map);
            .xadd("key1", id5, map);
            .xadd("key1", id6, map);
            .xadd("key1", id7, map);
            .xadd("key1", id8, map);
            .xadd("key1", id9, map);
            .xadd("key1", id10, map);

        } catch (Exception e) {
            e.printStackTrace();
        } finally {
```

```
            if (  != null) {
                .close();
            }
        }
    }
}
```

执行如下命令进行测试。

```
127.0.0.1:7777> xread COUNT 5 STREAMS key1 0-0
1) 1) "key1"
   2) 1) 1) "1-1"
         2) 1) "a"
            2) "aa"
      2) 1) "1-2"
         2) 1) "a"
            2) "aa"
      3) 1) "1-3"
         2) 1) "a"
            2) "aa"
      4) 1) "2-1"
         2) 1) "a"
            2) "aa"
      5) 1) "2-2"
         2) 1) "a"
            2) "aa"
127.0.0.1:7777>
```

2. 程序演示

```java
public class Test29 {
    private static Pool pool = new Pool(new PoolConfig(), "192.168.1.103", 7777, 5000, "accp");

    public static void main(String[] args) {
         = null;
        try {
             = pool.getResource();
            .flushAll();

            {
                Map map = new HashMap();
                map.put("a", "aa");

                StreamEntryID id1 = new StreamEntryID(1, 1);
                StreamEntryID id2 = new StreamEntryID(1, 2);
                StreamEntryID id3 = new StreamEntryID(1, 3);
                StreamEntryID id4 = new StreamEntryID(2, 1);
                StreamEntryID id5 = new StreamEntryID(2, 2);
                StreamEntryID id6 = new StreamEntryID(2, 3);
                StreamEntryID id7 = new StreamEntryID(3, 1);
                StreamEntryID id8 = new StreamEntryID(4, 1);
                StreamEntryID id9 = new StreamEntryID(5, 1);
                StreamEntryID id10 = new StreamEntryID(6, 1);

                .xadd("key1", id1, map);
                .xadd("key1", id2, map);
                .xadd("key1", id3, map);
                .xadd("key1", id4, map);
                .xadd("key1", id5, map);
```

```
                .xadd("key1", id6, map);
                .xadd("key1", id7, map);
                .xadd("key1", id8, map);
                .xadd("key1", id9, map);
                .xadd("key1", id10, map);
            }

            StreamEntryID id = new StreamEntryID(0, 0);
            Entry<String, StreamEntryID> entry = new AbstractMap.SimpleEntry("key1", id);

            List<Entry<String, List<StreamEntry>>> listEntry = .xread(5, 0, entry);
            for (int i = 0; i < listEntry.size(); i++) {
                Entry<String, List<StreamEntry>> eachEntry = listEntry.get(i);
                System.out.println(eachEntry.getKey());
                List<StreamEntry> listStreamEntry = eachEntry.getValue();
                for (int j = 0; j < listStreamEntry.size(); j++) {
                    StreamEntry eachStreamEntry = listStreamEntry.get(j);
                    StreamEntryID eachId = eachStreamEntry.getID();
                    System.out.println(eachId.getTime() + " " + eachId.getSequence());
                    Map<String, String> fieldValueMap = eachStreamEntry.getFields();
                    Iterator<String> iterator = fieldValueMap.keySet().iterator();
                    while (iterator.hasNext()) {
                        String field = iterator.next();
                        String value = fieldValueMap.get(field);
                        System.out.println("    " + field + " " + value);
                    }
                }
            }
        } catch (Exception e) {
            e.printStackTrace();
        } finally {
            if ( != null) {
                .close();
            }
        }
    }
}
```

程序运行结果如下。

```
key1
1 1
    a aa
1 2
    a aa
1 3
    a aa
2 1
    a aa
2 2
    a aa
```

12.7.4 测试 count

1. 测试案例

运行如下程序提供测试元素。

```java
public class Test30 {
    private static Pool pool = new Pool(new PoolConfig(), "192.168.1.109", 7777, 5000, "accp");

    public static void main(String[] args) {
         = null;
        try {
             = pool.getResource();
            .flushAll();

            Map map = new HashMap();
            map.put("a", "aa");

            StreamEntryID id1 = new StreamEntryID(1, 1);
            StreamEntryID id2 = new StreamEntryID(1, 2);
            StreamEntryID id3 = new StreamEntryID(1, 3);
            StreamEntryID id4 = new StreamEntryID(2, 1);
            StreamEntryID id5 = new StreamEntryID(2, 2);
            StreamEntryID id6 = new StreamEntryID(2, 3);
            StreamEntryID id7 = new StreamEntryID(3, 1);
            StreamEntryID id8 = new StreamEntryID(4, 1);
            StreamEntryID id9 = new StreamEntryID(5, 1);
            StreamEntryID id10 = new StreamEntryID(6, 1);

            .xadd("key1", id1, map);
            .xadd("key1", id2, map);
            .xadd("key1", id3, map);
            .xadd("key1", id4, map);
            .xadd("key1", id5, map);
            .xadd("key1", id6, map);
            .xadd("key1", id7, map);
            .xadd("key1", id8, map);
            .xadd("key1", id9, map);
            .xadd("key1", id10, map);

        } catch (Exception e) {
            e.printStackTrace();
        } finally {
            if ( != null) {
                .close();
            }
        }
    }
}
```

```
127.0.0.1:7777> XREAD COUNT 3 STREAMS key1 0-0
1) 1) "key1"
   2) 1) 1) "1-1"
         2) 1) "a"
            2) "aa"
      2) 1) "1-2"
         2) 1) "a"
            2) "aa"
      3) 1) "1-3"
         2) 1) "a"
            2) "aa"
```

```
127.0.0.1:7777> XREAD COUNT 3 STREAMS key1 1-3
1) 1) "key1"
   2) 1) 1) "2-1"
         2) 1) "a"
            2) "aa"
      2) 1) "2-2"
         2) 1) "a"
            2) "aa"
      3) 1) "2-3"
         2) 1) "a"
            2) "aa"
127.0.0.1:7777> XREAD COUNT 3 STREAMS key1 2-3
1) 1) "key1"
   2) 1) 1) "3-1"
         2) 1) "a"
            2) "aa"
      2) 1) "4-1"
         2) 1) "a"
            2) "aa"
      3) 1) "5-1"
         2) 1) "a"
            2) "aa"
127.0.0.1:7777> XREAD COUNT 3 STREAMS key1 5-1
1) 1) "key1"
   2) 1) 1) "6-1"
         2) 1) "a"
            2) "aa"
127.0.0.1:7777>
```

2. 程序演示

```java
public class Test31 {
    private static Pool pool = new Pool(new PoolConfig(), "192.168.1.103", 7777, 5000, "accp");

    public static void main(String[] args) {
         = null;
        try {
             = pool.getResource();
            .flushAll();

            {
                Map map = new HashMap();
                map.put("a", "aa");

                StreamEntryID id1 = new StreamEntryID(1, 1);
                StreamEntryID id2 = new StreamEntryID(1, 2);
                StreamEntryID id3 = new StreamEntryID(1, 3);
                StreamEntryID id4 = new StreamEntryID(2, 1);
                StreamEntryID id5 = new StreamEntryID(2, 2);
                StreamEntryID id6 = new StreamEntryID(2, 3);
                StreamEntryID id7 = new StreamEntryID(3, 1);
                StreamEntryID id8 = new StreamEntryID(4, 1);
                StreamEntryID id9 = new StreamEntryID(5, 1);
                StreamEntryID id10 = new StreamEntryID(6, 1);

                .xadd("key1", id1, map);
```

```
            .xadd("key1", id2, map);
            .xadd("key1", id3, map);
            .xadd("key1", id4, map);
            .xadd("key1", id5, map);
            .xadd("key1", id6, map);
            .xadd("key1", id7, map);
            .xadd("key1", id8, map);
            .xadd("key1", id9, map);
            .xadd("key1", id10, map);
        }

        StreamEntryID id = new StreamEntryID(0, 0);
        Entry<String, StreamEntryID> entry = new AbstractMap.SimpleEntry("key1", id);

        List<Entry<String, List<StreamEntry>>> listEntry = .xread(3, 0, entry);
        while (listEntry.size() != 0) {
            StreamEntryID lastId = null;
            for (int i = 0; i < listEntry.size(); i++) {
                Entry<String, List<StreamEntry>> eachEntry = listEntry.get(i);
                System.out.println(eachEntry.getKey());
                List<StreamEntry> listStreamEntry = eachEntry.getValue();
                for (int j = 0; j < listStreamEntry.size(); j++) {
                    StreamEntry eachStreamEntry = listStreamEntry.get(j);
                    StreamEntryID eachId = eachStreamEntry.getID();
                    lastId = eachStreamEntry.getID();
                    System.out.println(eachId.getTime() + " " + eachId.getSequence());
                    Map<String, String> fieldValueMap = eachStreamEntry.getFields();
                    Iterator<String> iterator = fieldValueMap.keySet().iterator();
                    while (iterator.hasNext()) {
                        String field = iterator.next();
                        String value = fieldValueMap.get(field);
                        System.out.println("    " + field + " " + value);
                    }
                }
            }

            Entry<String, StreamEntryID> nextEntry = new AbstractMap.SimpleEntry("key1", lastId);
            listEntry = .xread(3, 0, nextEntry);
            System.out.println();
        }

    } catch (Exception e) {
        e.printStackTrace();
    } finally {
        if ( != null) {
            .close();
        }
    }
}
```

程序运行结果如下。

```
key1
1 1
```

```
        a aa
1 2
        a aa
1 3
        a aa
key1
2 1
        a aa
2 2
        a aa
2 3
        a aa
key1
3 1
        a aa
4 1
        a aa
5 1
        a aa
key1
6 1
        a aa
```

12.7.5 实现阻塞消息读取并结合

流允许消费者以阻塞的方式等待生产者向其发送新消息,如果流中有了新消息,则消费者可以获取新消息。

1. 测试案例

在客户端 1 中输入如下命令。

```
127.0.0.1:7777> flushall
OK
127.0.0.1:7777> xread BLOCK 0 STREAMS key1 $
```

命令执行后呈阻塞状态。

符号"$"表示使用流中已经存储的最大 ID 值作为最后一个 ID 值,让消费者仅接收从开始监听的那个时间以后的新消息。使用"$"不是必须的,可以使用自定义的 ID 值,如果找到匹配的消息,则直接返回消息,否则呈阻塞状态。由于使用 FIFO 算法,因此最早呈阻塞状态的消费者最早解除阻塞状态。

在客户端 2 中输入如下命令。

```
127.0.0.1:7777> xread BLOCK 0 STREAMS key1 $
```

命令执行后呈阻塞状态。

在客户端 3 中输入如下命令。

```
127.0.0.1:7777> xadd key1 1-1 a aa
1-1
127.0.0.1:7777>
```

客户端 1 输出结果如下。

```
key1
1-1
a
aa
127.0.0.1:7777>
```

客户端 2 输出结果如下。

```
key1
1-1
a
aa
127.0.0.1:7777>
```

2. 程序演示

```java
public class Test32 {
    private static Pool pool = new Pool(new PoolConfig(), "192.168.1.109", 7777, 5000, "accp");

    public static void main(String[] args) {
         = null;
        try {
             = pool.getResource();

            .flushAll();

// LAST_ENTRY 相当于$
            Entry<String, StreamEntryID> entry = new SimpleEntry("key1", StreamEntryID.LAST_ENTRY);

            List<Entry<String, List<StreamEntry>>> listEntry = .xread(-1, Integer.MAX_VALUE, entry);
            while (listEntry.size() != 0) {
                StreamEntryID lastId = null;
                for (int i = 0; i < listEntry.size(); i++) {
                    Entry<String, List<StreamEntry>> eachEntry = listEntry.get(i);
                    System.out.println(eachEntry.getKey());
                    List<StreamEntry> listStreamEntry = eachEntry.getValue();
                    for (int j = 0; j < listStreamEntry.size(); j++) {
                        StreamEntry eachStreamEntry = listStreamEntry.get(j);
                        StreamEntryID eachId = eachStreamEntry.getID();
                        lastId = eachStreamEntry.getID();
                        System.out.println(eachId.getTime() + " " + eachId.getSequence());
                        Map<String, String> fieldValueMap = eachStreamEntry.getFields();
                        Iterator<String> iterator = fieldValueMap.keySet().iterator();
                        while (iterator.hasNext()) {
                            String field = iterator.next();
                            String value = fieldValueMap.get(field);
                            System.out.println("    " + field + " " + value);
                        }
                    }
                }
                StreamEntryID newId = new StreamEntryID(lastId.getTime(), lastId.getSequence());
```

```
                    entry = new SimpleEntry("key1", newId);
                    listEntry = .xread(-1, Integer.MAX_VALUE, entry);
                }
        } catch (Exception e) {
            e.printStackTrace();
        } finally {
            if ( != null) {
                .close();
            }
        }
    }
}

public class Test33 {
    private static Pool pool = new Pool(new PoolConfig(), "192.168.1.109", 7777, 5000, "accp");

    public static void main(String[] args) {
         = null;
        try {
             = pool.getResource();

            Map map = new HashMap();
            map.put("a", "aa");

            StreamEntryID id1 = new StreamEntryID(1, 1);
            StreamEntryID id2 = new StreamEntryID(1, 2);
            StreamEntryID id3 = new StreamEntryID(1, 3);
            StreamEntryID id4 = new StreamEntryID(2, 1);
            StreamEntryID id5 = new StreamEntryID(2, 2);
            StreamEntryID id6 = new StreamEntryID(2, 3);
            StreamEntryID id7 = new StreamEntryID(3, 1);
            StreamEntryID id8 = new StreamEntryID(4, 1);
            StreamEntryID id9 = new StreamEntryID(5, 1);
            StreamEntryID id10 = new StreamEntryID(6, 1);

            .xadd("key1", id1, map);
            .xadd("key1", id2, map);
            .xadd("key1", id3, map);
            .xadd("key1", id4, map);
            .xadd("key1", id5, map);
            .xadd("key1", id6, map);
            .xadd("key1", id7, map);
            .xadd("key1", id8, map);
            .xadd("key1", id9, map);
            .xadd("key1", id10, map);
        } catch (Exception e) {
            e.printStackTrace();
        } finally {
            if ( != null) {
                .close();
            }
        }
    }
}
```

首先运行两次 Test32.java 类,创建两个阻塞消费者。第一次运行的 Test32.java 类称为 A

进程，第二次运行的 Test32.java 类称为 B 进程。

然后运行生产者 Test33.java 类。

A 进程的控制台输出结果如下。

```
key1
1 1
    a aa
key1
1 2
    a aa
1 3
    a aa
2 1
    a aa
2 2
    a aa
2 3
    a aa
3 1
    a aa
4 1
    a aa
5 1
    a aa
6 1
    a aa
```

B 进程的控制台输出结果如下。

```
key1
1 1
    a aa
key1
1 2
    a aa
1 3
    a aa
2 1
    a aa
2 2
    a aa
2 3
    a aa
3 1
    a aa
4 1
    a aa
5 1
    a aa
6 1
    a aa
```

12.8 消费者组的使用

前文使用 xread 命令实现了对流中消息的阻塞监听功能，如图 12-2 所示。

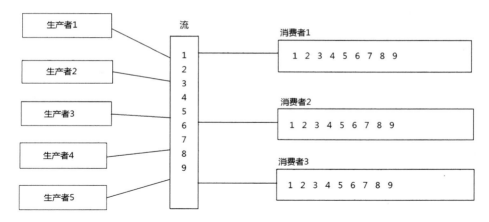

图 12-2 使用 xread 命令实现了对流中消息的阻塞监听功能

消费者 1~3 同时在监听流中是否有最新的消息，当生产者 1~5 对流中的消息执行添加操作时，消费者 1~3 就会收到生产者 1~5 添加的消息。

除流中的消息可以持久保存外，使用 xread 命令结合阻塞功能所实现的效果和 Pub/Sub 模式别无两样，基本相同。

xread 命令和 Pub/Sub 模式都有消息的生产者/发布者（简称生产者）和消费者/订阅者（简称消费者），同组消费者处理的是一样的。但是在某些情况下，想要实现的不是向多个消费者提供相同的消息，而是向不同的消费者传递不同的消息，通过将不同的消息传递到不同的消费者来模拟实现负载均衡的效果，将计算机资源更高效地利用，如图 12-3 所示。

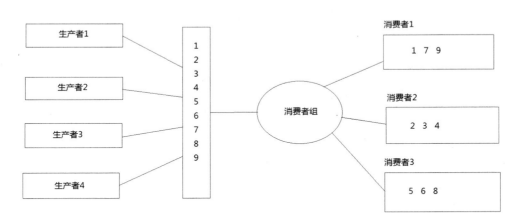

图 12-3 将不同的消息传递到不同的消费者

消费者组就像一个"伪消费者"，从流中为多个消费者获取消息，消费者组提供如下 5 点保证。

- 将一条消息提供给唯一的消费者，消息和消费者之间是一对一关系，不同的消费者接收的消息不同，不会将同一个消息传递给多个消费者。
- 消费者在消费者组中通过唯一的名称来识别。
- 当消费者请求新消息时，消费者组能提供消费者以前从未收到的消息。

- 消费消息后需要使用 xack 命令进行显式确认，表示这条消息已经被正确处理了，可以从消费者组中删除。之所以要有 ACK 确认机制，是因为万一在消费消息时出现宕机、掉电等情况造成消息丢失，只有消息消费完毕才会对其进行确认，将其从消费者组中删除。
- 消费者组监控当前所有"待确认"的消息，也就是消息已经被传递到消费者，但消费者还没有对消息进行消费确认，消费者组中这样的消息就是待确认消息。每个消费者只能看到传递给它的消息。

使用消费者组实现消息消费需要 3 个命令。
- xgroup：用于创建、删除或者管理消费者组。
- xreadgroup：用于通过消费者组从一个流中读取消息。
- xack：允许消费者将待确认消息标记为已确认。

12.8.1 与消费者组有关的命令

xgroup 命令的使用格式如下。

```
xgroup [create key groupname id-or-$] [setid key groupname id-or-$] [destroy key groupname] [delconsumer key groupname consumername]
```

xgroup 命令主要有如下 4 个参数。
- 参数 setid key groupname id-or-$：将消费者组中最后的 ID 值设置为其他值。
- 参数 create key groupname id-or-$：创建消费者组。
- 参数 destroy key groupname：删除消费者组。
- 参数 delconsumer key groupname consumername：从消费者组中删除指定的消费者。

xreadgroup 命令的使用格式如下。

```
xreadgroup group group consumer [count count] [block milliseconds] [noack] streams key [key ...] ID [ID ...]
```

xreadgroup 命令的作用是从消费者组中读取消息，将消息存储在"待处理条目列表（Pending Entry List，PEL）"中，并且支持阻塞模式。
- 参数 group：监听消费者组的名称。
- 参数 consumer：设置消费者的唯一名称。
- 参数 noack：不需要 ACK 机制。

xinfo 命令的使用格式如下。

```
xinfo [consumers key groupname] [groups key] [stream key] [help]
```

xinfo 命令主要有 4 个参数。
- 参数 consumers key groupname：查看消费者相关的信息。
- 参数 groups key：查看 key 对应消费者组相关的信息。
- 参数 stream key：查看流相关的信息。
- 参数 help：查看命令文档说明。

xack 命令的使用格式如下。

```
xack key group ID [ID ...]
```

xack 命令的作用是对消费者组中的待确认的消息进行确认。待确认的消息存储在待处理条目列表中。

xpending 命令的使用格式如下。

```
xpending key group [start end count] [consumer]
```

xpending 命令的作用是查看待处理条目列表中的消息。

xclaim 命令的使用格式如下。

```
xclaim key group consumer min-idle-time ID [ID ...] [idle ms] [time ms-unix-time] [retrycount count] [force] [justid]
```

XCLAIM 命令的作用是改变处理消息的消费者。

12.8.2　xgroup create 和 xinfo groups 命令

该命令用于创建消费者组和获得消费者组信息。

1．测试案例

测试案例如下。

```
127.0.0.1:7777>xgroup create mykey1 mygroupA $
ERR The XGROUP subcommand requires the key to exist. Note that for CREATE you may want to use the MKSTREAM option to create an empty stream automatically.
```

使用 xgroup create 命令指定时，流必须要存在，不然会出现上面的异常。结合参数 MKSTREAM 在没有流时会自动创建一个流，命令如下。

```
127.0.0.1:7777>xgroup create mykey1 mygroupA $ MKSTREAM
OK
127.0.0.1:7777>
```

参数 "$" 代表流中的最后一个 ID，也是最大的 ID 值，从消费者组中获取消息的消费者只能获取到达流中的最新消息，也就是消费者组会将大于 "$" 的 ID 对应的消息传递给消费者。如果希望消费者组获取整个流中的消息，可以使用 0 作为消费者组的开始 ID 值，命令如下。

```
xgroup create mykey1 mygroupA 0 MKSTREAM
```

当然，也可以使用任何其他有效的 ID 值。

```
xgroup create mykey1 mygroupA 888 MKSTREAM
```

上面的命令代表消费者组从流中获取 ID 值大于 888 的消息。

参数 mkstream 代表当 key 不存在时自动创建一个 key。

完整的测试案例如下。

```
127.0.0.1:7777> xgroup create mykey mygroup $
(error) ERR The XGROUP subcommand requires the key to exist. Note that for CREATE you may want to use the MKSTREAM option to create an empty stream automatically.
127.0.0.1:7777> xgroup create mykey1 mygroup1 $ mkstream
OK
```

```
127.0.0.1:7777> xgroup create mykey2 mygroup2 0 mkstream
OK
127.0.0.1:7777> xgroup create mykey3 mygroup3 999 mkstream
OK
127.0.0.1:7777> xinfo groups mykey1
1) 1) "name"
   2) "mygroup1"
   3) "consumers"
   4) (integer) 0
   5) "pending"
   6) (integer) 0
   7) "last-delivered-id"
   8) "0-0"
127.0.0.1:7777> xinfo groups mykey2
1) 1) "name"
   2) "mygroup2"
   3) "consumers"
   4) (integer) 0
   5) "pending"
   6) (integer) 0
   7) "last-delivered-id"
   8) "0-0"
127.0.0.1:7777> xinfo groups mykey3
1) 1) "name"
   2) "mygroup3"
   3) "consumers"
   4) (integer) 0
   5) "pending"
   6) (integer) 0
   7) "last-delivered-id"
   8) "999-0"
127.0.0.1:7777> xinfo groups mykey4
(error) ERR no such key
127.0.0.1:7777>
```

同一个消费者组可以监视多个不同的 key，测试案例如下。

```
127.0.0.1:7777> flushdb
OK
127.0.0.1:7777> xgroup create mykey1 group1 5 mkstream
OK
127.0.0.1:7777> xgroup create mykey2 group1 5 mkstream
OK
127.0.0.1:7777> xinfo groups mykey1
1) 1) "name"
   2) "group1"
   3) "consumers"
   4) (integer) 0
   5) "pending"
   6) (integer) 0
   7) "last-delivered-id"
   8) "5-0"
127.0.0.1:7777> xinfo groups mykey2
1) 1) "name"
   2) "group1"
   3) "consumers"
   4) (integer) 0
   5) "pending"
```

```
    6) (integer) 0
    7) "last-delivered-id"
    8) "5-0"
127.0.0.1:7777>
```

不同的消费者组可以监视同一个 key,测试案例如下。

```
127.0.0.1:7777> xgroup create mykey1 group1 $ mkstream
OK
127.0.0.1:7777> xgroup create mykey1 group2 $ mkstream
OK
127.0.0.1:7777> xgroup create mykey1 group3 $ mkstream
OK
127.0.0.1:7777>
```

当不同的消费者组监视同一个 key 时,消费者组之间不会互相影响,它们会产生隔离性,自己处理自己所属范围的消息。

如果消费者组名相同,并且监视同一个 key,则会出现如下异常。

```
(error) BUSYGROUP Consumer Group name already exists
```

测试案例如下。

```
127.0.0.1:7777> xgroup create mykey1 group1 $ mkstream
OK
127.0.0.1:7777> xgroup create mykey1 group1 $ mkstream
(error) BUSYGROUP Consumer Group name already exists
127.0.0.1:7777> xgroup create mykey1 group1 5 mkstream
(error) BUSYGROUP Consumer Group name already exists
127.0.0.1:7777> xgroup create mykey2 group1 5 mkstream
OK
127.0.0.1:7777>
```

有关 xinfo 命令的具体使用方法请执行 xinfo help 命令进行查看,示例如下。

```
127.0.0.1:7777> xinfo help
1) XINFO <subcommand> arg arg ... arg. Subcommands are:
2) CONSUMERS <key> <groupname>  -- Show consumer groups of group <groupname>.
3) GROUPS <key>                 -- Show the stream consumer groups.
4) STREAM <key>                 -- Show information about the stream.
5) HELP                         -- Print this help.
127.0.0.1:7777>
```

2. 程序演示

```java
public class Test34 {
    private static Pool pool = new Pool(new PoolConfig(), "192.168.1.103", 7777, 5000, "accp");
    private static         = null;

    // 输出 key 对应消费者组的信息
    private static void printGroupInfo(String keyName) {
        List<StreamGroupInfo> list1 = .xinfoGroup(keyName);
        for (int i = 0; i < list1.size(); i++) {
            StreamGroupInfo info = list1.get(i);
            System.out.println("getName=" + info.getName());
            System.out.println("getConsumers=" + info.getConsumers());
            System.out.println("getPending=" + info.getPending());
            System.out.println("getLastDeliveredId=" + info.getLastDeliveredId());
```

```
            }
            System.out.println();
        }

        public static void main(String[] args) {
            try {
                 = pool.getResource();
                .flushAll();

                try {
                    .xgroupCreate("mykey1", "mygroup1", StreamEntryID.LAST_ENTRY, false);
                } catch (Exception e) {
                    e.printStackTrace();
                }

                .xgroupCreate("mykey1", "mygroup1", StreamEntryID.LAST_ENTRY, true);
                .xgroupCreate("mykey2", "mygroup2", new StreamEntryID(0, 0), true);
                // 不同的消费者组可以监视同一个 key
                // 同一个消费者组可以监视不同的 key
                .xgroupCreate("mykey3", "mygroup3", new StreamEntryID(888, 0), true);
                .xgroupCreate("mykey3", "mygroup4", new StreamEntryID(999, 0), true);
                .xgroupCreate("mykey4", "mygroup4", new StreamEntryID(999, 0), true);

                printGroupInfo("mykey1");
                printGroupInfo("mykey2");
                printGroupInfo("mykey3");
                printGroupInfo("mykey4");
            } catch (Exception e) {
                e.printStackTrace();
            } finally {
                if ( != null) {
                    .close();
                }
            }
        }
    }
```

程序运行结果如下。

```
    redis.clients..exceptions.DataException: ERR The XGROUP subcommand requires the key to
exist. Note that for CREATE you may want to use the MKSTREAM option to create an empty stream
automatically.
        at redis.clients..Protocol.processError(Protocol.java:132)
        at redis.clients..Protocol.process(Protocol.java:166)
        at redis.clients..Protocol.read(Protocol.java:220)
        at redis.clients..Connection.readProtocolWithCheckingBroken(Connection.java:318)
        at redis.clients..Connection.getStatusCodeReply(Connection.java:236)
        at redis.clients...xgroupCreate(.java:3788)
        at test.Test34.main(Test34.java:35)
getName=mygroup1
getConsumers=0
getPending=0
getLastDeliveredId=0-0

getName=mygroup2
```

```
getConsumers=0
getPending=0
getLastDeliveredId=0-0

getName=mygroup3
getConsumers=0
getPending=0
getLastDeliveredId=888-0
getName=mygroup4
getConsumers=0
getPending=0
getLastDeliveredId=999-0

getName=mygroup4
getConsumers=0
getPending=0
getLastDeliveredId=999-0
```

12.8.3　xgroup setid 命令

该命令用于更改消费者组监视的 ID 值。

1. 测试案例

测试案例如下。

```
127.0.0.1:7777> flushdb
OK
127.0.0.1:7777> xgroup create mykey1 mygroup1 111 mkstream
OK
127.0.0.1:7777> xinfo groups mykey1
1) 1) "name"
   2) "mygroup1"
   3) "consumers"
   4) (integer) 0
   5) "pending"
   6) (integer) 0
   7) "last-delivered-id"
   8) "111-0"
127.0.0.1:7777> xgroup setid mykey1 mygroup1 222
OK
127.0.0.1:7777> xinfo groups mykey1
1) 1) "name"
   2) "mygroup1"
   3) "consumers"
   4) (integer) 0
   5) "pending"
   6) (integer) 0
   7) "last-delivered-id"
   8) "222-0"
127.0.0.1:7777> xadd mykey1 123 a aa b bb c cc
"123-0"
127.0.0.1:7777> xgroup setid mykey1 mygroup1 $
OK
127.0.0.1:7777> xinfo groups mykey1
1) 1) "name"
```

```
  2) "mygroup1"
  3) "consumers"
  4) (integer) 0
  5) "pending"
  6) (integer) 0
  7) "last-delivered-id"
  8) "123-0"
127.0.0.1:7777>
```

在 xgroup setid 命令中使用 "$" 代表使用流中最大的 ID 值作为最后传递消息的 ID 值。如果新 ID 值大于旧 ID 值，那么消费者可能遗漏新 ID 值和旧 ID 值之间的一些消息；如果新 ID 值小于旧 ID 值，那么消费者可能重复消费以前曾经处理过的消息。

除非在万不得已的情况下，否则尽量不要使用 SETID 子命令重新设置 ID 值。

2. 程序演示

```java
public class Test35 {
    private static Pool pool = new Pool(new PoolConfig(), "192.168.1.103", 7777, 5000, "accp");

    private static         = null;

    // 输出 key 对应消费者组的信息
    private static void printGroupInfo(String keyName) {
        List<StreamGroupInfo> list1 =    .xinfoGroup(keyName);
        for (int i = 0; i < list1.size(); i++) {
            StreamGroupInfo info = list1.get(i);
            System.out.println("getName=" + info.getName());
            System.out.println("getConsumers=" + info.getConsumers());
            System.out.println("getPending=" + info.getPending());
            System.out.println("getLastDeliveredId=" + info.getLastDeliveredId());
        }
        System.out.println();
    }

    public static void main(String[] args) {
        try {
                = pool.getResource();
            .flushAll();

            .xgroupCreate("mykey1", "mygroup1", new StreamEntryID(111, 0), true);

            printGroupInfo("mykey1");

            .xgroupSetID("mykey1", "mygroup1", new StreamEntryID(222, 0));

            printGroupInfo("mykey1");

            Map map = new HashMap();
            map.put("a", "aa");
            StreamEntryID id = new StreamEntryID(123, 0);
            .xadd("mykey1", id, map);

            .xgroupSetID("mykey1", "mygroup1", StreamEntryID.LAST_ENTRY);

            printGroupInfo("mykey1");
        } catch (Exception e) {
```

```
            e.printStackTrace();
        } finally {
            if ( != null) {
                .close();
            }
        }
    }
}
```

程序运行结果如下。

```
getName=mygroup1
getConsumers=0
getPending=0
getLastDeliveredId=111-0

getName=mygroup1
getConsumers=0
getPending=0
getLastDeliveredId=222-0

getName=mygroup1
getConsumers=0
getPending=0
getLastDeliveredId=123-0
```

12.8.4　xgroup destroy 命令

该命令用于删除消费者组。

1. 测试案例

测试案例如下。

```
127.0.0.1:7777> flushdb
OK
127.0.0.1:7777> xgroup create mykey1 mygroup1 $ mkstream
OK
127.0.0.1:7777> xgroup create mykey1 mygroup2 $ mkstream
OK
127.0.0.1:7777> xgroup create mykey1 mygroup3 $ mkstream
OK
127.0.0.1:7777> xinfo groups mykey1
1) 1) "name"
   2) "mygroup1"
   3) "consumers"
   4) (integer) 0
   5) "pending"
   6) (integer) 0
   7) "last-delivered-id"
   8) "0-0"
2) 1) "name"
   2) "mygroup2"
   3) "consumers"
   4) (integer) 0
   5) "pending"
```

```
            6) (integer) 0
            7) "last-delivered-id"
            8) "0-0"
    3) 1) "name"
       2) "mygroup3"
       3) "consumers"
       4) (integer) 0
       5) "pending"
       6) (integer) 0
       7) "last-delivered-id"
       8) "0-0"
127.0.0.1:7777> xgroup destroy mykey1 mygroup1
(integer) 1
127.0.0.1:7777> xgroup destroy mykey1 mygroup3
(integer) 1
127.0.0.1:7777> xinfo groups mykey1
1) 1) "name"
   2) "mygroup2"
   3) "consumers"
   4) (integer) 0
   5) "pending"
   6) (integer) 0
   7) "last-delivered-id"
   8) "0-0"
127.0.0.1:7777>
```

2. 程序演示

```java
public class Test36 {
    private static Pool pool = new Pool(new PoolConfig(), "192.168.1.103", 7777, 5000, "accp");

    private static       = null;

    // 输出 key 对应消费者组的信息
    private static void printGroupInfo(String keyName) {
        List<StreamGroupInfo> list1 =    .xinfoGroup(keyName);
        for (int i = 0; i < list1.size(); i++) {
            StreamGroupInfo info = list1.get(i);
            System.out.println("getName=" + info.getName());
            System.out.println("getConsumers=" + info.getConsumers());
            System.out.println("getPending=" + info.getPending());
            System.out.println("getLastDeliveredId=" + info.getLastDeliveredId());
        }
        System.out.println();
    }

    public static void main(String[] args) {
        try {
                = pool.getResource();
             .flushAll();

             .xgroupCreate("mykey1", "mygroup1", new StreamEntryID(1, 0), true);
             .xgroupCreate("mykey1", "mygroup2", new StreamEntryID(2, 0), true);
             .xgroupCreate("mykey1", "mygroup3", new StreamEntryID(3, 0), true);

            printGroupInfo("mykey1");

             .xgroupDestroy("mykey1", "mygroup1");
             .xgroupDestroy("mykey1", "mygroup3");
```

```
                printGroupInfo("mykey1");
            } catch (Exception e) {
                e.printStackTrace();
            } finally {
                if ( != null) {
                    .close();
                }
            }
        }
}
```

程序运行结果如下。

```
getName=mygroup1
getConsumers=0
getPending=0
getLastDeliveredId=1-0
getName=mygroup2
getConsumers=0
getPending=0
getLastDeliveredId=2-0
getName=mygroup3
getConsumers=0
getPending=0
getLastDeliveredId=3-0

getName=mygroup2
getConsumers=0
getPending=0
getLastDeliveredId=2-0
```

12.8.5　xinfo stream 命令

该命令用于查看流相关的信息。

1. 测试案例

测试案例如下。

```
127.0.0.1:7777> flushdb
OK
127.0.0.1:7777> xadd mykey 1 a aa
"1-0"
127.0.0.1:7777> xadd mykey 2 b bb
"2-0"
127.0.0.1:7777> xadd mykey 3 c cc
"3-0"
127.0.0.1:7777> xinfo stream mykey
 1) "length"
 2) (integer) 3
 3) "radix-tree-keys"
 4) (integer) 1
 5) "radix-tree-nodes"
 6) (integer) 2
 7) "groups"
```

```
 8) (integer) 0
 9) "last-generated-id"
10) "3-0"
11) "first-entry"
12) 1) "1-0"
    2) 1) "a"
       2) "aa"
13) "last-entry"
14) 1) "3-0"
    2) 1) "c"
       2) "cc"
127.0.0.1:7777>
```

2. 程序演示

```java
public class Test37 {
    private static Pool pool = new Pool(new PoolConfig(), "192.168.1.103", 7777, 5000, "accp");

    public static void main(String[] args) {
              = null;
        try {
                   = pool.getResource();
                  .flushAll();

            Map map1 = new HashMap();
            map1.put("a", "aa");
            Map map2 = new HashMap();
            map2.put("b", "bb");
            Map map3 = new HashMap();
            map3.put("c", "cc");

            StreamEntryID id1 = new StreamEntryID(1, 1);
            StreamEntryID id2 = new StreamEntryID(1, 2);
            StreamEntryID id3 = new StreamEntryID(1, 3);

                  .xadd("key1", id1, map1);
                  .xadd("key1", id2, map2);
                  .xadd("key1", id3, map3);

            StreamInfo info =  .xinfoStream("key1");
            System.out.println("getLength=" + info.getLength());
            System.out.println("getRadixTreeKeys=" + info.getRadixTreeKeys());
            System.out.println("getRadixTreeNodes=" + info.getRadixTreeNodes());
            System.out.println("getGroups=" + info.getGroups());
            System.out.println("getLastGeneratedId=" + info.getLastGeneratedId().getTime() + " "
                    + info.getLastGeneratedId().getSequence());
            StreamEntry firstStreamEntry = info.getFirstEntry();
            System.out.println("getFirstEntry=" + firstStreamEntry.getID().getTime() + " "
                    + firstStreamEntry.getID().getSequence());
            {
                Iterator iterator = firstStreamEntry.getFields().keySet().iterator();
                while (iterator.hasNext()) {
                    String key = "" + iterator.next();
                    String value = "" + firstStreamEntry.getFields().get(key);
                    System.out.println(" " + key + " " + value);
                }
            }
            StreamEntry lastStreamEntry = info.getLastEntry();
```

```
                System.out.println("getLastEntry=" + info.getLastEntry().getID().getTime() + " "
                        + info.getLastEntry().getID().getSequence());
                {
                    Iterator iterator = lastStreamEntry.getFields().keySet().iterator();
                    while (iterator.hasNext()) {
                        String key = "" + iterator.next();
                        String value = "" + lastStreamEntry.getFields().get(key);
                        System.out.println(" " + key + " " + value);
                    }
                }
        } catch (Exception e) {
            e.printStackTrace();
        } finally {
            if ( != null) {
                .close();
            }
        }
    }
}
```

程序运行结果如下。

```
getLength=3
getRadixTreeKeys=1
getRadixTreeNodes=2
getGroups=0
getLastGeneratedId=1 3
getFirstEntry=1 1
 a aa
getLastEntry=1 3
 c cc
```

12.8.6　xreadgroup 和 xinfo consumers 命令

该命令用于从消费者组中读取消息和查看消费者组中的消费者消息。

1．测试案例

在终端 1 中输入如下命令。

```
127.0.0.1:7777> flushdb
OK
127.0.0.1:7777> xgroup create mykey1 mygroup1 $ mkstream
OK
127.0.0.1:7777> xinfo consumers mykey1 mygroup1
(empty list or set)
127.0.0.1:7777> xreadgroup group mygroup1 myconsumer1 block 0 streams mykey1 >
```

大于符号 ">" 是特殊符号，代表在消费者组 **mygroup1** 中读取从未发送给其他消费者的消息，相当于将消费者组中大于最后发送消息 ID 值的消息传给消费者。

命令执行后消费者组呈阻塞状态。

在终端 2 中输入如下命令。

```
127.0.0.1:7777> xadd mykey1 1 a aa b bb c cc
"1-0"
127.0.0.1:7777>
```

在终端 1 中获得新的消息。

```
127.0.0.1:7777> xreadgroup group mygroup1 myconsumer1 block 0 streams mykey1 >
1) 1) "mykey1"
   2) 1) 1) "1-0"
         2) 1) "a"
            2) "aa"
            3) "b"
            4) "bb"
            5) "c"
            6) "cc"
(82.96s)
```

在终端 1 中输入如下命令,查看消费者组中的消费者信息。

```
127.0.0.1:7777> xinfo consumers mykey1 mygroup1
1) 1) "name"
   2) "myconsumer1"
   3) "pending"
   4) (integer) 1
   5) "idle"
   6) (integer) 49757
127.0.0.1:7777>
```

当使用 xgroup create 命令创建一个消费者组之后,消费者组会维护至少 3 个主要的数据。

- 该消费者组下有哪些消费者。
- 创建一个队列,用于存储处于待确认状态的消息。
- 当前消费者组最后发送消息的 ID。

当使用 xreadgroup 命令成功读取消息时,会把当前消费者关联到消费者组中;把读取到的消息存储在待确认队列中;将最后发送的消息 ID 设置为消费者组最后发送消息的 ID。

2. 程序演示

创建测试类代码如下。

```java
public class Test38 {
    private static Pool pool = new Pool(new PoolConfig(), "192.168.1.103", 7777, 5000, "accp");

    private static         = null;

    // 输出 key 对应消费者组中的消费者信息
    private static void printConsumerInfo(String keyName, String groupName) {
        List<StreamConsumersInfo> list = .xinfoConsumers(keyName, groupName);
        for (int i = 0; i < list.size(); i++) {
            StreamConsumersInfo info = list.get(i);
            System.out.println("getName=" + info.getName());
            System.out.println("getPending=" + info.getPending());
            System.out.println("getIdle=" + info.getIdle());
        }
        System.out.println();
    }

    public static void main(String[] args) {
        try {
             = pool.getResource();
```

12.8 消费者组的使用

```
                .flushAll();

                .xgroupCreate("mykey1", "mygroup1", StreamEntryID.LAST_ENTRY, true);
                printConsumerInfo("mykey1", "mygroup1");

                Entry<String, StreamEntryID> entry = new AbstractMap.SimpleEntry("mykey1",
StreamEntryID.UNRECEIVED_ENTRY);
                System.out.println("begin time " + System.currentTimeMillis());
                List<Entry<String, List<StreamEntry>>> listEntry = .xreadGroup("mygroup1",
"myconsumer1", -1,
                    Integer.MAX_VALUE, false, entry);
                System.out.println("  end time " + System.currentTimeMillis());
                for (int i = 0; i < listEntry.size(); i++) {
                    Entry<String, List<StreamEntry>> eachEntry = listEntry.get(i);
                    System.out.println(eachEntry.getKey());
                    List<StreamEntry> listStreamEntry = eachEntry.getValue();
                    for (int j = 0; j < listStreamEntry.size(); j++) {
                        StreamEntry eachStreamEntry = listStreamEntry.get(j);
                        StreamEntryID eachId = eachStreamEntry.getID();
                        System.out.println(eachId.getTime() + " " + eachId.getSequence());
                        Map<String, String> fieldValueMap = eachStreamEntry.getFields();
                        Iterator<String> iterator = fieldValueMap.keySet().iterator();
                        while (iterator.hasNext()) {
                            String field = iterator.next();
                            String value = fieldValueMap.get(field);
                            System.out.println("    " + field + " " + value);
                        }
                    }
                }
                System.out.println();
                printConsumerInfo("mykey1", "mygroup1");

            } catch (Exception e) {
                e.printStackTrace();
            } finally {
                if ( != null) {
                    .close();
                }
            }
        }
    }
```

创建测试类代码如下。

```
public class Test39 {
    private static Pool pool = new Pool(new PoolConfig(), "192.168.1.103", 7777, 5000, "accp");

    public static void main(String[] args) {
         = null;
        try {
             = pool.getResource();

            Map map = new HashMap();
            map.put("a", "aa");
            map.put("b", "bb");
            map.put("c", "cc");
            map.put("d", "dd");
            StreamEntryID id1 = new StreamEntryID(1, 1);
```

```
                    .xadd("mykey1", id1, map);
            } catch (Exception e) {
                e.printStackTrace();
            } finally {
                if ( != null) {
                    .close();
                }
            }
        }
    }
}
```

运行 Test38.java 类,控制台输出结果如下。

```
begin time 1582029227889
```

运行 Test39.java 类,控制台输出结果如下。

```
  end time 1582029276096
mykey1
1 1
    a aa
    b bb
    c cc
    d dd

getName=myconsumer1
getPending=1
getIdle=1
```

Test38.java 类的控制台完整输出结果如下。

```
begin time 1582029227889
  end time 1582029276096
mykey1
1 1
    a aa
    b bb
    c cc
    d dd

getName=myconsumer1
getPending=1
getIdle=1
```

12.8.7　在 xreadgroup 命令中使用>或指定 ID 值

测试在 xreadgroup 命令中使用>或指定 ID 值。
- >: 代表从消费者组中读取从未被其他消费者消费的消息,会更新消费者组最后发送消息的 ID 值。
- 指定 ID 值: 从待处理消息队列中读取消息。

1. 测试案例

在终端 1 中输入如下命令。

```
127.0.0.1:7777> xgroup create mykey1 mygroup1 $ mkstream
```

12.8 消费者组的使用

```
OK
127.0.0.1:7777> xreadgroup group mygroup1 myconsumer1 block 0 streams mykey1 >
```

消费者 myconsumer1 执行命令后呈阻塞状态。

在终端 2 中输入如下命令。

```
127.0.0.1:7777> xadd mykey1 1 a aa b bb c cc
"1-0"
127.0.0.1:7777>
```

终端 1 解除阻塞，消费者 myconsumer1 读取消息。

```
1) 1) "mykey1"
   2) 1) 1) "1-0"
         2) 1) "a"
            2) "aa"
            3) "b"
            4) "bb"
            5) "c"
            6) "cc"
(22.15s)
```

消费者组最后发送消息的 ID 值是 1-0。

在终端 1 中输入如下命令。

```
127.0.0.1:7777> xreadgroup group mygroup1 myconsumer2 block 0 streams mykey1 >
```

消费者 myconsumer2 执行命令后呈阻塞状态。

在终端 2 中输入如下命令。

```
127.0.0.1:7777> xadd mykey1 2 a aa b bb c cc
"2-0"
127.0.0.1:7777>
```

终端 1 解除阻塞，消费者 myconsumer2 读取了消息。

```
1) 1) "mykey1"
   2) 1) 1) "2-0"
         2) 1) "a"
            2) "aa"
            3) "b"
            4) "bb"
            5) "c"
            6) "cc"
(11.03s)
```

消费者组最后发送消息的 ID 值是 2-0。

目前的情况如下。

- 消费者 1 的待处理消息队列中存储了 ID 值为 1-0 的消息。
- 消费者 2 的待处理消息队列中存储了 ID 值为 2-0 的消息。

执行如下命令，验证上面两条结论。

```
127.0.0.1:7777> xreadgroup group mygroup1 myconsumer1 block 0 streams mykey1 0
1) 1) "mykey1"
   2) 1) 1) "1-0"
         2) 1) "a"
```

```
                         2) "aa"
                         3) "b"
                         4) "bb"
                         5) "c"
                         6) "cc"
127.0.0.1:7777> xreadgroup group mygroup1 myconsumer2 block 0 streams mykey1 0
1) 1) "mykey1"
   2) 1) 1) "2-0"
         2) 1) "a"
            2) "aa"
            3) "b"
            4) "bb"
            5) "c"
            6) "cc"
127.0.0.1:7777>
```

通过验证，证明结论是正确的。

继续执行下面的命令。

```
127.0.0.1:7777> xreadgroup group mygroup1 myconsumer1 block 0 streams mykey1 100
1) 1) "mykey1"
   2) (empty list or set)
127.0.0.1:7777> xreadgroup group mygroup1 myconsumer2 block 0 streams mykey1 100
1) 1) "mykey1"
   2) (empty list or set)
127.0.0.1:7777> xreadgroup group mygroup1 myconsumer3 block 0 streams mykey1 0
1) 1) "mykey1"
   2) (empty list or set)
127.0.0.1:7777>
```

由此说明，消费者 myconsumer1 和 myconsumer2 的待处理消息队列中并没有 ID 值大于 100 的消息，而消费者 myconsumer3 的待处理消息队列中并没有 ID 值大于 0 的消息，因此并没有发生阻塞。

总结如下。

- xgroup create mykey1 mygroup1 ID mkstream 命令中的"ID"代表消费者组从 Stream 中读取消息的起始 ID。
- xreadgroup group mygroup1 myconsumer1 block 0 streams mykey1 >命令中的">"代表从消费者组中读取从未被其他消费者消费的消息，会更新消费者组最后发送消息的 ID。
- xreadgroup group mygroup1 myconsumer1 block 0 streams mykey1 ID 命令中的"ID"代表从待处理消息队列中读取消息。

2. 程序演示

创建输出工具类代码如下。

```java
public class CommandTools {
    public static void printInfo(List<Entry<String, List<StreamEntry>>> listEntry) {
        for (int i = 0; i < listEntry.size(); i++) {
            Entry<String, List<StreamEntry>> eachEntry = listEntry.get(i);
            System.out.println(eachEntry.getKey());
            List<StreamEntry> listStreamEntry = eachEntry.getValue();
            for (int j = 0; j < listStreamEntry.size(); j++) {
                StreamEntry eachStreamEntry = listStreamEntry.get(j);
```

```
                StreamEntryID eachId = eachStreamEntry.getID();
                System.out.println(eachId.getTime() + " " + eachId.getSequence());
                Map<String, String> fieldValueMap = eachStreamEntry.getFields();
                Iterator<String> iterator = fieldValueMap.keySet().iterator();
                while (iterator.hasNext()) {
                    String field = iterator.next();
                    String value = fieldValueMap.get(field);
                    System.out.println("    " + field + " " + value);
                }
            }
        }
    }
}
```

创建 Test40.java 类代码如下。

```
public class Test40 {
    private static Pool pool = new Pool(new PoolConfig(), "192.168.1.103", 7777, 5000, "accp");

    public static void main(String[] args) {
         = null;
        try {
             = pool.getResource();
            .flushAll();
        } catch (Exception e) {
            e.printStackTrace();
        } finally {
            if ( != null) {
                .close();
            }
        }
    }
}
```

创建 Test41.java 类代码如下。

```
public class Test41 {
    private static Pool pool = new Pool(new PoolConfig(), "192.168.1.103", 7777, 5000, "accp");

    public static void main(String[] args) {
         = null;
        try {
             = pool.getResource();
            .xgroupCreate("mykey1", "mygroup1", StreamEntryID.LAST_ENTRY, true);
        } catch (Exception e) {
            e.printStackTrace();
        } finally {
            if ( != null) {
                .close();
            }
        }
    }
}
```

创建 Test42.java 类代码如下。

```
public class Test42 {
    private static Pool pool = new Pool(new PoolConfig(), "192.168.1.103", 7777, 5000, "accp");
```

```
    private static         = null;

    public static void main(String[] args) {
        try {
             = pool.getResource();

            Entry<String, StreamEntryID> entry = new AbstractMap.SimpleEntry("mykey1",
StreamEntryID.UNRECEIVED_ENTRY);
            List<Entry<String, List<StreamEntry>>> listEntry = .xreadGroup("mygroup1",
"myconsumer1", -1,
                    Integer.MAX_VALUE, false, entry);
            CommandTools.printInfo(listEntry);
        } catch (Exception e) {
            e.printStackTrace();
        } finally {
            if ( != null) {
                .close();
            }
        }
    }
}
```

创建 Test43.java 类代码如下。

```
public class Test43 {
    private static Pool pool = new Pool(new PoolConfig(), "192.168.1.103", 7777, 5000, "accp");

    private static         = null;

    public static void main(String[] args) {
        try {
             = pool.getResource();

            Map map = new HashMap();
            map.put("a", "aa");
            StreamEntryID id1 = new StreamEntryID(1, 0);
            .xadd("mykey1", id1, map);

        } catch (Exception e) {
            e.printStackTrace();
        } finally {
            if ( != null) {
                .close();
            }
        }
    }
}
```

创建 Test44.java 类代码如下。

```
public class Test44 {
    private static Pool pool = new Pool(new PoolConfig(), "192.168.1.103", 7777, 5000, "accp");

    private static         = null;

    public static void main(String[] args) {
        try {
             = pool.getResource();
```

12.8 消费者组的使用

```java
                Entry<String, StreamEntryID> entry = new AbstractMap.SimpleEntry("mykey1",
StreamEntryID.UNRECEIVED_ENTRY);
                List<Entry<String, List<StreamEntry>>> listEntry = .xreadGroup("mygroup1",
"myconsumer2", -1,
                        Integer.MAX_VALUE, false, entry);
                CommandTools.printInfo(listEntry);
        } catch (Exception e) {
            e.printStackTrace();
        } finally {
            if ( != null) {
                .close();
            }
        }
    }
}
```

创建 Test45.java 类代码如下。

```java
public class Test45 {
    private static Pool pool = new Pool(new PoolConfig(), "192.168.1.103", 7777, 5000, "accp");

    private static   = null;

    public static void main(String[] args) {
        try {
             = pool.getResource();

            Map map = new HashMap();
            map.put("b", "bb");
            StreamEntryID id1 = new StreamEntryID(2, 0);
            .xadd("mykey1", id1, map);

        } catch (Exception e) {
            e.printStackTrace();
        } finally {
            if ( != null) {
                .close();
            }
        }
    }
}
```

创建 Test46.java 类代码如下。

```java
public class Test46 {
    private static Pool pool = new Pool(new PoolConfig(), "192.168.1.103", 7777, 5000, "accp");

    private static   = null;

    public static void main(String[] args) {
        try {
             = pool.getResource();

            Entry<String, StreamEntryID> entry = new AbstractMap.SimpleEntry("mykey1",
new StreamEntryID(0, 0));
                List<Entry<String, List<StreamEntry>>> listEntry = .xreadGroup("mygroup1",
"myconsumer1", -1,
```

```
                    Integer.MAX_VALUE, false, entry);
                CommandTools.printInfo(listEntry);
            } catch (Exception e) {
                e.printStackTrace();
            } finally {
                if ( != null) {
                    .close();
                }
            }
        }
    }
```

创建 Test47.java 类代码如下。

```
public class Test47 {
    private static Pool pool = new Pool(new PoolConfig(), "192.168.1.103", 7777, 5000, "accp");

    private static  = null;

    public static void main(String[] args) {
        try {
             = pool.getResource();

            Entry<String, StreamEntryID> entry = new AbstractMap.SimpleEntry("mykey1",
new StreamEntryID(0, 0));
            List<Entry<String, List<StreamEntry>>> listEntry = .xreadGroup("mygroup1",
"myconsumer2", -1,
                    Integer.MAX_VALUE, false, entry);
            CommandTools.printInfo(listEntry);
        } catch (Exception e) {
            e.printStackTrace();
        } finally {
            if ( != null) {
                .close();
            }
        }
    }
}
```

创建 Test48.java 类代码如下。

```
public class Test48 {
    private static Pool pool = new Pool(new PoolConfig(), "192.168.1.103", 7777, 5000, "accp");

    private static  = null;

    public static void main(String[] args) {
        try {
             = pool.getResource();

            Entry<String, StreamEntryID> entry = new AbstractMap.SimpleEntry("mykey1",
new StreamEntryID(100, 0));
            List<Entry<String, List<StreamEntry>>> listEntry = .xreadGroup("mygroup1",
"myconsumer1", -1,
                    Integer.MAX_VALUE, false, entry);
            CommandTools.printInfo(listEntry);
        } catch (Exception e) {
            e.printStackTrace();
```

```
        } finally {
            if ( != null) {
                .close();
            }
        }
    }
}
```

创建 Test49.java 类代码如下。

```
public class Test49 {
    private static Pool pool = new Pool(new PoolConfig(), "192.168.1.103", 7777, 5000, "accp");

    private static   = null;

    public static void main(String[] args) {
        try {
             = pool.getResource();

            Entry<String, StreamEntryID> entry = new AbstractMap.SimpleEntry("mykey1",
new StreamEntryID(100, 0));
            List<Entry<String, List<StreamEntry>>> listEntry = .xreadGroup("mygroup1",
"myconsumer2", -1,
                    Integer.MAX_VALUE, false, entry);
            CommandTools.printInfo(listEntry);
        } catch (Exception e) {
            e.printStackTrace();
        } finally {
            if ( != null) {
                .close();
            }
        }
    }
}
```

创建 Test50.java 类代码如下。

```
public class Test50 {
    private static Pool pool = new Pool(new PoolConfig(), "192.168.1.103", 7777, 5000, "accp");

    private static   = null;

    public static void main(String[] args) {
        try {
             = pool.getResource();

            Entry<String, StreamEntryID> entry = new AbstractMap.SimpleEntry("mykey1",
new StreamEntryID(0, 0));
            List<Entry<String, List<StreamEntry>>> listEntry = .xreadGroup("mygroup1",
"myconsumer3", -1,
                    Integer.MAX_VALUE, false, entry);
            CommandTools.printInfo(listEntry);
        } catch (Exception e) {
            e.printStackTrace();
        } finally {
            if ( != null) {
                .close();
            }
```

    }
  }
}

- 运行 Test40.java 类，重置 Redis 环境。
- 运行 Test41.java 类，创建消费者组。
- 运行 Test42.java 类，消费者 myconsumer1 呈阻塞状态。
- 运行 Test43.java 类，向流中添加消息。
- 运行 Test42.java 类，控制台输出如下结果。

```
mykey1
1 0
    a aa
```

- 运行 Test44.java 类，消费者 myconsumer2 呈阻塞状态。
- 运行 Test45.java 类，向流中添加消息。
- 运行 Test44.java 类，控制台输出如下结果。

```
mykey1
2 0
    b bb
```

- 运行 Test46.java 类，控制台输出如下结果。

```
mykey1
1 0
    a aa
```

- 运行 Test47.java 类，控制台输出如下结果。

```
mykey1
2 0
    b bb
```

- 运行 Test48.java 类，控制台输出如下结果。

```
mykey1
```

- 运行 Test49.java 类，控制台输出如下结果。

```
mykey1
```

- 运行 Test50.java 类，控制台输出如下结果。

```
mykey1
```

12.8.8　xack 和 xpending 命令

待处理消息队列中的消息可以避免因为客户端掉电等原因导致客户端原来持有的消息丢失的情况发生，只有客户端显式地确认消息，消息才会从待处理消息队列中被删除，以释放内存空间。xack 命令就是被用来确认消息的。

查看待处理消息队列中的消息可以使用 xpending 命令。

1. 测试案例

在终端 1 中输入如下命令。

```
127.0.0.1:7777> flushdb
OK
127.0.0.1:7777> xgroup create mykey1 mygroup1 $ mkstream
OK
127.0.0.1:7777> xreadgroup group mygroup1 myconsumer1 block 0 streams mykey1 >
```

消费者 myconsumer1 执行命令后呈阻塞状态。

在终端 2 中输入如下命令。

```
127.0.0.1:7777> xadd mykey1 1 a aa b bb c cc
"1-0"
127.0.0.1:7777>
```

终端 1 解除阻塞，消费者 myconsumer1 获得了消息。

```
1) 1) "mykey1"
   2) 1) 1) "1-0"
         2) 1) "a"
            2) "aa"
            3) "b"
            4) "bb"
            5) "c"
            6) "cc"
(22.15s)
```

在终端 1 中输入如下命令。

```
127.0.0.1:7777> xreadgroup group mygroup1 myconsumer1 block 0 streams mykey1 >
```

消费者 myconsumer1 执行命令后呈阻塞状态。

在终端 2 中输入如下命令。

```
127.0.0.1:7777> xadd mykey1 2 a aa b bb c cc
"2-0"
127.0.0.1:7777>
```

终端 1 解除阻塞，消费者 myconsumer1 获得了消息。

```
1) 1) "mykey1"
   2) 1) 1) "2-0"
         2) 1) "a"
            2) "aa"
            3) "b"
            4) "bb"
            5) "c"
            6) "cc"
(11.03s)
```

使用 xinfo groups 命令查看消费者组的相关信息。

```
127.0.0.1:7777> xinfo groups mykey1
1) 1) "name"
   2) "mygroup1"
```

```
   3) "consumers"
   4) (integer) 1
   5) "pending"
   6) (integer) 2
   7) "last-delivered-id"
   8) "2-0"
127.0.0.1:7777>
```

输出属性 pending 值是 2，代表在待处理消息队列中有 2 条消息，这 2 条消息分别是什么呢？使用 xpending 命令进行查看，xpending 命令有 3 种用法，测试案例如下。

```
127.0.0.1:7777> xpending mykey1 mygroup1
1) (integer) 2
2) "1-0"
3) "2-0"
4) 1) 1) "myconsumer1"   //消费者 myconsumer1 有 2 条待处理的消息
      2) "2"
127.0.0.1:7777> xpending mykey1 mygroup1 - + 100
1) 1) "1-0"
   2) "myconsumer1"
   3) (integer) 1151885
   4) (integer) 1
2) 1) "2-0"
   2) "myconsumer1"
   3) (integer) 1103645
   4) (integer) 1
127.0.0.1:7777> xpending mykey1 mygroup1 - + 100 myconsumer1
1) 1) "1-0"
   2) "myconsumer1"
   3) (integer) 1157241
   4) (integer) 1
2) 1) "2-0"
   2) "myconsumer1"
   3) (integer) 1109001
   4) (integer) 1
127.0.0.1:7777>
```

使用 xack 命令可以对待处理消息队列中的消息进行确认，确认后的消息会从待处理消息队列中被删除，以释放内存资源。

测试案例如下。

```
127.0.0.1:7777> xack mykey1 mygroup1 1
(integer) 1
127.0.0.1:7777> xpending mykey1 mygroup1 - + 100 myconsumer1
1) 1) "2-0"
   2) "myconsumer1"
   3) (integer) 1270077
   4) (integer) 1
127.0.0.1:7777>
```

再次使用 xack 命令进行确认，测试案例如下。

```
127.0.0.1:7777> xack mykey1 mygroup1 2
(integer) 1
127.0.0.1:7777> xpending mykey1 mygroup1 - + 100 myconsumer1
(empty list or set)
127.0.0.1:7777>
```

12.8 消费者组的使用

使用 xack 命令确认消息,代表该条消息被消费者成功处理,并在待处理消息队列中被删除。

2. 程序演示

创建 Test51.java 类代码如下。

```java
public class Test51 {
    private static Pool pool = new Pool(new PoolConfig(), "192.168.1.103", 7777, 5000, "accp");

    public static void main(String[] args) {
        = null;
        try {
            = pool.getResource();
            .flushAll();
        } catch (Exception e) {
            e.printStackTrace();
        } finally {
            if ( != null) {
                .close();
            }
        }
    }
}
```

创建 Test52.java 类代码如下。

```java
public class Test52 {
    private static Pool pool = new Pool(new PoolConfig(), "192.168.1.103", 7777, 5000, "accp");

    public static void main(String[] args) {
        = null;
        try {
            = pool.getResource();
            .xgroupCreate("mykey1", "mygroup1", StreamEntryID.LAST_ENTRY, true);
        } catch (Exception e) {
            e.printStackTrace();
        } finally {
            if ( != null) {
                .close();
            }
        }
    }
}
```

创建 Test53.java 类代码如下。

```java
public class Test53 {
    private static Pool pool = new Pool(new PoolConfig(), "192.168.1.103", 7777, 5000, "accp");

    private static  = null;

    public static void main(String[] args) {
        try {
            = pool.getResource();

            Entry<String, StreamEntryID> entry = new AbstractMap.SimpleEntry("mykey1",
```

```
StreamEntryID.UNRECEIVED_ENTRY);
            List<Entry<String, List<StreamEntry>>> listEntry = .xreadGroup("mygroup1",
"myconsumer1", -1,
                Integer.MAX_VALUE, false, entry);
            CommandTools.printInfo(listEntry);
        } catch (Exception e) {
            e.printStackTrace();
        } finally {
            if ( != null) {
                .close();
            }
        }
    }
}
```

创建 Test54.java 类代码如下。

```
public class Test54 {
    private static Pool pool = new Pool(new PoolConfig(), "192.168.1.103", 7777, 5000, "accp");

    private static      = null;

    public static void main(String[] args) {
        try {
             = pool.getResource();

            Map map = new HashMap();
            map.put("a", "aa");
            StreamEntryID id1 = new StreamEntryID(1, 0);
            .xadd("mykey1", id1, map);

        } catch (Exception e) {
            e.printStackTrace();
        } finally {
            if ( != null) {
                .close();
            }
        }
    }
}
```

创建 Test55.java 类代码如下。

```
public class Test55 {
    private static Pool pool = new Pool(new PoolConfig(), "192.168.1.103", 7777, 5000, "accp");

    private static      = null;

    public static void main(String[] args) {
        try {
             = pool.getResource();

            Map map = new HashMap();
            map.put("b", "bb");
            StreamEntryID id1 = new StreamEntryID(2, 0);
            .xadd("mykey1", id1, map);

        } catch (Exception e) {
```

```
                    e.printStackTrace();
            } finally {
                if ( != null) {
                    .close();
                }
            }
        }
    }
```

创建 Test56.java 类代码如下。

```java
public class Test56 {
    private static Pool pool = new Pool(new PoolConfig(), "192.168.1.103", 7777, 5000, "accp");

    private static   = null;

    // 输出 key 对应消费者组的信息
    private static void printGroupInfo(String keyName) {
        List<StreamGroupInfo> list1 = .xinfoGroup(keyName);
        for (int i = 0; i < list1.size(); i++) {
            StreamGroupInfo info = list1.get(i);
            System.out.println("getName=" + info.getName());
            System.out.println("getConsumers=" + info.getConsumers());
            System.out.println("getPending=" + info.getPending());
            System.out.println("getLastDeliveredId=" + info.getLastDeliveredId());
        }
        System.out.println();
    }

    public static void main(String[] args) {
        try {
             = pool.getResource();
            printGroupInfo("mykey1");
        } catch (Exception e) {
            e.printStackTrace();
        } finally {
            if ( != null) {
                .close();
            }
        }
    }
}
```

创建 Test57.java 类代码如下。

```java
public class Test57 {
    private static Pool pool = new Pool(new PoolConfig(), "192.168.1.103", 7777, 5000, "accp");

    private static   = null;

    public static void main(String[] args) {
        try {
             = pool.getResource();

            {
                List<StreamPendingEntry> list = .xpending("mykey1", "mygroup1", null,
null, Integer.MAX_VALUE,
```

```
                    null);
                System.out.println("StreamPendingEntry count :" + list.size());
                for (int i = 0; i < list.size(); i++) {
                    StreamPendingEntry entry = list.get(i);
                    System.out.println("getID=" + entry.getID().getTime() + " " + entry.getID().getSequence());
                    System.out.println("getConsumerName=" + entry.getConsumerName());
                    System.out.println("getIdleTime=" + entry.getIdleTime());
                    System.out.println("getDeliveredTimes=" + entry.getDeliveredTimes());
                }
            }

            System.out.println();

            {
                List<StreamPendingEntry> list = .xpending("mykey1", "mygroup1", null, null, 100, null);
                System.out.println("StreamPendingEntry count :" + list.size());
                for (int i = 0; i < list.size(); i++) {
                    StreamPendingEntry entry = list.get(i);
                    System.out.println("getID=" + entry.getID().getTime() + " " + entry.getID().getSequence());
                    System.out.println("getConsumerName=" + entry.getConsumerName());
                    System.out.println("getIdleTime=" + entry.getIdleTime());
                    System.out.println("getDeliveredTimes=" + entry.getDeliveredTimes());
                }
            }

            System.out.println();

            {
                List<StreamPendingEntry> list = .xpending("mykey1", "mygroup1", null, null, 100, "myconsumer1");
                System.out.println("StreamPendingEntry count :" + list.size());
                for (int i = 0; i < list.size(); i++) {
                    StreamPendingEntry entry = list.get(i);
                    System.out.println("getID=" + entry.getID().getTime() + " " + entry.getID().getSequence());
                    System.out.println("getConsumerName=" + entry.getConsumerName());
                    System.out.println("getIdleTime=" + entry.getIdleTime());
                    System.out.println("getDeliveredTimes=" + entry.getDeliveredTimes());
                }
            }
        } catch (Exception e) {
            e.printStackTrace();
        } finally {
            if ( != null) {
                .close();
            }
        }
    }
}
```

创建 Test58.java 类代码如下。

```
public class Test58 {
    private static Pool pool = new Pool(new PoolConfig(), "192.168.1.103", 7777, 5000, "accp");
```

12.8 消费者组的使用

```java
    private static         = null;

    public static void main(String[] args) {
        try {
             = pool.getResource();

            {
                StreamEntryID id1 = new StreamEntryID(1, 0);
                .xack("mykey1", "mygroup1", id1);

                List<StreamPendingEntry> list = .xpending("mykey1", "mygroup1", null,
null, Integer.MAX_VALUE,
                        null);
                System.out.println("StreamPendingEntry count :" + list.size());
                for (int i = 0; i < list.size(); i++) {
                    StreamPendingEntry entry = list.get(i);
                    System.out.println("getID=" + entry.getID().getTime() + " " +
entry.getID().getSequence());
                    System.out.println("getConsumerName=" + entry.getConsumerName());
                    System.out.println("getIdleTime=" + entry.getIdleTime());
                    System.out.println("getDeliveredTimes=" + entry.getDeliveredTimes());
                }
            }

            System.out.println();

            {
                StreamEntryID id1 = new StreamEntryID(2, 0);
                .xack("mykey1", "mygroup1", id1);

                List<StreamPendingEntry> list = .xpending("mykey1", "mygroup1", null,
null, Integer.MAX_VALUE,
                        null);
                System.out.println("StreamPendingEntry count :" + list.size());
                for (int i = 0; i < list.size(); i++) {
                    StreamPendingEntry entry = list.get(i);
                    System.out.println("getID=" + entry.getID().getTime() + " " +
entry.getID().getSequence());
                    System.out.println("getConsumerName=" + entry.getConsumerName());
                    System.out.println("getIdleTime=" + entry.getIdleTime());
                    System.out.println("getDeliveredTimes=" + entry.getDeliveredTimes());
                }
            }
        } catch (Exception e) {
            e.printStackTrace();
        } finally {
            if ( != null) {
                .close();
            }
        }
    }
}
```

- 运行 Test51.java 类，重置 Redis 环境。
- 运行 Test52.java 类，创建消费者组。

- 运行 Test53.java 类，消费者 myconsumer1 呈阻塞状态。
- 运行 Test54.java 类，向流中添加数据。
- 运行 Test53.java 类，控制台输出如下结果。

```
mykey1
1 0
    a aa
```

- 运行 Test53.java 类，消费者 myconsumer1 呈阻塞状态。
- 运行 Test55.java 类，向流中添加数据。
- 运行 Test53.java 类，控制台输出如下结果。

```
mykey1
2 0
    b bb
```

- 运行 Test56.java 类，控制台输出消费者组相关的消息。

```
getName=mygroup1
getConsumers=1
getPending=2
getLastDeliveredId=2-0
```

- 运行 Test57.java 类，控制台输出待处理消息队列中的消息。

```
StreamPendingEntry count :2
getID=1 0
getConsumerName=myconsumer1
getIdleTime=57163
getDeliveredTimes=1
getID=2 0
getConsumerName=myconsumer1
getIdleTime=39509
getDeliveredTimes=1

StreamPendingEntry count :2
getID=1 0
getConsumerName=myconsumer1
getIdleTime=57166
getDeliveredTimes=1
getID=2 0
getConsumerName=myconsumer1
getIdleTime=39512
getDeliveredTimes=1

StreamPendingEntry count :2
getID=1 0
getConsumerName=myconsumer1
getIdleTime=57166
getDeliveredTimes=1
getID=2 0
getConsumerName=myconsumer1
getIdleTime=39512
getDeliveredTimes=1
```

- 运行 Test58.java 类，控制台输出如下结果。

```
StreamPendingEntry count :1
getID=2 0
getConsumerName=myconsumer1
getIdleTime=72732
getDeliveredTimes=1

StreamPendingEntry count :0
```

经过 xack 命令确认后的消息从待处理消息队列中被删除。

12.8.9　xgroup delconsumer 命令

该命令用于从消费者组中删除消费者。

1．测试案例

在终端 1 中执行如下命令。

```
127.0.0.1:7777> flushdb
OK
127.0.0.1:7777> xgroup create mykey1 mygroup1 $ mkstream
OK
127.0.0.1:7777> xreadgroup GROUP mygroup1 myconsumer1 block 0 streams mykey1 >
```

在终端 2 中执行如下命令。

```
127.0.0.1:7777> xreadgroup GROUP mygroup1 myconsumer2 block 0 streams mykey1 >
```

在终端 3 中执行如下命令。

```
127.0.0.1:7777> xreadgroup GROUP mygroup1 myconsumer3 block 0 streams mykey1 >
```

3 个终端都呈阻塞状态。

消费者加入消费者组的时机是消费者接收了消费者组中的消息。

在终端 4 中执行如下命令。

```
127.0.0.1:7777> xadd mykey1 1 a aa
"1-0"
127.0.0.1:7777> xadd mykey1 2 a aa
"2-0"
127.0.0.1:7777> xadd mykey1 3 a aa
"3-0"
127.0.0.1:7777> xinfo consumers mykey1 mygroup1
1) 1) "name"
   2) "myconsumer1"
   3) "pending"
   4) (integer) 1
   5) "idle"
   6) (integer) 11774
2) 1) "name"
   2) "myconsumer2"
   3) "pending"
   4) (integer) 1
   5) "idle"
   6) (integer) 7824
3) 1) "name"
```

```
     2) "myconsumer3"
     3) "pending"
     4) (integer) 1
     5) "idle"
     6) (integer) 5107
127.0.0.1:7777>
```

在消费者组 mygroup1 中有 3 个消费者。

下面开始删除消费者组中的消费者，测试命令如下。

```
127.0.0.1:7777> xgroup DELCONSUMER mykey1 mygroup1 myconsumer1
(integer) 1
127.0.0.1:7777> xgroup DELCONSUMER mykey1 mygroup1 myconsumer3
(integer) 1
127.0.0.1:7777> xinfo consumers mykey1 mygroup1
1) 1) "name"
   2) "myconsumer2"
   3) "pending"
   4) (integer) 1
   5) "idle"
   6) (integer) 131810
127.0.0.1:7777>
```

2．程序演示

创建 Test59.java 类代码如下。

```
public class Test59 {
    private static Pool pool = new Pool(new PoolConfig(), "192.168.1.103", 7777, 5000, "accp");

    public static void main(String[] args) {
         = null;
        try {
             = pool.getResource();
            .flushAll();
        } catch (Exception e) {
            e.printStackTrace();
        } finally {
            if ( != null) {
                .close();
            }
        }
    }
}
```

创建 Test60.java 类代码如下。

```
public class Test60 {
    private static Pool pool = new Pool(new PoolConfig(), "192.168.1.103", 7777, 5000, "accp");

    public static void main(String[] args) {
         = null;
        try {
             = pool.getResource();
            .xgroupCreate("mykey1", "mygroup1", StreamEntryID.LAST_ENTRY, true);
        } catch (Exception e) {
            e.printStackTrace();
        } finally {
```

```
            if (  != null) {
                .close();
            }
        }
    }
}
```

创建 Test61.java 类代码如下。

```
public class Test61 {
    private static Pool pool = new Pool(new PoolConfig(), "192.168.1.103", 7777, 5000, "accp");

    private static   = null;

    public static void main(String[] args) {
        try {
             = pool.getResource();

            Entry<String, StreamEntryID> entry = new AbstractMap.SimpleEntry("mykey1",
StreamEntryID.UNRECEIVED_ENTRY);
            .xreadGroup("mygroup1", "myconsumer1", -1, Integer.MAX_VALUE, false, entry);
        } catch (Exception e) {
            e.printStackTrace();
        } finally {
            if (  != null) {
                .close();
            }
        }
    }
}
```

创建 Test62.java 类代码如下。

```
public class Test62 {
    private static Pool pool = new Pool(new PoolConfig(), "192.168.1.103", 7777, 5000, "accp");

    private static   = null;

    public static void main(String[] args) {
        try {
             = pool.getResource();

            Entry<String, StreamEntryID> entry = new AbstractMap.SimpleEntry("mykey1",
StreamEntryID.UNRECEIVED_ENTRY);
            .xreadGroup("mygroup1", "myconsumer2", -1, Integer.MAX_VALUE, false, entry);
        } catch (Exception e) {
            e.printStackTrace();
        } finally {
            if (  != null) {
                .close();
            }
        }
    }
}
```

创建 Test63.java 类代码如下。

```
public class Test63 {
    private static Pool pool = new Pool(new PoolConfig(), "192.168.1.103", 7777, 5000, "accp");
```

```java
    private static       = null;

    public static void main(String[] args) {
        try {
             = pool.getResource();

            Entry<String, StreamEntryID> entry = new AbstractMap.SimpleEntry("mykey1",
StreamEntryID.UNRECEIVED_ENTRY);
            .xreadGroup("mygroup1", "myconsumer3", -1, Integer.MAX_VALUE, false, entry);
        } catch (Exception e) {
            e.printStackTrace();
        } finally {
            if ( != null) {
                .close();
            }
        }
    }
}
```

创建 Test64.java 类代码如下。

```java
public class Test64 {
    private static Pool pool = new Pool(new PoolConfig(), "192.168.1.103", 7777, 5000, "accp");

    private static       = null;

    // 输出 key 对应消费者组中的消费者信息
    private static void printConsumerInfo(String keyName, String groupName) {
        List<StreamConsumersInfo> list = .xinfoConsumers(keyName, groupName);
        for (int i = 0; i < list.size(); i++) {
            StreamConsumersInfo info = list.get(i);
            System.out.println("getName=" + info.getName());
            System.out.println("getPending=" + info.getPending());
            System.out.println("getIdle=" + info.getIdle());
        }
        System.out.println();
    }

    public static void main(String[] args) {
        try {
             = pool.getResource();

            for (int i = 0; i < 3; i++) {
                Map map = new HashMap();
                map.put("a", "aa");
                StreamEntryID id1 = new StreamEntryID(i + 1, i + 1);
                .xadd("mykey1", id1, map);
            }
            printConsumerInfo("mykey1", "mygroup1");

            .xgroupDelConsumer("mykey1", "mygroup1", "myconsumer1");
            .xgroupDelConsumer("mykey1", "mygroup1", "myconsumer3");

            printConsumerInfo("mykey1", "mygroup1");
        } catch (Exception e) {
            e.printStackTrace();
        } finally {
```

```
            if ( != null) {
                .close();
            }
        }
    }
}
```

依次执行上面几个测试类后，Test64.java 类的在控制台的运行结果如下。

```
getName=myconsumer1
getPending=1
getIdle=16
getName=myconsumer2
getPending=1
getIdle=15
getName=myconsumer3
getPending=1
getIdle=15

getName=myconsumer2
getPending=1
getIdle=17
```

12.8.10 xreadgroup noack 命令

该命令用于表明消息无须确认。

1. 测试案例

在终端 1 中输入如下命令。

```
127.0.0.1:7777> flushdb
OK
127.0.0.1:7777> xgroup create mykey1 mygroup1 $ mkstream
OK
127.0.0.1:7777> xreadgroup group mygroup1 myconsumer1 noack block 0 streams mykey1 >
```

消费者 myconsumer1 执行命令后呈阻塞状态。
在终端 2 中输入如下命令。

```
127.0.0.1:7777> xadd mykey1 1 a aa b bb c cc
"1-0"
127.0.0.1:7777>
```

终端 1 解除阻塞，消费者 myconsumer1 获得了消息。

```
1) 1) "mykey1"
   2) 1) 1) "1-0"
         2) 1) "a"
            2) "aa"
            3) "b"
            4) "bb"
            5) "c"
            6) "cc"
(22.15s)
```

在终端 1 中输入如下命令。

```
127.0.0.1:7777> xreadgroup group mygroup1 myconsumer1 noack block 0 streams mykey1 >
```

消费者 myconsumer1 执行命令后呈阻塞状态。

在终端 2 中输入如下命令。

```
127.0.0.1:7777> xadd mykey1 2 a aa b bb c cc
"2-0"
127.0.0.1:7777>
```

终端 1 解除阻塞,消费者 myconsumer1 获得了信息。

```
1) 1) "mykey1"
   2) 1) 1) "2-0"
         2) 1) "a"
            2) "aa"
            3) "b"
            4) "bb"
            5) "c"
            6) "cc"
(11.03s)
```

使用 xinfo groups 命令查看消费者组的相关信息。

```
127.0.0.1:7777> xinfo groups mykey1
1) 1) "name"
   2) "mygroup1"
   3) "consumers"
   4) (integer) 1
   5) "pending"
   6) (integer) 0
   7) "last-delivered-id"
   8) "2-0"
127.0.0.1:7777>
```

属性 pending 值是 0,消息无须确认,所以待处理队列中的消息数量为 0。

2.程序演示

创建 Test65.java 类代码如下。

```java
public class Test65 {
    private static Pool pool = new Pool(new PoolConfig(), "192.168.1.103", 7777, 5000, "accp");

    public static void main(String[] args) {
         = null;
        try {
             = pool.getResource();
            .flushAll();
        } catch (Exception e) {
            e.printStackTrace();
        } finally {
            if ( != null) {
                .close();
            }
        }
    }
}
```

12.8 消费者组的使用

创建 Test66.java 类代码如下。

```java
public class Test66 {
    private static Pool pool = new Pool(new PoolConfig(), "192.168.1.103", 7777, 5000, "accp");

    public static void main(String[] args) {
         = null;
        try {
             = pool.getResource();
            .xgroupCreate("mykey1", "mygroup1", StreamEntryID.LAST_ENTRY, true);
        } catch (Exception e) {
            e.printStackTrace();
        } finally {
            if ( != null) {
                .close();
            }
        }
    }
}
```

创建 Test67.java 类代码如下。

```java
public class Test67 {
    private static Pool pool = new Pool(new PoolConfig(), "192.168.1.103", 7777, 5000, "accp");

    private static  = null;

    public static void main(String[] args) {
        try {
             = pool.getResource();

            Entry<String, StreamEntryID> entry = new AbstractMap.SimpleEntry("mykey1", StreamEntryID.UNRECEIVED_ENTRY);
            List<Entry<String, List<StreamEntry>>> listEntry = .xreadGroup("mygroup1", "myconsumer1", -1,
                    Integer.MAX_VALUE, true, entry);
            CommandTools.printInfo(listEntry);
        } catch (Exception e) {
            e.printStackTrace();
        } finally {
            if ( != null) {
                .close();
            }
        }
    }
}
```

创建 Test68.java 类代码如下。

```java
public class Test68 {
    private static Pool pool = new Pool(new PoolConfig(), "192.168.1.103", 7777, 5000, "accp");

    private static  = null;

    public static void main(String[] args) {
        try {
             = pool.getResource();
```

```
                Map map = new HashMap();
                map.put("a", "aa");
                StreamEntryID id1 = new StreamEntryID(1, 0);
                .xadd("mykey1", id1, map);
        } catch (Exception e) {
            e.printStackTrace();
        } finally {
            if ( != null) {
                .close();
            }
        }
    }
}
```

创建 Test69.java 类代码如下。

```
public class Test69 {
    private static Pool pool = new Pool(new PoolConfig(), "192.168.1.103", 7777, 5000, "accp");

    private static   = null;

    public static void main(String[] args) {
        try {
             = pool.getResource();

            Entry<String, StreamEntryID> entry = new AbstractMap.SimpleEntry("mykey1", StreamEntryID.UNRECEIVED_ENTRY);
            List<Entry<String, List<StreamEntry>>> listEntry = .xreadGroup("mygroup1", "myconsumer1", -1,
                    Integer.MAX_VALUE, true, entry);
            CommandTools.printInfo(listEntry);
        } catch (Exception e) {
            e.printStackTrace();
        } finally {
            if ( != null) {
                .close();
            }
        }
    }
}
```

创建 Test70.java 类代码如下。

```
public class Test70 {
    private static Pool pool = new Pool(new PoolConfig(), "192.168.1.103", 7777, 5000, "accp");

    private static   = null;

    public static void main(String[] args) {
        try {
             = pool.getResource();

            Map map = new HashMap();
            map.put("b", "bb");
            StreamEntryID id1 = new StreamEntryID(2, 0);
            .xadd("mykey1", id1, map);
```

```
        } catch (Exception e) {
            e.printStackTrace();
        } finally {
            if ( != null) {
                .close();
            }
        }
    }
}
```

创建 Test71.java 类代码如下。

```
public class Test71 {
    private static Pool pool = new Pool(new PoolConfig(), "192.168.1.103", 7777, 5000, "accp");

    private static  = null;

    // 输出 key 对应消费者组的信息
    private static void printGroupInfo(String keyName) {
        List<StreamGroupInfo> list1 = .xinfoGroup(keyName);
        for (int i = 0; i < list1.size(); i++) {
            StreamGroupInfo info = list1.get(i);
            System.out.println("getName=" + info.getName());
            System.out.println("getConsumers=" + info.getConsumers());
            System.out.println("getPending=" + info.getPending());
            System.out.println("getLastDeliveredId=" + info.getLastDeliveredId());
        }
        System.out.println();
    }

    public static void main(String[] args) {
        try {
             = pool.getResource();
            printGroupInfo("mykey1");
        } catch (Exception e) {
            e.printStackTrace();
        } finally {
            if ( != null) {
                .close();
            }
        }
    }
}
```

上面几个测试类依次执行后，Test71.java 类在控制台的运行结果如下。

```
getName=mygroup1
getConsumers=1
getPending=0
getLastDeliveredId=2-0
```

12.8.11　xclaim 命令

该命令用于实现消息认领。

消息为什么要被认领呢？假设有一个消费者组，其中有两个消费者 A 和 B，当消费者 A

从消费者组中获取消息后进行处理时,由于意外断电,导致消费者 A 处理消息的过程被中断,并且消费者 A 的服务器不能恢复,因此在待确认队列中会保存消费者 A 未被确认的消息,这些消息将占用服务器内存资源。可以将待确认队列中的消息由消费者 B 进行处理,xclaim 命令就是实现这个功能,也就是消息认领。

1. 测试案例

在终端 1 中输入如下命令。

```
127.0.0.1:7777> flushdb
OK
127.0.0.1:7777> xgroup create mykey1 mygroup1 $ mkstream
OK
127.0.0.1:7777> xreadgroup group mygroup1 myconsumer1 block 0 streams mykey1 >
```

消费者 myconsumer1 执行命令后呈阻塞状态。

在终端 2 中输入如下命令。

```
127.0.0.1:7777> xadd mykey1 1 a aa b bb c cc
"1-0"
127.0.0.1:7777>
```

终端 1 解除阻塞,消费者 myconsumer1 获得了消息。

```
1) 1) "mykey1"
   2) 1) 1) "1-0"
         2) 1) "a"
            2) "aa"
            3) "b"
            4) "bb"
            5) "c"
            6) "cc"
(22.15s)
```

在终端 1 中输入如下命令。

```
127.0.0.1:7777> xreadgroup group mygroup1 myconsumer1 block 0 streams mykey1 >
```

消费者 myconsumer1 执行命令后呈阻塞状态。

在终端 2 中输入如下命令。

```
127.0.0.1:7777> xadd mykey1 2 a aa b bb c cc
"2-0"
127.0.0.1:7777>
```

终端 1 解除阻塞,消费者 myconsumer1 获得了消息。

```
1) 1) "mykey1"
   2) 1) 1) "2-0"
         2) 1) "a"
            2) "aa"
            3) "b"
            4) "bb"
            5) "c"
            6) "cc"
(11.03s)
```

使用 xinfo groups 命令查看消费者组的相关信息。

```
127.0.0.1:7777> xinfo groups mykey1
1) 1) "name"
   2) "mygroup1"
   3) "consumers"
   4) (integer) 1
   5) "pending"
   6) (integer) 2
   7) "last-delivered-id"
   8) "2-0"
127.0.0.1:7777>
```

属性 pending 值是 2，说明消费者 myconsumer1 有 2 个消息等待被确认。

查看消费者 myconsumer1 中的待确认队列中的消息，在终端 1 中执行如下命令。

```
127.0.0.1:7777> xreadgroup group mygroup1 myconsumer1 block 0 streams mykey1 0
1) 1) "mykey1"
   2) 1) 1) "1-0"
         2) 1) "a"
            2) "aa"
            3) "b"
            4) "bb"
            5) "c"
            6) "cc"
      2) 1) "2-0"
         2) 1) "a"
            2) "aa"
            3) "b"
            4) "bb"
            5) "c"
            6) "cc"
127.0.0.1:7777>
```

显示消费者 myconsumer1 的待确认队列中的消息，两个消息的 ID 值分别是 1-0 和 2-0。

这时，假设消费者 myconsumer1 的服务器突然断电，消费者 myconsumer1 不会确认消息，待确认队列中的消息将被长期保存，占用内存资源，这时可以使用 xclaim 命令进行消息转移，也可称为消息认领。

在终端 1 中执行如下命令。

```
127.0.0.1:7777> xclaim mykey1 mygroup1 myconsumer2 1000 1-0 2-0
1) 1) "1-0"
   2) 1) "a"
      2) "aa"
      3) "b"
      4) "bb"
      5) "c"
      6) "cc"
2) 1) "2-0"
   2) 1) "a"
      2) "aa"
      3) "b"
      4) "bb"
      5) "c"
      6) "cc"
127.0.0.1:7777>
```

命令 xclaim mykey1 mygroup1 myconsumer2 1000 1-0 2-0 中的 myconsumer2 代表新的消费者名称，值 1000 代表只认领待确认队列中空闲时间大于 1000ms 的消息。

消费者 myconsumer2 领取了 ID 值为 1-0 和 2-0 的消息，这时消费者 myconsumer2 的待确认队列中存在这两个未被确认的消息，测试案例如下。

```
127.0.0.1:7777> xreadgroup group mygroup1 myconsumer2 block 0 streams mykey1 0
1) 1) "mykey1"
   2) 1) 1) "1-0"
         2) 1) "a"
            2) "aa"
            3) "b"
            4) "bb"
            5) "c"
            6) "cc"
      2) 1) "2-0"
         2) 1) "a"
            2) "aa"
            3) "b"
            4) "bb"
            5) "c"
            6) "cc"
127.0.0.1:7777>
```

也可以使用 xpending 命令进行查看，测试案例如下。

```
127.0.0.1:7777> xpending mykey1 mygroup1 - + 10000 myconsumer2
1) 1) "1-0"
   2) "myconsumer2"
   3) (integer) 70288
   4) (integer) 4
2) 1) "2-0"
   2) "myconsumer2"
   3) (integer) 70288
   4) (integer) 4
127.0.0.1:7777>
```

最后使用 XACK 命令对消费者 myconsumer2 的待确认队列中的这两个消息进行确认，测试案例如下。

```
127.0.0.1:7777> xack mykey1 mygroup1 1 2
(integer) 2
127.0.0.1:7777> xpending mykey1 mygroup1 - + 10000 myconsumer2
(empty list or set)
127.0.0.1:7777>
127.0.0.1:7777> xreadgroup group mygroup1 myconsumer2 block 0 streams mykey1 0
1) 1) "mykey1"
   2) (empty list or set)
127.0.0.1:7777>
```

2．程序演示

创建 Test72.java 类代码如下。

```java
public class Test72 {
    private static Pool pool = new Pool(new PoolConfig(), "192.168.1.103", 7777, 5000, "accp");
```

12.8 消费者组的使用

```java
public static void main(String[] args) {
     = null;
    try {
         = pool.getResource();
        .flushAll();
    } catch (Exception e) {
        e.printStackTrace();
    } finally {
        if ( != null) {
            .close();
        }
    }
}
```

创建 Test73.java 类代码如下。

```java
public class Test73 {
    private static Pool pool = new Pool(new PoolConfig(), "192.168.1.103", 7777, 5000, "accp");

    public static void main(String[] args) {
         = null;
        try {
             = pool.getResource();
            .xgroupCreate("mykey1", "mygroup1", StreamEntryID.LAST_ENTRY, true);
        } catch (Exception e) {
            e.printStackTrace();
        } finally {
            if ( != null) {
                .close();
            }
        }
    }
}
```

创建 Test74.java 类代码如下。

```java
public class Test74 {
    private static Pool pool = new Pool(new PoolConfig(), "192.168.1.103", 7777, 5000, "accp");

    private static  = null;

    public static void main(String[] args) {
        try {
             = pool.getResource();

            Entry<String, StreamEntryID> entry = new AbstractMap.SimpleEntry("mykey1", StreamEntryID.UNRECEIVED_ENTRY);
            List<Entry<String, List<StreamEntry>>> listEntry = .xreadGroup("mygroup1", "myconsumer1", -1,
                    Integer.MAX_VALUE, false, entry);
            CommandTools.printInfo(listEntry);
        } catch (Exception e) {
            e.printStackTrace();
        } finally {
            if ( != null) {
                .close();
            }
        }
```

创建 Test75.java 类代码如下。

```java
public class Test75 {
    private static Pool pool = new Pool(new PoolConfig(), "192.168.1.103", 7777, 5000, "accp");

    private static     = null;

    public static void main(String[] args) {
        try {
             = pool.getResource();

            Map map = new HashMap();
            map.put("a", "aa");
            StreamEntryID id1 = new StreamEntryID(1, 0);
            .xadd("mykey1", id1, map);

        } catch (Exception e) {
            e.printStackTrace();
        } finally {
            if ( != null) {
                .close();
            }
        }
    }
}
```

创建 Test76.java 类代码如下。

```java
public class Test76 {
    private static Pool pool = new Pool(new PoolConfig(), "192.168.1.103", 7777, 5000, "accp");

    private static     = null;

    public static void main(String[] args) {
        try {
             = pool.getResource();

            Entry<String, StreamEntryID> entry = new AbstractMap.SimpleEntry("mykey1", StreamEntryID.UNRECEIVED_ENTRY);
            List<Entry<String, List<StreamEntry>>> listEntry = .xreadGroup("mygroup1", "myconsumer1", -1,
                    Integer.MAX_VALUE, false, entry);
            CommandTools.printInfo(listEntry);
        } catch (Exception e) {
            e.printStackTrace();
        } finally {
            if ( != null) {
                .close();
            }
        }
    }
}
```

创建 Test77.java 类代码如下。

```java
public class Test77 {
```

12.8 消费者组的使用

```
    private static Pool pool = new Pool(new PoolConfig(), "192.168.1.103", 7777, 5000, "accp");

    private static      = null;

    public static void main(String[] args) {
        try {
                = pool.getResource();

            Map map = new HashMap();
            map.put("b", "bb");
            StreamEntryID id1 = new StreamEntryID(2, 0);
            .xadd("mykey1", id1, map);

        } catch (Exception e) {
            e.printStackTrace();
        } finally {
            if (   != null) {
                .close();
            }
        }
    }
}
```

创建 Test78.java 类代码如下。

```
public class Test78 {
    private static Pool pool = new Pool(new PoolConfig(), "192.168.1.103", 7777, 5000, "accp");

    private static     = null;

    // 输出 key 对应消费者组的信息
    private static void printGroupInfo(String keyName) {
        List<StreamGroupInfo> list1 = .xinfoGroup(keyName);
        for (int i = 0; i < list1.size(); i++) {
            StreamGroupInfo info = list1.get(i);
            System.out.println("getName=" + info.getName());
            System.out.println("getConsumers=" + info.getConsumers());
            System.out.println("getPending=" + info.getPending());
            System.out.println("getLastDeliveredId=" + info.getLastDeliveredId());
        }
        System.out.println();
    }

    public static void main(String[] args) {
        try {
                = pool.getResource();
            printGroupInfo("mykey1");
        } catch (Exception e) {
            e.printStackTrace();
        } finally {
            if (   != null) {
                .close();
            }
        }
    }
}
```

第 12 章 Stream 类型命令

创建 Test79.java 类代码如下。

```java
public class Test79 {
    private static Pool pool = new Pool(new PoolConfig(), "192.168.1.103", 7777, 5000, "accp");

    private static  = null;

    public static void main(String[] args) {
        try {
             = pool.getResource();

            Entry<String, StreamEntryID> entry = new AbstractMap.SimpleEntry("mykey1",
                    new StreamEntryID(0, 0));
            List<Entry<String, List<StreamEntry>>> listEntry = .xreadGroup("mygroup1",
                    "myconsumer1", -1,
                    Integer.MAX_VALUE, false, entry);
            CommandTools.printInfo(listEntry);
        } catch (Exception e) {
            e.printStackTrace();
        } finally {
            if ( != null) {
                .close();
            }
        }
    }
}
```

创建 Test80.java 类代码如下。

```java
public class Test80 {
    private static Pool pool = new Pool(new PoolConfig(), "192.168.1.103", 7777, 5000, "accp");

    private static  = null;

    public static void main(String[] args) {
        try {
             = pool.getResource();

            {
                .xclaim("mykey1", "mygroup1", "myconsumer1", 1000, -1, -1, false, new StreamEntryID(1, 0),
                        new StreamEntryID(2, 0));
            }

            {
                Entry<String, StreamEntryID> entry = new AbstractMap.SimpleEntry("mykey1",
                        new StreamEntryID(0, 0));
                List<Entry<String, List<StreamEntry>>> listEntry = .xreadGroup("mygroup1",
                        "myconsumer1", -1,
                        Integer.MAX_VALUE, false, entry);
                CommandTools.printInfo(listEntry);
            }

            System.out.println();
            {
                List<StreamPendingEntry> list = .xpending("mykey1", "mygroup1", null,
                        null, Integer.MAX_VALUE,
                        null);
```

12.8 消费者组的使用

```
                System.out.println("StreamPendingEntry count :" + list.size());
                for (int i = 0; i < list.size(); i++) {
                    StreamPendingEntry entry = list.get(i);
                    System.out.println("getID=" + entry.getID().getTime() + " " +
entry.getID().getSequence());
                    System.out.println("getConsumerName=" + entry.getConsumerName());
                    System.out.println("getIdleTime=" + entry.getIdleTime());
                    System.out.println("getDeliveredTimes=" + entry.getDeliveredTimes());
                }
            }
        } catch (Exception e) {
            e.printStackTrace();
        } finally {
            if ( != null) {
                .close();
            }
        }
    }
}
```

创建 Test81.java 类代码如下。

```
public class Test81 {
    private static Pool pool = new Pool(new PoolConfig(), "192.168.1.103", 7777, 5000, "accp");

    private static  = null;

    public static void main(String[] args) {
        try {
             = pool.getResource();

            {
                .xack("mykey1", "mygroup1", new StreamEntryID(1, 0), new StreamEntryID(2, 0));
            }

            System.out.println();

            {
                List<StreamPendingEntry> list = .xpending("mykey1", "mygroup1", null,
null, Integer.MAX_VALUE,
                        null);
                System.out.println("StreamPendingEntry count :" + list.size());
                for (int i = 0; i < list.size(); i++) {
                    StreamPendingEntry entry = list.get(i);
                    System.out.println("getID=" + entry.getID().getTime() + " " +
entry.getID().getSequence());
                    System.out.println("getConsumerName=" + entry.getConsumerName());
                    System.out.println("getIdleTime=" + entry.getIdleTime());
                    System.out.println("getDeliveredTimes=" + entry.getDeliveredTimes());
                }
            }

            System.out.println();

            {
                Entry<String, StreamEntryID> entry = new AbstractMap.SimpleEntry("mykey1", new
StreamEntryID(0, 0));
                List<Entry<String, List<StreamEntry>>> listEntry = .xreadGroup("mygroup1",
```

```
"myconsumer1", -1,
                    Integer.MAX_VALUE, false, entry);
                CommandTools.printInfo(listEntry);
            }
        } catch (Exception e) {
            e.printStackTrace();
        } finally {
            if ( != null) {
                .close();
            }
        }
    }
}
```

上面几个测试类依次执行后，由消费者 myconsumer2 成功对 ID 值为 1-0 和 2-0 的消息进行认领，并在最后进行了确认。

Stream 数据类型与其他 Redis 数据类型有一个不同的地方在于：当其他数据类型中没有元素的时候，在内部会自动调用删除命令把 key 删除。如当调用 ZREM 命令时，会将 Sorted Set 数据类型中的最后一个元素删除，这个 Sorted Set 数据类型也会被彻底删除。但是 Stream 数据类型允许在内部没有元素的情况下 key 仍然存在，这样设计的原因是 Stream 数据类型可能和消费者组进行关联，在实际场景中不希望由于 Stream 数据类型中没有元素而被自动删除，导致消费者组的信息丢失。

第 13 章 Pipelining 和 Transaction 类型命令

流水线（Pipelining）可以实现批量发送多个命令到服务器，提高程序运行效率。

事务（Transaction）可以保证服务器批量执行多个命令，这些命令是一体的，具有原子性，但 Redis 并没有完整实现 ACID 特性。

13.1 流水线

流水线可以实现批量发送多个命令到服务器，提高程序运行效率。流水线是在客户端实现的，和服务器无关。

Redis 中提供的流水线流水线类似于 JDBC 中的 Batch 技术，示例代码如下。

```java
public class Test {
    public static void main(String[] args) {
        try {
            Connection connection = ConnectionFactory.getConnection();
            PreparedStatement ps = connection
                    .prepareStatement("insert into userinfo(id,username) values(idauto.nextval,'abcdefg')");
            long beginTime = System.currentTimeMillis();
            for (int i = 0; i < 50000; i++) {
                ps.addBatch(); // 命令累加
            }
            ps.executeBatch(); // 批量执行
            long endTime = System.currentTimeMillis();
            System.out.println(endTime - beginTime);
            ps.close();
            connection.close();
        } catch (ClassNotFoundException e) {
            e.printStackTrace();
        } catch (SQLException e) {
            e.printStackTrace();
        }
    }
}
```

如果不用流水线或 Batch 技术，向服务器发送 10 条命令时，会有 10 次的请求（request）和响应（response）过程，每一次的请求和响应的用时被称为往返时间（Round Trip Time，RTT）。

由于 Redis 是单线程的，因此每一次的请求和响应都是按顺序执行的，会产生 10 次 RTT，执行速度较慢。当用 Pipelining 或 Batch 技术时，一次打包发送 10 个命令到服务器，只需要一次请求和响应过程，提高了程序运行效率。

13.1.1　不使用流水线的运行效率

示例程序如下。

```java
public class Test1 {
    private static Pool pool = new Pool(new PoolConfig(), "192.168.61.2", 6379, 5000, "accp");

    public static void main(String[] args) {
         = null;
        try {
             = pool.getResource();
            .flushAll();
            long beginTime = System.currentTimeMillis();
            for (int i = 0; i < 50000; i++) {
                .set("mykey" + (i + 1), "我是值" + (i + 1));
            }
            long endTime = System.currentTimeMillis();
            System.out.println(endTime - beginTime);
        } catch (Exception e) {
            e.printStackTrace();
        } finally {
            if ( != null) {
                .close();
            }
        }
    }
}
```

程序运行结果如下。

```
5553
```

13.1.2　使用流水线的运行效率

示例程序如下。

```java
public class Test2 {
    private static Pool pool = new Pool(new PoolConfig(), "192.168.61.2", 6379, 5000, "accp");

    public static void main(String[] args) {
         = null;
        try {
             = pool.getResource();
            .flushAll();
            Pipeline p = .pipelined();
            long beginTime = System.currentTimeMillis();
            for (int i = 0; i < 50000; i++) {
                p.set("mykey" + (i + 1), "我是值" + (i + 1));
            }
            p.sync();
            long endTime = System.currentTimeMillis();
            System.out.println(endTime - beginTime);
```

```
        } catch (Exception e) {
            e.printStackTrace();
        } finally {
            if ( != null) {
                .close();
            }
        }
    }
}
```

程序运行结果如下。

```
133
```

使用流水线技术后，运行效率会翻倍提高。

13.2 事务

RDBMS 中的事务是指一系列操作步骤完全地执行或完全不执行，具有回滚的特性。

但 Redis 中的事务是指一组 Command 命令（至少是两个或两个以上的命令），Redis 事务保证这些命令被执行时不会被任何其他操作打断，这和 RDBMS 中的事务完全不同。

Redis 没有回滚。

Redis 中的事务既然不能回滚，那么它的主要作用是什么呢？它的主要作用是保证 multi 命令和 exec 命令之间的命令是原子性的、不可拆分的。其他命令必须在事务执行完毕之后才可以执行，所以其他命令看到的是事务提交之后最终的运行结果，而不是一个"半成品"。因为事务中存在 n 条命令，所以只有这 n 条命令执行完毕后才可以执行其他命令。

事务开启的时候创建命令队列，把执行的命令放入命令队列中，事务接收到 exec 命令后就将命令队列中的命令一次性执行，中途不能被打断，具有原子性。

Redis 通过 multi、exec、watch 等命令来实现事务功能。事务提供了一种将多条命令进行打包，然后一次性、按顺序地执行多条命令的机制，并且在事务执行期间，服务器不会中断事务而去执行其他客户端的命令，会将事务中的所有命令都执行完毕，然后才去处理其他客户端的命令。一个事务从开始到结束通常会经历以下 3 个阶段。

- 事务开始。
- 命令入队。
- 事务执行。

13.2.1 multi 和 exec 命令

multi 命令的使用格式如下。

```
multi
```

该命令用于标记一个事务块的开始，事务内的多条命令会按照先后顺序被放进一个事务命令队列当中，未来在执行 exec 命令时作为一个原子性命令被整体执行。

exec 命令的使用格式如下。

```
exec
```

该命令用于执行事务中所有在事务命令队列中等待的命令。

1. 测试案例

测试案例如下如下。

```
127.0.0.1:7777> keys *
(empty list or set)
127.0.0.1:7777> multi
OK
127.0.0.1:7777> set a aa
QUEUED
127.0.0.1:7777> set b bb
QUEUED
127.0.0.1:7777> set c cc
QUEUED
127.0.0.1:7777> exec
1) OK
2) OK
3) OK
127.0.0.1:7777> keys *
1) "b"
2) "a"
3) "c"
127.0.0.1:7777>
```

2. 程序演示

```java
public class Test3 {
    private static Pool pool = new Pool(new PoolConfig(), "192.168.61.2", 6379, 5000, "accp");

    public static void main(String[] args) {
         = null;
        try {
             = pool.getResource();
            .flushAll();
            Transaction t = .multi();
            t.set("a", "aa");
            t.set("b", "bb");
            t.set("c", "cc");
            t.set("d", "dd");
            List<Object> listObject = t.exec();
            for (int i = 0; i < listObject.size(); i++) {
                System.out.println(listObject.get(i));
            }
        } catch (Exception e) {
            e.printStackTrace();
        } finally {
            if ( != null) {
                .close();
            }
        }
    }
}
```

程序运行结果如下。

```
OK
OK
OK
OK
```

13.2.2 出现语法错误导致全部命令取消执行

测试出现语法错误导致全部命令取消执行。

1. 测试案例

测试案例如下。

```
127.0.0.1:7777> keys *
(empty list or set)
127.0.0.1:7777> multi
OK
127.0.0.1:7777> set a aa
QUEUED
127.0.0.1:7777> set b bb
QUEUED
127.0.0.1:7777> setabc c cc
(error) ERR unknown command `setabc`, with args beginning with: `c`, `cc`,
127.0.0.1:7777> exec
(error) EXECABORT Transaction discarded because of previous errors.
127.0.0.1:7777> keys *
(empty list or set)
127.0.0.1:7777>
```

Redis 会对命令的语法先进行校验，出现错误则不再执行任何命令，取消全部命令的执行。语法错误相当于在编译 .java 文件时报错，.class 文件根本不会被运行。

2. 程序演示

```java
public class Test4 {
    private static Pool pool = new Pool(new PoolConfig(), "192.168.61.2", 6379, 5000, "accp");

    public static void main(String[] args) {
        = null;
        try {
            = pool.getResource();
            .flushAll();
            System.out.println("before 数据库中的 key 数量为" + .keys("*").size());
            Transaction t = .multi();
            t.set("a", "aa");
            t.set("b", "bb");
            t.set("c", "cc");

            t.sendCommand(new ProtocolCommand() {
                @Override
                public byte[] getRaw() {
                    return "setabc".getBytes();
                }
            }, "d", "d");
            t.exec();
        } catch (Exception e) {
```

```
            e.printStackTrace();
    } finally {
        if ( != null) {
            .close();
        }
    }
    System.out.println(" after 数据库中的 key 数量为" + .keys("*").size());
    }
}
```

程序运行结果如下。

```
before 数据库中的 key 数量为 0
redis.clients..exceptions.DataException: EXECABORT Transaction discarded because of
previous errors.
        at redis.clients..Protocol.processError(Protocol.java:132)
        at redis.clients..Protocol.process(Protocol.java:166)
        at redis.clients..Protocol.read(Protocol.java:220)
        at redis.clients..Connection.readProtocolWithCheckingBroken(Connection.java:318)
        at redis.clients..Connection.getUnflushedObjectMultiBulkReply(Connection.java:280)
        at redis.clients..Connection.getObjectMultiBulkReply(Connection.java:285)
        at redis.clients..Transaction.exec(Transaction.java:46)
        at transactions.Test4.main(Test4.java:31)
 after 数据库中的 key 数量为: 0
```

13.2.3 出现运行错误导致错误命令取消执行

出现运行错误导致错误命令取消执行,无错误的命令正常执行。相当于.java 文件编译成功,生成正确的.class 文件。当运行.class 文件的时候,某一行代码出错了使用 try-catch 进行处理,异常处理结束后继续执行后面的代码。

1. 测试案例

测试案例如下。

```
127.0.0.1:6379> keys *
(empty list or set)
127.0.0.1:6379> set a aa
OK
127.0.0.1:6379> set b bb
OK
127.0.0.1:6379> multi
OK
127.0.0.1:6379> set c cc
QUEUED
127.0.0.1:6379> set d dd
QUEUED
127.0.0.1:6379> incr a
QUEUED
127.0.0.1:6379> incr b
QUEUED
127.0.0.1:6379> set e ee
QUEUED
127.0.0.1:6379> set f ff
QUEUED
127.0.0.1:6379> exec
```

```
1) OK
2) OK
3) (error) ERR value is not an integer or out of range
4) (error) ERR value is not an integer or out of range
5) OK
6) OK
127.0.0.1:6379> get a
"aa"
127.0.0.1:6379> get b
"bb"
127.0.0.1:6379> get c
"cc"
127.0.0.1:6379> get d
"dd"
127.0.0.1:6379> get e
"ee"
127.0.0.1:6379> get f
"ff"
127.0.0.1:6379>
```

Redis 会对命令的语法进行校验，语法是正确的，但不代表命令运行时是正确的，执行错误命令后会继续执行后面的命令，执行过程不会中断。

出现运行时异常不会回滚。

2. 程序演示

```java
public class Test5 {
    private static Pool pool = new Pool(new PoolConfig(), "192.168.61.2", 6379, 5000, "accp");

    public static void main(String[] args) {
         = null;
        try {
             = pool.getResource();
            .flushAll();
            .set("a", "aa");
            .set("b", "bb");
            Transaction t = .multi();
            t.set("c", "cc");
            t.set("d", "dd");
            t.incr("a");
            t.incr("b");
            t.set("e", "ee");
            t.set("f", "ff");

            List<Object> listObject = t.exec();
            for (int i = 0; i < listObject.size(); i++) {
                System.out.println(listObject.get(i));
            }
            System.out.println();
            System.out.println(.get("a"));
            System.out.println(.get("b"));
            System.out.println(.get("c"));
            System.out.println(.get("d"));
            System.out.println(.get("e"));
            System.out.println(.get("f"));

        } catch (Exception e) {
```

```
                e.printStackTrace();
        } finally {
            if (  != null) {
                .close();
            }
        }
    }
}
```

程序运行结果如下。

```
OK
OK
redis.clients..exceptions.DataException: ERR value is not an integer or out of range
redis.clients..exceptions.DataException: ERR value is not an integer or out of range
OK
OK

aa
bb
cc
dd
ee
ff
```

13.2.4 discard 命令

discard 命令使用格式如下。

```
discard
```

该命令用于取消一个事务中所有在事务命令队列中等待的命令, 也就是取消事务, 放弃执行事务块内的所有命令。

1. 测试案例

测试案例如下。

```
127.0.0.1:7777> keys *
(empty list or set)
127.0.0.1:7777> multi
OK
127.0.0.1:7777> set a aa
QUEUED
127.0.0.1:7777> set b bb
QUEUED
127.0.0.1:7777> set c cc
QUEUED
127.0.0.1:7777> discard
OK
127.0.0.1:7777> exec
(error) ERR EXEC without MULTI
127.0.0.1:7777> keys *
(empty list or set)
127.0.0.1:7777>
```

执行 discard 命令取消事务之后再执行 exec 命令出现了异常，因为没有事务环境了。

2．程序演示

```java
public class Test6 {
    private static Pool pool = new Pool(new PoolConfig(), "192.168.61.2", 6379, 5000, "accp");

    public static void main(String[] args) {
         = null;
        try {
             = pool.getResource();
            .flushAll();
            .set("a", "aa");
            .set("b", "bb");
            System.out.println("before 数据库中的 key 数量为" + .keys("*").size());

            Transaction t = .multi();
            t.set("c", "cc");
            t.set("d", "dd");
            t.incr("a");
            t.incr("b");
            t.set("e", "ee");
            t.set("f", "ff");
            String discardResult = t.discard();
            System.out.println(discardResult);

            System.out.println(" after 数据库中的 key 数量为" + .keys("*").size());
        } catch (Exception e) {
            e.printStackTrace();
        } finally {
            if ( != null) {
                .close();
            }
        }
    }
}
```

程序运行结果如下。

```
before 数据库中的 key 数量为 2
OK
 after 数据库中的 key 数量为 2
```

13.2.5　watch 命令

使用格式如下。

```
watch key [key ...]
```

该命令用于监视指定的 key 来实现乐观锁。

什么是乐观锁？乐观锁是一种并发控制的方法，在提交数据更新之前，事务会先检查在该事务读取数据后，是否有其他事务修改了该数据，如果其他事务修改了数据的话，正在提交的事务会被取消。如两个人同时要对第 3 个人实现转账操作，为了实现金额的累加，可以使用乐观锁。

第 13 章 Pipelining 和 Transaction 类型命令

Redis 中 WATCH 的机制原理：使用 watch 命令监视一个或多个 key，跟踪 key 的 value 的修改情况，如果某个 key 的 value 在事务执行之前被修改了，那么整个事务被取消，返回提示信息，内容是事务已经失败。WATCH 机制使事务执行变得有条件，事务只有在的 key 没有被修改的前提下才能成功执行提交操作，如果不满足条件，事务被取消。乐观锁能够很好地解决数据冲突的问题。一句话总结：只要 value 被修改了，就取消事务的执行。

使用 watch 命令监视了一个带 TTL 的 key，那么即使这个 key 超时了，事务仍然可以正常执行。

1. 测试案例

测试案例如图 13-1 所示。

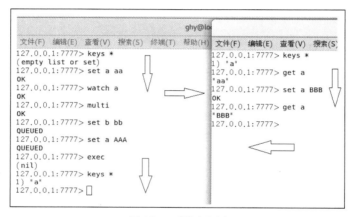

图 13-1　测试案例

这里 value 被修改了，更新事务就被取消了，因此最终的结果不是 AAA，而是 BBB。
何时取消 key 的监视？

- watch 命令可以被调用多次，对 key 的监视从 watch 命令执行之后开始生效，直到调用 exec 命令为止。不管事务是否成功执行，对所有 key 的监视都会被取消。
- 当客户端断开连接时，该客户端对 key 的监视也会被取消。
- unwatch 命令可以手动取消对所有 key 的监视。
- 调用 discard 命令时，如果已使用 watch 命令，则 discard 命令将释放所有被监视的 key。

2. 程序演示

```java
public class Test7 {
    private static Pool pool = new Pool(new PoolConfig(), "192.168.61.2", 6379, 5000, "accp");
    private static 1 = null;
    private static 2 = null;

    public static void main(String[] args) {
        try {
            1 = pool.getResource();
            2 = pool.getResource();
```

```
            1.flushAll();

            1.set("a", "aa");
            1.watch("a");

            Transaction t = 1.multi();
            t.set("b", "bb");
            t.set("c", "cc");

            Thread newThread = new Thread() {
                @Override
                public void run() {
                    2.set("a", "BBB");
                }
            };
            newThread.start();
            Thread.sleep(2000);
            t.set("a", "AAA");
            t.exec();
            System.out.println("a 对应的值是" + 1.get("a"));
        } catch (Exception e) {
            e.printStackTrace();
        } finally {
            if (1 != null) {
                1.close();
            }
            if (2 != null) {
                2.close();
            }
        }
    }
}
```

程序运行结果如下。

a 对应的值是 BBB

13.2.6 unwatch 命令

使用格式如下。

```
unwatch
```

该命令用于取消 watch 命令对所有 key 的监视。在执行 watch 命令之后，如果 exec 命令或 discard 命令先被执行了的话，就不需要手动执行 unwatch 命令了。

1. 测试案例

在事务之外取消执行 watch 命令，过程如图 13-2 所示。
在事务之内取消执行 watch 命令，过程如图 13-3 所示。
在事务之内执行 unwatch 命令相当于没有执行 unwatch 命令，也就是事务之内执行 unwatch 命令是无效的。

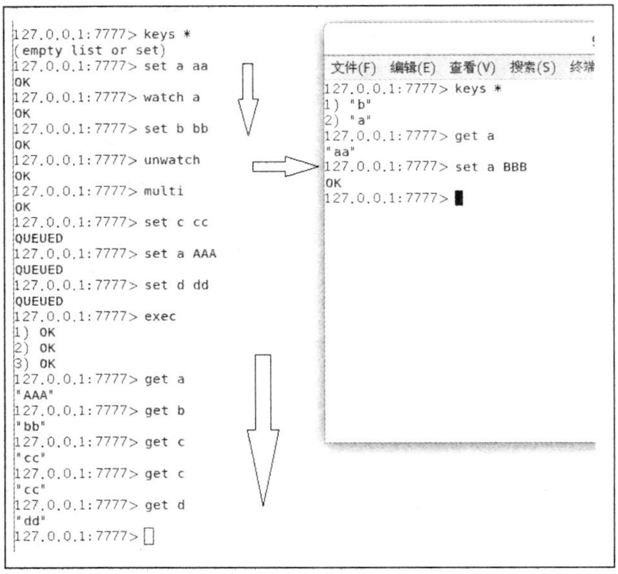

图 13-2　在事务之外取消执行 watch 命令

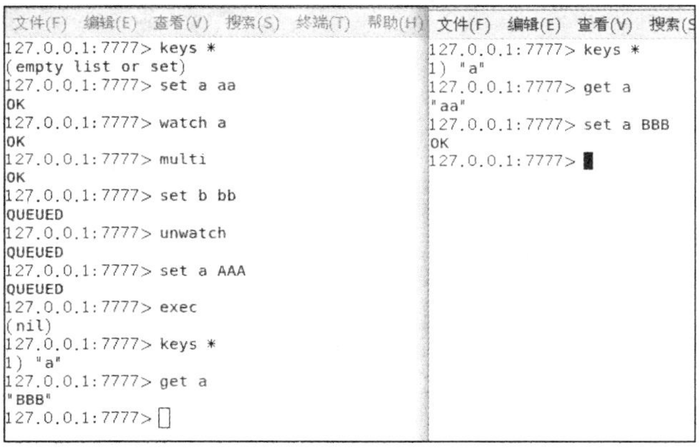

图 13-3　在事务之内取消执行 watch 命令

2．程序演示

先来测试在事务之外执行 unwatch 命令，测试程序如下。

```
public class Test8 {
    private static Pool pool = new Pool(new PoolConfig(), "192.168.61.2", 6379, 5000, "accp");
    private static 1 = null;
    private static 2 = null;

    public static void main(String[] args) {
        try {
            1 = pool.getResource();
            2 = pool.getResource();
            1.flushAll();

            1.set("a", "aa");
```

```
            1.watch("a");
            1.unwatch();

            Transaction t = 1.multi();
            t.set("b", "bb");
            t.set("c", "cc");

            Thread newThread = new Thread() {
                @Override
                public void run() {
                    2.set("a", "BBB");
                }
            };
            newThread.start();
            Thread.sleep(2000);
            t.set("a", "AAA");
            t.exec();
            System.out.println("a 对应的值是" + 1.get("a"));
        } catch (Exception e) {
            e.printStackTrace();
        } finally {
            if (1 != null) {
                1.close();
            }
            if (2 != null) {
                2.close();
            }
        }
    }
}
```

程序运行结果如下。

a 对应的值是 AAA

再来测试在事务之内执行 unwatch 命令，测试程序如下。

```
public class Test9 {
    private static Pool pool = new Pool(new PoolConfig(), "192.168.61.2", 6379, 5000, "accp");

    public static void main(String[] args) {
         = null;
        try {
             = pool.getResource();
            .flushAll();

            .set("a", "aa");
            .watch("a");

            Transaction t = .multi();
            .unwatch();
        } catch (Exception e) {
            e.printStackTrace();
        } finally {
            if ( != null) {
                .close();
            }
        }
```

            }
    }

程序运行结果出现异常。

```
redis.clients..exceptions.DataException: Cannot use  when in Multi. Please use Transaction or reset  state.
        at redis.clients..Binary.checkIsInMultiOrPipeline(Binary.java:1871)
        at redis.clients..Binary.unwatch(Binary.java:1913)
        at transactions.Test9.main(Test9.java:21)
```

在事务之内执行 unwatch 命令是无效的,直接抛出异常。

第 14 章 数据持久化

Redis 中的数据默认存储在内存中，因为断电或死机等不可抗拒的原因造成数据丢失是非常严重的后果。Redis 支持将内存中的数据持久化到硬盘中，实现数据的持久化（Persistence）。Redis 实现数据持久化有 3 种方式，便于发生故障后能迅速恢复数据。

- Redis 数据库（Redis DataBase，RDB）：RDB 持久化数据其实就是持久化内存的快照，将内存中的数据整体持久化到硬盘上的二进制 RDB 文件中，相当于全量持久化。RDB 方式持久化数据非常占用内存，如果内存中待持久化的数据大小为 4GB，则至少要有另外 4GB 的空闲内存作为数据持久化的交换空间，所以需要的总内存大小就是 8GB。Redis 默认启用 RDB。
- 扩展文件（Append-Only File，AOF）：相当于增量持久化，把对 Redis 操作的命令保存进 AOF 文件中，重启 Redis 服务时再从 AOF 文件中执行相应命令，实现还原数据的效果。当 RDB 文件和 AOF 文件同时存在时，优先加载 AOF 文件。

RDB 和 AOF 区别如下。

AOF 会把每一次写数据库的命令都同步到 AOF 文件中，AOF 文件中的命令与内存中的数据一一对应。

RDB 只把当前内存中的数据存放到 RDB 文件中，当对 Redis 中的数据再次修改时，只将内存中的数据进行修改，变成新数据，而 RDB 文件中的数据依然是旧的。

- RDB 和 AOF 混合：Redis 4.0 之后支持此种方式，也是现在 Redis 版本默认启用的。

14.1 使用 RDB 实现数据持久化

使用 RDB 实现数据持久化可以有 3 种方式。

- save 配置选项：达到某一条件时执行数据持久化，自动方式。
- SAVE 命令：同步执行数据持久化，手动方式。
- BGSAVE 命令：异步执行数据持久化，手动方式。

14.1.1 自动方式：save 配置选项

测试 save 配置选项。

1. save 配置选项的使用

1）在 redis.conf 配置文件中的"SNAPSHOTTING"节点下有 RDB 默认的相关配置。

```
# save <seconds> <changes>
save 900 1
save 300 10
save 60 10000
rdbcompression yes
dir ./
dbfilename dump.rdb
```

上面配置 save <seconds> <changes>的作用是在指定的 seconds 时间内，如果对各个数据库总共发生了 changes 次更改，就调用 bgsave 命令把当前内存中的数据以 rdbcompression yes 压缩的方式存储到路径为 dir ./、文件名为 dbfilename dump.rdb 的文件中进行持久化。

- ./：代表当前路径。
- save 900 1：代表 900s 时间内有一次更改就开始 RDB 持久化。
- save 300 10：代表 300s 时间内有 10 次更改就开始 RDB 持久化。
- save 60 10000：代表 60s 时间内有 10000 次更改就开始 RDB 持久化。

数据持久化成功后，seconds 和 changes 的值都被清零。

2）在路径/home/ghy/T/redis 中找不到 RDB 文件，如图 14-1 所示。

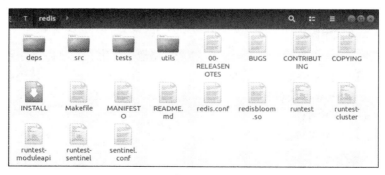

图 14-1　找不到 RDB 文件

如果存在 RDB 文件，则删除该文件。

3）redis.con f 配置文件中的配置如下。

```
save 900 1
save 300 10
save 60 10000
```

说明在 300s 内如果有 10 次更改就将内存中的数据以 RDB 文件的形式持久化到 dump.rdb 文件中。

如果存在 RDB 文件，则删除该文件。

4）在 Redis 客户端中输入如下命令。

```
127.0.0.1:6379> set 1 11
OK
127.0.0.1:6379> set 2 22
```

```
OK
127.0.0.1:6379> set 3 33
OK
127.0.0.1:6379> set 4 44
OK
127.0.0.1:6379> set 5 55
OK
127.0.0.1:6379> set 6 66
OK
127.0.0.1:6379> set 7 77
OK
127.0.0.1:6379> set 8 88
OK
127.0.0.1:6379> set 9 99
OK
127.0.0.1:6379> set 10 1010
OK
127.0.0.1:6379>
```

5）等待一会儿之后发现 Redis 服务器出现保存日志，如图 14-2 所示。

6）创建 dump.rdb 文件，如图 14-3 所示。

图 14-2　保存日志　　　　图 14-3　创建 dump.rdb 文件

7）重启 Redis 服务后依然可以看到持久化的数据，说明 Redis 服务重启后自动将 dump.rdb 文件中的内容加载到内存了。

8）停止 Redis 服务并删除 dump.rdb 文件，再重启 Redis 服务，使用命令 keys *没有取得任何数据，说明 Redis 为空，因为 dump.rdb 文件被删除了。

2. 禁用 save 配置选项

1）停止 Redis 服务，如果有 dump.rdb 文件，则删除 dump.rdb 文件。

2）如果不想实现自动持久化，则可以更改配置如下。

```
save ""

#save 900 1
#save 300 10
#save 60 10000
```

重启 Redis 服务。

3）执行如下命令。

```
127.0.0.1:6379> keys *
(empty list or set)
127.0.0.1:6379> set 1 11
OK
127.0.0.1:6379> set 2 22
OK
127.0.0.1:6379> set 3 33
OK
127.0.0.1:6379> set 4 44
OK
127.0.0.1:6379> set 5 55
OK
127.0.0.1:6379> set 6 66
OK
127.0.0.1:6379> set 7 77
OK
127.0.0.1:6379> set 8 88
OK
127.0.0.1:6379> set 9 99
OK
127.0.0.1:6379> set 10 1010
OK
127.0.0.1:6379> set 11 11111
OK
127.0.0.1:6379>
```

4）等待 10min 之后没有创建 dump.rdb 文件，说明 save 配置选项禁用了自动保存 RDB 文件的功能。

5）重启 Redis 服务后，Redis 为空，数据丢失，因为并没有持久化。

3．存在丢失数据的可能性

1）更改配置代码，如图 14-4 所示。

2）重启 Redis 服务。

3）确认有没有 dump.rdb 文件，如果有则删除。

4）执行如下命令。

```
#save ""
save 900 1
save 300 10
save 60 10000
```

图 14-4　更改配置代码

```
127.0.0.1:6379> set 1 11
OK
127.0.0.1:6379> set 2 22
OK
127.0.0.1:6379> set 3 33
OK
127.0.0.1:6379> set 4 44
OK
127.0.0.1:6379> set 5 55
OK
127.0.0.1:6379> set 6 66
OK
127.0.0.1:6379> set 7 77
OK
127.0.0.1:6379> set 8 88
OK
127.0.0.1:6379> set 9 99
```

```
OK
127.0.0.1:6379> set 10 1010
OK
127.0.0.1:6379> set 11 1111
OK
127.0.0.1:6379>
```

5）观察 Redis 服务器日志，当出现图 14-5 所示的内容时，说明执行了 RDB 持久化。

```
DB saved on disk
RDB: 0 MB of memory used by copy-on-write
Background saving terminated with success
```

图 14-5　Redis 服务器日志

6）快速执行如下命令。

```
127.0.0.1:6379> set 12 1212
OK
127.0.0.1:6379> set 13 1313
OK
127.0.0.1:6379>
```

7）强制退出虚拟机，如图 14-6 所示。

再次启动虚拟机，重启 Redis 服务后再执行如下命令。

```
127.0.0.1:6379> keys *
 1) "10"
 2) "7"
 3) "9"
 4) "5"
 5) "1"
 6) "11"
 7) "6"
 8) "2"
 9) "4"
10) "8"
11) "3"
127.0.0.1:6379>
```

图 14-6　强制退出虚拟机

发现 key 为 12 和 13 的数据并没有进行 RDB 持久化，丢失了数据。

设置 save 配置选项时，seconds、changes 这两个参数需要根据业务需求来确定，设置时间太短虽然能减少丢失数据的数量，但浪费了 CPU 资源，而设置时间太长虽然节省 CPU 资源，但会出现数据大量丢失的情况。

14.1.2　手动方式：使用 save 命令

save 命令具有同步性，当命令执行后 Redis 呈阻塞状态，会把内存中全部数据库的全部数据保存到新的 RDB 文件中。

持久化数据期间 Redis 呈阻塞状态，不再执行客户端的命令，直到生成 RDB 文件为止。持久化结束后删除旧的 RDB 文件，使用新的 RDB 文件。

1．使用 save 命令

测试使用 save 命令。

（1）测试案例

1）更改配置代码，如图 14-7 所示。

2）重启 Redis 服务。

3）确认有没有 dump.rdb 文件，如果有则删除。

4）执行如下命令。

```
#save ""
save 900 1
save 300 10
save 60 10000
```

图 14-7　更改配置代码

```
127.0.0.1:6379> flushdb
OK
127.0.0.1:6379> set 1 11
OK
127.0.0.1:6379> set 2 22
OK
127.0.0.1:6379> set 3 33
OK
127.0.0.1:6379> save
OK
127.0.0.1:6379>
```

在执行 save 命令之前没有 dump.rdb 文件，执行之后就创建它。

5）重启 Redis 服务后输入如下命令。

```
127.0.0.1:6379> keys *
1) "1"
2) "2"
3) "3"
127.0.0.1:6379>
```

将数据从 dump.rdb 文件还原到内存中。

（2）程序演示

```java
public class Test1 {
    private static Pool pool = new Pool(new PoolConfig(), "192.168.1.110", 6379, 5000, "accp");

    public static void main(String[] args) {
         = null;
        try {
             = pool.getResource();
            .flushAll();
            .set("1", "11");
            .set("2", "22");
            .set("3", "33");
            .set("4", "44");
            .set("5", "55");

            .save();

        } catch (Exception e) {
            e.printStackTrace();
        } finally {
            if ( != null) {
                .close();
            }
        }
    }
}
```

2. 存在丢失数据的可能性

```java
public class Test2 {
    private static Pool pool = new Pool(new PoolConfig(), "192.168.1.110", 6379, 5000, "accp");

    public static void main(String[] args) {
         = null;
        try {
             = pool.getResource();
            .flushAll();
            .set("1", "11");
            .set("2", "22");
            .set("3", "33");
            .set("4", "44");
            .set("5", "55");

            .save();

            .set("6", "66");
            .set("7", "77");

        } catch (Exception e) {
            e.printStackTrace();
        } finally {
            if ( != null) {
                .close();
            }
        }
    }
}
```

程序运行后，强制退出虚拟机，再启动虚拟机，启动 Redis 服务并执行如下命令。

```
127.0.0.1:6379> keys *
1) "1"
2) "5"
3) "2"
4) "3"
5) "4"
127.0.0.1:6379>
```

key 为 6 和 7 的数据并没有持久化到 dump.rdb 文件中，造成数据丢失。

14.1.3 手动方式：使用 bgsave 命令

save 命令具有同步性，在数据持久化期间，Redis 不能执行其他客户端的命令，这降低了系统吞吐量，而 bgsave 命令是 save 命令的异步版本。

当 bgsave 命令执行后会创建子进程，子进程执行 save 命令把内存中全部数据库的全部数据保存到新的 RDB 文件中。持久化数据期间，Redis 不会呈阻塞状态，可以接收新的命令。持久化结束后删除旧的 RDB 文件，使用新的 RDB 文件。

关于 bgsave 命令的测试案例及案例请参考 save 命令，两者的使用情况非常相似。另外，

bgsave 命令和 save 命令一样，也存在丢失数据的可能性，也就是在最后一次成功完成 RDB 持久化后的数据将会丢失。

14.1.4 小结

RDB 的优点：使用 RDB 文件直接存储二进制的数据，所以恢复数据比 AOF 速度快。
RDB 的缺点如下。

- 可能会丢失数据。会丢失最后一次持久化以后更改的数据。如果应用能容忍一定程序的数据丢失，那么使用 RDB 是不错的选择；如果不能容忍一定程序的数据丢失，那么使用 RDB 就不是一个很好的选择。
- 使用 bgsave 命令持久化数据时会创建一个新的子进程，如果 Redis 的数据量很大，那么子进程会占用比较多的 CPU 和内存资源，并且在获取内存快照时会将 Redis 服务暂停一段时间（毫秒级别）。如果数据量非常大而且硬件配置较差，可能出现暂停数秒的情况。

实现 RDB 持久化的 3 种方式，即 save 配置选项、save 命令和 bgsave 命令，都或多或少会丢失数据，丢失数据的多少和成功完成 RDB 持久化之后的数据更改量有关。数据更改量越大，丢失的数据越多，因为新的数据并没有持久化到 RDB 文件中。为了减小丢失的数据量，可以频繁多次地执行 save 或 bgsave 命令，也可以减小 save 配置选项中的参数值。但建议放弃这种方式，如果那样做，Redis 的运行效率会相当低，这时可以使用 AOF 对数据持久化的效率进行优化。

14.2 使用 AOF 实现数据持久化

使用 AOF 持久化数据时，Redis 每次接收一条更改数据的命令时，都将把该命令写到一个 AOF 文件中（只记录写操作，读操作不记录）。当 Redis 重启时，它通过执行 AOF 文件中所有的命令来恢复数据。AOF 的优点是比 RDB 丢失的数据会少一些。另外，由于 AOF 文件存储 Redis 的命令，而不像 RDB 文件存储数据的二进制值，因此使用 AOF 还原数据时比 RDB 要慢很多。

14.2.1 实现 AOF 持久化的功能

1．测试案例

1）更改 redis.conf 配置文件，使用如下配置禁用 RDB，只用 AOF 实现数据持久化。

```
save ""

#save 900 1
#save 300 10
#save 60 10000
```

2）在 redis.conf 配置文件中的 "APPEND ONLY MODE" 节点下有 AOF 的相关配置。

14.2 使用 AOF 实现数据持久化

```
appendonly no
appendfilename "appendonly.aof"

# appendfsync always
appendfsync everysec
# appendfsync no

aof-use-rdb-preamble yes
```

将配置 appendonly no 改成 appendonly yes，因为默认情况下 AOF 方式是不启用的。

配置 appendfilename "appendonly.aof" 指定使用哪个 AOF 文件来存储命令。将配置 aof-use-rdb-preamble yes 改成 aof-use-rdb-preamble no，因为默认情况下采用 RDB 和 AOF 混合方式，使用 no 值后只使用 AOF 方式。

3）如果存在 dump.rdb 文件或 appendonly.aof 文件则删除。重启 Redis 服务。

注意：重启 Redis 服务后不要手动删除 appendonly.aof 文件。如果 Redis 服务启动后再删除 appendonly.aof 文件，则执行命令时，是不会自动创建 appendonly.aof 文件的。

4）执行如下命令。

```
127.0.0.1:6379> set 1 11
OK
127.0.0.1:6379> set 2 22
OK
127.0.0.1:6379> set 3 33
OK
127.0.0.1:6379> del 3
(integer) 1
127.0.0.1:6379>
```

5）生成的文件 appendonly.aof 内容如图 14-8 所示。

最后出现了 del 命令，说明 del 命令也被记录了。

这些内容是 Redis 能读懂的命令，Redis 服务在启动时读取 AOF 文件中的命令进行数据还原。

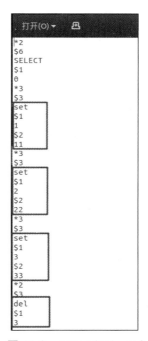

图 14-8 appendonly.aof 内容

2. 程序演示

```java
public class Test3 {
    private static Pool pool = new Pool(new PoolConfig(),
"192.168.1.110", 6379, 5000, "accp");

    public static void main(String[] args) {
        = null;
        try {
            = pool.getResource();
            .flushAll();
            .set("a", "aa");
            .set("b", "bb");
            .set("c", "cc");
            .del("c");
        } catch (Exception e) {
            e.printStackTrace();
        } finally {
```

```
        if ( != null) {
            .close();
        }
    }
  }
}
```

程序运行结果如图 14-9 所示。

3. 存在丢失数据的可能性

向 AOF 文件同步命令是对 AOF 文件的写操作，现代操作系统为了提高写操作的效率，会将多次写操作最终转化成一次写操作。原理就是将多次写入的数据放入缓存区中，达到某个写入的条件时一次性将数据写入硬盘中，提高程序运行效率，而选项 appendfsync 的作用就是配置向 AOF 文件执行写入命令的方式，Redis 提供 3 种方式。

- no：不主动进行同步操作，而是完全交由操作系统来做。比较快但不是很安全，会丢失最后一次写操作之后所有的写入命令。
- always：每次执行写入命令都会同步到 AOF 文件中。此种方式比较慢，但是比较安全，在生产环境下不建议使用。
- everysec：每秒执行一次同步操作。此种方式比较平衡，由于兼顾性能和安全，因此是默认选项，也是推荐使用的选项。它会丢失最后一秒未持久化的数据。

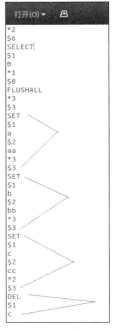

图 14-9　AOF 文件内容

14.2.2　重写机制

前面的 AOF 文件里保存着大量操作 Redis 的命令，其中就包括 del 命令。其实在还原数据时只需要 set a aa 和 set b bb 命令，从还原数据效率上的考虑出妯，set c cc 和 del c 命令可以从 AOF 文件中被删除，那么就有必要让 Redis 服务重启时读取最精简版的 AOF 文件，没有其他多余的命令，也就是要把多余的命令过滤删除。这时就要创建最精简版的 AOF 文件，此过程在 Redis 中被称为 "AOF 文件重写机制"。

重写机制可以将多个命令缩写成一个，还可以对超时的数据不再恢复。重写机制的原理是开启新的进程，新的进程不读取旧版的 AOF 文件，而是直接把内存中的数据转化成最新版的 AOF 文件，完成后再对旧版的 AOF 文件进行覆盖，达到了 AOF 文件内容的精简。

1. 手动方式实现重写机制

测试手动方式实现重写机制。
（1）测试案例
实现 AOF 重写。
- 查看 AOF 文件的内容，如图 14-10 所示。
- 在终端中输出如下命令。

```
127.0.0.1:7777> bgrewriteAOF
Background append only file rewriting started
```

```
127.0.0.1:7777>
```

- 成功实现 AOF 重写，AOF 文件中的内容被精简，没有操作 key 为 c 的命令，精简后的 AOF 文件内容如图 14-11 所示。

图 14-10　AOF 文件的内容

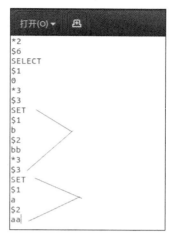

图 14-11　精简后的 AOF 文件内容

（2）程序演示

```
public class Test4 {
    private static Pool pool = new Pool(new PoolConfig(), "192.168.1.110", 6379, 5000, "accp");

    public static void main(String[] args) {
        = null;
        try {
            = pool.getResource();
            .flushAll();
            .set("x", "xx");
            .set("y", "yy");
            .set("z", "zz");
            .del("z");
            .bgrewriteaof();
        } catch (Exception e) {
            e.printStackTrace();
        } finally {
            if ( != null) {
                .close();
            }
        }
    }
}
```

图 14-12　程序运行结果

程序运行结果如图 14-12 所示，没有操作 key 为 z 的命令。

2. 自动方式实现重写机制

redis.conf 配置文件中的选项 auto-AOF-rewrite-min-size 的作用是设置重写的最小 AOF 文件

的大小，默认是 64MB。当 AOF 文件大小大于 64MB 时，开始重写 AOF，目的是缩小 AOF 文件的大小。

redis.conf 配置文件中的选项 auto-AOF-rewrite-percentage 100 的作用是设置文件大小增大多少比例触发重写。该选项表示当前 AOF 文件的大小比最后一次执行 AOF 重写后增加了一倍（100%），则触发重写。

14.2.3 小结

AOF 和 RDB 同时开启，并且存在 AOF 文件时，优先加载 AOF 文件。

AOF 关闭或者没有 AOF 文件时，加载 RDB 文件。

AOF 是另一个数据持久化的方案。AOF 文件会在操作过程中变得越来越大，因为有很多命令是无用的，如查询命令，但 Redis 支持在不影响服务的前提下在后台重写 AOF 文件，让 AOF 文件得以变小。

AOF 的优点是丢失的数据在理论上比 RDB 少，允许丢失最后 1s 内的数据。

AOF 的缺点如下。
- 由于 AOF 文件存储的是写入命令，因此文件大小较大。
- 由于 RDB 文件存储的是二进制的数据，因此恢复数据比 AOF 要快。AOF 恢复数据慢。

RDB 会在满足某个 save 配置条件时自动持久化，而 AOF 是根据 appendfsync 配置进行自动持久化。

RDB 和 AOF 都有优缺点，可以将两者结合使用，互相弥补。

14.3 使用 RDB 和 AOF 混合实现数据持久化

使用 RDB 和 AOF 混合实现数据持久化时，会在 AOF 文件的开头保存 RDB 格式的数据，然后保存 AOF 格式的命令。

1）更改 redis.conf 配置文件中的配置。

```
save 900 1
save 300 10
save 60 10000
appendonly yes
aof-use-rdb-preamble yes
```

2）重启 Redis 服务。

3）执行如下命令。

```
127.0.0.1:6379> flushdb
OK
127.0.0.1:6379> set 1 11
OK
127.0.0.1:6379> set 2 22
OK
127.0.0.1:6379> set 3 33
OK
127.0.0.1:6379> bgrewriteaof
Background append only file rewriting started
```

```
127.0.0.1:6379> set 4 44
OK
127.0.0.1:6379> set 5 55
OK
127.0.0.1:6379>
```

执行如下命令。

```
127.0.0.1:6379> set 1 11
OK
127.0.0.1:6379> set 2 22
OK
127.0.0.1:6379> set 3 33
OK
```

以下命令以 AOF 格式保存数据,直到执行 bgrewriteaof 命令才将前面 AOF 格式的命令转成 RDB 格式,后面的命令。继续使用 AOF 格式保存数据。

```
127.0.0.1:6379> set 4 44
OK
127.0.0.1:6379> set 5 55
OK
```

4）appendonly.aof 文件内容如图 14-13 所示。

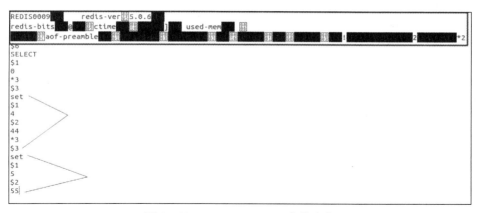

图 14-13　appendonly.aof 文件内容

使用 RDB 和 AOF 混合实现数据持久化的优势是 RDB 格式的数据还原起来速度很快,而 AOF 格式的命令可以允许丢失 1s 内的数据。

14.4　使用 shutdown 命令正确停止 Redis 服务

正确停止 Reids 服务要使用 shutdown 命令,该命令执行后将停止接收新的请求,并且开始执行持久化操作,完成后销毁 Redis 进程。

不要暴力地销毁 Redis 进程,这样做会丢失数据。

第 15 章 复制

注意：后文在配置 IP 地址相关的信息时，即使不同的节点在同一台计算机中，也不要写回环地址 127.0.0.1，一定要写上具体的 IP 地址，如 192.168.1.112。

新版本的 Redis 已经将复制（Replication）架构的名称由原来的主-从（Master-Slave），改为主-副本（Master-Replica），所以 Slave 和 Replica 在 Redis 中是一样的。

Redis 可以对相同的数据创建多个副本，这些副本数据存放在其他服务器中，这样在数据恢复、负载均衡、读写分离等场景中非常有利。

一个 Master 服务器作为主节点可以有多个 Replica 服务器作为副本节点，但每个副本节点只能有一个主节点，Master 架构类似于树形结构，如图 15-1 所示。

在一主多副本的架构中，默认情况下可以对 Master 服务器执行读写操作，而对 Replica 服务器执行查询、读取的操作，这就是经典的"读写分离"方案。Replica 服务器越多，读的性能就越好，因为相同的数据分散在不同的 Replica 服务器上，减轻了每台 Replica 服务器读的压力。

Master 服务器对 Replica 服务器进行数据传输时是非阻塞的，代表 Master 服务器可以一边传输数据给 Replica 服务器，一边执行客户端发送过来的读写命令。Replica 服务器在接收数据期间也是非阻塞的，可以一边接收数据一边执行其他客户端发送过来读的请求。

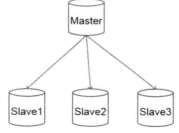

图 15-1　Master-Replica 架构

默认情况下，Replica 服务器只可以执行读操作，但可以对 Replica 服务器开放写权限。但建议不要这样做，如果 Master 服务器和 Replica 服务器恰好有相同的 key，则 Master 服务器的数据会把 Replica 服务器中的数据覆盖。如果对 key 的命名有好的规划，那么可以这样做。

有些情况下必须对 Replica 服务器开放写权限，如在 Replica 服务器中执行类似 ZINTERSTORE 统计命令时，建议对 key 设置 TTL，超时后自动删除。对 Replica 服务器开放写权限需要在 redis.conf 配置文件中使用配置 replica-read-only=no。

当对主节点和副本节点进行关联时，Redis 会将副本节点全部的数据进行清空，再对主节点执行写操作，主节点会将数据的改变同步到副本节点上。由于网络慢等原因，主节点和副本节点在某一时间会出现数据不一样的情况。如果要求数据强一致性，客户端可以直接读取主节点，但在最后主节点和副本节点的数据会完全相同，实现最终一致性。

一主多副本架构的弊端比较明显，就是主节点需要承担更多的任务，如一个主节点在处理业务的同时还需要将数据发送给多个副本节点实现数据的复制，如果传输的数据量较大，很容易造成主节点发给副本节点数据时 CPU 占用率过高，还会产生网络拥堵，造成主节点性能下降，所以可以对主节点采用"多级级联"架构来疏散网络拥堵。所谓的多级级联就是副本节点再关联一个 Replica 副本节点，如图 15-2 所示。

副本节点 Slave1 关联了两个副本节点 Slave2 和 Slave3，副本节点 Slave1 相当于副本节点 Slave2 和 Slave3 的主节点，副本节点 Slave2 和 Slave3 的数据由 Slave1 进行传输，Slave1 的数据由主节点进行传输，主节点只负责一个节点的数据传输，而不是 3 个，所以多级级联架构减小了主节点的任务量。根据业务需要，多级级联架构还可以继续级联，如 Slave2 还可以关联子节点。

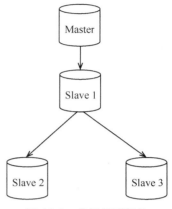

图 15-2　多级级联架构

复制数据时是由主节点向副本节点进行复制，反之则不支持。针对主节点的任何操作都会同步到副本节点中。

15.1　实现复制

有 3 种方式可以实现 Master-Replica 的数据复制。
- 在 redis.conf 配置文件中加入 replicaof {masterHost} {masterPort}配置。
- 对 redis-server 命令传入 --replicaof {masterHost} {masterPort}参数。
- 在副本节点中使用 replicaof {masterHost} {masterPort}，此种方式的优势是可以动态地创建复制连接。

参数 masterHost 是主节点的 IP 地址，参数 masterPort 是主节点的端口号。

当主节点和副本节点连接上时，主节点会把全部的数据传输到副本节点中。

15.1.1　在 redis.conf 配置文件中加入 replicaof {masterHost} {masterPort}配置

测试在 redis.conf 配置文件中加入 replicaof {masterHost} {masterPort}配置。

1．测试案例

1）创建两个 redis.conf 配置文件，文件名分别为 redis_master.conf 和 redis_replica.conf。配置 Master 服务器使用 7777 端口，Replica 服务器使用 8888 端口。

编辑配置文件 redis_master.conf，更改端口号。

```
port 7777
bind 0.0.0.0
protected-mode no
```

```
requirepass accp
```

使用如下命令启动 redis_master 服务。

```
redis-server redis_master.conf
```

2）编辑 redis_replica.conf 文件，添加如下配置。

```
port 8888
bind 0.0.0.0
protected-mode no
replicaof 192.168.61.2 7777
masterauth accp
requirepass accp
```

配置 replicaof 192.168.61.2 7777 中的 IP 地址 192.168.61.2 是 Master 服务器的 IP 地址，7777 是 Master 服务器的端口号。

配置 masterauth accp 代表使用 accp 作为登录 Master 服务器的密码。Replica 服务器启动时会主动连接 Master 服务器。

使用如下命令启动 redis_replica 服务。

```
redis-server redis_replica.conf
```

3）Master 服务器控制台输出信息如下。

```
Replica 192.168.61.2:8888 asks for synchronization
Full resync requested by replica 192.168.61.2:8888
Starting BGSAVE for SYNC with target: disk
Background saving started by pid 27137
DB saved on disk
RDB: 0 MB of memory used by copy-on-write
Background saving terminated with success
Synchronization with replica 192.168.61.2:8888 succeeded
```

控制台输出的信息说明 Master 服务器收到了 Replica 服务器的连接请求，并且实现了数据的同步传输。

Replica 服务器控制台输出信息如下。

```
Connecting to MASTER 192.168.61.2:7777
MASTER <-> REPLICA sync started
Non blocking connect for SYNC fired the event.
Master replied to PING, replication can continue...
Partial resynchronization not possible (no cached master)
Full resync from master: c882e0fee08f90b733137141b915054754f074f5:0
MASTER <-> REPLICA sync: receiving 205 bytes from master
MASTER <-> REPLICA sync: Flushing old data
MASTER <-> REPLICA sync: Loading DB in memory
MASTER <-> REPLICA sync: Finished with success
```

控制台输出的信息说明 Replica 服务器收到了 Master 服务器同步的数据。

4）连接到 Master 服务器，在终端输入如下命令，对 Master 服务器添加两条数据。

```
127.0.0.1:7777> flushdb
OK
127.0.0.1:7777> set 123 456
OK
```

15.1 实现复制

```
127.0.0.1:7777> set abc xyz
OK
127.0.0.1:7777>
```

5）连接到 Replica 服务器，在终端输入如下命令查看数据。

```
127.0.0.1:8888> keys *
1) "abc"
2) "123"
127.0.0.1:8888>
```

Master 服务器和 Replica 服务器中的数据一模一样，成功实现了 Master 服务器和 Replica 服务器的数据复制。

当对 Master 服务器中的数据进行删除时，执行如下命令。

```
127.0.0.1:7777> flushdb
OK
127.0.0.1:7777>
```

Replica 服务器中的数据也一同被删除了，结果如下。

```
127.0.0.1:8888> keys *
(empty list or set)
127.0.0.1:8888>
```

> **注意：** 如果主节点没有开启数据持久化的功能，那么当其因为某些原因需要重启或者宕机时，主节点中的数据会全部丢失。主节点重启后会将副本节点中的数据一同删除，因为主节点没有备份数据，重启后内存中没有任何数据，所以主节点也要让副本节点没有任何数据，最终的结果就是数据在主节点和副本节点中都没有了，出现了数据丢失。建议使用 Master-Replica 架构时在主节点处开启数据持久化功能。

2. 程序演示

对 Master 服务器执行写操作时，会将数据同步到 Replica 服务器中，测试代码如下。

```java
public class Test1 {
    private static Pool pool = new Pool(new PoolConfig(), "192.168.61.2", 7777, 5000, "accp");

    public static void main(String[] args) {
         = null;
        try {
             = pool.getResource();
            .flushAll();
            .set("username1", "username11");
            .set("username2", "username22");
            .set("username3", "username33");
        } catch (Exception e) {
            e.printStackTrace();
        } finally {
            if ( != null) {
                .close();
            }
        }
    }
}
```

程序运行后数据库内容（Master 服务器和 Replica 服务器中的数据）如图 15-3 所示。

图 15-3　数据库内容

对 Replica 服务器执行读操作实现读写分离，测试代码如下。

```
public class Test2 {
    private static Pool pool = new Pool(new PoolConfig(), "192.168.61.2", 8888, 5000, "accp");

    public static void main(String[] args) {
         = null;
        try {
             = pool.getResource();
            System.out.println(.get("username1"));
            System.out.println(.get("username2"));
            System.out.println(.get("username3"));
        } catch (Exception e) {
            e.printStackTrace();
        } finally {
            if ( != null) {
                .close();
            }
        }
    }
}
```

程序运行后控制台输出结果如下。

```
username11
username22
username33
```

15.1.2　对 redis-server 命令传入 --replicaof {masterHost} {masterPort} 参数

1）编辑配置文件 redis_master.conf，更改端口号。

```
port 7777
bind 0.0.0.0
protected-mode no
requirepass accp
```

使用如下命令启动 redis_master 服务。

```
redis-server redis_master.conf
```

2）编辑 redis_replica.conf 文件，添加如下配置。

```
port 8888
```

```
bind 0.0.0.0
protected-mode no
requirepass accp
```

使用如下命令启动 redis_replica 服务。

```
redis-server redis_replica.conf --replicaof 192.168.61.2 7777 --masterauth accp
```

3）如果没有其他问题，在 Master 服务器和 Replica 服务器的控制台将中输出成功同步的信息。

4）连接到 Master 服务器，在终端输入如下命令对 Master 服务器添加两条数据。

```
127.0.0.1:7777> flushdb
OK
127.0.0.1:7777> set 123 456
OK
127.0.0.1:7777> set abc xyz
OK
127.0.0.1:7777>
```

5）连接到 Replica 服务器，在终端输入如下命令查看数据。

```
127.0.0.1:8888> keys *
1) "abc"
2) "123"
127.0.0.1:8888>
```

Master 和 Replica 服务器中的数据一模一样，成功实现 Master-Replica 复制。

15.1.3　在副本节点中使用命令 replicaof {masterHost} {masterPort}

在副本节点中使用如下命令。

```
replicaof {masterHost} {masterPort}
```

以上命令可以动态地指定主节点，此种方式的优点是可以方便地切换主节点。该命令具有异步特性，命令执行后在后台进行数据的传输。

1）编辑配置文件 redis_master.conf，更改端口号。

```
port 7777
bind 0.0.0.0
protected-mode no
requirepass accp
```

使用如下命令启动 redis_master 服务。

```
redis-server redis_master.conf
```

2）编辑 redis_replica.conf 文件，添加如下配置。

```
port 8888
bind 0.0.0.0
protected-mode no
requirepass accp
```

使用如下命令启动 redis_replica 服务。

```
redis-server redis_replica.conf
```

3）在 Replica 服务器的终端输入如下命令连接到 Master 服务器，实现 Master-Replica 关联。

```
127.0.0.1:8888> config set masterauth accp
OK
127.0.0.1:8888> replicaof 192.168.61.2 7777
OK
127.0.0.1:8888>
```

以上两个命令执行完毕后，如果没有其他问题，则会在 Master 服务器和 Replica 服务器的控制台中输出成功同步的信息。

4）在 Master 服务器输入如下命令添加数据。

```
127.0.0.1:7777> set x xx
OK
127.0.0.1:7777> set y yy
OK
127.0.0.1:7777>
```

5）在 Replica 服务器输入如下命令显示复制的数据。

```
127.0.0.1:8888> keys *
1) "y"
2) "x"
127.0.0.1:8888>
```

成功实现 Master-Replica 复制的效果。

15.1.4 使用 role 命令获得服务器角色信息

在 Master 服务器终端中输入如下命令并显示运行结果。

```
127.0.0.1:7777> role
1) "master" //代表当前节点是 Master 服务器
2) (integer) 84 //复制数据的偏移量
3) 1) 1) "192.168.61.2" //Replica 服务器的 IP 地址
      2) "8888" // Replica 服务器的端口号
      3) "84" //复制数据的偏移量
127.0.0.1:7777>
```

复制数据的偏移量代表 Master 服务器向 Replica 服务器发送的数据数量，发送多少个字节的数据，自身的偏移量就会增加多少。

当 Replica 服务器复制数据的偏移量和 Master 服务器一致时，说明两台服务器中的数据是一致的。

在 Replica 服务器终端中输入如下命令并显示运行结果。

```
127.0.0.1:8888> role
1) "slave" //代表当前节点是 Replica 服务器
2) "192.168.61.2" //Master 服务器的 IP 地址
3) (integer) 7777 //Master 服务器的端口号
4) "connected" //Master 服务器和 Replica 服务器已经是连接的状态
5) (integer) 238 //复制数据的偏移量
```

```
127.0.0.1:8888>
```

为了提高运行的效率，可以设置 Master 服务器为不持久化，而把持久化的任务交给 Replica 服务器，这样能大幅提高 Master 服务器的运行效率。

15.2 取消复制

取消复制就是将 Replica 服务器和 Master 服务器断开 Master-Replica 关联。
取消复制的方式是在 Repica 服务器使用如下命令。

```
replicaof no one
```

1）在 Master 服务器中点添加数据，命令如下。

```
127.0.0.1:7777> flushdb
OK
127.0.0.1:7777> set a aa
OK
127.0.0.1:7777> set b bb
OK
127.0.0.1:7777> set c cc
OK
127.0.0.1:7777>
```

2）在 Replica 服务器中可以发现复制过来的数据。

```
127.0.0.1:8888> keys *
1) "b"
2) "a"
3) "c"
127.0.0.1:8888>
```

3）在 Replica 服务器中输入如下命令，取消 Master-Replica 关联。

```
127.0.0.1:8888> replicaof no one
OK
127.0.0.1:8888>
```

4）在 Master 服务器中添加数据，命令如下。

```
127.0.0.1:7777> set d dd
OK
127.0.0.1:7777> set e ee
OK
127.0.0.1:7777>
```

5）在 Replica 服务器中获取数据。

```
127.0.0.1:8888> keys *
1) "b"
2) "a"
3) "c"
127.0.0.1:8888>
```

Replica 服务器取消复制后数据被保留，不再获取 Master 服务器上的数据变化。
至此，取消复制成功实现。

15.3 手动操作实现故障转移

当 Master 服务器发生故障时,需要手动对其中一台 Replica 服务器使用命令 replicaof no one 将这个 Replica 服务器与 Master 服务器断开关联，目的是将此 Replica 服务器提升为 Master 服务器，其他的 Replica 服务器需要手动执行命令 replicaof ip port 指向这个新的 Master 服务器，建立新的关联后开始同步数据。

Master-Replica 复制架构的特点如下。

- 一个 Master 服务器可以有多个 Replica 服务器。
- Replica 服务器下线，读请求的处理性能下降，因为 Master 服务器要同时处理读和写请求。
- Master 服务器下线，写请求无法执行。
- 在 Master-Replica 复制架构下，Master 服务器 A 宕机，Replica 服务器 B 还是 Replca 服务器，Master 服务器 A 恢复运行时，Master-Replica 复制架构被恢复，又开始工作了。
- 当 Replica 服务器 B 宕机后，重启 Replica 服务器 B 时不使用任何的 replicaof 配置会将 Replica 服务器 B 变成另外一个独立的 Master 服务器 C，这时可以在 Master 服务器 C 中使用 replicaof 命令设置 Master 服务器,将 Master 服务器 C 重新变成 Replica 服务器。
- Master-Replica 复制架构出现故障时需要手动操作，比较烦琐，也不利于运行稳定性，不保证能高可用性，但可以使用 Redis 提供的哨兵功能在出现故障时自动化处理。

第 16 章 哨兵

如果有 3 台计算机 A、B 和 C，在 Master-Replica 架构下，A 是 Master 节点，B 和 C 分别是 Slave1 和 Slave2 节点，Master-Replica 架构如图 16-1 所示。

如果 Master 节点 A 由于故障不能提供服务，则需要下面 4 个步骤进行处理。

- 在 Slave1 节点 B 处手动输入 replicaof no one 命令将 Slave1 节点 B 与 Master 节点 A 断开，目的是把 Slave1 节点 B 作为新的主节点。
- 更改 Java 代码，使用新的主节点 B 的 IP 地址。
- 在 Slave2 节点 C 处手动输入命令 replicaof no one 将 Slave2 节点 C 与 Master 节点 A 断开，并且执行命令 replicaof ip port 将 C 的主节点改成 B。
- 重启 A 计算机后还要使用命令 replicaof ip port 将 A 的主节点改成 B。

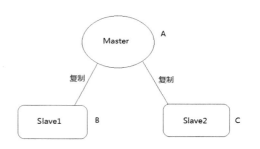

图 16-1　Master-Replica 架构

这一系列的手动操作大大减弱了软件的高可用性，极大地增加了运维成本，这种情况可以使用 Redis 提供的哨兵（Sentinel）以自动化的方式来解决，哨兵是 Redis 实现高可用性的方案之一。

将不可用的服务器替换成可用的服务器，这种机制被称为故障转移。Redis 中的哨兵可以实现自动故障转移。

哨兵是 Redis 官方提供的保障高可用性的方案，它使用心跳检测的方法来监控多个 Redis 实例的运行情况。当主节点出现故障时，哨兵能自动完成故障发现和故障转移，这些步骤都是自动化的，不需要手动处理，真正实现了高可用性。哨兵的系统架构如图 16-2 所示。

每个哨兵服务器（以下简称哨兵）一同监视 Master 节点、Slave1 和 Slave2 节点，哨兵之间也互相监视。

如图 16-2 所示，若干个哨兵一直在监控一个主节点和两个副本节点，哨兵在一起"协商投票"后，确认主节点因为网络等原因出现了故障，并选举一个副本节点作为新的主节点，这个过程都是哨兵自动化处理的，不需要人为进行干预。

选举算法分为如下 3 步。

- 优先级最高的 Replica 服务器获胜。优先级使用 replica-priority 选项进行配置，默认值是 100，值越小优先级越高。
- 如果有两个 Replica 服务器的 replica-priority 值一样，则复制数据的偏移量最大的 Replica 服务器获胜。
- 如果复制数据的偏移量一致，则 Redis 服务启动时被分配了一个最小运行 ID 的 Replica 服务器获胜。

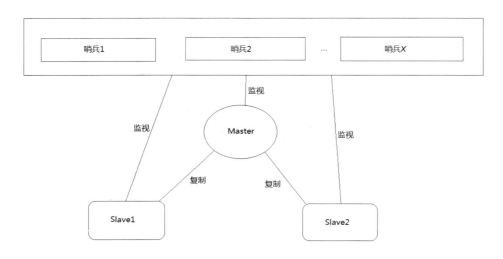

图 16-2　哨兵的系统架构

建议将哨兵安装到不同的物理计算机上，这样如果有一个哨兵出现了故障，至少还有其他的哨兵在工作，另外使用多个哨兵还可以防止误判。

哨兵具有如下几个功能。

- 监视：哨兵会监视 Master 服务器和 Replica 服务器以及其他的哨兵是否可达。
- 通知：哨兵会将故障转移的结果通知给 Java 客户端。
- 故障转移：实现 Replica 服务器升级为 Master 服务器，并且维护后续的 Master-Replica 关联。
- 入口提供者：Java 客户端连接的是哨兵，通过哨兵来访问 Master 服务器。
- 不提供数据保存：哨兵只负责监视，不提供数据保存的服务。

想要实现故障转移，至少要有 3 个哨兵。

16.1　搭建哨兵环境

本节搭建哨兵环境。

16.1.1　创建配置文件

创建 6 个配置文件，分别是一个 Master 服务器、两个 Replica 服务器和 3 个哨兵，如图 16-3 所示。

图 16-3　配置文件

16.1.2 搭建 Master 服务器环境

编辑 Master 服务器的配置文件 RedisMaster.conf。

```
bind 0.0.0.0
protected-mode no
port 7777
requirepass accp
masterauth accp
```

对 Master 服务器添加配置 masterauth accp 的作用是当 Master 服务器宕机重启后变成 Replica 服务器时，需要连接到新的 Master 服务器，所以要配置登录密码。

使用如下命令启动 Master 服务器服务器。

```
redis-server RedisMaster.conf
```

16.1.3 搭建 Replica 服务器环境

编辑 Replica1 的配置文件 RedisReplica1.conf。

```
port 8888
bind 0.0.0.0
protected-mode no
replicaof 192.168.56.11 7777
masterauth accp
requirepass accp
```

使用如下命令启动 Replica1 服务器。

```
redis-server RedisReplica1.conf
```

编辑 Replica2 的配置文件 RedisReplica2.conf。

```
port 9999
bind 0.0.0.0
protected-mode no
replicaof 192.168.56.11 7777
masterauth accp
requirepass accp
```

使用如下命令启动 Replica2 服务器。

```
redis-server RedisReplica2.conf
```

创建了 3 个 Redis 实例、一个 Master 服务器和两个 Replica 服务器。

16.1.4 使用 info replication 命令查看 Master-Replica 运行状态

在 Master 服务器中查看复制的状态信息。

```
ghy@ghy-VirtualBox:~$ redis-cli -p 7777 -a accp
Warning: Using a password with '-a' or '-u' option on the command line interface may not be safe.
127.0.0.1:7777> info replication
# Replication
```

```
role:master
connected_slaves:2
slave0:ip=192.168.56.11,port=8888,state=online,offset=266,lag=0
slave1:ip=192.168.56.11,port=9999,state=online,offset=252,lag=1
master_replid:f7f336d41e329f7af1669217d40b9a43f19d2eb8
master_replid2:0000000000000000000000000000000000000000
master_repl_offset:266
second_repl_offset:-1
repl_backlog_active:1
repl_backlog_size:1048576
repl_backlog_first_byte_offset:1
repl_backlog_histlen:266
127.0.0.1:7777>
```

有两个 Replica 服务器，端口号分别是 8888 和 9999。

在 Replica1 服务器查看复制的状态信息。

```
ghy@ghy-VirtualBox:~$ redis-cli -p 8888 -a accp
Warning: Using a password with '-a' or '-u' option on the command line interface may not be safe.
127.0.0.1:8888> info replication
# Replication
role:slave
master_host:192.168.56.11
master_port:7777
master_link_status:up
master_last_io_seconds_ago:1
master_sync_in_progress:0
slave_repl_offset:336
slave_priority:100
slave_read_only:1
connected_slaves:0
master_replid:f7f336d41e329f7af1669217d40b9a43f19d2eb8
master_replid2:0000000000000000000000000000000000000000
master_repl_offset:336
second_repl_offset:-1
repl_backlog_active:1
repl_backlog_size:1048576
repl_backlog_first_byte_offset:1
repl_backlog_histlen:336
127.0.0.1:8888>
```

在 Replica2 服务器查看复制的状态信息。

```
ghy@ghy-VirtualBox:~$ redis-cli -p 9999 -a accp
Warning: Using a password with '-a' or '-u' option on the command line interface may not be safe.
127.0.0.1:9999> info replication
# Replication
role:slave
master_host:192.168.56.11
master_port:7777
master_link_status:up
master_last_io_seconds_ago:0
master_sync_in_progress:0
slave_repl_offset:392
slave_priority:100
slave_read_only:1
connected_slaves:0
master_replid:f7f336d41e329f7af1669217d40b9a43f19d2eb8
```

```
master_replid2:0000000000000000000000000000000000000000
master_repl_offset:392
second_repl_offset:-1
repl_backlog_active:1
repl_backlog_size:1048576
repl_backlog_first_byte_offset:1
repl_backlog_histlen:392
127.0.0.1:9999>
```

Replica 服务器正确关联 Master 服务器。

16.1.5 搭建哨兵环境

可以使用两种方式启动哨兵。

- redis-sentinel sentinel.conf。
- redis-server sentinel.conf --sentinel，参数--sentinel 代表启动的 Redis 服务是具有监视功能的哨兵，不是普通的 Redis 服务。

系统中只有一个哨兵可能会出现单点故障，唯一的哨兵出现故障后不能进行故障发现和故障转移，造成整体的 Master-Replica 环境失效，所以本节创建 3 个哨兵。

在 Redis 官网下载的 Redis.zip 文件夹中有 sentinel.conf 配置文件，该配置文件就是配置哨兵的模板文件。

哨兵 1 的配置文件 RedisSentinel1.conf 的核心内容如下。

```
bind 0.0.0.0
protected-mode no
port 26381
daemonize no
pidfile /var/run/redis-sentinel_1.pid
sentinel monitor mymaster 192.168.56.11 7777 2
sentinel auth-pass mymaster accp
sentinel down-after-milliseconds mymaster 30000
sentinel parallel-syncs mymaster 1
sentinel failover-timeout mymaster 180000
```

哨兵 2 的配置文件 RedisSentinel2.conf 的核心内容如下。

```
bind 0.0.0.0
protected-mode no
port 26382
daemonize no
pidfile /var/run/redis-sentinel_2.pid
sentinel monitor mymaster 192.168.56.11 7777 2
sentinel auth-pass mymaster accp
sentinel down-after-milliseconds mymaster 30000
sentinel parallel-syncs mymaster 1
sentinel failover-timeout mymaster 180000
```

哨兵 3 的配置文件 RedisSentinel3.conf 的核心内容如下。

```
bind 0.0.0.0
protected-mode no
port 26383
daemonize no
```

```
pidfile /var/run/redis-sentinel_3.pid
sentinel monitor mymaster 192.168.56.11 7777 2
sentinel auth-pass mymaster accp
sentinel down-after-milliseconds mymaster 30000
sentinel parallel-syncs mymaster 1
sentinel failover-timeout mymaster 180000
```

可以把上面的配置代码复制到 RedisSentinel.conf 配置文件的最后，再把原来 RedisSentinel.conf 配置文件中相同的属性注释掉，防止配置重复。

16.1.6　配置的解释

哨兵配置代码如下。

```
bind 0.0.0.0
protected-mode no
port 26381
daemonize no
pidfile /var/run/redis-sentinel_1.pid
sentinel monitor mymaster 192.168.56.11 7777 2
sentinel auth-pass mymaster accp
sentinel down-after-milliseconds mymaster 30000
sentinel parallel-syncs mymaster 1
sentinel failover-timeout mymaster 180000
```

本节就来解释这些配置的作用。

- bind 0.0.0.0：配置 bind 的作用是允许哪些 IP 地址访问哨兵。值 0.0.0.0 的作用是允许所有 IP 地址访问哨兵。
- protected-mode no：选项 protected-mode 的作用是加强 Redis 服务器的安全性，禁止公网访问 Redis 服务器。如果将选项 protected-mode 设置为 yes，并且没有绑定任何 IP 地址，也没有对 Redis 服务器设置密码，则 Redis 服务器只接受 IPv4 和 IPv6 回环地址 127.0.0.1 和:1 的客户端连接。
  在配置 Redis 的哨兵集群时，如果出现哨兵之间不能通信、不能进行 Master 服务器下线的判断，以及 failover 故障转移等情况，则可参考的解决办法是在 sentinel.conf 配置文件中将 protected-mode 设置为 no，问题可能得到解决。
- port 26381：设置哨兵使用的端口号。
- daemonize no：是否开启守护进程模式。值为 yes 则 Redis 服务器在后台运行，关闭终端后 Redis 服务器依然在后台运行。
- pidfile /var/run/redis-sentinel_1.pid：设置 PID 文件。
- sentinel monitor mymaster 192.168.56.11 7777 2：mymaster 表示 IP 地址为 192.168.56.11，端口 7777 为受哨兵监控的 Master 服务器的别名，参数 2 代表至少要有个哨兵来确认 Master 服务器连接不上时才会做下一步的执行计划。以上代码对 quorum 参数配置值 2，哨兵之间具体能不能达成协商还和哨兵的数量有关，至少要有 max(quorum,num(sentinels)/2+1)个哨兵参与投票选举，然后推举哨兵领导者，由哨兵领导者完成故障转移。所谓故障转移就是将 Replica 服务器提升为 Master 服务器。哨兵的数量要以 3 为起始数，并且总数为奇数，少数服从多数。

- sentinel auth-pass mymaster accp：连接别名 mymaster 的 Master 服务器的密码。
- sentinel down-after-milliseconds mymaster 30000：对 mymaster 定期发送 ping 命令，如果超过 30 000ms 没有回应，则判定 mymaster 发生故障，不可达。
- sentinel parallel-syncs mymaster 1：当哨兵选举出新的 Master 服务器后，其他的 Replica 服务器要向新的 Master 服务器发起复制操作，当很多个 Replica 服务器发起复制操作时，可能会影响新的 Master 服务器的运行效率和增加网络环境的开支，这时可以设置值为 1，代表同时只有一个 Replica 服务器在执行复制操作。
- sentinel failover-timeout mymaster 180000：配置故障转移的最大时间为 180 000ms，如果转移失败，则下一次尝试转移的时间是上一次时间的 2 倍。

16.1.7 创建哨兵容器

使用如下命令启动哨兵 1。

```
redis-sentinel RedisSentinel1.conf
```

使用如下命令启动哨兵 2。

```
redis-sentinel RedisSentinel2.conf
```

使用如下命令启动哨兵 3。

```
redis-sentinel RedisSentinel3.conf
```

如果这 6 个 Redis 实例搭建的哨兵环境正确，则显示日志核心内容如下。

```
+monitor master mymaster 192.168.56.11 7777 quorum 2
+slave slave 192.168.56.11:8888 192.168.56.11 8888 @ mymaster 192.168.56.11 7777
+slave slave 192.168.56.11:9999 192.168.56.11 9999 @ mymaster 192.168.56.11 7777
+sentinel sentinel 6fd1181665d4a76165428ff6f3b1d1c88cfc0cba 192.168.56.11 26382 @ mymaster 192.168.56.11 7777
+sentinel sentinel 431c4433efc4fca364df54e7ccd1a2db6d9160eb 192.168.56.11 26381 @ mymaster 192.168.56.11 7777
```

在哨兵的日志中主要有 3 点提示。
- 发现一个 Master 服务器。
- 发现两个 Replica 服务器。
- 发现其他两个哨兵。

16.1.8 使用 info sentinel 命令查看哨兵运行状态

使用如下命令。查看哨兵 1 的运行状态。

```
info sentinel
```

示例如下。

```
ghy@ghy-VirtualBox:~$ redis-cli -p 26381
127.0.0.1:26381> info sentinel
```

```
# Sentinel
sentinel_masters:1
sentinel_tilt:0
sentinel_running_scripts:0
sentinel_scripts_queue_length:0
sentinel_simulate_failure_flags:0
master0:name=mymaster,status=ok,address=192.168.56.11:7777,slaves=2,sentinels=3
127.0.0.1:26381>
```

从返回的信息来看，Replica 服务器有两个，而哨兵数量为 3 个。哨兵监视 Master 服务器时，就会自动获取 Master 服务器的 Replica 服务器列表，并且对这些 Replica 服务器进行监视。Master 服务器的 name 参数为 mymaster。

16.1.9 使用 sentinel reset mymaster 命令重置哨兵环境

如果执行如下命令后显示出来的信息不正确。

```
info sentinel
```

则可以使用如下命令对哨兵环境进行重置。

```
sentinel reset mymaster
```

16.2 监视多个 Master 服务器

前面的哨兵只监视一个 Master 服务器，哨兵还可以监视多个 Master 服务器，监视多个 Master 服务器的架构如图 16-4 所示。

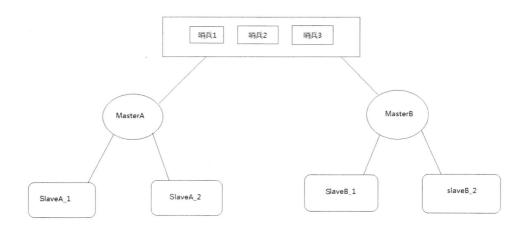

图 16-4　监视多个 Master 服务器的架构

在哨兵配置文件中配置多个 masterName 即可监视多个 Master 服务器，代码如下。

```
bind 0.0.0.0
protected-mode no
port 26381
daemonize no
```

```
pidfile /var/run/redis-sentinel_1.pid

sentinel monitor mymasterA 192.168.1.1 7777 2
sentinel auth-pass mymasterA accp
sentinel down-after-milliseconds mymasterA 30000
sentinel parallel-syncs mymasterA 1
sentinel failover-timeout mymasterA 180000

sentinel monitor mymasterB 192.168.1.2 7777 2
sentinel auth-pass mymasterB accp
sentinel down-after-milliseconds mymasterB 30000
sentinel parallel-syncs mymasterB 1
sentinel failover-timeout mymasterB 180000
```

由于测试环境搭建在两台物理服务器中，因此两台 Master 服务器的 IP 地址不一样，但端口号一样。

16.3 哨兵常用命令

测试哨兵常用命令。

1. sentinel masters 命令

sentinel masters 命令的作用是显示所有主节点的信息。

2. sentinel master <master name> 命令

sentinel master <master name> 命令的作用是显示指定别名的主节点信息。

3. sentinel slaves <master name> 命令

sentinel slaves <master name> 命令的作用是显示指定别名主节点下的所有副本节点相关信息。

4. sentinel sentinels <master name> 命令

sentinel sentinels <master name> 命令的作用是显示指定别名主节点的哨兵节点集合，不包括当前的哨兵节点。

5. sentinel get-master-addr-by-name <master name> 命令

sentinel get-master-addr-by-name <master name> 命令的作用是显示指定别名主节点的 IP 地址和端口号。

6. sentinel reset <pattern> 命令

sentinel reset <pattern> 命令的作用是对关联当前哨兵的主节点的配置和环境进行重置，包括清除主节点的相关信息，重新发现副本节点和哨兵节点。

7. sentinel ckquorum <master name> 命令

sentinel ckquorum <master name> 命令的作用是检查当前可达的哨兵节点总数是否达到

quorum。如果 quorum 值是 3，而当前可达的哨兵节点个数为 2，那么将无法进行故障转移。

16.4 实现故障转移

在哨兵 1 终端输入如下命令。

```
127.0.0.1:26381> sentinel masters
1)  1) "name"
    2) "mymaster"
    3) "ip"
    4) "192.168.56.11"
    5) "port"
    6) "7777"
    7) "runid"
    8) "1ac1c2f0bbf4e7ca54babfbdcb2afd7e5921d00b"
    9) "flags"
   10) "master"
   11) "link-pending-commands"
   12) "0"
   13) "link-refcount"
   14) "1"
   15) "last-ping-sent"
   16) "0"
   17) "last-ok-ping-reply"
   18) "597"
   19) "last-ping-reply"
   20) "597"
   21) "down-after-milliseconds"
   22) "30000"
   23) "info-refresh"
   24) "8544"
   25) "role-reported"
   26) "master"
   27) "role-reported-time"
   28) "380140"
   29) "config-epoch"
   30) "0"
   31) "num-slaves"
   32) "2"
   33) "num-other-sentinels"
   34) "2"
   35) "quorum"
   36) "2"
   37) "failover-timeout"
   38) "180000"
   39) "parallel-syncs"
   40) "1"
127.0.0.1:26381>
```

当前哨兵环境下只有一个 Master 服务器，名称为 mymaster， mymaster 有两个 Replica 服务器，mymaster 的 IP 地址是 192.168.56.11，端口号是 7777。

对端口号为 7777 的 Master 服务器使用 shutdown 命令停止服务。

再到哨兵 1 终端输入命令 sentinel masters，查看谁是新的 Master 服务器。

```
127.0.0.1:26381> sentinel masters
```

16.4 实现故障转移

```
1)  1) "name"
    2) "mymaster"
    3) "ip"
    4) "192.168.56.11"
    5) "port"
    6) "8888"
    7) "runid"
    8) "4739073db2fc7c9853edd93e69325bb0ec2d149a"
    9) "flags"
   10) "master"
   11) "link-pending-commands"
   12) "0"
   13) "link-refcount"
   14) "1"
   15) "last-ping-sent"
   16) "0"
   17) "last-ok-ping-reply"
   18) "202"
   19) "last-ping-reply"
   20) "202"
   21) "down-after-milliseconds"
   22) "30000"
   23) "info-refresh"
   24) "2239"
   25) "role-reported"
   26) "master"
   27) "role-reported-time"
   28) "2688"
   29) "config-epoch"
   30) "1"
   31) "num-slaves"
   32) "2"
   33) "num-other-sentinels"
   34) "2"
   35) "quorum"
   36) "2"
   37) "failover-timeout"
   38) "180000"
   39) "parallel-syncs"
   40) "1"
127.0.0.1:26381>
```

现在新的主节点已经转移到端口号为 8888 的 Master 服务器上。

端口 9999 也将端口号为 8888 的 Master 服务器作为新的主节点,测试案例如下。

```
127.0.0.1:9999> info replication
# Replication
role:slave
master_host:192.168.56.11
master_port:8888
master_link_status:up
master_last_io_seconds_ago:0
master_sync_in_progress:0
slave_repl_offset:109113
slave_priority:100
slave_read_only:1
connected_slaves:0
master_replid:cc0b5c87b24daa1242a83a9502f2d8f220e3c350
```

```
master_replid2:f7f336d41e329f7af1669217d40b9a43f19d2eb8
master_repl_offset:109113
second_repl_offset:89507
repl_backlog_active:1
repl_backlog_size:1048576
repl_backlog_first_byte_offset:1
repl_backlog_histlen:109113
127.0.0.1:9999>
```

如果再将端口号为 7777 的 Master 服务器重启，则端口 7777 的 Master 服务器自动变成端口号为 8888 的 Replica 服务器，测试案例如下。

```
127.0.0.1:7777> info replication
# Replication
role:slave
master_host:192.168.56.11
master_port:8888
master_link_status:up
master_last_io_seconds_ago:1
master_sync_in_progress:0
slave_repl_offset:135812
slave_priority:100
slave_read_only:1
connected_slaves:0
master_replid:cc0b5c87b24daa1242a83a9502f2d8f220e3c350
master_replid2:0000000000000000000000000000000000000000
master_repl_offset:135812
second_repl_offset:-1
repl_backlog_active:1
repl_backlog_size:1048576
repl_backlog_first_byte_offset:128839
repl_backlog_histlen:6974
127.0.0.1:7777>
```

16.5 强制实现故障转移

在哨兵节点下使用命令 sentinel failover <master name> 可以强制实现故障转移。
先查看 Master 节点的信息，具体如下。

```
127.0.0.1:26381> sentinel masters
1)  1) "name"
    2) "mymaster"
    3) "ip"
    4) "192.168.56.11"
    5) "port"
    6) "8888"
    7) "runid"
    8) "4739073db2fc7c9853edd93e69325bb0ec2d149a"
    9) "flags"
   10) "master"
   11) "link-pending-commands"
   12) "0"
   13) "link-refcount"
   14) "1"
   15) "last-ping-sent"
   16) "0"
```

16.5 强制实现故障转移

```
       17) "last-ok-ping-reply"
       18) "695"
       19) "last-ping-reply"
       20) "695"
       21) "down-after-milliseconds"
       22) "30000"
       23) "info-refresh"
       24) "3353"
       25) "role-reported"
       26) "master"
       27) "role-reported-time"
       28) "274718"
       29) "config-epoch"
       30) "1"
       31) "num-slaves"
       32) "2"
       33) "num-other-sentinels"
       34) "2"
       35) "quorum"
       36) "2"
       37) "failover-timeout"
       38) "180000"
       39) "parallel-syncs"
       40) "1"
127.0.0.1:26381>
```

其中端口号为 8888 的 Master 服务器依然是 Master 节点。

查看哨兵的信息，具体如下。

```
127.0.0.1:26381> info sentinel
# Sentinel
sentinel_masters:1
sentinel_tilt:0
sentinel_running_scripts:0
sentinel_scripts_queue_length:0
sentinel_simulate_failure_flags:0
master0:name=mymaster,status=ok,address=192.168.56.11:8888,slaves=2,sentinels=3
127.0.0.1:26381>
```

Master 节点还是端口号为 8888 的 Master 服务器。

输入命令强制实现故障转移，如下。

```
127.0.0.1:26381> sentinel failover mymaster
OK
127.0.0.1:26381> info sentinel
# Sentinel
sentinel_masters:1
sentinel_tilt:0
sentinel_running_scripts:0
sentinel_scripts_queue_length:0
sentinel_simulate_failure_flags:0
master0:name=mymaster,status=ok,address=192.168.56.11:9999,slaves=2,sentinels=3
127.0.0.1:26381>
```

Master 节点由原来的端口号为 8888 的 Master 服务器转换成端口号为 9999 的 Master 服务器了。

16.6 案例

连接哨兵间接对 Master 服务器进行操作，进而影响 Replica 服务器中的数据。

创建写操作的运行类代码如下。

```java
public class Test1 {
    private static SentinelPool pool = null;
    static {
        Set sentinelSet = new HashSet();
        sentinelSet.add("192.168.56.11:26381");
        sentinelSet.add("192.168.56.11:26382");
        sentinelSet.add("192.168.56.11:26383");
        pool = new SentinelPool("mymaster", sentinelSet, new PoolConfig(), 5000, "accp");
    }

    public static void main(String[] args) {
         = null;
        try {
             = pool.getResource();
            .flushAll();
            .set("a", "aa");
            .set("b", "bb");
            .set("c", "cc");
        } catch (Exception e) {
            e.printStackTrace();
        } finally {
            if ( != null) {
                .close();
            }
        }
    }
}
```

创建读操作的运行类代码如下。

```java
public class Test2 {
    private static SentinelPool pool = null;
    static {
        Set sentinelSet = new HashSet();
        sentinelSet.add("192.168.56.11:26381");
        sentinelSet.add("192.168.56.11:26382");
        sentinelSet.add("192.168.56.11:26383");
        pool = new SentinelPool("mymaster", sentinelSet, new PoolConfig(), 5000, "accp");
    }

    public static void main(String[] args) {
         = null;
        try {
             = pool.getResource();
            System.out.println(.get("a"));
            System.out.println(.get("b"));
            System.out.println(.get("c"));
        } catch (Exception e) {
            e.printStackTrace();
        } finally {
```

```
            if ( != null) {
                .close();
            }
        }
    }
}
```

程序运行结果如下。

```
aa
bb
cc
```

第 17 章 集群

Redis 集群（Cluster）分为以下两种。

- 高可用集群：使用 Redis 的哨兵和 Master-Replica 架构实现，一个 Master 节点可以有多个 Replica 节点，每个 Redis 实例中的数据保持一致，如图 17-1 所示。

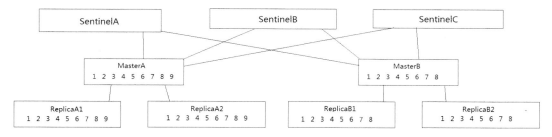

图 17-1　一个 Master 节点可以有多个 Replica 节点

- 分布式集群：使用 Redis Cluster 实现，同时有多个 Master 节点，数据被分片存储在各个 Master 节点节点中，平衡各个 Master 节点的压力，另外每个 Master 节点可以拥有多个 Replica 节点。如果使用 Redis Cluster 存储 1～13 个数字，则存储结构如图 17-2 所示。

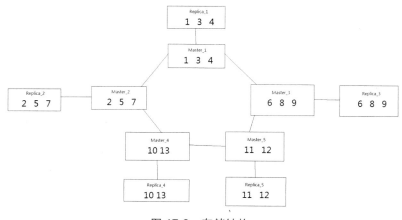

图 17-2　存储结构

17.1 使用虚拟槽实现数据分片

Redis 集群是 Redis 分布式存储的解决方案，在 3.0 版本被推出，解决了前面版本只能以单机模式运行的缺点。Redis 集群可以有效解决单机内存不够、并发量大、流量大等系统运行的瓶颈。

集群是为了将大量数据分散在不同的计算机中进行存储，每台计算机分别存储一部分数据，每台计算机参与处理请求，将高并发、大流量的场景进行分散，多台计算机的内存支持量会比单机的更大。

17.1 使用虚拟槽实现数据分片

Redis 集群中的数据采用虚拟槽（Slot）技术来对数据进行分片，实现分布存储，Redis 中一共有 16 384 个虚拟槽（0～16383，以下简称槽）。每个虚拟槽（简称槽）代表集群内数据管理和迁移的基本单位。

如存在 5 台运行 Redis 实例的服务器，每一台服务器都拥有一个槽集合，则存在 5 个集合，而 Redis 一共有 16 384 个槽，所以按业务的需要将这 16 384 个槽按需分配给 5 台服务器，这样每台服务器就可以存储指定槽范围的数据了，槽集合与服务器对应关系如图 17-3 所示。

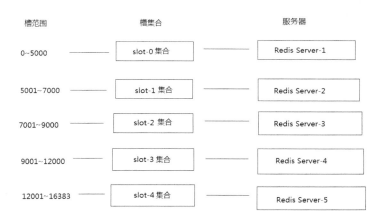

图 17-3　槽集合与服务器对应关系

那么数据如何规划到指定的槽中进行存储呢？使用如下代码即可。

```
package test;

public class Test1 {
    public static int calcCRC16(byte[] pArray, int length) {
        int wCRC = 0xFFFF;
        int CRC_Count = length;
        int i;
        int num = 0;
        while (CRC_Count > 0) {
            CRC_Count--;
            wCRC = wCRC ^ (0xFF & pArray[num++]);
            for (i = 0; i < 8; i++) {
                if ((wCRC & 0x0001) == 1) {
                    wCRC = wCRC >> 1 ^ 0xA001;
                } else {
                    wCRC = wCRC >> 1;
```

```
            }
        }
    }
    return wCRC;
}

public static void main(String[] args) {
    // 0~16383
    String username1 = "我是中国人";
    String username2 = "我是法国人";
    String username3 = "我是英国人";
    String username4 = "我是美国人";

    System.out.println(calcCRC16(username1.getBytes(), username1.getBytes().length) & 16383);
    System.out.println(calcCRC16(username2.getBytes(), username2.getBytes().length) & 16383);
    System.out.println(calcCRC16(username3.getBytes(), username3.getBytes().length) & 16383);
    System.out.println(calcCRC16(username4.getBytes(), username4.getBytes().length) & 16383);

    System.out.println();

    System.out.println(calcCRC16(username1.getBytes(), username1.getBytes().length) % 16384);
    System.out.println(calcCRC16(username2.getBytes(), username2.getBytes().length) % 16384);
    System.out.println(calcCRC16(username3.getBytes(), username3.getBytes().length) % 16384);
    System.out.println(calcCRC16(username4.getBytes(), username4.getBytes().length) % 16384);
    }
}
```

程序运行结果如下。

```
5739
11715
2131
4264

5739
11715
2131
4264
```

其实就是算出一个数除以 16384 的余数,该余数就是槽的值,根据槽的值就可以判断出 key 和 value 要存储到哪台服务器中了,实现了数据分布式存储。

在数据传输过程中,无论传输系统的设计多么完善,差错总会存在,这种差错可能会导致在网络上传输的一个或者多个数据帧被破坏(出现比特差错,如 0 变为 1,或者 1 变为 0),从而接收方接收到错误的数据。为了尽量提高接收方接收数据的正确率,在接收方接收数据之前需要对数据进行差错检测,当且仅当检测的结果为正确时接收方才真正接收数据。检测的方式有多种,常见的有奇偶校验、因特网校验和循环冗余校验等。

17.2 自动搭建本地 Redis 集群环境

搭建 Redis 集群环境和搭建 Master-Replica 或哨兵环境一样,需要准备大量配置文件。但有些时候我们只是想在测试环境中快速把 Redis 集群环境搭建起来以进行使用与测试,如果还

17.2 自动搭建本地 Redis 集群环境

需要创建大量配置文件则会影响测试的效率，Redis 提供了 create-cluster 命令来实现这样的需求，该命令在 redis/utils/create-cluster 路径中，执行如下命令。

```
./create-cluster
```

有 7 个参数，如图 17-4 所示。

图 17-4 有 7 个参数

参数作用如下。

- create-cluster start：启动 Redis 集群实例。
- create-cluster create：创建 Redis 集群。
- create-cluster stop：停止 Redis 集群实例。
- create-cluster watch：显示第一个服务器的输出（前 30 行）。
- create-cluster tail 1：查看日志信息（1 代表第一个服务器）。
- create-cluster clean：删除所有实例数据、日志和配置文件。
- create-cluster clean-logs：只删除实例日志文件。

17.2.1 使用 create-cluster start 命令启动 Redis 集群实例

执行如下命令。

```
ghy@ghy-VirtualBox:~/下载/redis-5.0.6/utils/create-cluster$ ./create-cluster start
Starting 30001
Starting 30002
Starting 30003
Starting 30004
Starting 30005
Starting 30006
ghy@ghy-VirtualBox:~/下载/redis-5.0.6/utils/create-cluster$ ps -ef|grep redis
ghy       8601  2248  0 23:35 ?        00:00:00 ../../src/redis-server *:30001 [cluster]
ghy       8606  2248  0 23:35 ?        00:00:00 ../../src/redis-server *:30002 [cluster]
ghy       8611  2248  0 23:35 ?        00:00:00 ../../src/redis-server *:30003 [cluster]
ghy       8615  2248  0 23:35 ?        00:00:00 ../../src/redis-server *:30004 [cluster]
ghy       8621  2248  0 23:35 ?        00:00:00 ../../src/redis-server *:30005 [cluster]
ghy       8623  2248  0 23:35 ?        00:00:00 ../../src/redis-server *:30006 [cluster]
ghy       8631  4146  0 23:35 pts/1    00:00:00 grep --color=auto redis
ghy@ghy-VirtualBox:~/下载/redis-5.0.6/utils/create-cluster$
```

该命令启动了 6 个服务器，端口号为 30001～30006。

17.2.2 使用 create-cluster stop 命令停止 Redis 集群实例

执行如下命令。

```
ghy@ghy-VirtualBox:~/下载/redis-5.0.6/utils/create-cluster$ ./create-cluster stop
Stopping 30001
Stopping 30002
Stopping 30003
Stopping 30004
Stopping 30005
Stopping 30006
ghy@ghy-VirtualBox:~/下载/redis-5.0.6/utils/create-cluster$ ps -ef|grep redis
ghy       8642  4146  0 23:36 pts/1    00:00:00 grep --color=auto redis
ghy@ghy-VirtualBox:~/下载/redis-5.0.6/utils/create-cluster$
```

启动的 6 个服务器被停止了。

17.2.3 使用 create-cluster create 命令创建 Redis 集群

分别执行如下命令。

```
create-cluster start
create-cluster create
```

执行效果如下。

```
ghy@ghy-VirtualBox:~/下载/redis-5.0.6/utils/create-cluster$ ./create-cluster start
Starting 30001
Starting 30002
Starting 30003
Starting 30004
Starting 30005
Starting 30006
ghy@ghy-VirtualBox:~/下载/redis-5.0.6/utils/create-cluster$ ./create-cluster create
>>> Performing hash slots allocation on 6 nodes...
Master[0] -> Slots 0 - 5460
Master[1] -> Slots 5461 - 10922
Master[2] -> Slots 10923 - 16383
Adding replica 127.0.0.1:30005 to 127.0.0.1:30001
Adding replica 127.0.0.1:30006 to 127.0.0.1:30002
Adding replica 127.0.0.1:30004 to 127.0.0.1:30003
>>> Trying to optimize slaves allocation for anti-affinity
[WARNING] Some slaves are in the same host as their master
M: 92a8e3869dade8eff47e73d54c9fe01f83582181 127.0.0.1:30001
   slots:[0-5460] (5461 slots) master
M: c32a1625ca6565cc97285f1c95c0935028989012 127.0.0.1:30002
   slots:[5461-10922] (5462 slots) master
M: b0a4579e8a6f75c0137fe4b4a9d8214d102d9671 127.0.0.1:30003
   slots:[10923-16383] (5461 slots) master
S: fcd6e830091a180b1c1434c24ec2269fc2cbb263 127.0.0.1:30004
   replicates 92a8e3869dade8eff47e73d54c9fe01f83582181
S: 4e678d29fb2af8dab4201028cb333b26a1790c28 127.0.0.1:30005
   replicates c32a1625ca6565cc97285f1c95c0935028989012
S: 7b4f7057e5597be62a7649eb59de473dc6ec32ff 127.0.0.1:30006
   replicates b0a4579e8a6f75c0137fe4b4a9d8214d102d9671
Can I set the above configuration? (type 'yes' to accept): yes
>>> Nodes configuration updated
>>> Assign a different config epoch to each node
>>> Sending CLUSTER MEET messages to join the cluster
Waiting for the cluster to join
..
```

```
>>> Performing Cluster Check (using node 127.0.0.1:30001)
M: 92a8e3869dade8eff47e73d54c9fe01f83582181 127.0.0.1:30001
   slots:[0-5460] (5461 slots) master
   1 additional replica(s)
S: 7b4f7057e5597be62a7649eb59de473dc6ec32ff 127.0.0.1:30006
   slots: (0 slots) slave
   replicates b0a4579e8a6f75c0137fe4b4a9d8214d102d9671
S: 4e678d29fb2af8dab4201028cb333b26a1790c28 127.0.0.1:30005
   slots: (0 slots) slave
   replicates c32a1625ca6565cc97285f1c95c0935028989012
M: c32a1625ca6565cc97285f1c95c0935028989012 127.0.0.1:30002
   slots:[5461-10922] (5462 slots) master
   1 additional replica(s)
M: b0a4579e8a6f75c0137fe4b4a9d8214d102d9671 127.0.0.1:30003
   slots:[10923-16383] (5461 slots) master
   1 additional replica(s)
S: fcd6e830091a180b1c1434c24ec2269fc2cbb263 127.0.0.1:30004
   slots: (0 slots) slave
   replicates 92a8e3869dade8eff47e73d54c9fe01f83582181
[OK] All nodes agree about slots configuration.
>>> Check for open slots...
>>> Check slots coverage...
[OK] All 16384 slots covered.
ghy@ghy-VirtualBox:~/下载/redis-5.0.6/utils/create-cluster$
```

日志输出信息如下。

```
Master[0] -> Slots 0 - 5460
Master[1] -> Slots 5461 - 10922
Master[2] -> Slots 10923 - 16383
Adding replica 127.0.0.1:30005 to 127.0.0.1:30001
Adding replica 127.0.0.1:30006 to 127.0.0.1:30002
Adding replica 127.0.0.1:30004 to 127.0.0.1:30003
```

日志输出信息提示创建出了 3 个 Master 服务器、3 个 Replica 服务器，为 3 个 Master 服务器分配了不同的槽范围。

出现确认配置的信息。

```
Can I set the above configuration? (type 'yes' to accept): yes
```

如果以上的配置没有问题，则输入 yes 确认 Redis 集群配置。

至此快速搭建本地 Redis 集群环境结束。

17.2.4 使用 create-cluster watch 命令显示第一个服务器的前 30 行输出信息

执行如下命令。

```
create-cluster watch
```

输出信息如下。

```
7b4f7057e5597be62a7649eb59de473dc6ec32ff 127.0.0.1:30006@40006 slave
b0a4579e8a6f75c0137fe4b4a9d8214d102d9671 0 1573919061000 6 connected
4e678d29fb2af8dab4201028cb333b26a1790c28 127.0.0.1:30005@40005 slave
c32a1625ca6565cc97285f1c95c0935028989012 0 1573919061314 5 connected
```

```
        c32a1625ca6565cc97285f1c95c0935028989012 127.0.0.1:30002@40002 master - 0 1573919061000
2 connected 5461-10922
        b0a4579e8a6f75c0137fe4b4a9d8214d102d9671 127.0.0.1:30003@40003 master - 0 1573919061214
3 connected 10923-16383
        fcd6e830091a180b1c1434c24ec2269fc2cbb263 127.0.0.1:30004@40004 slave
92a8e3869dade8eff47e73d54c9fe01f83582181 0 1573919061013 4 connected
        92a8e3869dade8eff47e73d54c9fe01f83582181 127.0.0.1:30001@40001 myself,master - 0
1573919061000 1 connected 0-5460
```

17.2.5　使用 create-cluster tail 命令查看指定服务器的日志信息

执行如下命令。

```
create-cluster tail 1
create-cluster tail 4
```

分别查看 Master 服务器和 Replica 服务器的日志信息，输出信息如下。

```
ghy@ghy-VirtualBox:~/下载/redis-5.0.6/utils/create-cluster$ ./create-cluster tail 1
8647:M 16 Nov 2019 23:37:24.590 # IP address for this node updated to 127.0.0.1
8647:M 16 Nov 2019 23:37:26.556 # Cluster state changed: ok
8647:M 16 Nov 2019 23:37:27.679 * Replica 127.0.0.1:30004 asks for synchronization
8647:M 16 Nov 2019 23:37:27.679 * Partial resynchronization not accepted: Replication ID
mismatch (Replica asked for '8bbbca94482a5dc7413f823fdcba4596908ca6f4', my replication IDs are
'62b5c707d6666089add17f63fae42fdf40ccd05b' and '0000000000000000000000000000000000000000')
8647:M 16 Nov 2019 23:37:27.679 * Starting BGSAVE for SYNC with target: disk
8647:M 16 Nov 2019 23:37:27.680 * Background saving started by pid 8695
8695:C 16 Nov 2019 23:37:27.683 * DB saved on disk
8695:C 16 Nov 2019 23:37:27.684 * RDB: 0 MB of memory used by copy-on-write
8647:M 16 Nov 2019 23:37:27.778 * Background saving terminated with success
8647:M 16 Nov 2019 23:37:27.778 * Synchronization with replica 127.0.0.1:30004 succeeded
^C
ghy@ghy-VirtualBox:~/下载/redis-5.0.6/utils/create-cluster$ ./create-cluster tail 4
8659:S 16 Nov 2019 23:37:27.780 * MASTER <-> REPLICA sync: Finished with success
8659:S 16 Nov 2019 23:37:27.780 * Background append only file rewriting started by pid 8699
8659:S 16 Nov 2019 23:37:27.810 * AOF rewrite child asks to stop sending diffs.
8699:C 16 Nov 2019 23:37:27.810 * Parent agreed to stop sending diffs. Finalizing AOF...
8699:C 16 Nov 2019 23:37:27.810 * Concatenating 0.00 MB of AOF diff received from parent.
8699:C 16 Nov 2019 23:37:27.811 * SYNC append only file rewrite performed
8699:C 16 Nov 2019 23:37:27.811 * AOF rewrite: 0 MB of memory used by copy-on-write
8659:S 16 Nov 2019 23:37:27.879 * Background AOF rewrite terminated with success
8659:S 16 Nov 2019 23:37:27.879 * Residual parent diff successfully flushed to the rewritten
AOF (0.00 MB)
8659:S 16 Nov 2019 23:37:27.879 * Background AOF rewrite finished successfully
```

17.2.6　在 Redis 集群中添加与取得数据

使用 redis-cli 命令连接 Redis 集群时要使用-c 参数，代表连接的是 Redis 集群环境，而不是 Redis 单机。

输入如下命令。

```
ghy@ghy-VirtualBox:~$ redis-cli -c -p 30001
127.0.0.1:30001> set a aa
-> Redirected to slot [15495] located at 127.0.0.1:30003
OK
127.0.0.1:30003> set b bb
```

17.2 自动搭建本地 Redis 集群环境

```
-> Redirected to slot [3300] located at 127.0.0.1:30001
OK
127.0.0.1:30001> set c cc
-> Redirected to slot [7365] located at 127.0.0.1:30002
OK
127.0.0.1:30002> set d dd
-> Redirected to slot [11298] located at 127.0.0.1:30003
OK
127.0.0.1:30003> set e ee
OK
127.0.0.1:30003> get a
"aa"
127.0.0.1:30003> get b
-> Redirected to slot [3300] located at 127.0.0.1:30001
"bb"
127.0.0.1:30001> get c
-> Redirected to slot [7365] located at 127.0.0.1:30002
"cc"
127.0.0.1:30002> get d
-> Redirected to slot [11298] located at 127.0.0.1:30003
"dd"
127.0.0.1:30003> get e
"ee"
127.0.0.1:30003>
```

成功在 Redis 集群中添加与取得数据。

17.2.7 使用 create-cluster clean 命令删除所有实例数据、日志和配置文件

在端口号为 30001 的服务器上执行 save 命令，如下。

```
127.0.0.1:30001> save
OK
127.0.0.1:30001>
```

创建了 LOG 和 RDB 文件，如图 17-5 所示。

执行如下命令。

```
create-cluster clean
```

效果如下：

```
ghy@ghy-VirtualBox:~/下载/redis-5.0.6/utils/create-cluster$ ./create-cluster clean
ghy@ghy-VirtualBox:~/下载/redis-5.0.6/utils/create-cluster$
```

LOG 和 RDB 文件被删除，如图 17-6 所示。

图 17-5 创建了 LOG 和 RDB 文件

图 17-6 LOG 和 RDB 文件被删除

17.2.8 使用 create-cluster clean-logs 命令只删除实例日志文件

在端口号为 30001 的服务器上执行 save 命令，如下。

```
127.0.0.1:30001> save
OK
127.0.0.1:30001>
```

创建了 LOG 和 RDB 文件，如图 17-7 所示。

再执行如下命令。

```
create-cluster clean-logs
```

效果如下。

```
ghy@ghy-VirtualBox:~/下载/redis-5.0.6/utils/create-cluster$ ./create-cluster clean-logs
ghy@ghy-VirtualBox:~/下载/redis-5.0.6/utils/create-cluster$
```

LOG 文件被删除，如图 17-8 所示。

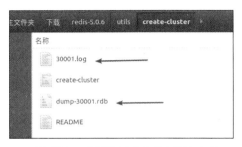 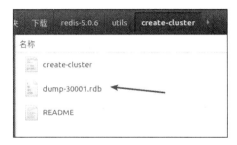

图 17-7　创建了 LOG 和 RDB 文件　　　　图 17-8　LOG 文件被删除

快速创建出 Redis 集群环境就可以在此环境中测试与之有关的技术了。

17.3 重定向操作

当向 Redis 集群使用 set 命令时，使用了重定向（Redirected）操作。

```
ghy@ghy-VirtualBox:~$ redis-cli -c -p 30001
127.0.0.1:30001> set a aa
-> Redirected to slot [15495] located at 127.0.0.1:30003
OK
127.0.0.1:30003>
```

Redis 算出 a 要存放进值为 15495 的槽中，而 15495 槽所在的服务器是端口号为 30003 的服务器，然后 Redis 自动切换到端口号为 30003 的服务器，并且将 "a aa" 保存到端口号为 30003 的服务器中，这就是重定向。

终端最终显示如下。

```
127.0.0.1:30003>
```

说明从端口号为 30001 的服务器重定向到端口号为 30003 的服务器。

get 命令也可以执行重定向操作，如下。

```
127.0.0.1:30003> get b
-> Redirected to slot [3300] located at 127.0.0.1:30001
"bb"
127.0.0.1:30001>
```

17.4　使用 readonly 和 readwrite 命令启用和禁用 Replica 服务器可读

在 Redis 集群环境中，默认情况下 Replica 服务器不可读。

使用 keys *命令查看端口 30001 的 Master1 服务器内容。

```
127.0.0.1:30001> keys *
1) "b"
127.0.0.1:30001>
```

再查看 Master1 服务器对应的 Replica1 服务器中的内容。

```
127.0.0.1:30004> keys *
1) "b"
127.0.0.1:30004>
```

在端口号为 30004 的服务器中执行如下命令。

```
127.0.0.1:30004> get b
-> Redirected to slot [3300] located at 127.0.0.1:30001
"bb"
127.0.0.1:30001>
```

端口号为 30004 的服务器通过重定向操作让端口号为 30001 的服务器提供 b 对应的值 bb。

端口号为 30004 的服务器自身就有 b 的数据，但还是要从 Master 服务器获取，浪费了网络资源，降低了程序运行效率，可以启用 Replica 服务器可读来解决这一问题。

在端口号为 30004 的服务器中执行如下命令。

```
127.0.0.1:30004> readonly
OK
127.0.0.1:30004> get b
"bb"
127.0.0.1:30004>
```

直接将 b 从自身返回，并没有执行重定向操作，提高了程序运行效率，实现了在 Redis 集群环境下的读写分离。如果端口号为 30004 的服务器中没有 b，则会执行重定向操作。

如果要禁用 Replica 服务器可读的功能，可以使用如下命令。

```
127.0.0.1:30004> readwrite
OK
127.0.0.1:30004> get b
-> Redirected to slot [3300] located at 127.0.0.1:30001
"bb"
127.0.0.1:30001>
```

由于 Replica 服务器不可读，因此执行了重定向操作。

17.5 手动搭建分布式 Redis 集群环境

前面介绍的自动搭建 Redis 集群环境是在本地进行搭建的，只有一台服务器，实现不了高可用性。真实的生产环境肯定有多台服务器，并且还需要由人工来指定哪台服务器是 Master 服务器，哪台服务器是 Replica 服务器，这时就需要手动搭建分布式 Redis 集群环境了。

本节实现手动搭建分布式 Redis 集群环境，分为 3 个步骤。
- 准备服务器。
- 服务器握手。
- 分配槽。

17.5.1 准备配置文件并启动各服务器

在 cluster 文件夹中创建 6 个配置文件，如图 17-9 所示。

每个配置文件中的核心内容如下。

```
port 7771
bind 0.0.0.0
protected-mode no
requirepass "accp"
masterauth "accp"
daemonize yes

dir /home/ghy/T/cluster
dbfilename dump-7771.rdb
logfile log-7771.txt

cluster-enabled yes
cluster-config-file nodes-7771.conf
cluster-node-timeout 15000
```

图 17-9　创建 6 个配置文件

每个 Master 使用的端口号都不一样，还要根据端口号更改对应的文件名。

注意： 配置选项 dir /home/ghy/T/cluster 中的路径必须要真实存在。

配置 cluster-enabled yes 的作用是让 Redis 运行在集群模式下，而非单机 Redis 实例。

配置 cluster-config-file nodes-7771.conf 的作用是指定 Redis 集群所使用的配置文件名。可以不配置，Redis 会根据自己的命名规则自动创建配置文件。当出现增加服务器、删除服务器、故障转移或服务器下线等情况时，Redis 会把当前的状态存储到该配置文件中，防止重启时状态丢失。

配置 cluster-node-timeout 15000 的作用是设置 Master 服务器宕机被发现的时间，也是 Master 服务器宕机后 Replica 服务器顶替上来需要的时间。

在每个配置文件中都需要更改端口号 port 的值，6 个服务器所使用的端口号分别是 7771、7772、7773、7774、7775 及 7776。

使用如下命令分别启动 6 个服务器。

```
ghy@ghy-VirtualBox:~/T/cluster$ redis-server redis-7771.conf
```

17.5 手动搭建分布式 Redis 集群环境

```
ghy@ghy-VirtualBox:~/T/cluster$ redis-server redis-7772.conf
ghy@ghy-VirtualBox:~/T/cluster$ redis-server redis-7773.conf
ghy@ghy-VirtualBox:~/T/cluster$ redis-server redis-7774.conf
ghy@ghy-VirtualBox:~/T/cluster$ redis-server redis-7775.conf
ghy@ghy-VirtualBox:~/T/cluster$ redis-server redis-7776.conf
ghy@ghy-VirtualBox:~/T/cluster$
```

使用 ps 命令查看进程信息,如下。

```
ghy@ghy-VirtualBox:~/T/cluster$ ps -ef|grep redis
ghy      14089  2248  0 19:52 ?     00:00:00 redis-server 0.0.0.0:7771 [cluster]
ghy      14095  2248  0 19:52 ?     00:00:00 redis-server 0.0.0.0:7772 [cluster]
ghy      14100  2248  0 19:52 ?     00:00:00 redis-server 0.0.0.0:7773 [cluster]
ghy      14106  2248  0 19:52 ?     00:00:00 redis-server 0.0.0.0:7774 [cluster]
ghy      14112  2248  0 19:52 ?     00:00:00 redis-server 0.0.0.0:7775 [cluster]
ghy      14118  2248  0 19:52 ?     00:00:00 redis-server 0.0.0.0:7776 [cluster]
ghy      14127 13994  0 19:53 pts/0 00:00:00 grep --color=auto redis
ghy@ghy-VirtualBox:~/T/cluster$
```

启动了 6 个服务器,但 Redis 集群的状态是显示不成功的。

```
ghy@ghy-VirtualBox:~$ redis-cli -c -p 7771 -a accp
Warning: Using a password with '-a' or '-u' option on the command line interface may not be safe.
127.0.0.1:7771> cluster info
cluster_state:fail
cluster_slots_assigned:0
cluster_slots_ok:0
cluster_slots_pfail:0
cluster_slots_fail:0
cluster_known_nodes:1
cluster_size:0
cluster_current_epoch:0
cluster_my_epoch:0
cluster_stats_messages_sent:0
cluster_stats_messages_received:0
127.0.0.1:7771>
```

输出如下信息。

```
cluster_known_nodes:1
```

值为 1,说明只识别了自己。启动的这 6 个服务器并不能感知对方的存在,需要实现服务器间的握手。

17.5.2 使用 cluster meet 命令实现服务器间握手

Redis 中实现服务器间握手使用 Gossip 协议。Gossip 协议感知对方存在的过程由种子节点发起,种子节点会随机地将信息更新到周围几个服务器,收到消息的服务器也会重复该过程,直至最终网络中所有的服务器都收到了消息。这个过程可能需要一定的时间,由于不能保证某个时刻所有服务器都收到消息,但是理论上最终所有服务器都会收到消息,因此它是一个最终一致性协议。

使用 cluster meet 命令实现服务器间握手,命令如下。

```
127.0.0.1:7771> cluster meet 192.168.56.11 7772
OK
```

```
127.0.0.1:7771> cluster meet 192.168.56.11 7773
OK
127.0.0.1:7771> cluster meet 192.168.56.11 7774
OK
127.0.0.1:7771> cluster meet 192.168.56.11 7775
OK
127.0.0.1:7771> cluster meet 192.168.56.11 7776
OK
127.0.0.1:7771>
```

在任意的服务器下使用 cluster meet 命令进行握手后会通过消息在各点间的通信，使每个节点都知道彼此的存在。

再次查看服务器的状态。

```
127.0.0.1:7771> cluster info
cluster_state:fail
cluster_slots_assigned:0
cluster_slots_ok:0
cluster_slots_pfail:0
cluster_slots_fail:0
cluster_known_nodes:6
cluster_size:0
cluster_current_epoch:5
cluster_my_epoch:1
cluster_stats_messages_ping_sent:84
cluster_stats_messages_pong_sent:97
cluster_stats_messages_meet_sent:5
cluster_stats_messages_sent:186
cluster_stats_messages_ping_received:97
cluster_stats_messages_pong_received:89
cluster_stats_messages_received:186
127.0.0.1:7771>
```

输出如下信息。

```
cluster_known_nodes:6
```

成功识别了 6 个服务器。

cluster meet 命令具有集群合并性，如有两个独立的集群，如图 17-10 所示。

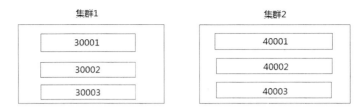

图 17-10　有两个独立的集群

在端口号为 30001 的服务器执行如下命令。

```
127.0.0.1:30001> cluster meet 192.168.56.11 40001
OK
```

两个独立的集群最终会合并成一个集群，集群内有 6 台服务器，如图 17-11 所示。

```
             集群
         ┌─────────────┐
         │    30001    │
         ├─────────────┤
         │    30002    │
         ├─────────────┤
         │    30003    │
         ├─────────────┤
         │    40001    │
         ├─────────────┤
         │    40002    │
         ├─────────────┤
         │    40003    │
         └─────────────┘
```

图 17-11 集群被合并

17.5.3 使用 cluster nodes 命令查看 Redis 集群中的服务器信息

使用 cluster nodes 命令查看 Redis 集群中的服务器信息如下。

```
127.0.0.1:7771> cluster nodes
dab4edfe2691e40181f5304723bb80458afc833e 192.168.56.11:7775@17775 master - 0 1573991914404 0 connected
995ade0ef45e0a2eab59c55eae40b166bfc0dfe0 192.168.56.11:7772@17772 master - 0 1573991912000 2 connected
94fe8c9d4b8bbf81e1400500cd2fb90f253f1eeb 192.168.56.11:7771@17771 myself,master - 0 1573991912000 1 connected
4f1a4f22a595011f4371f75194e48739640eda32 192.168.56.11:7776@17776 master - 0 1573991913388 3 connected
ae976211fc83bd7732de04c6e98395be8b6ef5e8 192.168.56.11:7773@17773 master - 0 1573991912383 4 connected
3c100c5838850e5ecff12496fe4a00e35b10e378 192.168.56.11:7774@17774 master - 0 1573991912000 5 connected
127.0.0.1:7771>
```

从输出信息来看，所有的节点默认都是 Master 服务器。

虽然握手是成功的，但并不能存储数据，示例如下。

```
127.0.0.1:7771> set a aa
(error) CLUSTERDOWN Hash slot not served
127.0.0.1:7771>
```

提示并没有对 Redis 集群中的服务器分配槽，不能实现数据的存储。

17.5.4 使用 cluster addslots 命令分配槽

开启 6 个服务器，现在要把 16 384 个槽分配给端口为号 7771、7772 和 7773 的服务器，这 3 个服务器是 Master 服务器，端口号为 7774、7775 和 7776 的服务是 Replica 服务器。

使用如下命令对 3 个 Master 服务器分配槽。

```
ghy@ghy-VirtualBox:~/T/cluster$ redis-cli -h 192.168.56.11 -p 7771 -a accp cluster addslots {0..5000}
Warning: Using a password with '-a' or '-u' option on the command line interface may not be safe.
OK
ghy@ghy-VirtualBox:~/T/cluster$ redis-cli -h 192.168.56.11 -p 7772 -a accp cluster addslots
```

```
{5001..10000}
    Warning: Using a password with '-a' or '-u' option on the command line interface may not be safe.
    OK
    ghy@ghy-VirtualBox:~/T/cluster$ redis-cli -h 192.168.56.11 -p 7773 -a accp cluster addslots
{10001..16383}
    Warning: Using a password with '-a' or '-u' option on the command line interface may not be safe.
    OK
    ghy@ghy-VirtualBox:~/T/cluster$
```

参数 cluster addslots 对当前服务器分配槽。

查看 Redis 集群状态。

```
127.0.0.1:7771> cluster info
cluster_state:ok
cluster_slots_assigned:16384
cluster_slots_ok:16384
cluster_slots_pfail:0
cluster_slots_fail:0
cluster_known_nodes:6
cluster_size:3
cluster_current_epoch:5
cluster_my_epoch:1
cluster_stats_messages_ping_sent:1305
cluster_stats_messages_pong_sent:1314
cluster_stats_messages_meet_sent:5
cluster_stats_messages_sent:2624
cluster_stats_messages_ping_received:1314
cluster_stats_messages_pong_received:1310
cluster_stats_messages_received:2624
127.0.0.1:7771>
```

查看 Redis 集群服务器信息。

```
127.0.0.1:7771> cluster nodes
    dab4edfe2691e40181f5304723bb80458afc833e 192.168.56.11:7775@17775 master - 0 1573993127000 0 connected
    995ade0ef45e0a2eab59c55eae40b166bfc0dfe0 192.168.56.11:7772@17772 master - 0 1573993125000 2 connected 5001-10000
    94fe8c9d4b8bbf81e1400500cd2fb90f253f1eeb 192.168.56.11:7771@17771 myself,master - 0 1573993124000 1 connected 0-5000
    4f1a4f22a595011f4371f75194e48739640eda32 192.168.56.11:7776@17776 master - 0 1573993126961 3 connected
    ae976211fc83bd7732de04c6e98395be8b6ef5e8 192.168.56.11:7773@17773 master - 0 1573993126000 4 connected 10001-16383
    3c100c5838850e5ecff12496fe4a00e35b10e378 192.168.56.11:7774@17774 master - 0 1573993127987 5 connected
127.0.0.1:7771>
```

17.5.5 使用 cluster reset 命令重置服务器状态

如果在分配槽时出现如下异常。

```
(error) ERR Slot XXXXX is already busy
```

则使用命令 cluster reset 进行服务器状态重置。

```
ghy@ghy-VirtualBox:~/T/cluster$ redis-cli -h 192.168.56.11 -p 7771 -a accp cluster reset
Warning: Using a password with '-a' or '-u' option on the command line interface may not be safe.
```

```
OK
ghy@ghy-VirtualBox:~/T/cluster$
```

cluster reset 命令用于重置服务器的状态。

完成后重新执行如下两个命令重新设置 Redis 集群中服务器的信息。

```
cluster meet
cluster addslots
```

17.5.6　向 Redis 集群中保存和获取数据

查看 3 个 Master 服务器中的数据如下。

```
127.0.0.1:7771> keys *
(empty list or set)
127.0.0.1:7771>

127.0.0.1:7772> keys *
(empty list or set)
127.0.0.1:7772>

127.0.0.1:7773> keys *
(empty list or set)
127.0.0.1:7773>
```

使用如下命令向 Redis 集群中保存数据。

```
127.0.0.1:7771> set a aa
-> Redirected to slot [15495] located at 192.168.56.11:7773
OK
192.168.56.11:7773> set b bb
-> Redirected to slot [3300] located at 192.168.56.11:7771
OK
192.168.56.11:7771> set c cc
-> Redirected to slot [7365] located at 192.168.56.11:7772
OK
192.168.56.11:7772>
```

再次查看 3 个 Master 服务器中的数据。

```
127.0.0.1:7771> keys *
1) "b"
127.0.0.1:7771>

127.0.0.1:7772> keys *
1) "c"
127.0.0.1:7772>

127.0.0.1:7773> keys *
1) "a"
127.0.0.1:7773>
```

成功实现分布式存储。

17.5.7　在 Redis 集群中添加 Replica 服务器

在 6 个服务器中，分配 3 个 Master 服务器和 3 个 Replica 服务器，Master 服务器和 Replica

服务器的端口对应关系如下。
- Master 服务器：7771。Replica 服务器：7774。
- Master 服务器：7772。Replica 服务器：7775。
- Master 服务器：7773。Replica 服务器：7776。

先来看一看服务器的状态。

```
127.0.0.1:7771> cluster nodes
dab4edfe2691e40181f5304723bb80458afc833e 192.168.56.11:7775@17775 master - 0 1573994395000 0 connected
995ade0ef45e0a2eab59c55eae40b166bfc0dfe0 192.168.56.11:7772@17772 master - 0 1573994395565 2 connected 5001-10000
94fe8c9d4b8bbf81e1400500cd2fb90f253f1eeb 192.168.56.11:7771@17771 myself,master - 0 1573994393000 1 connected 0-5000
4f1a4f22a595011f4371f75194e48739640eda32 192.168.56.11:7776@17776 master - 0 1573994394559 3 connected
ae976211fc83bd7732de04c6e98395be8b6ef5e8 192.168.56.11:7773@17773 master - 0 1573994394000 4 connected 10001-16383
3c100c5838850e5ecff12496fe4a00e35b10e378 192.168.56.11:7774@17774 master - 0 1573994393000 5 connected
127.0.0.1:7771>
```

6 个服务器全部是 Master 服务器。

使用如下命令对 3 个 Master 服务器添加 Replica 服务器，这 3 个命令必须在每个 Replica 服务器下执行。

```
ghy@ghy-VirtualBox:~$ redis-cli -c -h 192.168.56.11 -p 7774 -a accp
Warning: Using a password with '-a' or '-u' option on the command line interface may not be safe.
192.168.56.11:7774> cluster replicate 94fe8c9d4b8bbf81e1400500cd2fb90f253f1eeb
OK
192.168.56.11:7774>

ghy@ghy-VirtualBox:~$ redis-cli -c -h 192.168.56.11 -p 7775 -a accp
Warning: Using a password with '-a' or '-u' option on the command line interface may not be safe.
192.168.56.11:7775> cluster replicate 995ade0ef45e0a2eab59c55eae40b166bfc0dfe0
OK
192.168.56.11:7775>

ghy@ghy-VirtualBox:~$ redis-cli -c -h 192.168.56.11 -p 7776 -a accp
Warning: Using a password with '-a' or '-u' option on the command line interface may not be safe.
192.168.56.11:7776> cluster replicate ae976211fc83bd7732de04c6e98395be8b6ef5e8
OK
192.168.56.11:7776>
```

查看服务器的状态。

```
127.0.0.1:7771> cluster nodes
dab4edfe2691e40181f5304723bb80458afc833e 192.168.56.11:7775@17775 slave 995ade0ef45e0a2eab59c55eae40b166bfc0dfe0 0 1573995227190 2 connected
995ade0ef45e0a2eab59c55eae40b166bfc0dfe0 192.168.56.11:7772@17772 master - 0 1573995226000 2 connected 5001-10000
94fe8c9d4b8bbf81e1400500cd2fb90f253f1eeb 192.168.56.11:7771@17771 myself,master - 0 1573995228000 1 connected 0-5000
4f1a4f22a595011f4371f75194e48739640eda32 192.168.56.11:7776@17776 slave ae976211fc83bd7732de04c6e98395be8b6ef5e8 0 1573995229000 4 connected
ae976211fc83bd7732de04c6e98395be8b6ef5e8 192.168.56.11:7773@17773 master - 0 1573995229209
```

```
4 connected 10001-16383
    3c100c5838850e5ecff12496fe4a00e35b10e378 192.168.56.11:7774@17774 slave
94fe8c9d4b8bbf81e1400500cd2fb90f253f1eeb 0 1573995230222 5 connected
    127.0.0.1:7771>
```

出现 3 个 Master 服务器和 3 个 Replica 服务器的结构。

在 Master 服务器和 Replica 服务器中分别执行如下两个命令，查看是否实现 Master-Replica 复制：

```
127.0.0.1:7771> keys *
1) "b"
127.0.0.1:7771>

192.168.56.11:7774> keys *
1) "b"
192.168.56.11:7774>
```

成功实现 Master-Replica 复制。

在 Replica 服务器执行 get 命令时还会执行重定向操作。

```
192.168.56.11:7774> get b
-> Redirected to slot [3300] located at 192.168.56.11:7771
"bb"
192.168.56.11:7771>
```

重新进入端口号为 7774 的服务器，执行 readonly 命令，再执行 get 命令后不会执行重定向操作，效果如下。

```
ghy@ghy-VirtualBox:~$ redis-cli -c -h 192.168.56.11 -p 7774 -a accp
Warning: Using a password with '-a' or '-u' option on the command line interface may not be safe.
192.168.56.11:7774> readonly
OK
192.168.56.11:7774> get b
"bb"
192.168.56.11:7774>
```

成功在 Redis 集群架构中实现读写分离。

17.6 使用 cluster myid 命令获得当前服务器 ID

示例如下。

```
127.0.0.1:7771> cluster nodes
dab4edfe2691e40181f5304723bb80458afc833e 192.168.56.11:7775@17775 slave
995ade0ef45e0a2eab59c55eae40b166bfc0dfe0 0 1573997512118 2 connected
    995ade0ef45e0a2eab59c55eae40b166bfc0dfe0 192.168.56.11:7772@17772 master - 0 1573997513132
2 connected 5001-10000
    94fe8c9d4b8bbf81e1400500cd2fb90f253f1eeb 192.168.56.11:7771@17771 myself,master - 0
1573997511000 1 connected 0-5000
    4f1a4f22a595011f4371f75194e48739640eda32 192.168.56.11:7776@17776 slave
ae976211fc83bd7732de04c6e98395be8b6ef5e8 0 1573997514163 4 connected
    ae976211fc83bd7732de04c6e98395be8b6ef5e8 192.168.56.11:7773@17773 master - 0 1573997515195
4 connected 10001-16383
    3c100c5838850e5ecff12496fe4a00e35b10e378 192.168.56.11:7774@17774 slave
94fe8c9d4b8bbf81e1400500cd2fb90f253f1eeb 0 1573997513000 5 connected
```

```
127.0.0.1:7771> cluster myid
"94fe8c9d4b8bbf81e1400500cd2fb90f253f1eeb"
127.0.0.1:7771>
```

17.7 使用 cluster replicas 命令查看指定 Master 服务器下的 Replica 服务器信息

示例如下。

```
127.0.0.1:7771> cluster replicas 94fe8c9d4b8bbf81e1400500cd2fb90f253f1eeb
1) "3c100c5838850e5ecff12496fe4a00e35b10e378 192.168.56.11:7774@17774 slave 94fe8c9d4b8bbf81e1400500cd2fb90f253f1eeb 0 1573998730000 5 connected"
127.0.0.1:7771>
```

17.8 使用 cluster slots 命令查看槽与服务器关联的信息

示例如下。

```
127.0.0.1:7771> cluster slots
1) 1) (integer) 5001
   2) (integer) 10000
   3) 1) "192.168.56.11"
      2) (integer) 7772
      3) "995ade0ef45e0a2eab59c55eae40b166bfc0dfe0"
   4) 1) "192.168.56.11"
      2) (integer) 7775
      3) "dab4edfe2691e40181f5304723bb80458afc833e"
2) 1) (integer) 0
   2) (integer) 5000
   3) 1) "192.168.56.11"
      2) (integer) 7771
      3) "94fe8c9d4b8bbf81e1400500cd2fb90f253f1eeb"
   4) 1) "192.168.56.11"
      2) (integer) 7774
      3) "3c100c5838850e5ecff12496fe4a00e35b10e378"
3) 1) (integer) 10001
   2) (integer) 16383
   3) 1) "192.168.56.11"
      2) (integer) 7773
      3) "ae976211fc83bd7732de04c6e98395be8b6ef5e8"
   4) 1) "192.168.56.11"
      2) (integer) 7776
      3) "4f1a4f22a595011f4371f75194e48739640eda32"
127.0.0.1:7771>
```

17.9 使用 cluster keyslot 命令查看 key 所属槽

示例如下。

```
127.0.0.1:7771> cluster keyslot a
(integer) 15495
127.0.0.1:7771> cluster keyslot b
(integer) 3300
```

```
127.0.0.1:7771> cluster keyslot c
(integer) 7365
127.0.0.1:7771>
```

17.10 案例

示例代码如下。

```java
public class Test2 {

    public static void main(String[] args) {
        Set<HostAndPort> ClusterNodes = new HashSet<HostAndPort>();
        ClusterNodes.add(new HostAndPort("192.168.56.11", 7771));
        ClusterNodes.add(new HostAndPort("192.168.56.11", 7772));
        ClusterNodes.add(new HostAndPort("192.168.56.11", 7773));

        GenericObjectPoolConfig config = new GenericObjectPoolConfig();
        Cluster Cluster = new Cluster(ClusterNodes, Integer.MAX_VALUE, Integer.MAX_VALUE,
                Integer.MAX_VALUE, "accp", config);
        Cluster.set("username", "中国人");
        System.out.println(Cluster.get("username"));
        Cluster.close();
    }

}
```

程序运行结果如下。

中国人

第 18 章 内存淘汰策略

18.1 内存淘汰策略简介

内存淘汰策略有两种算法。
- LRU 过时：删除很久没有被访问的数据。
- LFU 过时：删除访问频率最低的数据。

Redis 支持的内存淘汰策略有如下 8 种。
- noeviction：不淘汰策略，存放的数据大于最大内存限制时会返回异常。
- volatile-lru：对超时的 key 使用 LRU 算法。
- volatile-lfu：对超时的 key 使用 LFU 算法。
- volatile-random：对超时的 key 使用随机删除策略。
- volatile-ttl：对超时的 key 使用 TTL 最小值删除策略。
- allkeys-lru：对所有 key 使用 LRU 算法。
- allkeys-lfu：对所有 key 使用用 LFU 算法。
- allkeys-random：对所有 key 使用随机删除。

改变内存淘汰策略可以对 redis.conf 配置文件的 maxmemory-policy 属性进行更改。

本章中的案例使用最大内存为 1MB，在 redis.conf 配置文件中使用 maxmemory 1mb 进行配置。

当需要设置内存大小时，单位不区分大小写，1GB、1Gb 和 1gB 的作用一样。

18.2 内存淘汰策略：noeviction

创建测试类代码如下。

```
public class Test1 {
    private static Pool pool = new Pool(new PoolConfig(), "192.168.61.84", 7777, 5000, "accp");

    public static void main(String[] args) {
         = null;
```

18.3 内存淘汰策略：volatile-lru

```
        try {
             = pool.getResource();
            .flushDB();
            for (int i = 0; i < Integer.MAX_VALUE; i++) {
                .set("key" + (i + 1), "value" + (i + 1));
            }
        } catch (Exception e) {
            e.printStackTrace();
        } finally {
            if ( != null) {
                .close();
            }
        }
    }
}
```

程序运行后出现异常如下。

```
redis.clients..exceptions.DataException: OOM command not allowed when used memory > 'maxmemory'.
    at redis.clients..Protocol.processError(Protocol.java:132)
    at redis.clients..Protocol.process(Protocol.java:166)
    at redis.clients..Protocol.read(Protocol.java:220)
    at redis.clients..Connection.readProtocolWithCheckingBroken(Connection.java:318)
    at redis.clients..Connection.getStatusCodeReply(Connection.java:236)
    at redis.clients...set(.java:150)
    at maxmemory_policy.Test1.main(Test1.java:16)
```

存放的数据大小超过最大内存限制，直接返回异常。

18.3 内存淘汰策略：volatile-lru

创建测试类代码如下。

```
public class Test2 {
    private static Pool pool = new Pool(new PoolConfig(), "192.168.61.84", 7777, 5000, "accp");

    public static void main(String[] args) {
         = null;
        try {
             = pool.getResource();
            .flushDB();
            SetParams param = new SetParams();
            param.ex(500);

            int x = 0;
            int y = 0;
            int z = 0;

            for (int i = 1; i <= 30; i++) {
                .set("key" + i, "value" + i, param);
            }
            //10 次的访问效率
            for (int j = 0; j < 10; j++) {
                for (int i = 1; i <= 30; i++) {
                    .get("key" + i);
                }
```

```java
        }
        Thread.sleep(4000);

        for (int i = 31; i <= 60; i++) {
            .set("key" + i, "value" + i, param);
        }
        //5 次的访问效率
        for (int j = 0; j < 5; j++) {
            for (int i = 31; i <= 60; i++) {
                .get("key" + i);
            }
        }

        Thread.sleep(4000);

        for (int i = 61; i <= 90; i++) {
            .set("key" + i, "value" + i, param);
        }
        //1 次的访问效率
        for (int j = 0; j < 1; j++) {
            for (int i = 61; i <= 90; i++) {
                .get("key" + i);
            }
        }

        //
        for (int i = 1; i <= 5600; i++) {
            .set("userinfo" + i, "username" + i);
        }
        //
        for (int i = 1; i <= 30; i++) {
            Object getValue = .get("key" + i);
            if (getValue == null) {
                x++;
            }
        }
        for (int i = 31; i <= 60; i++) {
            Object getValue = .get("key" + i);
            if (getValue == null) {
                y++;
            }
        }
        for (int i = 61; i <= 90; i++) {
            Object getValue = .get("key" + i);
            if (getValue == null) {
                z++;
            }
        }
        //
        System.out.println("01~30 被删除为" + ((int) ((double) x / 30 * 100)) + "%");
        System.out.println("31~60 被删除为" + ((int) ((double) y / 30 * 100)) + "%");
        System.out.println("61~90 被删除为" + ((int) ((double) z / 30 * 100)) + "%");
        //
        boolean isNull = false;
        int fori = 0;
        for (int i = 1; i <= 5600; i++) {
```

```java
                    if (.get("userinfo" + i) == null) {
                        isNull = true;
                        fori = i;
                        break;
                    }
                }
                if (isNull == true) {
                    System.out.println("userinfo" + (fori) + "值是null");
                } else {
                    System.out.println("5600个userinfoX键和值都在内存中");
                }
            } catch (Exception e) {
                e.printStackTrace();
            } finally {
                if ( != null) {
                    .close();
                }
            }
        }
    }
}
```

程序运行结果如下。

```
01～30 被删除为 90%
31～60 被删除为 56%
61～90 被删除为 0%
5600 个 userinfoX 键和值都在内存中
```

LRU 算法会删除很久没有被访问的数据。

18.4　内存淘汰策略：volatile-lfu

再次运行 Test2.java 类，程序运行结果如下。

```
01～30 被删除为 30%
31～60 被删除为 43%
61～90 被删除为 73%
5600 个 userinfoX 键和值都在内存中
```

LFU 算法会删除访问频率最低的数据。

18.5　内存淘汰策略：volatile-random

运行 5 次 Test2.java 类，程序运行结果分别如下。

```
01～30 被删除为 50%
31～60 被删除为 56%
61～90 被删除为 40%
5600 个 userinfoX 键和值都在内存中

01～30 被删除为 50%
31～60 被删除为 53%
61～90 被删除为 43%
5600 个 userinfoX 键和值都在内存中
```

01～30 被删除为 43%
31～60 被删除为 56%
61～90 被删除为 46%
5600 个 userinfoX 键和值都在内存中

01～30 被删除为 66%
31～60 被删除为 36%
61～90 被删除为 43%
5600 个 userinfoX 键和值都在内存中

01～30 被删除为 56%
31～60 被删除为 50%
61～90 被删除为 40%
5600 个 userinfoX 键和值都在内存中

每次删除的比例不固定，使用随机删除策略。

18.6 使用淘汰策略：volatile-ttl

创建测试类代码如下。

```java
public class Test3 {
    private static Pool pool = new Pool(new PoolConfig(), "192.168.61.84", 7777, 5000, "accp");

    public static void main(String[] args) {
         = null;
        try {
             = pool.getResource();
            .flushDB();
            SetParams param1 = new SetParams();
            param1.ex(5000);
            SetParams param2 = new SetParams();
            param2.ex(50);
            SetParams param3 = new SetParams();
            param3.ex(500);

            int x = 0;
            int y = 0;
            int z = 0;

            for (int i = 1; i <= 30; i++) {
                .set("key" + i, "value" + i, param1);
            }
            // TTL 为 5000ms
            for (int j = 0; j < 10; j++) {
                for (int i = 1; i <= 30; i++) {
                    .get("key" + i);
                }
            }

            Thread.sleep(4000);

            for (int i = 31; i <= 60; i++) {
                .set("key" + i, "value" + i, param2);
            }
            // TTL 为 50ms
```

18.6 使用淘汰策略：volatile-ttl

```java
for (int j = 0; j < 5; j++) {
    for (int i = 31; i <= 60; i++) {
        .get("key" + i);
    }
}

Thread.sleep(4000);

for (int i = 61; i <= 90; i++) {
    .set("key" + i, "value" + i, param3);
}
// TTL 为 500ms
for (int j = 0; j < 1; j++) {
    for (int i = 61; i <= 90; i++) {
        .get("key" + i);
    }
}

//
for (int i = 1; i <= 5600; i++) {
    .set("userinfo" + i, "username" + i);
}
//
for (int i = 1; i <= 30; i++) {
    Object getValue = .get("key" + i);
    if (getValue == null) {
        x++;
    }
}
for (int i = 31; i <= 60; i++) {
    Object getValue = .get("key" + i);
    if (getValue == null) {
        y++;
    }
}
for (int i = 61; i <= 90; i++) {
    Object getValue = .get("key" + i);
    if (getValue == null) {
        z++;
    }
}

//
System.out.println("01~30 被删除为" + ((int) ((double) x / 30 * 100)) + "%");
System.out.println("31~60 被删除为" + ((int) ((double) y / 30 * 100)) + "%");
System.out.println("61~90 被删除为" + ((int) ((double) z / 30 * 100)) + "%");
//
boolean isNull = false;
int fori = 0;
for (int i = 1; i <= 5600; i++) {
    if (.get("userinfo" + i) == null) {
        isNull = true;
        fori = i;
        break;
    }
}
if (isNull == true) {
    System.out.println("userinfo" + (fori) + "值是null");
```

```
            } else {
                System.out.println("5600 个 userinfoX 键和值都在内存中");
            }
        } catch (Exception e) {
            e.printStackTrace();
        } finally {
            if ( != null) {
                .close();
            }
        }
    }
}
```

程序运行结果如下。

```
01~30 被删除为 0%
31~60 被删除为 96%
61~90 被删除为 50%
5600 个 userinfoX 键和值都在内存中
```

将具有 TTL 的 key 按 TTL 最小值进行删除。

18.7 使用淘汰策略：allkeys-lru

创建测试类代码如下。

```
public class Test4 {
    private static Pool pool = new Pool(new PoolConfig(), "192.168.61.84", 7777, 5000, "accp");

    public static void main(String[] args) {
         = null;
        try {
             = pool.getResource();
            .flushDB();

            int x = 0;
            int y = 0;
            int z = 0;

            for (int i = 1; i <= 2000; i++) {
                .set("key" + i, "value" + i);
            }
            // 旧版本
            for (int j = 0; j < 10; j++) {
                for (int i = 1; i <= 2000; i++) {
                    .get("key" + i);
                }
            }

            Thread.sleep(4000);

            for (int i = 2001; i <= 4000; i++) {
                .set("key" + i, "value" + i);
            }
            // 最近版本
            for (int j = 0; j < 5; j++) {
```

18.7 使用淘汰策略：allkeys-lru

```
            for (int i = 2001; i <= 4000; i++) {
                .get("key" + i);
            }
        }

        Thread.sleep(4000);

        for (int i = 4000; i <= 5500; i++) {
            .set("key" + i, "value" + i);
        }
        // 最新版本
        for (int j = 0; j < 1; j++) {
            for (int i = 4000; i <= 5500; i++) {
                .get("key" + i);
            }
        }

        //
        for (int i = 1; i <= 1000; i++) {
            .set("userinfo" + i, "value" + i);
        }
        //
        for (int i = 1; i <= 2000; i++) {
            Object getValue = .get("key" + i);
            if (getValue == null) {
                x++;
            }
        }
        for (int i = 2001; i <= 4000; i++) {
            Object getValue = .get("key" + i);
            if (getValue == null) {
                y++;
            }
        }
        for (int i = 4001; i <= 5500; i++) {
            Object getValue = .get("key" + i);
            if (getValue == null) {
                z++;
            }
        }
        //
        System.out.println("0001～2000 被删除为" + ((int) ((double) x / 2000 * 100)) + "%");
        System.out.println("2001～4000 被删除为" + ((int) ((double) y / 2000 * 100)) + "%");
        System.out.println("4001～5500 被删除为" + ((int) ((double) z / 1500 * 100)) + "%");

    } catch (Exception e) {
        e.printStackTrace();
    } finally {
        if ( != null) {
            .close();
        }
    }
}
```

程序运行结果如下。

0001～2000 被删除为 38%

2001～4000 被删除为 0%
4001～5500 被删除为 0%

LRU 算法会删除很久没有被访问的数据。

18.8 内存淘汰策略：allkeys-lfu

运行 Test4.java 类，程序运行结果如下。

0001～2000 被删除为 4%
2001～4000 被删除为 6%
4001～5500 被删除为 12%

LFU 算法删除访问频率最低的数据的概率比较大。

18.9 使用淘汰策略：allkeys-random

运行 5 次 Test4.java 类，程序运行结果分别如下。

0001～2000 被删除为 11%
2001～4000 被删除为 11%
4001～5500 被删除为 12%

0001～2000 被删除为 11%
2001～4000 被删除为 12%
4001～5500 被删除为 10%

0001～2000 被删除为 11%
2001～4000 被删除为 11%
4001～5500 被删除为 13%

0001～2000 被删除为 12%
2001～4000 被删除为 11%
4001～5500 被删除为 12%

0001～2000 被删除为 11%
2001～4000 被删除为 11%
4001～5500 被删除为 12%

每次删除的比例不固定，使用随机删除策略。

第 19 章 使用 Docker 实现容器化

本章将介绍 Docker 的下载、安装、创建镜像、运行容器等实用技能，熟练掌握 Docker 有助于开发更加规范的软件项目。主流的软件运行环境都在向"容器化"方向进行转变。

19.1 容器

Docker 简单来讲就是一个运行软件的容器，那什么是容器呢？容器在生活中比比皆是，如"水果盘"就是一个容器，盛放拉面的"碗"也是一个容器。

运行 Servlet 技术的软件也是一个容器，被称为 Web 容器，比较著名的 Web 容器有 Tomcat、JBoss 和 WebLogic 等，Tomcat 如图 19-1 所示。

前面 3 个例子已经足够诠释容器的概念，容器这个术语在百度百科的解释如图 19-2 所示。

图 19-1 Tomcat

图 19-2 容器

使用容器可以存放一些东西，容器里存放东西的种类是任意的。

在本章开始时曾经介绍过 Docker 是一个运行软件的容器。没错！的确是这样，Docker 中可以存放的软件如图 19-3 所示。

Docker 是一个基于 LXC 技术构建的容器引擎，是基于 GO 开发的虚拟化技术。LXC 即 Linux Container，它是一种内核虚拟化技术，可以提供轻量级的虚拟化，以便隔离进程和资源。

目前企业中主流的技术的确是把软件安装到 Docker 中进行使用，但在通常的情况下，这些软件是安装在操作系统中的，如图 19-4 所示。

问题出现了！把这些软件安装到 Docker 中和安装到 Windows/Linux 中在使用上有什么区别呢？为什么现在主流方式是把软件安装到 Docker 中呢？看一看下面的场景就会明白了。

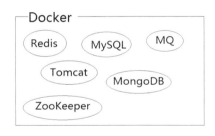 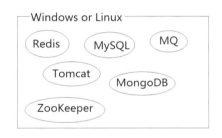

图 19-3　Docker 中可以存放的软件　　图 19-4　软件安装在操作系统中

19.2 使用 Docker 的经典场景

　　小王毕业后来到公司从事 Java 程序员已有半年时间，小王在这半年的时间里参与了一个大型软件项目中的一个模块设计，小王从此项目中积累了丰富的编程经验，得到了项目经理的认可。现在项目已经开发完毕，客户催促公司尽快将项目上线，于是项目经理把部署项目到 80 台客户的 Linux 服务器的任务交给了小王。小王接到任务后满腔热血，认为学习 Linux 的机会来了，因为小王平时的开发环境是 Windows。

　　但当小王开始对 Linux 服务器进行部署时却出现了各种问题，因为 Windows 的环境搭建和 Linux 并不一样。在部署项目时，小王从一个"坑"跳进另一个"坑"，她花了整整一天的时间才把项目部署到 1 台 Linux 服务器中，还有 79 台 Linux 服务器要部署，她越发感觉把项目部署到 Linux 服务器的确非常麻烦，于是向同事小李吐槽。小李听到这个问题之后，立即建议小王使用 Docker 解决此问题。

　　小王反问小李："Docker 能解决我的问题吗？那 Docker 是如何解决我的问题的呢？"

　　小李："现在的工作任务虽然对你学习 Linux 是有帮助的，但客户那里催得紧，容不得你现学 Linux。另外，就算给你 7 天的时间，学会把项目部署到 Linux 服务器，但你依然要面对剩下的 79 台 Linux 服务器，每一台你都这么重复，虽然会让你对 Linux 的操作更加熟练，但客户的时间不允许！而且在每一台 Linux 服务器中都要安装和配置 MySQL、Tomcat、JDK、Redis、ZooKeeper……，一共要重复配置 79 遍。"

　　小王："那我能怎么办，这是我的工作任务。我计划在每一台 Linux 服务器上安装一个 Linux 版本的 VMware 虚拟机，把项目先安装到 VMware 虚拟机中的 Linux 上并产生镜像文件，镜像文件打包了这个运行环境，再把镜像文件复制到其他 79 台 Linux 服务器上，这样我就不用在每一台 Linux 服务器上都从零开始搭建环境部署项目了，直接运行 VMware 虚拟机即可。这个想法我要听一听项目经理的意见。"

　　小李："你不要问了，也千万别这么干！那样做项目运行起来会慢如牛！问题的原因如图所示（见图 19-5）。如果使用 VMware，那么项目想运行起来，必须通过 Guest OS。Guest OS 就是 VMware 虚拟机中的操作系统，你对 Windows 的软件环境搭建比较熟悉，很可能你的 Guest OS 就是 Windows，而 Guest OS 要依赖于 Host OS，Host OS 就是客户服务器上安装的 Linux（这里用的是 CentOS）。如果这样，就说明在客户的硬件服务器上要运行两个操作系统。"

- Host OS：宿主操作系统，物理服务器运行的操作系统，任务中采用 Linux。
- Guest OS：客户操作系统，VMware 运行的操作系统，任务中采用 Windows。

小李:"如果硬件性能不好,运行一个操作系统都吃力,何况两个操作系统。当有很多人访问这个项目时,性能会非常低,公司等来的就是客户的投诉电话。所有的性能瓶颈都在客户操作系统这层!"

小王:"那怎么办?"

小李:"既然瓶颈在客户操作系统这层,那么删除这层就可以了,可以变成如图所示的结构(见图 19-6)"。

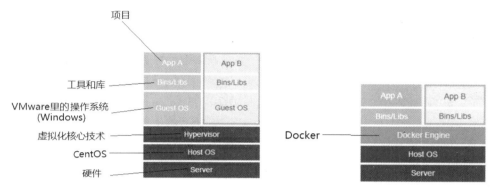

图 19-5　问题的原因　　　　图 19-6　删除 Guest OS 层

小李:"把最耗系统资源的客户操作系统层删除,使项目直接运行在宿主操作系统上,这就少去了项目想要运行就必须通过客户操作系统进行中转后性能降低的代价,大大提高了项目的运行效率。具体来讲,使用虚拟机执行效率低的原因是虚拟机中的项目在执行时,会把执行指令交给虚拟机中的操作系统来执行,但虚拟机中的操作系统需要宿主操作系统来执行,也就是宿主操作系统执行虚拟机中的操作系统,是在操作系统之上再运行一个操作系统,而项目运行后的指令还需要经过两个操作系统,执行速度更加慢了。Docker 速度快的原因是 Docker 并不是一个操作系统,它相当于命令的中转者,将运行软件的指令通过 Docker 交给宿主主机的操作系统来执行,速度当然快了。"

小王:"你是说使项目直接运行在客户操作系统宿主操作系统上?但这个结构和在操作系统中直接安装软件的结构是一样的,如图所示(见图 19-7)。"

小李:"相似而已,但还是有一些区别的!你看见 Docker Engine 这层了吗?其实项目并不是直接运行在客户操作系统宿主操作系统上,而是需要借助于 Docker Engine,它负责项目和客户操作系统的通信。"

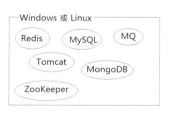

图 19-7　在操作系统中直接安装软件

小王:"能再解释一下 Docker Engine 吗?"

小李:"VMware 是重量级的虚拟运行环境,Docker Engine 是一个轻量级的虚拟运行环境,它可以直接调用客户操作系统中的资源,性能非常高,运行在它之上的项目性能也将大幅提高。你现在不想在每台 Linux 服务器上都配置运行环境,而是想让 80 台 Linux 服务器尽快上线,Docker Engine 就可以帮你做到,Docker Engine 的原理如图所示(见图 19-8)。"

图 19-8　Docker Engine 的原理

小李:"你只需要在客户的每一台 Linux 服务器中安装 Docker,然后制作项目的运行环境镜像,把镜像复制到其他 Linux 服务器,在其他 Linux 服务器中运行镜像产生容器,这样 80 台服务器中的运行环境就都一模一样了,不需要在每一台 Linux 服务器中都从零开始搭建项目运行环境。"

小李:"虽然 VMware 和 Docker 都有镜像文件这个概念,但项目运行快慢和镜像文件本身没有任何关系,而是和镜像文件运行的环境有直接关系。Docker Engine 会把项目所有的资源请求直接交给宿主操作系统,无须客户操作系统参与,客户的服务器中只存在一个操作系统,即 Linux,没有 Windows,不仅降低了开销,而且大大提高了项目运行效率,根本不需要在每一台服务器上从零开始搭建运行环境,运行环境已经被镜像封装,到这里就彻底解决了你的 3 个问题。"

- 避免每台服务器都从零开始搭建运行环境。
- 使开发和运行环境一致,无差异,因为镜像文件打包了运行环境和程序代码。
- 避免使用 VMware 造成计算机性能急剧下降的问题。

使用 Docker 一举三得!

小王:"如果这样,Docker 真的解决了我的心病,感谢小李。"

小李:"客气。"

上面这则小故事就是经典的使用 Docker 的场景,此场景经常出现在程序员向运维工程师交付项目时,运维工程师并不十分清楚程序员开发项目的运行环境和搭建细节,运维工程师在部署项目前,和程序员的交流成本就变得很高,经常出现运维工程师问程序员"我这怎么不好使?"而程序员却无奈地回答"不可能,我这好使!"的情况发生,进而影响项目上线的进度,增加运维工程师的工作量。

在使用 Docker 后,这一切变得非常简单,运维工程师和程序员永远不会发生那样的对话。运维工程师发布项目就像安装和启动项目一样,简单的几个步骤就能把项目快速成功地进行部署并运行,丝毫不需要从零开始配置项目的运行环境。

Docker 的核心价值在于它改变了传统项目的"交付"和"运行"方式,形成标准化。传统项目的"交付"和"运行"方式的缺点是开发环境和部署环境并不一致,给运维工程师增加了额外的工作量。使用 Docker 之后,程序员交付给运维工程师的东西不只是代码,还有配置文件、数据库定义等,是一个完整的运行环境体系。运维工程师不再负责配置项目的运行环境,Docker 消除了项目线下线上运行环境不一致的问题,Docker 将项目及其依赖的运行环境打包在一起,以镜像的方式交付给运维工程师,让项目运行在一致的环境中。

19.3　Docker 的介绍

2013 年,dotCloud 公司将负责开发和维护的 Docker 项目进行开源,Docker 立即流行起来,而 dotCloud 公司也趁热打铁，在 2013 年 10 月将公司名称直接改成 Docker.Inc。

Docker 的解释如图 19-9 所示。

图 19-9　Docker 的解释

单词 Docker 是码头工人的意思，码头工人接触最多的是什么？当然是集装箱了。所以 Docker 的 Logo 就是一条鲸鱼，背驮着集装箱，如图 19-10 所示。

为什么 Logo 中有集装箱呢？因为集装箱是一个容器，正好符合 Docker 的设计意图：使用容器来解决软件环境搭建、软件移植问题。

集装箱里面是货物，而容器里面是软件，道理都是相同的。

图 19-10　Docker 的 Logo

Docker 是一个基于沙箱机制开源的应用容器引擎，提供轻量级虚拟化运行环境。与传统的 VMware 相比，Docker 更轻，启动更快，秒级启动，可以在一台服务器上运行上千个 Docker 容器，可以让开发者打包他们的软件和依赖环境，然后平滑地发布到任何具有 Docker 运行环境的服务器上。

Docker 使用 GO 开发，对 GO 社区的推动与宣传起到了非常重要的作用。

Docker 可以在 Windows 和 Linux 中运行，但推荐在 Linux 中运行 Docker。

19.4　Docker 镜像的介绍

Docker 中也有镜像这个概念，和 VMware 虚拟机中镜像的概念一样，Docker 镜像把软件运行的当前环境状态保存到文件中，所以镜像就是文件。

Docker 镜像是可以执行的独立软件包，包括软件运行所需的所有内容，Docker 镜像如程序代码、运行时环境、系统工具、系统库以及自定义的配置等信息。

19.5　Docker 由 4 部分组成

一个完整的 Docker 由以下 4 个部分组成。
- Docker Client：使用若干 Docker Client（客户端）命令控制 Docker Server 服务器的行为。
- Docker Daemon：Docker 运行的进程，相当于 Docker 服务器。
- Docker Image：把程序代码和运行环境封装进一个文件里。
- Docker Container：运行后的镜像就是容器，相当于软件运行的环境。

这 4 部分之间的关系就是：Docker Daemon 加载 Docker Image 文件并运行，形成 Docker Container，可以使用 Docker 客户端访问 Docker 服务器。

19.6　Docker 具有跨平台特性

Docker 也可以跨平台，支持多种操作系统，如图 19-11 所示。

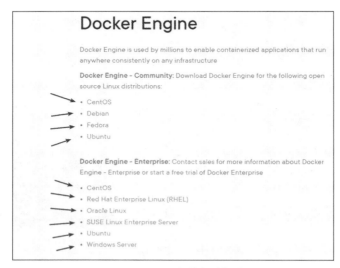

图 19-11　Docker 支持多种操作系统

19.7　Docker 的优点

Docker 具有以下 4 个主要优点。
- 更快速地交付和部署：运维工程师收到镜像文件后直接启动，产生容器，根本不需要考虑配置软件运行环境的问题。
- 高效地部署和扩容：当容器的数量和性能不能支撑业务需要时，可以快速扩展，横向增加容器数量来解决此问题。
- 更高的资源利用率：直接与宿主操作系统进行通信，提高容器中软件的运行效率。
- 隔离运行环境：每一个容器都具有自己独有的进程、系统资源，容器之间不能共享容器内部的私有资源。但容器可以共享操作系统的公共资源，如内存资源。

19.8　moby 和 docker-ce 与 docker-ee 之间的关系

众所周知，开源项目很难进行盈利，这对投入巨大资金开发 Docker 项目的 Docker.Inc 公司来讲也是如此。Docker.Inc 公司在 Docker 项目如火如荼之际，想从 Docker 项目中盈利，因为当时 Docker 的用户众多，所以在 2017 年初，Docker 公司将原先的 Docker 项目改名为 moby，并在 moby 的基础上创建了 docker-ce 和 docker-ee。

这三者之间的关系如下。

- moby 继承自原先的 Docker，只是改了名称，是社区维护的开源项目，任何人都可以在 moby 的基础上打造属于自己的容器产品。
- docker-ce 是 Docker.Inc 公司维护的开源产品，是一个基于 moby 的免费容器产品。本书使用的就是 docker-ce。
- docker-ee 是 Docker.Inc 公司维护的闭源商业产品，需要付费。

19.9 在 Ubuntu 中搭建 Docker 环境

本节将介绍在 Ubuntu 中实现 Docker 环境的搭建。

注意：使用 VMware 或 VirtualBox 这两种虚拟机软件都可以，不过在运行虚拟机前需要对虚拟机使用的硬盘和内存大小进行设置，因为启动 Docker 非常占用硬盘和内存资源。

以下设置是在 VirtualBox 中进行的。

19.9.1 确认有没有安装 Docker

搭建 Linux 开发环境请参考 1.7 节有关内容。
确认是否安装 Docker 可以输入如下命令。

```
ghy@ubuntu:~$ dpkg -l|grep docker
ghy@ubuntu:~$
```

系统中默认并没有安装 Docker，所以得手动进行安装。但在安装前得做一些准备工作。

19.9.2 使用官方的 sh 脚本安装 Docker

安装 Docker 最方便的方式就是使用 sh 脚本，而执行 sh 脚本需要 curl 工具，默认情况下并没有 curl 工具。

```
ghy@ubuntu:~$ curl

Command 'curl' not found, but can be installed with:

sudo apt install curl

ghy@ubuntu:~$
```

执行如下命令安装 curl 工具。

```
sudo apt install curl
```

再执行如下命令开始安装 Docker。

```
curl -fsSL https://get.docker.com | bash -s docker --mirror Aliyun
```

19.9.3 确认有没有成功安装 Docker

输入如下命令确认系统中是否成功安装 Docker，如图 19-12 所示。

```
dpkg -l|grep docker
```

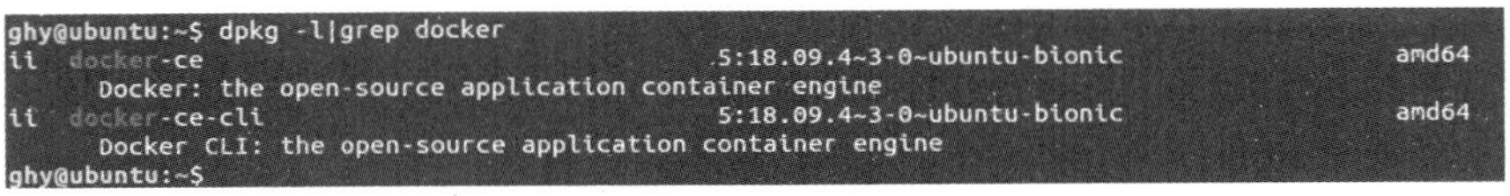

```
ghy@ubuntu:~$ dpkg -l|grep docker
ii  docker-ce            5:18.09.4-3-0~ubuntu-bionic          amd64
    Docker: the open-source application container engine
ii  docker-ce-cli        5:18.09.4-3-0~ubuntu-bionic          amd64
    Docker CLI: the open-source application container engine
ghy@ubuntu:~$
```

图 19-12　确认系统中是否成功安装 Docker

系统中成功安装 Docker。

19.9.4　启动和停止 Docker 服务与查看 Docker 版本

想同时查看 Docker 的服务器和客户端的版本号，需要先启动 Docker 服务，启动和停止 Docker 服务使用如下命令。

```
ghy@ubuntu:~$ systemctl start docker
ghy@ubuntu:~$ ps -ef|grep docker
root      28484     1  0 01:51 ?        00:00:00 /usr/bin/dockerd -H fd://
--containerd=/run/containerd/containerd.sock
ghy       30407  4595  0 01:57 pts/1    00:00:00 grep --color=auto docker
ghy@ubuntu:~$ systemctl stop docker
ghy@ubuntu:~$ ps -ef|grep docker
ghy       30429  4595  0 01:57 pts/1    00:00:00 grep --color=auto docker
ghy@ubuntu:~$
```

以上命令成功启动和停止 Docker 服务。

再使用如下命令启动 Docker 服务。

```
systemctl start docker
```

然后输入如下命令查看 Docker 的服务器和客户端版本。

```
ghy@ubuntu:~$ sudo docker version
Client:
 Version:           18.09.5
 API version:       1.39
 Go version:        go1.10.8
 Git commit:        e8ff056
 Built:             Thu Apr 11 04:43:57 2019
 OS/Arch:           linux/amd64
 Experimental:      false

Server: Docker Engine - Community
 Engine:
  Version:          18.09.5
  API version:      1.39 (minimum version 1.12)
  Go version:       go1.10.8
  Git commit:       e8ff056
  Built:            Thu Apr 11 04:10:53 2019
  OS/Arch:          linux/amd64
  Experimental:     false
ghy@ubuntu:~$
```

确认是否成功启动 Docker 服务，输入如下命令。

```
[ghy@localhost ~]$ ps -ef |grep docker
```

输出内容如图 19-13 所示。

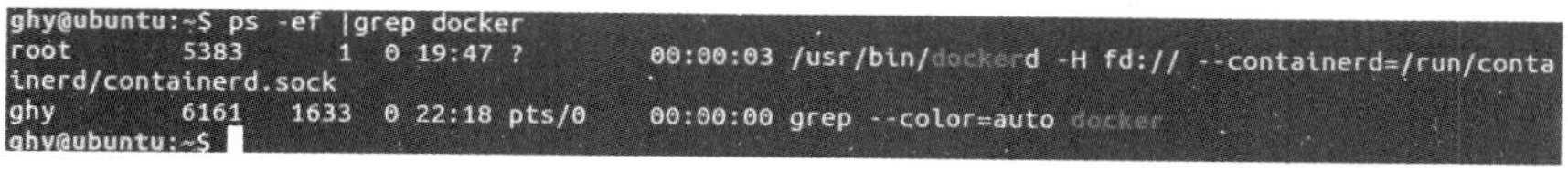

图 19-13　确认是否成功启动 Docker 业务输出内容

Docker 服务成功启动。

19.10　操作 Docker 服务与容器

本节将介绍如何使用 Docker 客户端的相关命令对 Docker 服务进行控制。

19.10.1　使用 docker info 查看 Docker 信息

输入如下命令并查看 Docker 信息。

```
ghy@ubuntu:~$ sudo docker info
Containers: 0
 Running: 0
 Paused: 0
 Stopped: 0
Images: 0
Server Version: 18.09.4
Storage Driver: overlay2
 Backing Filesystem: extfs
 Supports d_type: true
 Native Overlay Diff: true
Logging Driver: json-file
Cgroup Driver: cgroupfs
Plugins:
 Volume: local
 Network: bridge host macvlan null overlay
 Log: awslogs fluentd gcplogs gelf journald json-file local logentries splunk syslog
Swarm: inactive
Runtimes: runc
Default Runtime: runc
Init Binary: docker-init
containerd version: bb71b10fd8f58240ca47fbb579b9d1028eea7c84
runc version: 2b18fe1d885ee5083ef9f0838fee39b62d653e30
init version: fec3683
Security Options:
 apparmor
 seccomp
  Profile: default
Kernel Version: 4.18.0-17-generic
Operating System: Ubuntu 18.04.2 LTS
OSType: linux
Architecture: x86_64
CPUs: 1
Total Memory: 1.924GiB
Name: ubuntu
```

```
ID: TGYI:RGOE:AUPY:CZPG:PU4Q:4ZI6:LQJI:V7KR:Z7I5:VKRH:T2AK:FMWG
Docker Root Dir: /var/lib/docker
Debug Mode (client): false
Debug Mode (server): false
Registry: https://index.docker.io/v1/
Labels:
Experimental: false
Insecure Registries:
 127.0.0.0/8
Live Restore Enabled: false
Product License: Community Engine

WARNING: No swap limit support
ghy@ubuntu:~$
```

在输出信息最开始部分输出了 5 个 0，解释如下。

Containers: 0，代表 0 个容器。

Running: 0，代表 0 个运行中的容器。

Paused: 0，代表 0 个暂停中的容器。

Stopped: 0，代表 0 个停止中的容器。

Images: 0，代表 0 个 Docker 镜像。

Docker 中有 0 个镜像，0 个容器，相当于一个空的 Docker。

想要启动容器必须要先有镜像，所以要先创建镜像，再根据镜像文件生成容器，再启动容器。

19.10.2　根据 Ubuntu 基础镜像文件创建容器并运行容器

每种操作系统都会根据自己对应的 Docker 基础镜像文件来创建其他镜像文件，就像 Java 中的 Object 类一样，要先有 Object 类后才可以创建子类。

Docker 基础镜像文件是创建其他镜像文件的基础，根据 Docker 镜像文件来创建其他镜像文件。

1．下载 Ubuntu 基础镜像文件

输入如下命令。

```
sudo docker run ubuntu
```

命令中的"ubuntu"就是 Ubuntu 对应的 Docker 基础镜像所在的仓库名称，该命令的作用是运行 Ubuntu 对应的基础镜像文件，根据此镜像文件创建出一个容器。

但命令运行后首先出现了提示。

```
Unable to find image 'ubuntu:latest' locally
```

因为默认的情况下本地没有 Ubuntu 基础镜像文件，所以在线进行下载，下载成功后如图 19-14 所示。

但是有可能因为网络等原因导致不能正常下载 Ubuntu 基础镜像文件，出现进度停止不前的现象，解决此问题可以看后文。

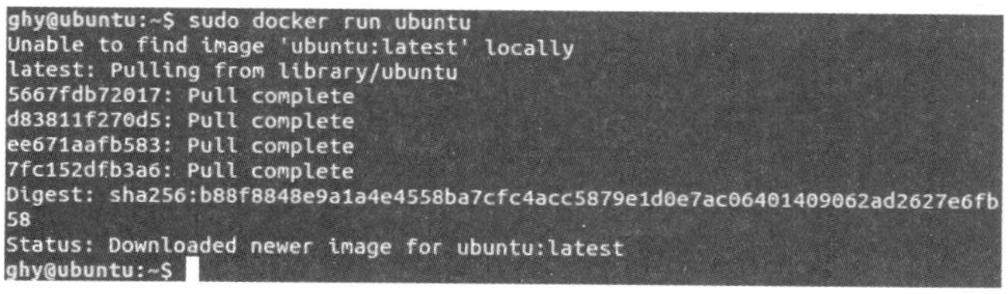

```
ghy@ubuntu:~$ sudo docker run ubuntu
Unable to find image 'ubuntu:latest' locally
latest: Pulling from library/ubuntu
5667fdb72017: Pull complete
d83811f270d5: Pull complete
ee671aafb583: Pull complete
7fc152dfb3a6: Pull complete
Digest: sha256:b88f8848e9a1a4e4558ba7cfc4acc5879e1d0e7ac06401409062ad2627e6fb58
Status: Downloaded newer image for ubuntu:latest
ghy@ubuntu:~$
```

图 19-14 Ubuntu 基础镜像文件下载成功

2. 下载 Ubuntu 基础镜像文件失败时使用镜像站点

```
sudo docker run ubuntu
```

如果在执行以上命令时成功下载 Ubuntu 基础镜像文件，则不需要执行此节的相关命令，继续看下一节即可。如果没有成功下载 Ubuntu 基础镜像文件，则按着本节的步骤进行处理即可。

文件/etc/docker/daemon.json 是 Docker 默认的配置文件。

对/etc/docker/daemon.json 文件添加多个镜像地址，配置/etc/docker/daemon.json 文件时使用 Vim 文本编辑器编辑并保存如下内容。

```
{"registry-mirrors": ["https://r9xxm8z8.mirror.aliyuncs.com","https://registry.docker-cn.com",
"http://f1361db2.m.daocloud.io"]}
```

/etc/docker/daemon.json 文件的内容如图 19-15 所示。

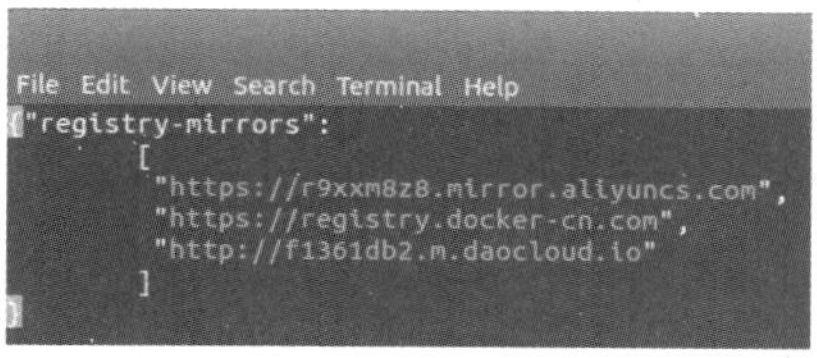

```
File Edit View Search Terminal Help
{"registry-mirrors":
        [
         "https://r9xxm8z8.mirror.aliyuncs.com",
         "https://registry.docker-cn.com",
         "http://f1361db2.m.daocloud.io"
        ]
}
```

图 19-15 /etc/docker/daemon.json 文件的内容

配置了 3 个国内镜像源地址。

重新启动 Docker，然后重新下载，步骤如下。

```
ghy@ubuntu:~$ systemctl restart docker
ghy@ubuntu:~$ ps -ef|grep docker
root      7806     1  1 23:51 ?        00:00:00 /usr/bin/dockerd -H fd://
--containerd=/run/containerd/containerd.sock
ghy       7947  1633  0 23:51 pts/0    00:00:00 grep --color=auto docker
ghy@ubuntu:~$ sudo docker run ubuntu
Unable to find image 'ubuntu:latest' locally
latest: Pulling from library/ubuntu
898c46f3b1a1: Pull complete
63366dfa0a50: Pull complete
041d4cd74a92: Pull complete
6e1bee0f8701: Pull complete
Digest: sha256:fd41f8a687e94b926b45a455c1c75fb29b4d7f206a969b6a16e073efa39d2ce5
Status: Downloaded newer image for ubuntu:latest
ghy@ubuntu:~$
```

从国内镜像源中成功下载 Ubuntu 基础镜像文件。

3. 使用 docker info 查看 Docker 信息

再执行如下命令。

```
sudo docker info
```

运行结果如图 19-16 所示。

运行结果显示镜像和容器的个数都为 1，命令 sudo docker run ubuntu 有两个作用。

- 本地没有镜像文件就在线下载，Images 值是 1。
- 下载成功后立即根据下载的镜像文件创建新的容器，并且再启动容器，Containers 值也是 1。

图 19-16　运行结果

属性 Running 代表运行中的容器数量。但为什么容器启动后 Running 值仍然是 0 呢？Running 值为 0 说明没有容器在运行，出现这个现象的原因是当执行命令 sudo docker run ubuntu 后下载 Ubuntu 基础镜像文件，再根据镜像文件生成容器，最后再启动容器，但容器中并没有任何的进程在运行，是一个"空容器"，所以容器启动后立即删除，结果就是 Running 值为 0。最终会导致 Stopped 值是 1，代表有一个容器是呈停止状态的。以上过程和如下程序原理一样。

```
public class Test {
    public static void main(String[] args) {
    }
}
```

运行此程序后，由于 main() 方法中并没有任务可供执行，因此进程启动后直接进入销毁状态。

4. 命令 docker run 具有创建新容器的特性

现在 Docker 中有一个容器，在终端中连续执行 4 次如下命令。

```
sudo docker run ubuntu
```

最终结果就是创建了 5 个容器，结果如下。

```
ghy@ubuntu:~$ sudo docker info
Containers: 5
 Running: 0
 Paused: 0
 Stopped: 5
Images: 1
Server Version: 18.09.5
```

也就是根据一个 Ubuntu 基础镜像创建出了 5 个容器。

5. 命令 docker run--rm 的使用

参数 --rm 代表停止指定的容器后并自动删除容器（不支持以 docker run -d 启动的后台容器）。自动删除容器如图 19-17 所示。

6. 命令 docker rm CONTAINER ID 删除容器

此时需要重置 Docker 环境，把所有的容器删除掉，使用如下命令删除容器。

```
sudo docker rm 容器 ID
```

命令 docker rm 需要知道容器 ID。

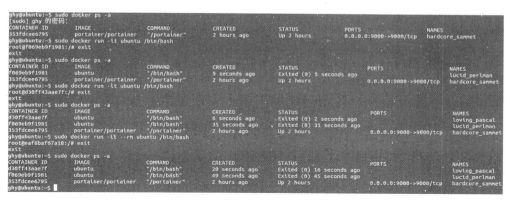

图 19-17 自动删除容器

7. 使用 docker ps –a 命令获得所有容器 ID

想要知道所有容器的 ID，可以使用如下命令。

```
sudo docker ps -a
```

参数-a 代表显示所有的容器，不管是运行中的还是未运行的容器，命令执行后显示结果如图 19-18 所示。

图 19-18 所有容器 ID 的显示结果

列 CONTAINER ID 中的值就是容器的 ID 值。

输入如下 5 个命令，删除全部 5 个容器。

```
ghy@ubuntu:~$ sudo docker rm c1011d2084e8
c1011d2084e8
ghy@ubuntu:~$ sudo docker rm a2b39157f2f0
a2b39157f2f0
ghy@ubuntu:~$ sudo docker rm 49beab7aa565
49beab7aa565
ghy@ubuntu:~$ sudo docker rm b54fa5cd0a43
b54fa5cd0a43
ghy@ubuntu:~$ sudo docker rm 53ba7d856b3d
53ba7d856b3d
```

Docker 中的容器为 0，如图 19-19 所示。

图 19-19 Docker 中的容器为 0

8. 容器 ID 即容器主机名

容器中的终端提示符如下。

```
root@b0ec2e179496:/#
```

> **注意**：root@后面的字符串在使用不同的容器时，值会不同。

其中的字符串"b0ec2e179496"和 IP 地址"172.17.0.2"对应，共同配置在容器中的/etc/hosts 文件中，实现根据容器 ID 值 b0ec2e179496 容器 ID 找到容器的 IP 地址 172.17.0.2，如图 19-20 所示。

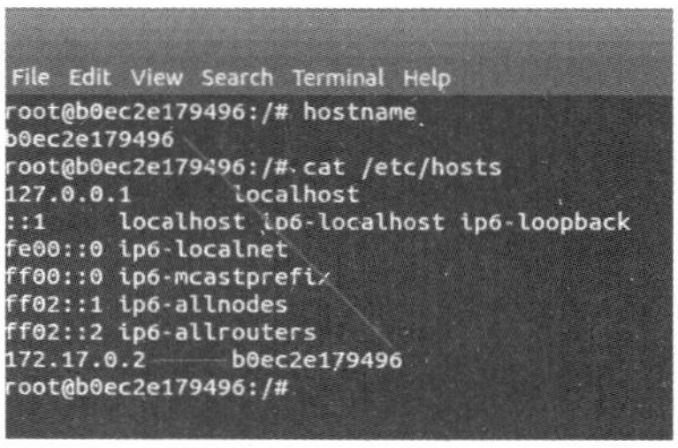

图 19-20　根据容器 ID 值找到容器 IP 地址

9. 使用 docker run 创建新的容器（无执行任务）

输入如下命令。

```
ghy@ubuntu:~$ sudo docker run ubuntu
ghy@ubuntu:~$ sudo docker info
Containers: 1
 Running: 0
 Paused: 0
 Stopped: 1
Images: 1
Server Version: 18.09.5
```

创建了新的容器并启动，但 Running 的值是 0，此知识点在前文已经介绍过，原因是空容器中并没有任务在执行，所以容器启动后自动被删除。

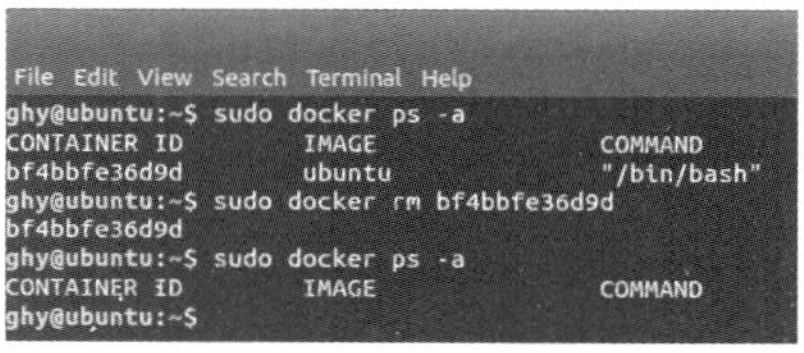

图 19-21　重置实验环境

既然容器中没有任务在执行，那么就可以在容器中添加一个任务让其执行。

重置实验环境，删除刚才创建的容器，命令如图 19-21 所示。

Docker 中不存在任何容器。

10. 使用 docker run 创建新的容器（有执行任务）

使用 docker run 命令创建新容器时，可以添加一个任务让容器执行，命令如下。

```
ghy@ubuntu:~$ sudo docker run -i -t ubuntu /bin/bash
root@ec35d59a1477:/#
```

上面的命令使用/bin/bash 作为容器执行的任务。与 bash 进行信息的输入与输出需要添加参数-i 和-t。参数-i 保证容器中的 STDIN 是开启的，-t 代表容器将分配一个模拟的终端。

在其他终端中输入如下命令。

```
sudo docker info
```

可以看到 Running 值是 1，并不是 0，说明唯一的容器正在运行中，如图 19-22 所示。
在 bash 中可以输入命令，如图 19-23 所示。

图 19-22　唯一的容器正在运行中　　　图 19-23　在 bash 中输入命令

到这一步，基于 Ubuntu 基础镜像文件成功创建并启动了一个容器。

现在的情况是启动的容器中并没有安装任何的软件，只有系统中默认的命令，如尝试输入 vim 命令看看结果。

```
root@ec35d59a1477:/# vim
bash: vim: command not found
```

该命令用于在容器中安装 Vim 文本编辑器，步骤如下。

```
root@ec35d59a1477:/# apt-get update
Hit:1 http://security.ubuntu.com/ubuntu...
Reading package lists... Done
root@ec35d59a1477:/# apt install vim
Reading package lists... Done
Building dependency tree
Reading state information... Done
```

如果没有报错，则成功安装 Vim 文本编辑器，就可以在 Docker 容器中使用 Vim 文本编辑器了。

执行 vim 命令后进入 Vim 文本编辑器，按 "ESC" 键，再输入 ":q" 退出 Vim 文本编辑器。

11. 使用 exit 命令退出容器中的 bash

输入 exit 命令，效果如下。

```
root@b0ec2e179496:/# exit
exit
ghy@ubuntu:~$
```

退回到宿主操作系统的终端界面。

再执行如下命令。

```
ghy@ubuntu:~$ sudo docker info
Containers: 1
 Running: 0
 Paused: 0
 Stopped: 1
Images: 1
Server Version: 18.09.5
```

Running 值为 0，容器中的 bash 退出了，没有任务执行了，容器删除，进程销毁。

12. 使用 docker run –d 创建后台容器进程

参数-d 使启动的容器转为后台运行。

示例命令如图 19-24。

图 19-24　示例命令

13. 使用 docker stop 停止容器

使用如下命令停止容器。

```
sudo docker stop 容器 ID
```

19.10.3　使用 sudo docker ps 和 sudo docker ps –a 命令

sudo docker ps –a 命令用于查看所有的容器，包括正在运行和已经停止的容器。

sudo docker ps 命令用于查看正在运行的容器。

运行结果如图 19-25 所示。

图 19-25　运行结果

- CONTAINER ID：容器 ID。
- IMAGE：容器来自哪个镜像。
- COMMAND：容器最后执行的命令。
- CREATED：容器创建的时间。
- STATUS：容器退出时的状态。
- PORTS：容器的端口。
- NAMES：容器的名称。

19.10.4　使用 docker logs 命令

docker logs 命令用于查看容器日志，使用示例如图 19-26 所示。

图 19-26　docker logs 命令使用示例

19.10.5 使用 sudo docker rename oldName newName 命令对容器重命名

对容器 ID 值是 b0ec2e179496 的容器，Docker 给了默认的名称 clever_diffie，如图 19-27 所示。

图 19-27 默认的名称

可以使用如下命令对容器重命名。

```
sudo docker rename clever_diffie my1
```

运行结果如图 19-28 所示。

图 19-28 重命名运行结果

容器的名称尽量起得有意义。

19.10.6 使用 docker start 命令启动容器

使用 docker start 命令启动容器时需要考虑两种情况。
- 原有的容器中有任务在执行。
- 原有的容器中无任务在执行。

本节对这两种情况分别进行测试。

1. 原有的容器中有任务在执行

注意：重置实验环境，删除所有容器，Docker 中没有任何的容器，如图 19-29 所示。

图 19-29 重置实验环境

使用如下命令在 A 终端中创建容器并启动。

```
ghy@ubuntu:~$ sudo docker run -i -t ubuntu /bin/bash
root@af76c4e1c4cc:/#
```

然后在 B 终端中输入如下命令查看容器状态，如图 19-30 所示。

```
sudo docker ps -a
sudo docker ps
```

图 19-30　查看容器状态

Docker 中唯一的容器 af76c4e1c4cc 在运行中。

在终端 B 中输入图 19-31 所示命令停止容器。

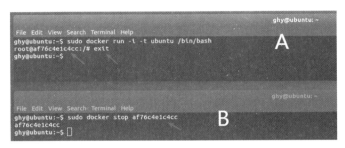

图 19-31　停止容器

容器 af76c4e1c4cc 中有 bash 任务在执行，被终端 B 停止了，并没有发现在运行中的容器，如图 19-32 所示。

图 19-32　没有发现在运行中的容器

在 A 终端中输入如下命令。

```
sudo docker start af76c4e1c4cc
```

启动原有的容器，如图 19-33 所示。

图 19-33　启动原有的容器

确认容器是否已经运行，如图 19-34 所示。

图 19-34　确认容器是否已经运行

容器在运行中，并没有被删除，说明容器中的 bash 任务在执行，使用如下命令连接到 bash 任务。

```
sudo docker attach af76c4e1c4cc
```

运行结果如图 19-35 所示。

图 19-35　运行结果

说明启动一个有任务执行的容器，容器会继续执行任务，并没有被删除。

2．原有的容器中无任务在执行

注意：重置实验环境，删除所有容器，Docker 中没有任何容器，如图 19-36 所示。

```
ghy@ubuntu:~$ sudo docker ps -a
CONTAINER ID    IMAGE    COMMAND    CREATED    STATUS    PORTS    NAMES
ghy@ubuntu:~$
```

图 19-36　重置实验环境

使用如下命令在 A 终端中创建容器并启动。

```
ghy@ubuntu:~$ sudo docker run ubuntu
ghy@ubuntu:~$
```

然后在 B 终端中输入如下命令查看容器状态。

```
sudo docker ps -a
sudo docker ps
```

如图 19-37 所示。

图 19-37　查看容器状态

Docker 中唯一的容器 0cf7223733cd 并没有运行。

然后在 A 终端中输入如下命令启动原有的容器。

```
ghy@ubuntu:~$ sudo docker start 0cf7223733cd
0cf7223733cd
ghy@ubuntu:~$
```

确认容器是否已经运行，如图 19-38 所示。

```
ghy@ubuntu:~$ sudo docker ps -a
CONTAINER ID    IMAGE    COMMAND      CREATED          STATUS                     PORTS    NAMES
0cf7223733cd    ubuntu   "/bin/bash"  3 minutes ago    Exited (0) 43 seconds ago           epic_cerf
ghy@ubuntu:~$ sudo docker ps
CONTAINER ID    IMAGE    COMMAND      CREATED          STATUS                     PORTS    NAMES
ghy@ubuntu:~$
```

图 19-38　确认容器是否已经运行

很可惜，容器不在运行状态，说明启动一个无任务执行的容器，容器不会继续执行任务，容器启动后进程立即被删除。

19.10.7　使用 docker attach 命令关联容器

当容器是后台运行时，想要进入容器可以使用 docker attach 命令。

命令示例如图 19-39 所示。

图 19-39　命令示例

19.10.8　使用 docker exec 命令在容器中执行命令

在两个终端中分别输入图 19-40 所示命令。

图 19-40　输入命令

命令示例如下。

```
ghy@ubuntu:~$ sudo docker exec a0d8a8b86fa4 ls
bin   dev  home  lib64   mnt   proc  run    srv  tmp  var
boot  etc  lib   media   opt   root  sbin   sys  usr
ghy@ubuntu:~$
```

在 Ubuntu 中进入 Docker 中的 Redis 终端的命令如下。

```
docker exec -it redisContainerId /bin/bash
```

19.10.9　使用 docker restart 命令重新启动容器

命令示例如下。

```
ghy@ubuntu:~$ sudo docker restart a0d8a8b86fa4
```

19.10.10　使用 docker cp 命令复制文件到容器中

docker cp 命令的使用格式如下。

```
sudo docker cp 文件名称 容器 ID:/容器中的文件夹
```

命令示例如下。

```
sudo docker cp d.zip f35f5f93171e:/
```

可以向 Running 和 Stopped 状态的容器复制文件。

19.10.11 解决 Docker 显示中文乱码

进入容器并在容器中执行 ls 命令出现乱码，如图 19-41 所示。

图 19-41 出现乱码

后面的命令全部在容器中执行。
查看容器支持的语言。

```
root@14e2ca56db52:/# locale -a
C
C.UTF-8
POSIX
```

执行命令更新软件列表。

```
apt-get update
```

执行命令安装 Vim 文本编辑器。

```
apt install vim
```

输入命令编辑文件。

```
vi /etc/profile
```

进入 Vim 文本编辑器后按"i"进入插入模式，然后在最后添加如下配置。

```
export LANG=C.UTF-8
```

添加完配置后的代码如图 19-42 所示。
按"Esc"键保存并退出。
执行如下命令重新加载配置。

```
source /etc/profile
```

图 19-42 添加完配置后的代码

再次执行 ls 命令成功看到中文，命令如下。

```
root@14e2ca56db52:/# ls
apache-zookeeper-3.5.5.tar.gz  home   opt   srv  中国.gz
```

```
bin                    lib    proc  sys
boot                   lib64  root  tmp
dev                    media  run   usr
etc                    mnt    sbin  var
root@14e2ca56db52:/#
```

此方法属于临时性解决乱码，重启 Docker 容器后又出现乱码，这时可以执行如下命令，重新加载配置即可。

```
source /etc/profile
```

19.10.12 安装 ifconfig 命令

当在容器中获得网络相关信息时，提示没有找到 ping 和 ifconfig 命令，测试如下。

```
root@f35f5f93171e:/# ping
bash: ping: command not found
root@f35f5f93171e:/# ifconfig
bash: ifconfig: command not found
root@f35f5f93171e:/#
```

使用如下命令进行安装。

```
apt-get update
apt install iputils-ping
apt install net-tools
```

19.11 镜像文件操作

本节将介绍在 Docker 中创建镜像。

19.11.1 使用 docker images 命令获得镜像文件信息

输入图 19-43 所示命令，根据 Ubuntu 基础镜像文件来创建 3 个容器。

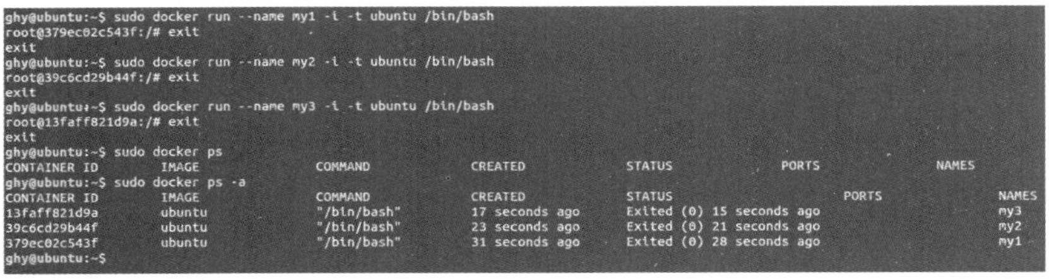

```
ghy@ubuntu:~$ sudo docker run --name my1 -i -t ubuntu /bin/bash
root@379ec02c543f:/# exit
exit
ghy@ubuntu:~$ sudo docker run --name my2 -i -t ubuntu /bin/bash
root@39c6cd29b44f:/# exit
exit
ghy@ubuntu:~$ sudo docker run --name my3 -i -t ubuntu /bin/bash
root@13faff821d9a:/# exit
exit
ghy@ubuntu:~$ sudo docker ps
CONTAINER ID        IMAGE               COMMAND             CREATED             STATUS              PORTS               NAMES
ghy@ubuntu:~$ sudo docker ps -a
CONTAINER ID        IMAGE               COMMAND             CREATED             STATUS                      PORTS               NAMES
13faff821d9a        ubuntu              "/bin/bash"         17 seconds ago      Exited (0) 15 seconds ago                       my3
39c6cd29b44f        ubuntu              "/bin/bash"         23 seconds ago      Exited (0) 21 seconds ago                       my2
379ec02c543f        ubuntu              "/bin/bash"         31 seconds ago      Exited (0) 28 seconds ago                       my1
ghy@ubuntu:~$
```

图 19-43 输入命令

命令 docker ps 显示的是容器的信息。

命令 docker images 显示的是镜像文件的信息，如图 19-44 所示。

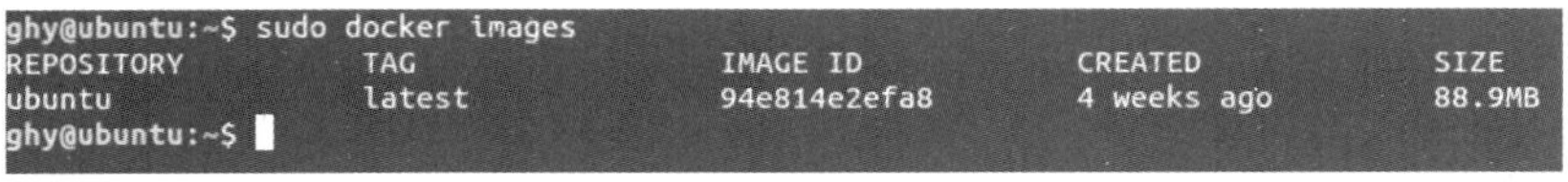

```
ghy@ubuntu:~$ sudo docker images
REPOSITORY          TAG                 IMAGE ID            CREATED             SIZE
ubuntu              latest              94e814e2efa8        4 weeks ago         88.9MB
ghy@ubuntu:~$
```

图 19-44 显示镜像文件的信息

- REPOSITORY：镜像文件来自哪个仓库。
- TAG：镜像文件的标记，主要是为了区分相同仓库中的不同镜像文件。
- IMAGE ID：镜像文件的 ID 标识。
- CREATED：镜像文件创建的时间。
- SIZE：镜像文件的大小。

19.11.2　镜像文件的标识

如果同一个仓库中的某一个镜像文件有很多版本时，可以使用如下格式标识某一个具体的镜像文件。

```
REPOSITORY: TAG
```

中间使用冒号进行分隔。

REPOSITORY 和 TAG 的信息可以执行 docker images 命令进行获得，如图 19-45 所示。

图 19-45　执行命令（一）

根据镜像文件标识创建并启动容器，执行命令如图 19-46 所示。

图 19-46　执行命令（二）

在使用 docker run 命令时，如果没有指定 TAG，则默认使用 latest 作为 TAG，如下两条命令作用相同。

```
sudo docker run ubuntu
sudo docker run ubuntu:latest
```

19.11.3　Dockerfile 与 docker build 命令介绍

创建镜像可以使用 Dockerfile 脚本。Dockerfile 文件里面存储的就是创建镜像文件所有在终端中要执行的命令，实现批处理创建镜像文件，不用一条一条地在终端中输入并执行命令。

使用 docker build 命令从 Dockerfile 文件创建 Image 镜像文件。docker build 命令可以使用 PATH 或 URL 属性来指定 Dockerfile 文件的位置。PATH 属性代表从本地路径获取，而 URL 属性代表从 git 仓库获取。

注意： 使用 docker build 命令之前需要单独创建 1 个文件夹，千万不要在/根目录下执行此命令，因为它会将/路径中所有资源进行访问，并传输到 Docker 守护进程里，占用大量系统资源。

可以在 Dockerfile 文件存放的当前文件夹中直接执行如下命令。

```
docker build
```

它会默认加载文件名为 Dockerfile 的 Dockerfile 文件。

如果 Dockerfile 文件存放在其他文件夹中，可以使用如下命令指定位置。

```
docker build -f /path/to/a/Dockerfile
```

19.11.4　为 Ubuntu 添加快捷菜单创建文件

默认情况下，在 Ubuntu 中单击鼠标右键打开的快捷菜单中没有"新建文件"的命令，如图 19-47 所示。

继续操作，在"主文件夹"中找到"Templates"文件夹，如图 19-48 所示。

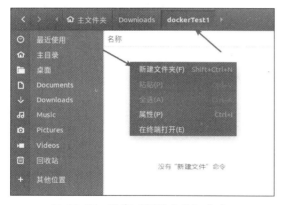
图 19-47　没有"新建文件"命令

图 19-48　找到"Templates"文件夹

进入"Templates"文件夹，但内容为空，如图 19-49 所示。

单击鼠标右键选择"在终端打开"命令，如图 19-50 所示。

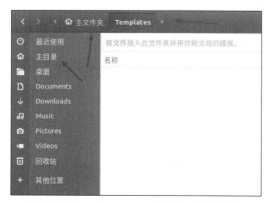
图 19-49　Templates 文件夹内容为空

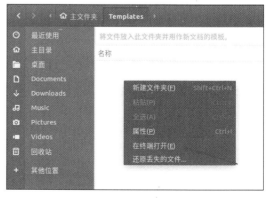
图 19-50　选择"在终端打开"命令

在终端中输入如下命令。

```
sudo gedit 新建文本文件
```

弹出一个空文件，不要编辑，直接单击右上角的"保存"按钮，如图 19-51 所示。

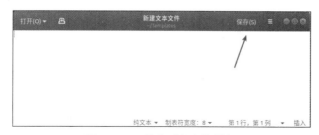

图 19-51　单击"保存"按钮

关闭文本编辑器，终端显示内容如图 19-52 所示。

图 19-52　显示内容

出现一个 WARNING 警告信息，但不是异常信息也不是错误信息。"Templates"文件夹中出现了"新建文本文件"文件，如图 19-53 所示。

图 19-53　"新建文本文件"文件

该文件就是一个模板文件。当单击鼠标右键后出现了"新建文本文件"命令，就可以新建文本文件了，如图 19-54 所示。

图 19-54　可以新建文本文件

19.11.5 创建最简 Dockerfile 脚本

Dockerfile 文件中命令的语法格式如下。

```
# Comment
INSTRUCTION arguments
```

注释以#开头。

指令 INSTRUCTION 虽然不区分大小写，但建议还是以大写为主。

参数 arguments 代表传给指令 INSTRUCTION 的附加信息。

执行 Dockerfile 文件中的脚本是从上到下一行一行执行的。

通常来说，Dockerfile 文件以 "FROM" 开头，代表创建的镜像来自哪个基础镜像。

在文件夹/home/ghy/Downloads/dockerTest1 中创建 Dockerfile 文件，初始内容如下。

```
#我是注释
FROM ubuntu
MAINTAINER gaohongyan "279377921@qq.com"
```

编辑 Dockerfile 文件，如图 19-55 所示。

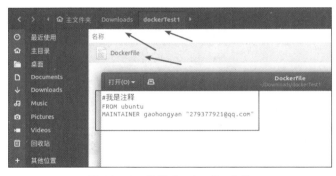

图 19-55　编辑 Dockerfile 文件

Docker 守护进程逐个运行 Dockerfile 文件中的指令，并且将每个指令的运行结果提交到新镜像中，最后输出新镜像的 ID 值。

在使用 Docker 的过程中，我们基本不用自己编写 Dockerfile 文件，因为官网已经提供了常用软件的运行环境的镜像文件，我们只需要引用即可。

19.11.6　使用 docker build 命令创建镜像文件——仓库名/镜像文件名

在/home/ghy/Downloads/dockerTest1 路径中执行如下命令创建镜像文件。

```
sudo docker build -t "ghy/my1" .
```

注意：命令结尾有小数点，不可缺少，而且 "ghy/my1" 和 "." 之间有空格。该命令默认会加载文件名为 Dockerfile 的所有 Dockerfile 文件。

其中 ghy 是仓库名称，my1 是镜像文件名称。

程序运行结果如下。

19.11 镜像文件操作

```
ghy@ubuntu:~/Downloads/dockerTest1$ sudo docker build -t "ghy/my1" .
Sending build context to Docker daemon  2.048kB
Step 1/2 : FROM ubuntu
 ---> 94e814e2efa8
Step 2/2 : MAINTAINER gaohongyan "279377921@qq.com"
 ---> Running in 609d2de5144d
Removing intermediate container 609d2de5144d
 ---> e489be58a004
Successfully built e489be58a004
Successfully tagged ghy/my1:latest
ghy@ubuntu:~/Downloads/dockerTest1$
```

创建镜像文件过程中没有出现异常，镜像文件创建成功，如图 19-56 所示。

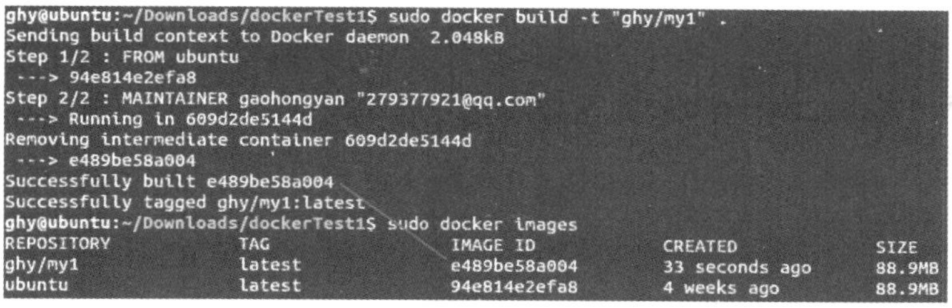

图 19-56　镜像文件创建成功

19.11.7　使用 docker build 命令创建镜像文件——仓库名/镜像文件名:标记

命令示例如下。

```
sudo docker build -t "ghy/my2:versionX" .
```

格式如下。

仓库名/镜像文件名:标记。

运行结果如图 19-57 所示。

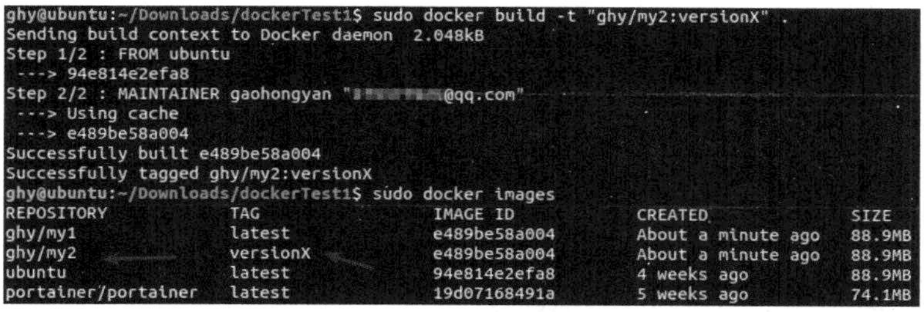

图 19-57　运行结果

19.11.8　使用 docker build 命令创建多个镜像文件——仓库名/镜像文件名:标记

使用如下命令可以创建多个镜像文件。

```
sudo docker build -t "ghy1/my1:version1" -t "ghy2/my2:version2" .
```

运行结果如图 19-58 所示。

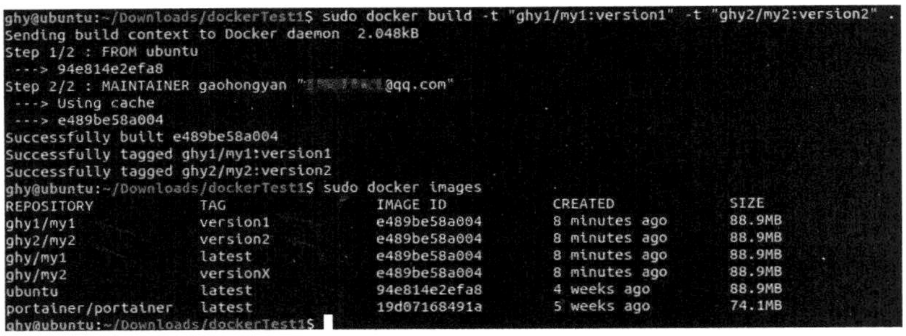

图 19-58 运行结果

19.11.9 使用 docker rmi 命令删除镜像文件

删除镜像文件前必须要将引用镜像文件的容器停止，不然不能删除镜像文件。

删除镜像文件的命令如下。

```
ghy@ubuntu:~/Downloads/dockerfile$ sudo docker images
REPOSITORY          TAG                 IMAGE ID            CREATED             SIZE
ghy/my1             latest              29d201650a17        25 seconds ago      64.2MB
ghy/my2             tag1                29d201650a17        25 seconds ago      64.2MB
ghy/my2             tag2                29d201650a17        25 seconds ago      64.2MB
ghy/my2             tag3                29d201650a17        25 seconds ago      64.2MB
ubuntu              latest              2ca708c1c9cc        3 weeks ago         64.2MB
ghy@ubuntu:~/Downloads/dockerfile$ sudo docker rmi ghy/my1
Untagged: ghy/my1:latest
ghy@ubuntu:~/Downloads/dockerfile$ sudo docker rmi ghy/my2
Error: No such image: ghy/my2
ghy@ubuntu:~/Downloads/dockerfile$ sudo docker rmi ghy/my2:tag1
Untagged: ghy/my2:tag1
ghy@ubuntu:~/Downloads/dockerfile$ sudo docker rmi ghy/my2:tag2
Untagged: ghy/my2:tag2
ghy@ubuntu:~/Downloads/dockerfile$ sudo docker rmi ghy/my2:tag3
Untagged: ghy/my2:tag3
Deleted: sha256:29d201650a17a3d1fe4ea1abceca822a7ca7edf62c63c45e2d9f257bd8356476
ghy@ubuntu:~/Downloads/dockerfile$ sudo docker images
REPOSITORY          TAG                 IMAGE ID            CREATED             SIZE
ubuntu              latest              2ca708c1c9cc        3 weeks ago         64.2MB
ghy@ubuntu:~/Downloads/dockerfile$
```

19.12 容器管理控制台 portainer

使用容器管理控制台 portainer 可以以图形化的方式查看 Docker 的状态信息。

19.12.1 使用 docker search 命令搜索镜像文件

输入如下命令搜索 portainer 镜像文件。

```
sudo docker search portainer
```

搜索 portainer 镜像文件，如图 19-59 所示。

```
ghy@ubuntu:~$ sudo docker search portainer
NAME                              DESCRIPTION                                     STARS     OFFICIAL     AUTOMATED
portainer/portainer               Making Docker management easy. https://porta…   1092
hypriot/rpi-portainer             A web interface for the Docker engine. Dead …   42
portainer/agent                   An agent used to manage all the resources in…   27
portainer/templates               App Templates for Portainer http://portainer…   13
lihaixin/portainer                docker ui                                       3                      [OK]
portainer/golang-builder          Utility to build Golang binaries.               3                      [OK]
portainerci/portainer             Portainer images automatically created via P…   2
softonic/portainer-endpoint       Allows auto register all the swarm nodes in …   1                      [OK]
stefanscherer/portainer           Portainer for Windows 1809 and some older In…   1
hassioaddons/portainer                                                            1
voltha/voltha-portainer           Portainer support for VOLTHA                    0
rancher/portainer-agent                                                           0
nenadilic84/portainer                                                             0
flochtililoch/armv7l-portainer                                                    0
portainer/base                    Multi-stage build image to create the Portai…   0                      [OK]
portainerci/agent                 Portainer agent images automatically created…   0
rodjers/portainer                 Swarm portainer                                 0
helloysd/portainer                                                                0
11384eb/portainer                                                                 0
ssbkang/portainer                                                                 0
scififarms/technocore-portainer   The Portainer component of TechnoCore. Provi…   0                      [OK]
portainer/angular-builder         Builder image for Portainer frontend.           0                      [OK]
j0nnylester/portainer             portainer running on a Raspberry Pi             0
jiangxinshang/portainer           可在loongson的mips64el平台运行的portainer                 0
ollijanatuinen/portainer          debug/development versions of portainer         0
ghy@ubuntu:~$
```

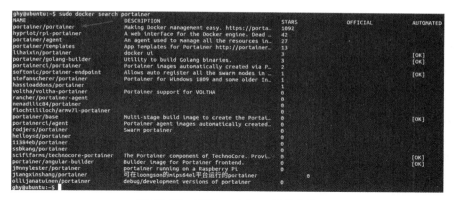

图 19-59 搜索 portainer 镜像文件

19.12.2 使用 docker pull 命令拉取镜像文件

输入如下命令拉取 portainer 镜像文件。

```
sudo docker pull portainer/portainer
```

拉取 portainer 镜像文件，如图 19-60 所示。

```
ghy@ubuntu:~$ sudo docker pull portainer/portainer
Using default tag: latest
latest: Pulling from portainer/portainer
d1e017099d17: Pull complete
0b1e707a06d2: Pull complete
Digest: sha256:5702df0ee639d9e003eee626d905e7d4d7ee1a2c7d40a7ec961e3996924f0285
Status: Downloaded newer image for portainer/portainer:latest
ghy@ubuntu:~$
```

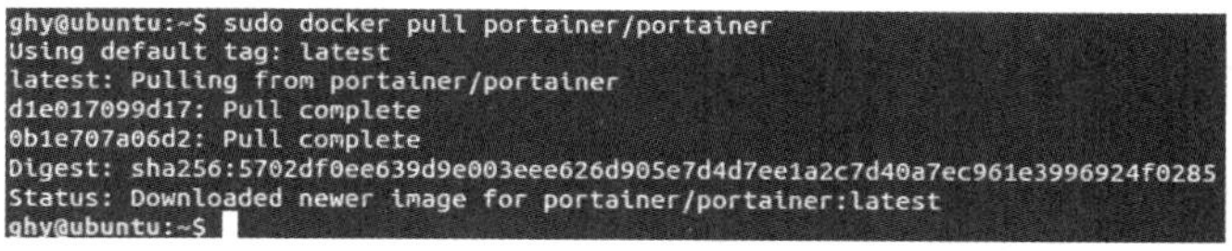

图 19-60 拉取 portainer 镜像文件

查看本地镜像文件列表，如图 19-61 所示。

```
ghy@ubuntu:~$ sudo docker images
REPOSITORY            TAG       IMAGE ID        CREATED        SIZE
ubuntu                latest    94e814e2efa8    4 weeks ago    88.9MB
portainer/portainer   latest    19d07168491a    5 weeks ago    74.1MB
ghy@ubuntu:~$
```

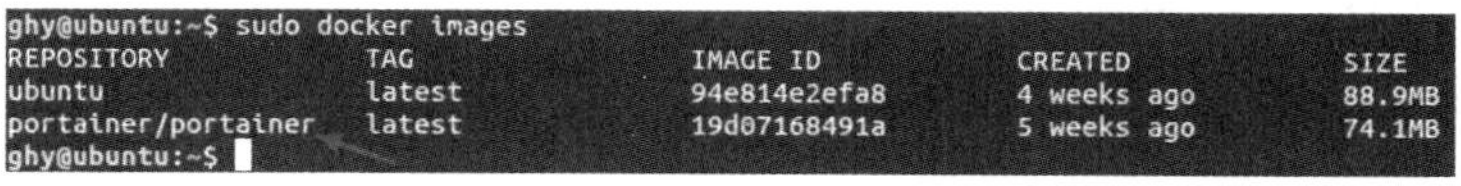

图 19-61 查看本地镜像文件列表

19.12.3 创建数据卷

命令如下。

```
[ghy@localhost ~]$ sudo docker volume create portainer_data
[sudo] ghy 的密码:
portainer_data
[ghy@localhost ~]$
```

Docker 中的数据可以存储在类似于虚拟机磁盘的地方，在 Docker 中称为数据卷（Data Volume）。数据卷可以用来存储 Docker 应用的数据，也可以用来在容器间进行数据共享。数据卷呈现给容器的形式就是一个目录，支持多个容器间共享，修改数据卷也不会影响镜像文件。

19.12.4　端口映射与运行 portainer

宿主机与容器间的通信可以使用端口映射机制来完成，映射结构如图 19-62 所示。执行如下命令。

```
sudo docker run -d -p 9000:9000 --name portainer
-v /var/run/docker.sock:/var/run/ docker.sock -v
portainer_data:/data portainer/portainer
```

创建的容器可以指定名称，使用--name 参数。冒号前面的 9000 代表宿主机的端口，冒号后面的 9000 代表容器的端口，通过宿主机 9000 这个端口来访问容器 9000 的端口，实现宿主机与容器的通信，这就是端口映射机制。

运行 portainer，终端显示结果如下。

```
sudo docker run -d -p 9000:9000 --name portainer
-v /var/run/docker.sock:/var/run/docker.sock -v
portainer_data:/data portainer/portainer
    f11b10e0cd3a9aa61ddefcbaa6cb5b870b5495d786af
0a58f2554c0fd2ed5261
```

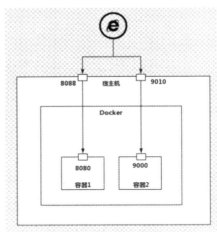

图 19-62　映射结构

成功创建 portainer 容器。

19.12.5　进入 portainer 查看 Docker 状态信息

在浏览器中输入如下网址。

```
http://localhost:9000
```

显示 portainer 的登录界面如图 19-63 所示。

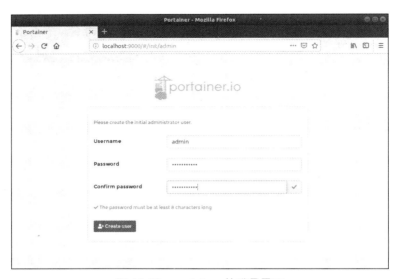

图 19-63　protainer 的登录界面

输入初始化密码并确认密码，单击"Create user"按钮创建用户，显示界面如图19-64所示。

图 19-64　显示界面（一）

单击"Local"选项和"Connect"按钮，显示界面如图19-65所示。

图 19-65　显示界面（二）

单击鲸鱼图标（见图19-65）后再单击Containers链接，显示用户界面如图19-66所示。

图 19-66　显示用户界面

里面显示只有portainer容器在运行。

再来看看Docker中有几个镜像文件，镜像文件列表和信息如图19-67所示。

图 19-67　镜像文件列表和信息

一共两个镜像文件。

19.13　Docker 组件

图 19-68 显示的内容就是 Docker 的核心组件。

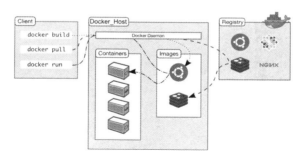

图 19-68　Docker 的核心组件

- Client 是 Docker Client 命令，使用这些 Client 命令可以控制 Docker 服务器的行为。
- Docker Host 是宿主操作系统，常用的就是 Linux。
- Docker Daemon 是守护进程，负责客户端与服务器间的数据传输、交互、通信，这些都需要 Docker Daemon 进行中转。
- Images 是镜像文件，就是软件运行环境的静态表示。
- Containers 是容器就是镜像文件的动态表示，是软件的运行环境。
- Registry 是组件，可以提供镜像文件的远程存储功能，把在本地制作完成的镜像文件上传到 Registry 中心，实现全球共享。

19.14　网络模式：桥接模式

桥接（Bridge）模式结构如图 19-69 所示。

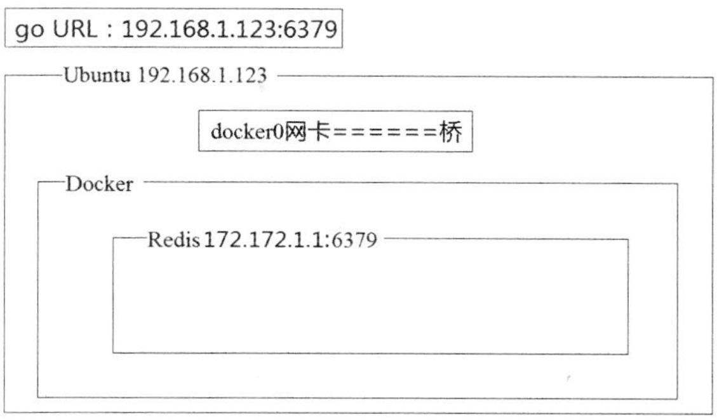

19.14 网络模式：桥接模式

```
go URL : 192.168.1.123:6379
  ┌─Ubuntu 192.168.1.123────────────────┐
  │     docker0网卡======桥              │
  │  ┌─Docker────────────────────────┐  │
  │  │  ┌─Redis 172.172.1.1:6379──┐  │  │
  │  │  │                         │  │  │
  │  │  └─────────────────────────┘  │  │
  │  └───────────────────────────────┘  │
  └─────────────────────────────────────┘
```

图 19-69　桥接模式结构

当使用 IP 地址。192.168.1.123:6379 访问时，会进入 IP 地址为 192.168.1.123 的 Ubuntu 操作系统，由于 Docker 已经在 Ubuntu 做了端口映射，所以 IP 地址 192.168.1.123:6379 会被 docker0 网卡转接到 172.172.1.1:6379 的 Redis 容器中，通过 docker0 这个"桥"实现了外界与容器之间的通信。

桥接模式是 Docker 默认的网络模式。

19.14.1　测试桥接模式

创建 portainer 容器时，默认使用的就是桥接模式，查看信息，如图 19-70 所示。

图 19-70　查看信息（一）

桥接网络和宿主网络是两个隔离的空间，具有自己私有的网络环境，创建出来的 portainer 容器被 Docker 分配了 IP 地址 172.17.0.2。

执行如下命令。

```
sudo docker run -d -p 9000:9000 --name portainer --network bridge -v
/var/run/docker.sock:/var/run/docker.sock -v portainer_data:/data portainer/portainer
```

以上命令显式使用桥接网络，查看信息，如图 19-71 所示。

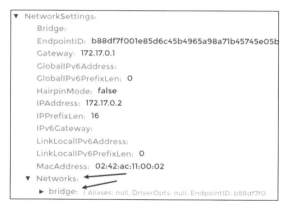

图 19-71　查看信息（二）

容器的基本信息如图 19-72 所示。

图 19-72　容器的基本信息

19.14.2　设置容器使用固定 IP 地址

使用桥接网络时，容器的 IP 地址由 Docker 服务指定。当 Docker 服务重启后，根据容器启动的顺序不同 Docker 会给容器分配不同的 IP 地址，造成容器的 IP 地址不固定，可以设置容器使用固定 IP 地址。

先来看一看 IP 地址不固定的情况，现在的 Redis 容器的 IP 地址如图 19-73 所示。

图 19-73　Redis 容器的 IP 地址

将除 portainer 外的所有容器停止，然后单独启动 Redis 容器，Redis 容器的 IP 地址发生改变，如图 19-74 所示。

图 19-74　Redis 容器的 IP 地址发生改变

现在不让 Redis 容器的 IP 地址在重启时发生改变。

执行如下命令创建自定义网络配置。

19.14 网络模式：桥接模式

```
root@ghy-VirtualBox:/home/ghy# docker network ls
NETWORK ID          NAME                DRIVER              SCOPE
e19975e4a98a        bridge              bridge              local
7ce3a1c0e9e8        host                host                local
7c91cc2bf54c        none                null                local
root@ghy-VirtualBox:/home/ghy# docker network create --subnet=188.188.0.0/24 mynetwork
1c22504aa7aefb0af3a866abbc145effa2af3d36d2682dd1bb04b16e260c94bf
root@ghy-VirtualBox:/home/ghy# docker network ls
NETWORK ID          NAME                DRIVER              SCOPE
e19975e4a98a        bridge              bridge              local
7ce3a1c0e9e8        host                host                local
1c22504aa7ae        mynetwork           bridge              local
7c91cc2bf54c        none                null                local
root@ghy-VirtualBox:/home/ghy# docker network inspect mynetwork
[
    {
        "Name": "mynetwork",
        "Id": "1c22504aa7aefb0af3a866abbc145effa2af3d36d2682dd1bb04b16e260c94bf",
        "Created": "2019-11-13T16:56:24.629903721+08:00",
        "Scope": "local",
        "Driver": "bridge",
        "EnableIPv6": false,
        "IPAM": {
            "Driver": "default",
            "Options": {},
            "Config": [
                {
                    "Subnet": "188.188.0.0/24"
                }
            ]
        },
        "Internal": false,
        "Attachable": false,
        "Ingress": false,
        "ConfigFrom": {
            "Network": ""
        },
        "ConfigOnly": false,
        "Containers": {},
        "Options": {},
        "Labels": {}
    }
]
root@ghy-VirtualBox:/home/ghy#
```

删除旧的 Redis 容器，使用如下命令创建新的 Redis 容器。

```
docker run --name redis5.0.6 --network mynetwork --ip 188.188.0.111 -p 6379:6379 -d redis:5.0.6 --requirepass "accp"
```

新创建的 Redis 容器的 IP 地址如图 19-75 所示。

图 19-75　新创建的 Redis 容器的 IP 地址

新 Redis 容器的 IP 地址 188.188.0.111 被固定，不会随着容器的启动顺序不同而改变。

19.15 网络模式：主机模式

主机（Host）模式结构如图 19-76 所示。

创建的容器使用主机模式后，Redis 容器将与 Ubuntu 使用相同的网络环境，使用地址 192.168.1.123:6379 就可以到达 Redis 容器。地址和桥接模式最大的区别是 Redis 容器没有自己专属的 IP 地址，和宿主 Ubuntu 共用同一个 IP 地址。

使用如下命令创建主机模式的 Redis 容器。

```
docker run --name redis5.0.6 --network host -p 6379:6379 -d redis:5.0.6 --requirepass "accp"
```

Redis 容器具体信息如图 19-77 所示。

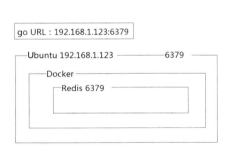

图 19-76　主机模式结构

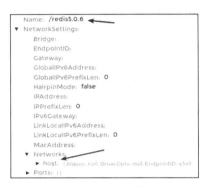

图 19-77　Redis 容器具体信息

19.16 通过网络别名实现容器之间通信

宿主与容器之间的通信可以使用端口映射机制，而容器与容器之间的通信可以使用 IP 地址进行访问，使用如下两个命令创建两个新的 Redis 容器。

```
docker run --name redis1 --network mynetwork --ip 188.188.0.121 -p 6391:6391 -d redis:5.0.6 --requirepass "accp"
```

```
docker run --name redis2 --network mynetwork --ip 188.188.0.122 -p 6392:6392 -d redis:5.0.6 --requirepass "accp"
```

创建了两个新的 Redis 容器，IP 地址如图 19-78 所示。

图 19-78　IP 地址

进入这两个 Redis 容器，分别 ping 对方，网络是互通的。

安装 ping 命令。

19.17　常用软件的 Docker 镜像文件与容器

```
apt-get update
apt-get install inetutils-ping
```

但 IP 地址是不容易记忆的，可以使用网络别名（Netword Alias）的方式进行通信。

删除刚才创建的两个 Redis 容器。

执行如下命令创建两个带网络别名的 Redis 容器。

```
docker run --name redis1 --network mynetwork --network-alias redisA -p 6391:6391 -d redis:5.0.6 --requirepass "accp"
```

```
docker run --name redis2 --network mynetwork --network-alias redisB -p 6392:6392 -d redis:5.0.6 --requirepass "accp"
```

两个 Redis 容器创建完毕后可以看到设置的别名，如图 19-79 所示。

进入这两个 Redis 容器，使用别名分别 ping 对方，网络是互通的。

可以使用如下命令。将某一个 Redis 容器加入某一个网络中。

```
docker network connect
```

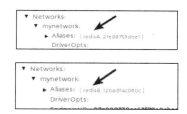

图 19-79　设置的别名

19.17　常用软件的 Docker 镜像文件与容器

很多常用软件的 Docker 镜像文件与容器是可以直接引用的。重置实验环境，删除其他多余的镜像文件与容器，只保留 portainer/portainer:latest 镜像文件和容器即可，如图 19-80 所示。

图 19-80　重置实验环境

后面创建的容器都使用主机模式。

```
--network host
```

19.17.1　创建 JDK 容器

查询 JDK 镜像文件，如图 19-81 所示。

图 19-81　查询 JDK 镜像文件

查询结果如图 19-82 所示。

图 19-82　查询结果

进入 Java SE JDK 页面，箭头所示的就是 JDK 的标记，值是 8u232-zulu-ubuntu，如图 19-83 所示。

图 19-83　JDK 镜像文件的标记

拉取镜像文件时要使用这个标记值。

在该页面中已经提供了如何拉取和运行镜像文件的具体命令，如图 19-84 所示。

图 19-84　如何拉取和运行镜像文件的具体命令

其中冒号后面的 tag 就是 8u232-zulu-ubuntu，完整的拉到命令如下。

```
sudo docker pull mcr.microsoft.com/java/jdk:8u232-zulu-ubuntu
```

执行上面的命令拉取 JDK 镜像文件成功后的结果如图 19-85 所示。

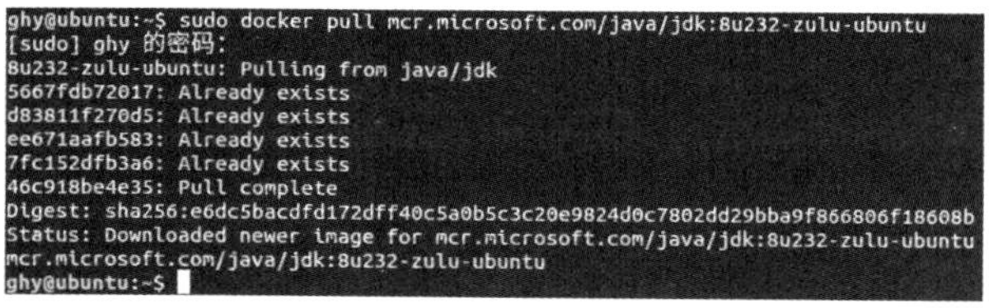

图 19-85　拉取 JDK 镜像文件成功后的结果

19.17 常用软件的 Docker 镜像文件与容器

成功将 JDK 镜像文件拉取到本地，如图 19-86 所示。

图 19-86　成功将 JDK 镜像文件拉取到本地

镜像文件成功创建，但没有创建 JDK 容器，使用如下命令创建并运行 JDK 容器。

```
sudo docker run --name jdk -i -t "mcr.microsoft.com/java/jdk:8u232-zulu-ubuntu"
```

执行结果如图 19-87 所示。

图 19-87　执行结果

输入如下命令可以看到 JDK 版本。

```
java -version
```

JDK 版本如下。

```
root@7e5dd1db2fc0:/# java -version
openjdk version "1.8.0_232"
OpenJDK Runtime Environment (Zulu 8.42.0.21-linux64)-Microsoft-Azure-restricted (build 1.8.0_232-b18)
OpenJDK 64-Bit Server VM (Zulu 8.42.0.21-linux64)-Microsoft-Azure-restricted (build 25.232-b18, mixed mode)
root@7e5dd1db2fc0:/#
```

说明 JDK 容器创建成功。

在 JDK 容器中输入 exit 命令退出 JDK 容器，再使用 docker start 命令重启 JDK 容器，使用命令 docker attach 命令进入 JDK 容器，再输入 java –version。如果没有错，则说明成功启动 JDK 容器并查看到 JDK 版本。

19.17.2 创建 Tomcat 容器

查询 Tomcat 关键字，如图 19-88 所示。

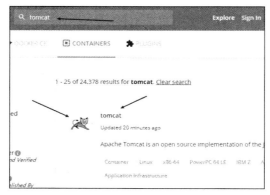

图 19-88　查询 Tomcat 关键字

选择 Tomcat 9 和 jdk1.8 搭配的版本，版本信息如图 19-89 所示。

- 8xbt-e , 8xbt-e.0.e , 8xbt-epeujdk , e-jdk8-obeujdk , e-jdk8-obeujdk , 8xbt-e.0.e , 8xbt-e.0.30-jdk8 , e.0 , e.0.30-jdk8 , e.0.30-jdk8-obeujdk

图 19-89　版本信息

使用 docker pull 命令拉取 Tomcat 镜像文件时需要在指定版本前写上 "tomcat:"，命令如下。

```
sudo docker pull tomcat:9.0.30-jdk8-openjdk
```

拉取成功后显示镜像文件如图 19-90 所示。

图 19-90　显示镜像文件

使用如下命令创建并启动 Tomcat 容器。

```
sudo docker run -it --rm --network host -p 8080:8080 tomcat:9.0.30-jdk8-openjdk
```

注意：命令最后没有小数点。

冒号前面的 8080 是宿主操作系统的端口，冒号后面的 8080 是 Docker 中 Tomcat 容器的端口，两者实现映射。

Tomcat 容器被成功创建，容器列表如图 19-91 所示。

图 19-91　容器列表

在最后输出 Tomcat 端口信息如图 19-92 所示。

图 19-92　Tomcat 端口信息

在浏览器上输入如下网址可以访问 Tomcat 容器。

`http://localhost:8888/`

Tomcat 控制台如图 19-93 所示。

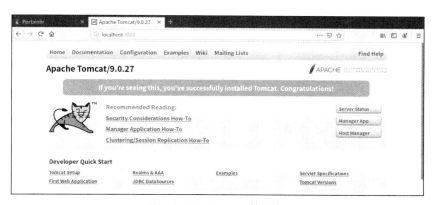

图 19-93　Tomcat 控制台

在 Tomcat 容器中按"Ctrl+C"快捷键强制终止 Tomcat 进程，进而 Tomcat 容器进程也被销毁，如图 19-94 所示。

图 19-94　销毁 Tomcat 容器进程

Tomcat 容器并没有得到保留，而是被自动删除了，如图 19-95 所示。

图 19-95　自动删除

在 docker run 命令中使用参数 --rm 删除了停止的 Tomcat 容器，想要不删除停止的 Tomcat

容器，使用如下命令。

```
sudo docker run -it --network host -p 8080:8080 tomcat:9.0.30-jdk8-openjdk
```

该命令去掉了 --rm 参数。

按 "Ctrl+C" 快捷键退出 Tomcat 容器后再使用如下命令重启 Tomcat 容器。

```
sudo docker start tomcatContainerId
```

19.17.3　创建 MySQL 容器

查询 MySQL 关键字，如图 19-96 所示。

图 19-96　查询 MySQL 关键字

版本信息如图 19-97 所示。

图 19-97　版本信息

使用如下命令拉取 MySQL 镜像文件。

```
sudo docker pull mysql:8.0.18
```

镜像文件成功拉取，镜像文件列表如图 19-98 所示。

图 19-98　镜像文件列表

使用如下命令创建并启动 MySQL 容器。

```
sudo docker run --name mysql --network host -p 3306:3306 -e MYSQL_ROOT_PASSWORD=123123 -d mysql:8.0.18
```

然后使用图 19-99 所示的命令对 MySQL 服务器进行连接并测试。

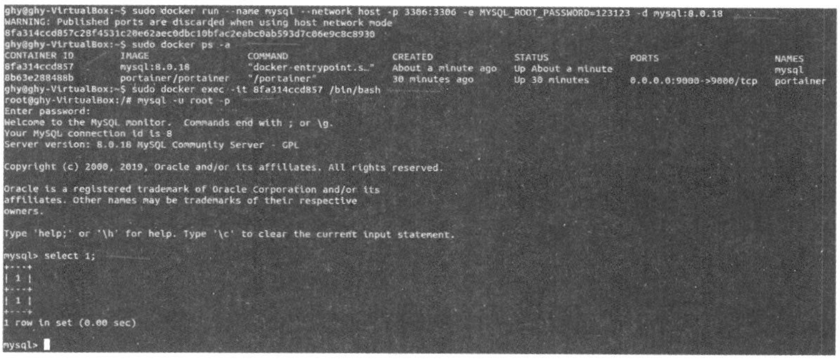

19.17 常用软件的 Docker 镜像文件与容器

图 19-99 连接并测试

MySQL 容器成功被创建，容器列表如图 19-100 所示。

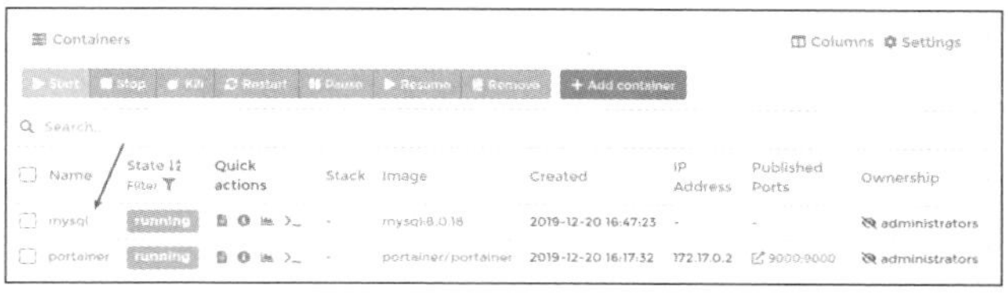

图 19-100 容器列表

输入如下命令退出 MySQL 服务器与容器。

```
mysql> quit
Bye
root@2de4b9090b58:/# exit
exit
ghy@ubuntu:~$
```

再使用如下命令启动 MySQL 服务器，连接并测试，如图 19-101 所示。

使用 MySQL 的客户端 GUI 工具连接到 3306 端口，创建数据库、数据表并添加表数据，如图 19-102 所示。

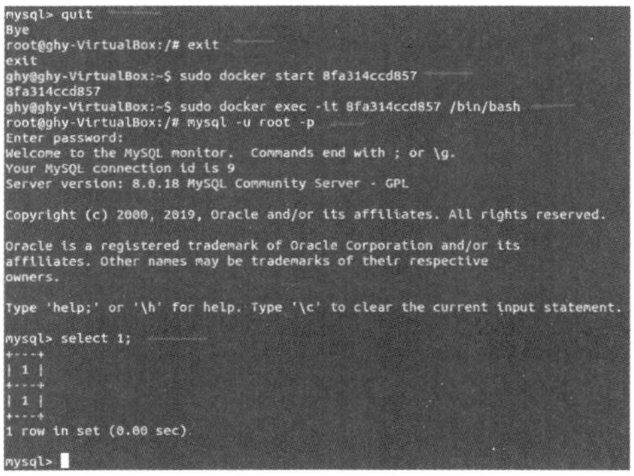

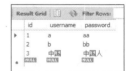

图 19-101 连接并测试　　　图 19-102 创建数据库、数据表并添加表数据

使用如下代码查询 MySQL 数据库。

```
public class Test1 {
```

```java
public static void main(String[] args) throws SQLException {
    String url = "jdbc:mysql://192.168.61.2:3316/y2";
    String usernameDB = "root";
    String passwordDB = "123123";

    Connection connection = DriverManager.getConnection(url, usernameDB, passwordDB);
    Statement statement = connection.createStatement();
    ResultSet rs = statement.executeQuery("select * from userinfo");
    while (rs.next()) {
        long id = rs.getLong("id");
        String username = rs.getString("username");
        String password = rs.getString("password");
        System.out.println(id + " " + username + " " + password);
    }
    rs.close();
    statement.close();
    connection.close();
}
```

程序运行结果如下。

```
1 a aa
2 b bb
3 中国 中国人
```

19.17.4 创建 Redis 容器

版本信息如图 19-103 所示。

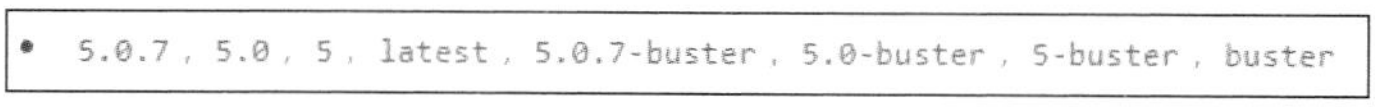

图 19-103 版本信息

显示 Redis 版本是 5.0.7。

使用如下命令拉取 Redis 镜像文件。

```
sudo docker pull redis:5.0.7
```

镜像文件被成功拉取，如图 19-104 所示。

图 19-104 镜像文件被成功拉取

使用如下命令创建并启动 Redis 容器。

```
sudo docker run --name redis --network host -p 6379:6379 -d redis:5.0.7 --requirepass "accp"
```

Redis 容器成功创建，容器列表如图 19-105 所示。

19.17 常用软件的 Docker 镜像文件与容器

图 19-105 容器列表

使用 Redis 客户端的 GUI 工具成功操作 Redis，查看 key-value 对，如图 19-106 所示。

图 19-106 查看 key-value 对

使用图 19-107 的命令进入容器中的 Redis。

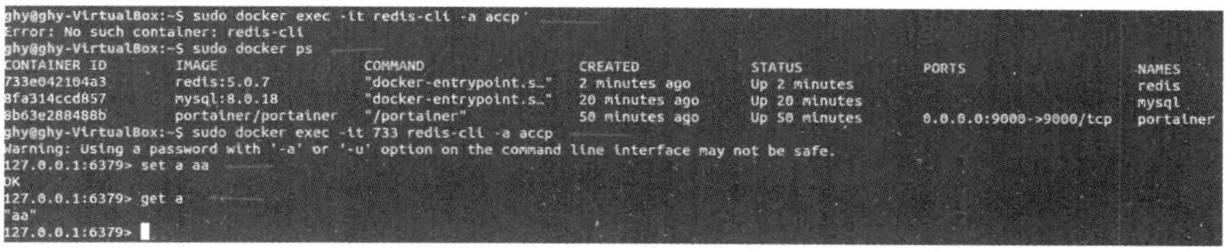

图 19-107 进入容器中的 Redis

19.17.5 创建 ZooKeeper 容器

版本信息如图 19-108 所示。

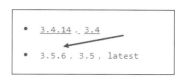

图 19-108 版本信息

显示 ZooKeeper 版本是 3.5.6。

使用如下命令拉取 ZooKeeper 镜像文件。

```
sudo docker pull zookeeper:3.5.6
```

镜像文件被成功拉取，效果如图 19-109 所示。

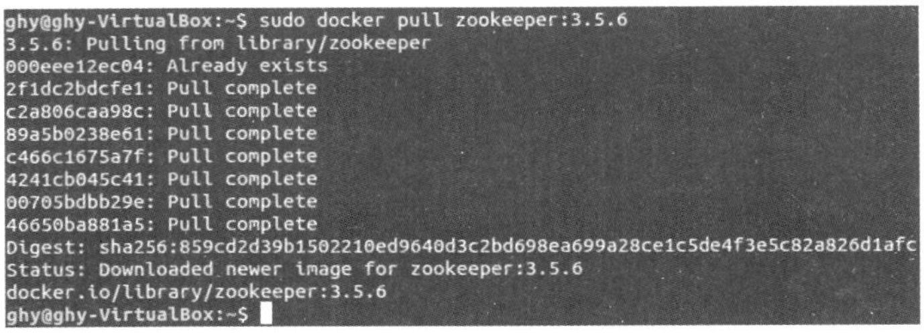

图 19-109 镜像文件被成功拉取

使用如下命令创建并启动 ZooKeeper 容器。

```
sudo docker run --name zookeeper --network host -p 2181:2181 --restart always -d zookeeper:3.5.6
```

成功创建 ZooKeeper 容器，容器列表如图 19-110 所示。

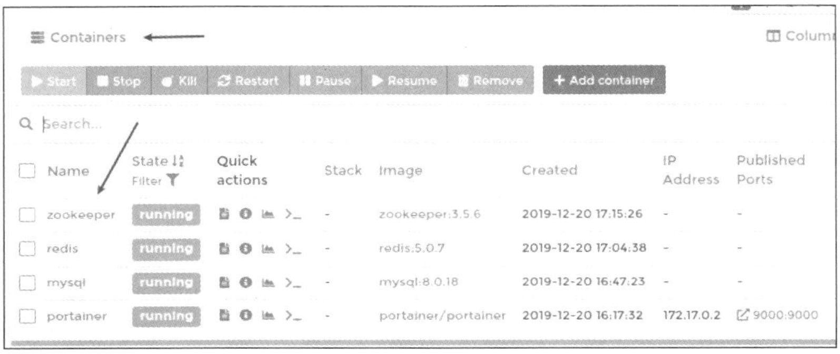

图 19-110 容器列表

使用图 19-111 的命令进入容器中的 ZooKeeper。

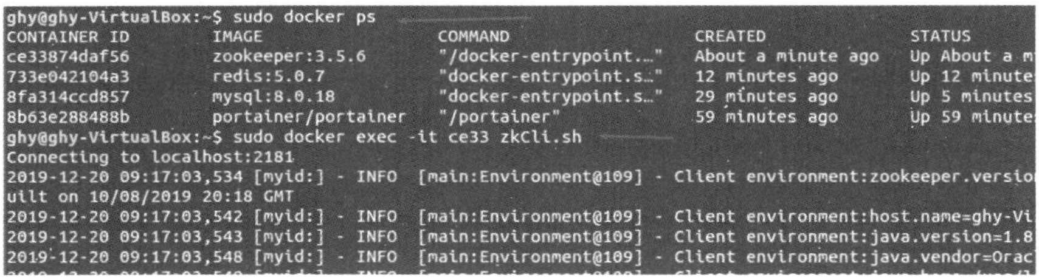

图 19-111 进入容器中的 ZooKeeper

19.17.6 创建 Oracle 11g 容器

先安装 win64_11gR2_client.zip 客户端，执行如下命令。

- su。
- docker pull registry.cn-hangzhou.aliyuncs.com/helowin/oracle_11g。
- docker run -d --network host -p 1521:1521 --name oracle11g registry.cn-hangzhou.aliyuncs.com/helowin/oracle_11g。

输入登录信息，如图 19-112 所示。

图 19-112　输入登录信息

- 使用 system 用户登录后创建表空间、新用户，创建新用户时关联表空间并对新用户设置权限，创建完成后退出，再使用新用户登录，创建表和序列。

19.18　启动 Docker 服务后容器随之启动与取消

在运行 Docker 容器时可以使用 --restart=always 参数来保证每次 Docker 服务重启后容器也自动重启。

```
docker run --restart=always
```

如果已经启动了则可以使用如下命令进行更改。

```
docker update --restart=always <CONTAINER ID>
```

第 20 章　Docker 中搭建 Redis 高可用环境

本章将在 Docker 中搭建 Redis 高可用环境。

20.1　复制

本节将在 Docker 中搭建复制环境。

20.1.1　在 redis.conf 配置文件中加入 replicaof {masterHost} {masterPort} 配置

测试在 redis.conf 配置文件中加入 replicaof {masterHost} {masterPort}配置。

1．测试案例

1）本案例在 Docker 中实现，创建两个 redis.conf 配置文件，文件名分别为 redis_master.conf 和 redis_replica.conf。配置 Master 服务器使用 7777 端口，Replica 服务器使用 8888 端口。

编辑 redis_master.conf 配置文件，更改端口号。

```
port 7777
bind 0.0.0.0
protected-mode no
requirepass accp
```

创建 redis_master 服务器的 Docker 命令如下。

```
docker run -v /home/ghy/T/redis/replication/test1/redis-master.conf:/redisConfig/redis-master.conf -v /home/ghy/下载:/data --name redis5.0.7_master --network host -p 7777:7777 -d redis:5.0.7 redis-server /redisConfig/redis-master.conf
```

2）编辑 redis_replica.conf 配置文件，添加如下配置。

```
port 8888
bind 0.0.0.0
protected-mode no
replicaof 192.168.61.2 7777
masterauth accp
```

```
requirepass accp
```

配置 replicaof 192.168.61.2 7777 中的 IP 地址 192.168.61.2 是 Master 服务器的 IP 地址，7777 是 Master 服务器的端口号。

配置 masterauth accp 代表使用 accp 作为 Master 服务器登录的密码。Replica 服务器启动时会主动连接 Master。

创建 redis_replica 服务器的 Docker 命令如下。

```
docker run -v /home/ghy/T/redis/replication/test1/redis-replica.conf:/redisConfig/redis-replica.conf -v /home/ghy/下载:/data --name redis5.0.7_replica1_GHY --network host -p 8888:8888 -d redis:5.0.7 redis-server /redisConfig/redis-replica.conf
```

3）如果没有异常情况发生，那么 Master 服务器和 Replica 服务器的日志输出数据成功同步。

4）连接到 Master 服务器，在终端输入如下命令，对 Master 服务器添加两条数据。

```
ghy@ghy-VirtualBox:~$ redis-cli -p 7777 -a accp
Warning: Using a password with '-a' or '-u' option on the command line interface may not be safe.
127.0.0.1:7777> flushdb
OK
127.0.0.1:7777> set a aa
OK
127.0.0.1:7777> set b bb
OK
127.0.0.1:7777>
```

5）连接到 Replica 服务器，在终端输入如下命令查看数据。

```
ghy@ghy-VirtualBox:~$ redis-cli -p 8888 -a accp
Warning: Using a password with '-a' or '-u' option on the command line interface may not be safe.
127.0.0.1:8888> keys *
1) "a"
2) "b"
127.0.0.1:8888>
```

Master 服务器和 Replica 服务器中的数据一模一样，成功实现 Master-Replica 复制。

2. 程序演示

对 Master 服务器执行写操作时，会将数据同步到 Replica 服务器中，测试案例如下。

```
public class Test1 {
    private static Pool pool = new Pool(new PoolConfig(), "192.168.61.2", 7777, 5000, "accp");

    public static void main(String[] args) {
        = null;
        try {
            = pool.getResource();
            .flushAll();
            .set("username1", "username11");
            .set("username2", "username22");
            .set("username3", "username33");
        } catch (Exception e) {
            e.printStackTrace();
        } finally {
            if ( != null) {
                .close();
```

                }
            }
        }
    }

程序运行后 Master 服务器和 Replica 服务器中的数据（数据库内容）如图 20-1 所示。

图 20-1　数据库内容

20.1.2　对 redis-server 命令传入 --replicaof {masterHost} {masterPort} 参数

删除相关的 Redis 容器。

1）编辑 redis_master.conf 配置文件，更改端口号。

```
port 7777
bind 0.0.0.0
protected-mode no
requirepass accp
```

创建 redis_master 服务器的 Docker 命令如下。

```
docker run -v /home/ghy/T/redis/replication/test1/redis-master.conf:/redisConfig/redis-master.conf -v /home/ghy/下载:/data --name redis5.0.7_master --network host -p 7777:7777 -d redis:5.0.7 redis-server /redisConfig/redis-master.conf
```

2）编辑 redis_replica.conf 配置文件，添加如下配置。

```
port 8888
bind 0.0.0.0
protected-mode no
requirepass accp
```

创建 redis_replica 服务器的 Docker 命令如下。

```
docker run -v /home/ghy/T/redis/replication/test1/redis-replica.conf:/redisConfig/redis-replica.conf -v /home/ghy/下载:/data --name redis5.0.7_replica1_GHY --network host -p 8888:8888 -d redis:5.0.7 redis-server /redisConfig/redis-replica.conf --replicaof 192.168.61.2 7777 --masterauth accp
```

3）如果没有异常情况发生，那么 Master 服务器和 Replica 服务器的日志输出数据成功同步。

4）连接到 Master 服务器，在终端输入如下命令，对 Master 服务器添加两条数据。

```
127.0.0.1:7777> flushdb
OK
127.0.0.1:7777> set 123 456
OK
127.0.0.1:7777> set abc xyz
OK
```

```
127.0.0.1:7777>
```

5）连接到 Replica 服务器，在终端输入如下命令查看数据。

```
127.0.0.1:8888> keys *
1) "abc"
2) "123"
127.0.0.1:8888>
```

Master 和 Replica 服务器中的数据一模一样，成功实现 Master-Replica 复制。

20.1.3 在 Replica 服务器使用 replicaof {masterHost} {masterPort}命令

在 Replica 服务器使用如下命令可以动态指定 Master 服务器。

```
replicaof {masterHost} {masterPort}
```

此种方式的优点是可以方便切换 Master 服务器。该命令具有异步特性，命令执行后在后台进行数据的传输。

删除相关的 Redis 容器。

1）编辑 redis_master.conf 配置文件，更改端口号。

```
port 7777
bind 0.0.0.0
protected-mode no
requirepass accp
```

创建 redis_master 服务器的 Docker 命令如下。

```
docker run -v /home/ghy/T/redis/replication/test1/redis-master.conf:/redisConfig/redis-master.conf -v /home/ghy/下载:/data --name redis5.0.7_master --network host -p 7777:7777 -d redis:5.0.7 redis-server /redisConfig/redis-master.conf
```

2）编辑 redis_replica.conf 配置文件添加如下配置。

```
port 8888
bind 0.0.0.0
protected-mode no
requirepass accp
```

创建 redis_replica 服务器的 Docker 命令如下。

```
docker run -v /home/ghy/T/redis/replication/test1/redis-replica.conf:/redisConfig/redis-replica.conf -v /home/ghy/下载:/data --name redis5.0.7_replica1_GHY --network host -p 8888:8888 -d redis:5.0.7 redis-server /redisConfig/redis-replica.conf
```

3）在 Replica 服务器的终端输入如下命令连接到 Master 服务器，实现 Master-Replica 关联。

```
127.0.0.1:8888> keys *
(empty list or set)
127.0.0.1:8888> config set masterauth accp
OK
127.0.0.1:8888> replicaof 192.168.61.2 7777
OK
```

4）在 Master 服务器输入如下命令添加数据。

```
127.0.0.1:7777> set x xx
```

```
OK
127.0.0.1:7777> set y yy
OK
127.0.0.1:7777>
```

5）在 Replica 服务器输入如下命令显示复制的数据。

```
127.0.0.1:8888> keys *
1) "y"
2) "x"
127.0.0.1:8888>
```

成功实现 Master-Replica 复制。

20.2 哨兵

本节在 Docker 下搭建哨兵环境。

20.2.1 搭建哨兵环境

本节要搭建哨兵环境，哨兵架构图如图 20-2 所示。

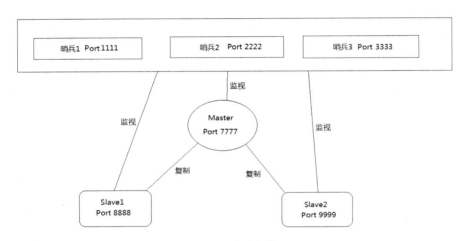

图 20-2　哨兵架构图

20.2.2 创建配置文件

创建 6 个配置文件，分别是一个 Master 配置文件、两个 Replica 配置文件和 3 个哨兵配置文件，如图 20-3 所示。

20.2.3 搭建 Master 服务器环境

编辑 Master 服务器的配置文件 RedisMaster.conf，代码如下。

图 20-3　6 个配置文件

```
bind 0.0.0.0
```

```
protected-mode no
port 7777
requirepass accp
masterauth accp
```

对 Master 服务器添加配置 masterauth accp 的作用是当 Master 服务器宕机重启后变成 Replica 服务器时，需要连接到新的 Master 服务器，所以要配置登录密码。

使用如下命令创建 Docker 容器。

```
docker run -v /home/ghy/T/redis/replication/test1/redis-master.conf:/redisConfig/redis-master.conf -v /home/ghy/下载:/data --name redis5.0.7_master --network host -p 7777:7777 -d redis:5.0.7 redis-server /redisConfig/redis-master.conf
```

注意：docker run 命令中的 7777:7777 和配置文件 redis-master.conf 中的 port 7777 一定要一致。

20.2.4 搭建 Replica 环境

编辑 Replica1 的配置文件 RedisReplica1.conf，代码如下。

```
port 8888
bind 0.0.0.0
protected-mode no
replicaof 192.168.61.2 7777
masterauth accp
requirepass accp
```

使用如下命令创建 Docker 容器。

```
docker run -v /home/ghy/T/redis/replication/test1/redis-replica1.conf:/redisConfig/redis-replica1.conf -v /home/ghy/下载:/data --name redis5.0.7_replica1_GHY --network host -p 8888:8888 -d redis:5.0.7 redis-server /redisConfig/redis-replica1.conf
```

注意：docker run 命令中的 8888:8888 和配置文件 redis-replica1.conf 中的 port 8888 一定要一致。其他的 Replica 服务器同样也要这样配置。

编辑 Replica2 的配置文件 redis-replica2.conf，代码如下。

```
port 9999
bind 0.0.0.0
protected-mode no
replicaof 192.168.61.2 7777
masterauth accp
requirepass accp
```

使用如下命令创建 Docker 容器。

```
docker run -v /home/ghy/T/redis/replication/test1/redis-replica2.conf:/redisConfig/redis-replica2.conf -v /home/ghy/下载:/data --name redis5.0.7_replica1_GHY --network host -p 9999:9999 -d redis:5.0.7 redis-server /redisConfig/redis-replica2.conf
```

创建了 3 个 Docker 容器。

创建完一个 Master 服务器和两个 Replica 服务器后查看一下这 3 台服务器的日志，观察搭建的环境是否正常运行，这是一个好习惯。

20.2.5 使用 info replication 命令查看 Master-Replica 运行状态

在 Master 服务器查看复制的状态信息。

```
oot@ghy-VirtualBox:/data# redis-cli -p 7777 -a accp
Warning: Using a password with '-a' or '-u' option on the command line interface may not be safe.
127.0.0.1:7777> info replication
# Replication
role:master
connected_slaves:2
slave0:ip=192.168.61.2,port=8888,state=online,offset=56,lag=0
slave1:ip=192.168.61.2,port=9999,state=online,offset=56,lag=0
master_replid:5b6a8c8a21bb3c8872ee3f018854d8953abf0f5b
master_replid2:0000000000000000000000000000000000000000
master_repl_offset:56
second_repl_offset:-1
repl_backlog_active:1
repl_backlog_size:1048576
repl_backlog_first_byte_offset:1
repl_backlog_histlen:56
127.0.0.1:7777>
```

有两个 Replica 服务器,端口号分别是 8888 和 9999。

在 Replica1 服务器查看复制的状态信息。

```
127.0.0.1:8888> info replication
# Replication
role:slave
master_host:192.168.61.2
master_port:7777
master_link_status:up
master_last_io_seconds_ago:5
master_sync_in_progress:0
slave_repl_offset:196
slave_priority:100
slave_read_only:1
connected_slaves:0
master_replid:5b6a8c8a21bb3c8872ee3f018854d8953abf0f5b
master_replid2:0000000000000000000000000000000000000000
master_repl_offset:196
second_repl_offset:-1
repl_backlog_active:1
repl_backlog_size:1048576
repl_backlog_first_byte_offset:1
repl_backlog_histlen:196
127.0.0.1:8888>
```

在 Replica2 服务器查看复制的状态信息。

```
127.0.0.1:9999> info replication
# Replication
role:slave
master_host:192.168.61.2
master_port:7777
master_link_status:up
master_last_io_seconds_ago:5
```

```
master_sync_in_progress:0
slave_repl_offset:224
slave_priority:100
slave_read_only:1
connected_slaves:0
master_replid:5b6a8c8a21bb3c8872ee3f018854d8953abf0f5b
master_replid2:0000000000000000000000000000000000000000
master_repl_offset:224
second_repl_offset:-1
repl_backlog_active:1
repl_backlog_size:1048576
repl_backlog_first_byte_offset:1
repl_backlog_histlen:224
127.0.0.1:9999>
```

Replica 服务器正确关联 Master 服务器。

20.2.6 搭建哨兵环境

系统中只有一个哨兵可能会出现单点故障，唯一的哨兵出现故障后不能进行故障发现和故障转移，造成整体的 Master-Replica 环境失效，所以本节创建 3 个哨兵。

从 Redis 官网下载的 Redis.zip 文件夹中有 sentinel.conf 配置文件，该配置文件就是配置哨兵的模板文件。

哨兵 1 的配置文件 RedisSentinel1.conf 的核心内容如下。

```
bind 0.0.0.0
protected-mode no
port 26381
daemonize no
pidfile /var/run/redis-sentinel_1.pid
sentinel monitor mymaster 192.168.61.2 7777 2
sentinel auth-pass mymaster accp
sentinel down-after-milliseconds mymaster 30000
sentinel parallel-syncs mymaster 1
sentinel failover-timeout mymaster 180000
```

哨兵 2 的配置文件 RedisSentinel2.conf 的核心内容如下。

```
bind 0.0.0.0
protected-mode no
port 26382
daemonize no
pidfile /var/run/redis-sentinel_2.pid
sentinel monitor mymaster 192.168.61.2 7777 2
sentinel auth-pass mymaster accp
sentinel down-after-milliseconds mymaster 30000
sentinel parallel-syncs mymaster 1
sentinel failover-timeout mymaster 180000
```

哨兵 3 的配置文件 RedisSentinel3.conf 的核心内容如下。

```
bind 0.0.0.0
protected-mode no
port 26383
daemonize no
```

```
pidfile /var/run/redis-sentinel_3.pid
sentinel monitor mymaster 192.168.61.2 7777 2
sentinel auth-pass mymaster accp
sentinel down-after-milliseconds mymaster 30000
sentinel parallel-syncs mymaster 1
sentinel failover-timeout mymaster 180000
```

20.2.7 创建哨兵容器

启动哨兵可以使用两种方式。

- redis-sentinel sentinel.conf
- redis-server sentinel.conf --sentinel，参数--sentinel 代表启动的 Redis 服务是具有监视功能的哨兵，不是普通的 Redis 服务。

本节使用 Docker 的方式启动哨兵。

使用如下命令创建哨兵 1 容器。

```
docker run -v /home/ghy/下载/sentinel/RedisSentinel1.conf:/redisConfig/RedisSentinel1.conf
-v /home/ghy/下载:/data --name redis5.0.7_Sentinel1 --network host -p 26381:26381 -d redis:5.0.7
redis-server /redisConfig/RedisSentinel1.conf --sentinel
```

注意：docker run 命令中的 26381:26381 和配置文件 RedisSentinel1.conf 中的 port 26381 一定要一致。其他的哨兵同样也要这样配置。

使用如下命令创建哨兵 2 容器。

```
docker run -v /home/ghy/下载/sentinel/RedisSentinel2.conf:/redisConfig/RedisSentinel2.conf
-v /home/ghy/下载:/data --name redis5.0.6_Sentinel2 --network host -p 26382:26382 -d redis:5.0.6
redis-server /redisConfig/RedisSentinel2.conf --sentinel
```

使用如下命令创建哨兵 3 容器。

```
docker run -v /home/ghy/下载/sentinel/RedisSentinel3.conf:/redisConfig/RedisSentinel3.conf
-v /home/ghy/下载:/data --name redis5.0.6_Sentinel3 --network host -p 26383:26383 -d redis:5.0.6
redis-server /redisConfig/RedisSentinel3.conf --sentinel
```

创建完 3 个哨兵容器后查看一下这 3 台哨兵服务器的日志，观察搭建的环境是否正常运行，这是一个好习惯。

哨兵 1 服务器的日志如图 20-4 所示。

```
+monitor master mymaster 192.168.61.2 7777 quorum 2
+slave slave 192.168.61.2:8888 192.168.61.2 8888 @ mymaster 192.168.61.2 7777
+slave slave 192.168.61.2:9999 192.168.61.2 9999 @ mymaster 192.168.61.2 7777
+sentinel sentinel 6fd1181665d4a76165428ff6f3b1d1c88cfc0cba 192.168.61.2 26382 @ mymaster 192.168.61.2 7777
+sentinel sentinel 4652fe0069147da2bb99a948afbfc5c5945cfb61 192.168.61.2 26383 @ mymaster 192.168.61.2 7777
```

图 20-4 哨兵 1 服务器的日志

哨兵 1 服务器成功发现一个 Master 服务器，两个 Replica 服务器。

在每个哨兵容器的日志中主要有 3 点提示。

- 发现一个 Master 服务器。
- 发现两个 Replica 服务器。
- 发现其他两个哨兵服务器。

20.2.8 使用 info sentinel 命令查看哨兵运行状态

在哨兵 1 的终端中使用命令 info sentinel 查看哨兵 1 的运行状态，示例如下。

```
root@ghy-VirtualBox:/data# redis-cli -p 26381
127.0.0.1:26381> info sentinel
# Sentinel
sentinel_masters:1
sentinel_tilt:0
sentinel_running_scripts:0
sentinel_scripts_queue_length:0
sentinel_simulate_failure_flags:0
master0:name=mymaster,status=ok,address=192.168.61.2:7777,slaves=2,sentinels=3
127.0.0.1:26381>
```

从返回的信息来看，Replica 服务器数量有两个，而哨兵数量为 3 个。哨兵监视 Master 服务器时，就会自动获取 Master 服务器的 Replica 服务器列表，并且对这些 Replica 服务器进行监视。

将 Master 服务器停止，哨兵会自动选举出新的 Master 服务器，实现故障转移。

20.2.9 使用 sentinel reset mymaster 命令重置哨兵环境

如果执行命令 info sentinel 后显示出来的信息不正确，则可以使用命令 sentinel reset mymaster 对哨兵环境进行重置。

20.3 集群

本节实现 Redis 集群，分为 3 个步骤。
- 准备容器服务器。
- 容器服务器握手。
- 对容器服务器分配槽。

20.3.1 准备配置文件并启动各服务器

在/home/ghy/T/redis/cluster 文件夹创建 6 个 redis-xxx.conf 配置文件，每个配置文件中的核心内容如下。

```
port 7771
bind 0.0.0.0
protected-mode no
requirepass "accp"
masterauth "accp"
daemonize no

dir ./
dbfilename dump-7771.rdb
logfile log-7771.txt
```

```
cluster-enabled yes
cluster-config-file nodes-7771.conf
cluster-node-timeout 15000
```

每个 Master 服务器使用的端口号都不一样，还要根据端口号更改对应的 RDB、TXT、CONF 文件名。

在每个配置文件中都需要更改 port 的值，6 个节点所使用的端口号分别是 7771、7772、7773、7774、7775、7776。

使用如下命令分别创建并启动 6 个服务器。

```
docker run -v /home/ghy/T/redis/cluster/redis-7771.conf:/redisConfig/redis-7771.conf -v /home/ghy/下载:/data --name redis5.0.7_cluster --network host -p 7771:7771 -d redis:5.0.7 redis-server /redisConfig/redis-7771.conf

docker run -v /home/ghy/T/redis/cluster/redis-7772.conf:/redisConfig/redis-7772.conf -v /home/ghy/下载:/data --name redis5.0.7_cluster --network host -p 7772:7772 -d redis:5.0.7 redis-server /redisConfig/redis-7772.conf

docker run -v /home/ghy/T/redis/cluster/redis-7773.conf:/redisConfig/redis-7773.conf -v /home/ghy/下载:/data --name redis5.0.7_cluster --network host -p 7773:7773 -d redis:5.0.7 redis-server /redisConfig/redis-7773.conf

docker run -v /home/ghy/T/redis/cluster/redis-7774.conf:/redisConfig/redis-7774.conf -v /home/ghy/下载:/data --name redis5.0.7_cluster --network host -p 7774:7774 -d redis:5.0.7 redis-server /redisConfig/redis-7774.conf

docker run -v /home/ghy/T/redis/cluster/redis-7775.conf:/redisConfig/redis-7775.conf -v /home/ghy/下载:/data --name redis5.0.7_cluster --network host -p 7775:7775 -d redis:5.0.7 redis-server /redisConfig/redis-7775.conf

docker run -v /home/ghy/T/redis/cluster/redis-7776.conf:/redisConfig/redis-7776.conf -v /home/ghy/下载:/data --name redis5.0.7_cluster --network host -p 7776:7776 -d redis:5.0.7 redis-server /redisConfig/redis-7776.conf
```

启动了 6 个服务器，但集群的状态显示是不成功的。

```
root@ghy-VirtualBox:/data# redis-cli -c -p 7771 -a accp
Warning: Using a password with '-a' or '-u' option on the command line interface may not be safe.
127.0.0.1:7771> cluster info
cluster_state:fail
cluster_slots_assigned:0
cluster_slots_ok:0
cluster_slots_pfail:0
cluster_slots_fail:0
cluster_known_nodes:1
cluster_size:0
cluster_current_epoch:0
cluster_my_epoch:0
cluster_stats_messages_sent:0
cluster_stats_messages_rece
```

输出信息如下。

```
cluster_known_nodes:1
```

值为 1，说明只识别了自己。启动的这 6 个服务器并不能感知对方的存在，所以要实现服

20.3.2 使用 cluster meet 命令实现服务器间握手

使用 cluster meet 命令实现服务器间握手，命令如下如

```
127.0.0.1:7771> cluster meet 192.168.56.11 7772
OK
127.0.0.1:7771> cluster meet 192.168.56.11 7773
OK
127.0.0.1:7771> cluster meet 192.168.56.11 7774
OK
127.0.0.1:7771> cluster meet 192.168.56.11 7775
OK
127.0.0.1:7771> cluster meet 192.168.56.11 7776
OK
```

再次查看服务器的状态。

```
127.0.0.1:7771> cluster info
cluster_state:fail
cluster_slots_assigned:0
cluster_slots_ok:0
cluster_slots_pfail:0
cluster_slots_fail:0
cluster_known_nodes:6
cluster_size:0
cluster_current_epoch:5
cluster_my_epoch:1
cluster_stats_messages_ping_sent:27
cluster_stats_messages_pong_sent:40
cluster_stats_messages_meet_sent:5
cluster_stats_messages_sent:72
cluster_stats_messages_ping_received:40
cluster_stats_messages_pong_received:32
cluster_stats_messages_received:72
127.0.0.1:7771>
```

输出信息如下。

```
cluster_known_nodes:6
```

成功识别了 6 个服务器。

20.3.3 使用 cluster nodes 命令查看 Redis 集群中的服务器信息

使用 cluster nodes 命令查看 Redis 集群中的服务器信息。

```
127.0.0.1:7771> cluster nodes
813e66c9fab2490e6cf60d0b6661199feceffc17 192.168.56.11:7776@17776 master - 0 1574047986000 4 connected
64d448f64e86f0d981072804f6200a98d20884b5 192.168.56.11:7771@17771 myself,master - 0 1574047982000 1 connected
00ae10f2f91da8bfbd086f4c58ef34cc8227104a 192.168.56.11:7773@17773 master - 0 1574047985000 2 connected
52fb18a54d6df866f901128fc5fa62013c3a6ed2 192.168.56.11:7775@17775 master - 0 1574047985339 5
```

```
connected
    8c91ac573faec8a7aca91dde79a451fb392b1185 192.168.56.11:7774@17774 master - 0 1574047984314 3
connected
    e2d9860c54bc2e52e36a531803c0e779ceb07a94 192.168.56.11:7772@17772 master - 0 1574047986356 0
connected
    127.0.0.1:7771>
```

从输出信息来看，所有的服务器默认都是 Master 服务器。

虽然服务器间的握手是成功的，但并不能存储数据，示例如下。

```
127.0.0.1:7771> set a aa
(error) CLUSTERDOWN Hash slot not served
127.0.0.1:7771>
```

提示并没有对 Redis 集群中的服务器分配槽，不能实现数据的存储。

20.3.4　使用 cluster addslots 命令分配槽

开启了 6 个 Redis 容器，现在要把 16 384 个槽分配给端口号为 7771、7772、7773 的容器，这 3 个容器是 Master 服务器，端口号为 7774、7775、7776 的容器是 Replica 服务器。

使用如下命令对 3 个 Master 服务器分配槽。

```
root@ghy-VirtualBox:/data# redis-cli -h 192.168.56.11 -p 7771 -a accp cluster addslots {0..5000}
Warning: Using a password with '-a' or '-u' option on the command line interface may not be safe.
OK
root@ghy-VirtualBox:/data# redis-cli -h 192.168.56.11 -p 7772 -a accp cluster addslots {5001..10000}
Warning: Using a password with '-a' or '-u' option on the command line interface may not be safe.
OK
root@ghy-VirtualBox:/data# redis-cli -h 192.168.56.11 -p 7773 -a accp cluster addslots {10001..16383}
Warning: Using a password with '-a' or '-u' option on the command line interface may not be safe.
OK
root@ghy-VirtualBox:/data#
```

参数 cluster addslots 是对当前服务器分配槽。

查看 Redis 集群状态。

```
root@ghy-VirtualBox:/data# redis-cli -c -p 7771 -a accp
Warning: Using a password with '-a' or '-u' option on the command line interface may not be safe.
127.0.0.1:7771> cluster info
cluster_state:ok
cluster_slots_assigned:16384
cluster_slots_ok:16384
cluster_slots_pfail:0
cluster_slots_fail:0
cluster_known_nodes:6
cluster_size:3
cluster_current_epoch:5
cluster_my_epoch:1
cluster_stats_messages_ping_sent:199cluster_stats_messages_pong_sent:215
cluster_stats_messages_meet_sent:5
cluster_stats_messages_sent:419
cluster_stats_messages_ping_received:215
```

```
cluster_stats_messages_pong_received:204
cluster_stats_messages_received:419
127.0.0.1:7771>
```

查看 Redis 集群服务器信息。

```
127.0.0.1:7771> cluster nodes
813e66c9fab2490e6cf60d0b6661199feceffc17 192.168.56.11:7776@17776 master - 0 1574048157000 4 connected
64d448f64e86f0d981072804f6200a98d20884b5 192.168.56.11:7771@17771 myself,master - 0 1574048160000 1 connected 0-5000
00ae10f2f91da8bfbd086f4c58ef34cc8227104a 192.168.56.11:7773@17773 master - 0 1574048159291 2 connected 10001-16383
52fb18a54d6df866f901128fc5fa62013c3a6ed2 192.168.56.11:7775@17775 master - 0 1574048160300 5 connected
8c91ac573faec8a7aca91dde79a451fb392b1185 192.168.56.11:7774@17774 master - 0 1574048159000 3 connected
e2d9860c54bc2e52e36a531803c0e779ceb07a94 192.168.56.11:7772@17772 master - 0 1574048157244 0 connected 5001-10000
127.0.0.1:7771>
```

20.3.5 向 Redis 集群中保存和获取数据

查看 3 个 Master 服务器中的数据。

```
127.0.0.1:7771> keys *
(empty list or set)
127.0.0.1:7771>

127.0.0.1:7772> keys *
(empty list or set)
127.0.0.1:7772>

127.0.0.1:7773> keys *
(empty list or set)
127.0.0.1:7773>
```

使用如下命令向 Redis 集群中存放数据。

```
127.0.0.1:7771> set a aa
-> Redirected to slot [15495] located at 192.168.56.11:7773
OK
192.168.56.11:7773> set b bb
-> Redirected to slot [3300] located at 192.168.56.11:7771
OK
192.168.56.11:7771> set c cc-> Redirected to slot [7365] located at 192.168.56.11:7772
OK
192.168.56.11:7772>
```

再次查看 3 个 Master 服务器中的数据。

```
127.0.0.1:7771> keys *
1) "b"
127.0.0.1:7771>

127.0.0.1:7772> keys *
1) "c"
127.0.0.1:7772>
```

```
127.0.0.1:7773> keys *
1) "a"
127.0.0.1:7773>
```

成功实现分布式存储。

20.3.6　在 Redis 集群中添加 Replics 服务器

在 6 个 Redis 实例中，分配了 3 个 Master 服务器和 3 个 Replica 服务器，Master 服务器和 Replica 服务器的端口对应关系如下。

- Master 服务器：7771。Replica 服务器：7774。
- Master 服务器：7772。Replica 服务器：7775。
- Master 服务器：7773。Replica 服务器：7776。

先来看一看服务器的状态。

```
127.0.0.1:7771> cluster nodes
813e66c9fab2490e6cf60d0b6661199feceffc17 192.168.56.11:7776@17776 master - 0 1574048360526 4 connected
64d448f64e86f0d981072804f6200a98d20884b5 192.168.56.11:7771@17771 myself,master - 0 1574048360000 1 connected 0-5000
00ae10f2f91da8bfbd086f4c58ef34cc8227104a 192.168.56.11:7773@17773 master - 0 1574048361531 2 connected 10001-16383
52fb18a54d6df866f901128fc5fa62013c3a6ed2 192.168.56.11:7775@17775 master - 0 1574048357000 5 connected
8c91ac573faec8a7aca91dde79a451fb392b1185 192.168.56.11:7774@17774 master - 0 1574048359513 3 connected
e2d9860c54bc2e52e36a531803c0e779ceb07a94 192.168.56.11:7772@17772 master - 0 1574048358473 0 connected 5001-10000
127.0.0.1:7771>
```

6 个节点全部是 Master 服务器。

使用如下命令对 3 个 Master 服务器添加 Replica 服务器，注意这 3 个命令必须在每个 Replica 服务器下执行。

```
root@ghy-VirtualBox:/data# redis-cli -c -p 7774 -a accp
Warning: Using a password with '-a' or '-u' option on the command line interface may not be safe.
127.0.0.1:7774> cluster replicate 64d448f64e86f0d981072804f6200a98d20884b5
OK
127.0.0.1:7774>

root@ghy-VirtualBox:/data# redis-cli -c -p 7775 -a accp
Warning: Using a password with '-a' or '-u' option on the command line interface may not be safe.
127.0.0.1:7775> cluster replicate e2d9860c54bc2e52e36a531803c0e779ceb07a94
OK
127.0.0.1:7775>

root@ghy-VirtualBox:/data# redis-cli -c -p 7776 -a accp
Warning: Using a password with '-a' or '-u' option on the command line interface may not be safe.
127.0.0.1:7776> cluster replicate 00ae10f2f91da8bfbd086f4c58ef34cc8227104a
OK
127.0.0.1:7776>
```

查看服务器的状态。

```
127.0.0.1:7771> cluster nodes
813e66c9fab2490e6cf60d0b6661199feceffc17 192.168.56.11:7776@17776 slave
00ae10f2f91da8bfbd086f4c58ef34cc8227104a0 1574048664082 4 connected
64d448f64e86f0d981072804f6200a98d20884b5 192.168.56.11:7771@17771 myself,master - 0
1574048663000 1 connected 0-5000
00ae10f2f91da8bfbd086f4c58ef34cc8227104a 192.168.56.11:7773@17773 master - 0
1574048663062 2 connected 10001-16383
52fb18a54d6df866f901128fc5fa62013c3a6ed2 192.168.56.11:7775@17775 slave
e2d9860c54bc2e52e36a531803c0e779ceb07a940 1574048661039 5 connected
8c91ac573faec8a7aca91dde79a451fb392b1185 192.168.56.11:7774@17774 slave
64d448f64e86f0d981072804f6200a98d20884b50 1574048662052 3 connected
e2d9860c54bc2e52e36a531803c0e779ceb07a94 192.168.56.11:7772@17772 master - 0
1574048663000 0 connected 5001-10000
127.0.0.1:7771>
```

出现 3 个 Master 服务器、3 个 Replica 服务器的结构。

在 Master 服务器和 Replica 服务器中分别执行如下两个命令查看是否实现 Master-Replica 复制。

```
127.0.0.1:7771> keys *
1) "b"
127.0.0.1:7771>

127.0.0.1:7774> keys *
1) "b"
127.0.0.1:7774>
```

成功实现 Master-Replica 复制。

成功在 Docker 中的 Redis 集群架构中实现读写分离。

在 Replica 服务器下执行写操作会重定向到指定服务器执行写操作,Replica 服务器是只读的。

第 21 章 Docker 中实现数据持久化

本章要使用 Redis 中的 redis.conf 配置文件，而 Docker 中的 Redis 容器并没有 redis.conf 配置文件，需要自己准备。

21.1 使用 RDB 实现数据持久化

前面说过，实现 RDB 数据持久化可以有 3 种方式。这里介绍在 Docker 中实现数据持久化的步骤。

21.1.1 自动方式：save 配置选项

测试 save 配置选项。

1）在 redis.conf 配置文件中的 "SNAPSHOTTING" 节点下有 RDB 默认的相关配置。

```
# save <seconds> <changes>
save 900 1
save 300 10
save 60 10000
rdbcompression yes
dir ./
dbfilename dump.rdb
```

2）本案例在 Docker 中运行 Redis，所以在宿主机中使用如下命令创建 Redis 容器。

```
docker run -v /home/ghy/T/redis/redis.conf:/redisConfig/redis.conf -v /home/ghy/下载:/data --name redis5.0.7_Persistence --network host -p 6379:6379 -d redis:5.0.7 redis-server /redisConfig/redis.conf --requirepass accp
```

3）在 Redis 容器中使用如下命令确认 redis.conf 配置文件是否挂载成功。

```
root@ghy-VirtualBox:/data# cd ..
root@ghy-VirtualBox:/# ls
bin   data  etc   lib    media  opt   redisConfig  run   srv  tmp  var
boot  dev   home  lib64  mnt    proc  root         sbin  sys  usr
root@ghy-VirtualBox:/# cd redisConfig
root@ghy-VirtualBox:/redisConfig# ls
redis.conf
```

21.1 使用 RDB 实现数据持久化

```
root@ghy-VirtualBox:/redisConfig#
```

看到 redis.conf 配置文件，挂载成功。

4）如果在 Redis 容器中更改配置文件，则需要在 Redis 容器中执行如下命令安装 Vim 文本编辑器：

```
apt-get update
apt-get install vim
```

Vim 文本编辑器安装成功后查看 Redis 容器中的/redisConfig/redis.conf 配置文件中的内容，更改配置如图 21-1 所示。

5）使用如下命令在/data 文件夹中找不到 RDB 文件。

```
root@46c86f73b761:/data# ls
root@46c86f73b761:/data#
```

如果存在 RDB 文件，则删除该文件。

6）redis.conf 配置文件中有如下配置。

```
save 900 1
save 300 10
save 60 10000
```

说明在 300s 之内如果有 10 个改变就将内存中的数据以 RDB 文件的形式持久化到/data/dump.rdb 文件中。

图 21-1　更改配置

7）在 Redis 客户端中输入如下命令。

```
127.0.0.1:6379> set 1 11
OK
127.0.0.1:6379> set 2 22
OK
127.0.0.1:6379> set 3 33
OK
127.0.0.1:6379> set 4 44
OK
127.0.0.1:6379> set 5 55
OK
127.0.0.1:6379> set 6 66
OK
127.0.0.1:6379> set 7 77
OK
127.0.0.1:6379> set 8 88
OK
127.0.0.1:6379> set 9 99
OK
127.0.0.1:6379> set 10 1010
OK
127.0.0.1:6379>
```

8）等待一会之后发现 Redis 服务器出现保存日志，服务器日志如图 21-2 所示。

9）创建 dump.rdb 文件，如图 21-3 所示。

10）重启 Redis 服务后依然可以看到持久化的数据，说明 Redis 服务重启后自动将 dump.rdb 文件中的内容加载到内存了。继续操作，删除 Redis 容器并删除 dump.rdb 文件，再重启 Redis 容器，使用命令 keys *没有取得任何数据，说明 Redis 为空，因为 dump.rdb 文件被删除了。

图 21-2　服务器日志　　　　　图 21-3　创建 dump.rdb 文件

21.1.2　手动方式：使用 save 命令

save 命令具有同步性，当命令执行后 Redis 呈阻塞状态，会把内存中全部数据库中的全部数据保存到新的 RDB 文件中。

持久化数据期间 Redis 呈阻塞状态，不再执行客户端的命令，直到生成 RDB 文件为止。持久化后删除旧的 RDB 文件，使用新的 RDB 文件。

1）更改配置代码如图 21-4 所示。
2）重启 Redis 服务。
3）确认有没有 dump.rdb 文件，如果有则删除。
4）执行如下命令。

图 21-4　更改配置代码

```
127.0.0.1:6379> flushdb
OK
127.0.0.1:6379> set 1 11
OK
127.0.0.1:6379> set 2 22
OK
127.0.0.1:6379> set 3 33
OK
127.0.0.1:6379> save
OK
127.0.0.1:6379>
```

在执行 save 命令之前，路径/data 中没有 dump.rdb 文件，执行之后就创建了。

5）执行如下命令确认 dump.rdb 文件成功创建。

```
root@46c86f73b761:/data# ls
dump.rdb
root@46c86f73b761:/data#
```

6）重启 Redis 服务后输入如下命令。

```
127.0.0.1:6379> keys *
1) "1"
2) "2"
3) "3"
127.0.0.1:6379>
```

将数据从 dump.rdb 文件还原到内存中。

21.1.3　手动方式：使用 bgsave 命令

save 命令具有同步性，在数据持久化期间，Redis 不能执行其他客户端的命令，降低了系统吞吐量，而 bgsave 命令是 save 命令的异步版本。

当 bgsave 命令执行后会创建子进程，子进程执行 save 命令把内存中全部数据库中的全部数据保存到新的 RDB 文件中。持久化数据期间，Redis 不会呈阻塞状态，可以接收新的命令。持久化后删除旧的 RDB 文件，使用新的 RDB 文件。

关于 bgsave 命令的测试案例及案例请参考 save 命令，两者的使用情况非常相似。另外 bgsave 命令和 save 命令一样，也存在丢失数据的可能性，也就是在最后一次成功完成 RDB 持久化后的数据将会丢失。

21.2 使用 AOF 实现数据持久化

使用 AOF 方式持久化数据时，Redis 每次接收到一条改变数据的命令时，它都将把该命令写到一个 AOF 文件中（只记录写操作，读操作不记录），当 Redis 重启时，它通过执行 AOF 文件中所有的命令来恢复数据。AOF 的优点是比 RDB 丢失的数据会少一些。另外由于 AOF 文件存储 Redis 的命令，而不像 RDB 存储数据的二进制值，因此使用 AOF 方式还原数据时比 RDB 要慢很多。

测试实现 AOF 持久化的功能。

更改 redis.conf 配置文件，使用如下配置禁用 RDB 持久化，只用 AOF 方式实现数据持久化。

```
save ""

#save 900 1
#save 300 10
#save 60 10000

appendonly yes
appendfilename "appendonly.AOF"
appendfsync everysec
aof-use-rdb-preamble no
```

创建完 Redis 容器后会自动创建 appendonly.aof 文件，该文件内容为空，如图 21-5 所示。

注意：不要自动创建 appendonly.aof 文件。

执行如下命令。

```
127.0.0.1:6379> set 1 11
OK
127.0.0.1:6379> set 2 22
OK
127.0.0.1:6379> set 3 33
OK
127.0.0.1:6379> del 3
(integer) 1
127.0.0.1:6379>
```

生成的文件 appendonly.aof 的内容如图 21-6 所示。

最后出现了 del 命令，说明 del 命令也被记录了。

这些内容是 Redis 能读懂的命令，Redis 服务在启动时读取 AOF 文件中的命令进行数据还原。

图 21-5　appendonly.aof 文件内容为空

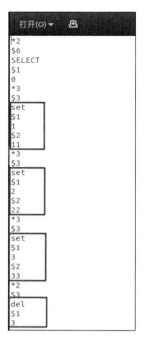

图 21-6　appendonly.aof 的内容

21.3　使用 RDB 和 AOF 混合实现数据持久化

使用 RDB 和 AOF 混合实现数据持久化会在 AOF 文件的开头保存 RDB 格式的数据，后面保存 AOF 格式的命令。

1）更改 redis.conf 配置文件中的配置。

```
save 900 1
save 300 10
save 60 10000

appendonly yes
appendfilename "appendonly.AOF"
appendfsync everysec
aof-use-rdb-preamble yes
```

2）重启 Redis 服务。

3）执行如下命令。

```
127.0.0.1:6379> flushdb
OK
127.0.0.1:6379> set 1 11
OK
127.0.0.1:6379> set 2 22
OK
127.0.0.1:6379> set 3 33
OK
127.0.0.1:6379> bgrewriteaof
Background append only file rewriting started
127.0.0.1:6379> set 4 44
```

21.3 使用 RDB 和 AOF 混合实现数据持久化

```
OK
127.0.0.1:6379> set 5 55
OK
127.0.0.1:6379>
```

4）appendonly.aof 文件的内容如图 21-7 所示。

图 21-7　appendonly.aof 文件的内容

appendonly.aof 文件前面的部分是 key 为 1、2、3 的数据。后面的部分使用命令日志的形式记录 key 为 4 和 5 的命令。

使用 RDB 和 AOF 混合实现数据持久化优势是 RDB 格式的数据还原起来速度很快，而 AOF 命令可以允许丢失 1s 内的数据。

第 22 章 ACL 类型命令

ACL 是 Access Control List 的缩写，意为访问控制列表。ACL 是 Redis 6.0 新发布的功能，它可以限制连接到 Redis 服务器的客户端的权限，如可以实现对某些命令不允许执行，还可以实现不允许对某些 key 执行 set 或 get 命令，ACL 主要有提供权限控制的作用。

22.1 acl list 命令

还原并使用 Redis 默认的 redis.conf 配置文件，更改配置如下。

```
bind 0.0.0.0
protected-mode no
```

22.1.1 测试案例

首先使用如下命令以默认配置的方式启动 Redis 服务器。

```
redis-server redis.conf
```

使用 acl list 命令返回所有用户的 ACL 信息执行结果如图 22-1 所示。
输出结果如下。

```
"user default on nopass ~* +@all"
```

输出结果的含义如图 22-2 所示。

图 22-1 执行结果

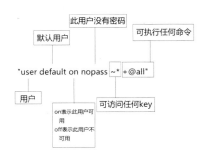

图 22-2 输出结果的含义

22.1.2 程序演示

```java
public class Test1 {
    private static Pool pool = new Pool(new PoolConfig(), "192.168.1.108", 6379, 5000);

    public static void main(String[] args) {
         = null;
        try {
             = pool.getResource();

            .flushDB();

            List<String> list = .aclList();
            for (int i = 0; i < list.size(); i++) {
                System.out.println(list.get(i));
            }

        } catch (Exception e) {
            e.printStackTrace();
        } finally {
            if ( != null) {
                .close();
            }
        }
    }
}
```

程序运行结果如下。

```
user default on nopass ~* +@all
```

22.2 为默认用户设置密码并查看 ACL 信息

如果为默认用户设置密码会出现什么样的效果呢？

在 redis.conf 配置文件中设置密码。

```
requirepass accp
```

退出当前的 Redis 服务器进程，使用如下命令重启 Redis 服务器：

```
redis-server redis.conf
```

客户端使用命令如下。

```
ghy@ghy-VirtualBox:~/T/Redis$ redis-cli
127.0.0.1:6379> set a aa
(error) NOAUTH Authentication required.
127.0.0.1:6379> acl list
(error) NOAUTH Authentication required.
127.0.0.1:6379> auth accp
OK
127.0.0.1:6379> acl list
1) "user default on #99f2112a7c54c5955ca03be8c86854c49a7ed9417a09d0448c9eedd9bf87b1da ~* +@all"
127.0.0.1:6379>
```

可以发现，密码由原来输出 nopass 改成输出加密后的密码#99f2112a7c54c5955ca03be8c86854c49a7ed9417a09d0448c9eedd9bf87b1da。

在 Redis 中使用 aclList()方法输出的信息如下。

```
user default on #99f2112a7c54c5955ca03be8c86854c49a7ed9417a09d0448c9eedd9bf87b1da ~* +@all
```

22.3　acl save 和 acl load 命令

ACL 信息可以持久化，但默认情况下是非持久化的，重启 Redis 服务后 ACL 信息丢失。

22.3.1　测试案例

测试案例如下。

```
127.0.0.1:6379> acl list
1) "user default on #99f2112a7c54c5955ca03be8c86854c49a7ed9417a09d0448c9eedd9bf87b1da ~* +@all"
127.0.0.1:6379> acl setuser ghy
OK
127.0.0.1:6379> acl list
1) "user default on #99f2112a7c54c5955ca03be8c86854c49a7ed9417a09d0448c9eedd9bf87b1da ~* +@all"
2) "user ghy off -@all"
127.0.0.1:6379>
```

使用如下命令创建一个用户 ghy，用户 ghy 在内存中。

```
acl setuser
```

重启 Redis 服务器，再执行如下命令。

```
127.0.0.1:6379> acl list
1) "user default on #99f2112a7c54c5955ca03be8c86854c49a7ed9417a09d0448c9eedd9bf87b1da ~* +@all"
127.0.0.1:6379>
```

用户 ghy 消失了，并没有被持久化。

在 ACL 中持久化 ACL 信息需要使用如下命令。

```
acl save
```

如果直接执行此命令则出现异常如图 22-3 所示。

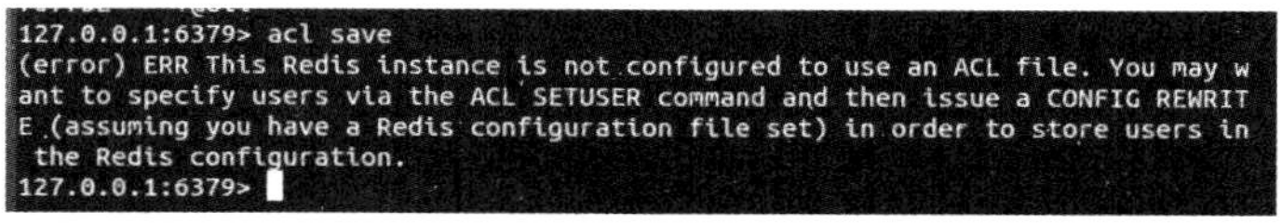

```
127.0.0.1:6379> acl save
(error) ERR This Redis instance is not configured to use an ACL file. You may w
ant to specify users via the ACL SETUSER command and then issue a CONFIG REWRIT
E (assuming you have a Redis configuration file set) in order to store users in
 the Redis configuration.
127.0.0.1:6379>
```

图 22-3　出现异常

执行 acl save 命令之前需要在 redis.conf 配置文件中指定 ACL 文件的位置。

```
aclfile /home/ghy/T/Redis/myacl.acl
```

注意：myacl.acl 文件需要手动创建，创建一个名称为 myacl.acl 的空文件即可。

重启 Redis 服务并执行如下命令。

```
127.0.0.1:6379> acl list
1) "user default on nopass ~* +@all"
127.0.0.1:6379> acl setuser ghy
OK
127.0.0.1:6379> acl list
1) "user default on nopass ~* +@all"
2) "user ghy off -@all"
127.0.0.1:6379>
```

但现在这个用户暂时在内存中，使用如下命令将 ACL 信息保存持久化到 ACL 文件中。

```
ACL SAVE
127.0.0.1:6379> acl save
OK
127.0.0.1:6379>
```

用户 ghy 的 ACL 信息被保存了，存储在 myacl.acl 文件中，如图 22-4 所示。

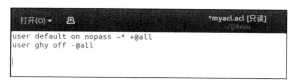

图 22-4　用户 ghy 的 ACL 信息被保存了

重启 Redis 服务并执行如下命令。

```
127.0.0.1:6379> acl list
1) "user default on nopass ~* +@all"
2) "user ghy off -@all"
127.0.0.1:6379>
```

如果手动更改 myacl.acl 中的信息，可以使用如下命令。

```
acl load
```

该命令用于将最新的 ACL 文件中的信息加载到内存，测试案例如下。

```
127.0.0.1:6379> acl load
OK
127.0.0.1:6379> acl list
1) "user default on nopass ~* +@all"
2) "user ghy off -@all"
127.0.0.1:6379>
```

22.3.2　程序演示

当前版本的 Redis 不支持 save 和 load 操作。

22.4　acl users 命令

acl users 命令用于列出所有用户。

22.4.1 测试案例

测试案例如下。

```
127.0.0.1:6379> acl users
1) "default"
2) "ghy"
127.0.0.1:6379>
```

22.4.2 程序演示

```java
public class Test2 {
    private static Pool pool = new Pool(new PoolConfig(), "192.168.1.108", 6379, 5000);

    public static void main(String[] args) {
         = null;
        try {
             = pool.getResource();

            .flushDB();

            List<String> list = .aclUsers();
            for (int i = 0; i < list.size(); i++) {
                System.out.println(list.get(i));
            }

        } catch (Exception e) {
            e.printStackTrace();
        } finally {
            if ( != null) {
                .close();
            }
        }
    }
}
```

程序运行结果如下。

```
default
```

22.5 acl getuser 命令

acl list 命令用于获取所有用户的 ACL 信息。
acl getuser 命令用于获取指定用户的 ACL 信息

22.5.1 测试案例

测试案例如下。

```
127.0.0.1:6379> acl getuser default
1) "flags"
```

```
   2) 1) "on"
      2) "allkeys"
      3) "allcommands"
      4) "nopass"
   3) "passwords"
   4) (empty array)
   5) "commands"
   6) "+@all"
   7) "keys"
   8) 1) "*"
127.0.0.1:6379> acl getuser ghy
   1) "flags"
   2) 1) "off"
   3) "passwords"
   4) (empty array)
   5) "commands"
   6) "-@all"
   7) "keys"
   8) (empty array)
127.0.0.1:6379>
```

22.5.2 程序演示

```java
public class Test3 {
    private static Pool pool = new Pool(new PoolConfig(), "192.168.1.108", 6379, 5000);

    public static void main(String[] args) {
         = null;
        try {
             = pool.getResource();

            .flushDB();

            AccessControlUser userInfo = .aclGetUser("default");
            String getCommands = userInfo.getCommands();
            System.out.println("getCommands=" + getCommands);
            System.out.println();

            List<String> flagList = userInfo.getFlags();
            for (int i = 0; i < flagList.size(); i++) {
                System.out.println("getFlags=" + flagList.get(i));
            }
            System.out.println();

            List<String> getKeys = userInfo.getKeys();
            for (int i = 0; i < getKeys.size(); i++) {
                System.out.println("getKeys=" + getKeys.get(i));
            }
            System.out.println();

            List<String> getPassword = userInfo.getPassword();
            for (int i = 0; i < getPassword.size(); i++) {
                System.out.println("getPassword=" + getPassword.get(i));
            }
        } catch (Exception e) {
            e.printStackTrace();
        } finally {
```

```
            if (  != null) {
                .close();
            }
        }
    }
}
```

程序运行结果如下。

```
getCommands=+@all

getFlags=on
getFlags=allkeys
getFlags=allcommands
getFlags=nopass

getKeys=*
```

22.6　acl deluser 命令

acl deluser 命令用于删除指定用户。

22.6.1　测试案例

测试案例如下。

```
127.0.0.1:6379> acl users
1) "default"
2) "ghy"
127.0.0.1:6379> acl setuser abc
OK
127.0.0.1:6379> acl setuser xyz
OK
127.0.0.1:6379> acl users
1) "abc"
2) "default"
3) "ghy"
4) "xyz"
127.0.0.1:6379> acl deluser ghy abc xyz
(integer) 3
127.0.0.1:6379> acl users
1) "default"
127.0.0.1:6379>
```

22.6.2　程序演示

```java
public class Test4 {
    private static Pool pool = new Pool(new PoolConfig(), "192.168.1.108", 6379, 5000);

    public static void main(String[] args) {
         = null;
        try {
             = pool.getResource();
```

```
            .flushDB();

            {
                List<String> list = .aclUsers();
                for (int i = 0; i < list.size(); i++) {
                    System.out.println(list.get(i));
                }
                System.out.println();
            }

            .aclSetUser("abc");
            .aclSetUser("xyz");

            {
                List<String> list = .aclUsers();
                for (int i = 0; i < list.size(); i++) {
                    System.out.println(list.get(i));
                }
                System.out.println();
            }

            .aclDelUser("abc");

            {
                List<String> list = .aclUsers();
                for (int i = 0; i < list.size(); i++) {
                    System.out.println(list.get(i));
                }
            }
        } catch (Exception e) {
            e.printStackTrace();
        } finally {
            if ( != null) {
                .close();
            }
        }
    }
}
```

程序运行结果如下。

```
default

abc
default
xyz

default
xyz
```

22.7 acl cat 命令

acl cat 命令用于列出所有命令的类型。

22.7.1 测试案例

测试案例如下。

```
127.0.0.1:6379> acl cat
 1) "keyspace"
 2) "read"
 3) "write"
 4) "set"
 5) "sortedset"
 6) "list"
 7) "hash"
 8) "string"
 9) "bitmap"
10) "hyperloglog"
11) "geo"
12) "stream"
13) "pubsub"
14) "admin"
15) "fast"
16) "slow"
17) "blocking"
18) "dangerous"
19) "connection"
20) "transaction"
21) "scripting"
127.0.0.1:6379>
```

命令是分类的，如 String 类型的命令、Set 类型的命令等。在 Redis 中命令类型被称为 Categories，可以通过 ACL 来对某一个用户能使用的命令类型做限制，如让 ABC 用户能执行 String 或不能执行 String 类型的命令，实现权限操作的批处理。

22.7.2 程序演示

```java
public class Test5 {
    private static Pool pool = new Pool(new PoolConfig(), "192.168.1.108", 6379, 5000);

    public static void main(String[] args) {
         = null;
        try {
             = pool.getResource();

            .flushDB();

            List<String> list = .aclCat();
            for (int i = 0; i < list.size(); i++) {
                System.out.println(list.get(i));
            }
        } catch (Exception e) {
            e.printStackTrace();
        } finally {
            if ( != null) {
                .close();
            }
```

            }
        }
}
```

程序运行结果如下。

```
keyspace
read
write
set
sortedset
list
hash
string
bitmap
hyperloglog
geo
stream
pubsub
admin
fast
slow
blocking
dangerous
connection
transaction
scripting
```

22.8　acl cat <category>命令

acl cat <category>命令用于列出指定类型命令中的所有命令。

22.8.1　测试案例

测试案例如下。

```
127.0.0.1:6379> acl cat String
 1) "decrby"
 2) "set"
 3) "append"
 4) "incrbyfloat"
 5) "msetnx"
 6) "setnx"
 7) "getrange"
 8) "incr"
 9) "setrange"
10) "strlen"
11) "mget"
12) "mset"
13) "incrby"
14) "substr"
15) "getset"
16) "decr"
17) "get"
18) "setex"
```
```

```
19) "psetex"
127.0.0.1:6379>
```

22.8.2 程序演示

```java
public class Test6 {
    private static Pool pool = new Pool(new PoolConfig(), "192.168.1.108", 6379, 5000);

    public static void main(String[] args) {
         = null;
        try {
             = pool.getResource();

            .flushDB();

            List<String> list = .aclCat("String");
            for (int i = 0; i < list.size(); i++) {
                System.out.println(list.get(i));
            }
        } catch (Exception e) {
            e.printStackTrace();
        } finally {
            if ( != null) {
                .close();
            }
        }
    }
}
```

程序运行结果如下。

```
incrbyfloat
mget
strlen
psetex
getrange
decr
substr
incrby
setrange
set
setnx
append
setex
getset
decrby
msetnx
incr
mset
get
```

22.9 acl genpass 命令

自己设置的密码可能被暴力破解，如密码为 hello、abc123、123456 等，这样常规的密码非常不安全，可以使用 acl genpass 命令创建更复杂的密码。

22.9.1 测试案例

测试案例如下。

```
127.0.0.1:6379> acl genpass
"40de51ed0ba8e8b46f47cb3af6c57a89"
127.0.0.1:6379> acl genpass
"4cb581b6434ba94fd24971887c6b8170"
127.0.0.1:6379> acl genpass
"9d53812d4f4878ff40564059493bde64"
127.0.0.1:6379> acl genpass
"30283e3e67fc3066b54d45b865b579f1"
127.0.0.1:6379> acl genpass
"e252e7dc05cedaa8130c490e1e992431"
127.0.0.1:6379> acl genpass
"1d54d362ad163e4bf2a9334ad0f9e394"
127.0.0.1:6379>
```

22.9.2 程序演示

```java
public class Test7 {
    private static Pool pool = new Pool(new PoolConfig(), "192.168.1.108", 6379, 5000);

    public static void main(String[] args) {
         = null;
        try {
             = pool.getResource();

            .flushDB();

            System.out.println(.aclGenPass());
            System.out.println(.aclGenPass());
            System.out.println(.aclGenPass());
            System.out.println(.aclGenPass());

        } catch (Exception e) {
            e.printStackTrace();
        } finally {
            if ( != null) {
                .close();
            }
        }
    }
}
```

程序运行结果如下。

```
5d463fe592db6e0a2422a1726b8371ac
6333e3d69d92633dd1d02135e78adadb
5570d111edd095ef71ffb9d485ce738d
517ded2f080917d8dd651df802a44a13
```

22.10 acl whoami 命令

acl whoami 命令用于返回当前登录的用户名。

22.10.1 测试案例

测试案例如下。

```
127.0.0.1:6379> acl whoami
"default"
127.0.0.1:6379>
```

22.10.2 程序演示

```java
public class Test8 {
    private static Pool pool = new Pool(new PoolConfig(), "192.168.1.108", 6379, 5000);

    public static void main(String[] args) {
         = null;
        try {
             = pool.getResource();

            .flushDB();

            System.out.println(.aclWhoAmI());
        } catch (Exception e) {
            e.printStackTrace();
        } finally {
            if ( != null) {
                .close();
            }
        }
    }
}
```

程序运行结果如下。

```
default
```

22.11 acl log 命令

acl log 命令用于查看 ACL 日志，结合 reset 参数可以清除 ACL 日志。

22.11.1 测试案例

测试案例如下。

```
127.0.0.1:6379> acl users
1) "default"
127.0.0.1:6379> acl log reset
OK
127.0.0.1:6379> acl log
(empty array)
127.0.0.1:6379> acl cat
 1) "keyspace"
```

22.11 acl log 命令

```
 2) "read"
 3) "write"
 4) "set"
 5) "sortedset"
 6) "list"
 7) "hash"
 8) "string"
 9) "bitmap"
10) "hyperloglog"
11) "geo"
12) "stream"
13) "pubsub"
14) "admin"
15) "fast"
16) "slow"
17) "blocking"
18) "dangerous"
19) "connection"
20) "transaction"
21) "scripting"
127.0.0.1:6379> acl cat admin
 1) "psync"
 2) "slaveof"
 3) "pfselftest"
 4) "client"
 5) "pfdebug"
 6) "monitor"
 7) "slowlog"
 8) "acl"
 9) "module"
10) "latency"
11) "save"
12) "config"
13) "debug"
14) "bgrewriteaof"
15) "shutdown"
16) "lastsave"
17) "sync"
18) "replconf"
19) "replicaof"
20) "bgsave"
21) "cluster"
127.0.0.1:6379> acl setuser ghy >123 on +@admin
OK
127.0.0.1:6379>
```

acl setuser ghy >123 on +@admin 命令的作用是创建一个用户，用户名为 ghy，密码是 123，on 代表 ghy 这个用户是启用的，对这个用户赋予能执行 admin 命令类型的权限。

Redis 客户端先断开与服务器的连接再重新连接服务器。

```
ghy@ghy-VirtualBox:~/T/Redis$ redis-cli
127.0.0.1:6379> auth ghy 123
OK
127.0.0.1:6379> set a aa
(error) NOPERM this user has no permissions to run the 'set' command or its subcommand
127.0.0.1:6379> acl log
1)  1) "count"
```

```
       2) (integer) 1
       3) "reason"
       4) "command"
       5) "context"
       6) "toplevel"
       7) "object"
       8) "set"
       9) "username"
      10) "ghy"
      11) "age-seconds"
      12) "3.2639999999999998"
      13) "client-info"
      14) "id=15 addr=127.0.0.1:59110 fd=7 name= age=8 idle=0 flags=N db=0 sub=0 psub=0 multi=-1 qbuf=28 qbuf-free=32740 obl=0 oll=0 omem=0 events=r cmd=set user=ghy"
127.0.0.1:6379> acl log 10
1)  1) "count"
    2) (integer) 1
    3) "reason"
    4) "command"
    5) "context"
    6) "toplevel"
    7) "object"
    8) "set"
    9) "username"
   10) "ghy"
   11) "age-seconds"
   12) "49.404000000000003"
   13) "client-info"
   14) "id=15 addr=127.0.0.1:59110 fd=7 name= age=8 idle=0 flags=N db=0 sub=0 psub=0 multi=-1 qbuf=28 qbuf-free=32740 obl=0 oll=0 omem=0 events=r cmd=set user=ghy"
127.0.0.1:6379>
```

acl log 命令以日志产生时间的倒序显示。

如果执行如下命令，则 ACL 日志被清除，如图 22-5 所示。

ACL LOG RESET

图 22-5 ACL 日志被清除

22.11.2 程序演示

当前版本的 Redis 不支持 acl log 操作。

22.12 验证使用 setuser 命令创建的用户默认无任何权限

使用 setuser 命令创建的用户默认无任何权限，不允许执行任何命令，不允许操作任何 key。验证案例如下。

```
127.0.0.1:6379> acl list
1) "user default on nopass ~* +@all"
127.0.0.1:6379> acl setuser ghy on >123
OK
127.0.0.1:6379> acl list
1) "user default on nopass ~* +@all"
```

```
2) "user ghy on #a665a45920422f9d417e4867efdc4fb8a04a1f3fff1fa07e998e86f7f7a27ae3 -@all"
127.0.0.1:6379>
ghy@ghy-VirtualBox:~/T/Redis$ redis-cli
127.0.0.1:6379> auth ghy 123
OK
127.0.0.1:6379> set a aa
(error) NOPERM this user has no permissions to run the 'set' command or its subcommand
127.0.0.1:6379> get a
(error) NOPERM this user has no permissions to run the 'get' command or its subcommand
127.0.0.1:6379>
ghy@ghy-VirtualBox:~/T/Redis$ redis-cli
127.0.0.1:6379> acl deluser ghy
(integer) 1
127.0.0.1:6379> acl list
1) "user default on nopass ~* +@all"
127.0.0.1:6379> acl setuser ghy on >123 ~* +@all
OK
127.0.0.1:6379> acl list
1) "user default on nopass ~* +@all"
2) "user ghy on #a665a45920422f9d417e4867efdc4fb8a04a1f3fff1fa07e998e86f7f7a27ae3 ~* +@all"
127.0.0.1:6379>
ghy@ghy-VirtualBox:~/T/Redis$ redis-cli
127.0.0.1:6379> auth ghy 123
OK
127.0.0.1:6379> set a aa
OK
127.0.0.1:6379> get a
"aa"
127.0.0.1:6379>
```

22.13 使用 setuser on/off 启用或者禁用用户

用户呈 on 状态可以登录，呈 off 状态不可登录。

```
127.0.0.1:6379> acl list
1) "user default on nopass ~* +@all"
127.0.0.1:6379> acl setuser a on >123 ~* +@all
OK
127.0.0.1:6379> acl setuser b off >123 ~* +@all
OK
127.0.0.1:6379> acl list
1) "user a on #a665a45920422f9d417e4867efdc4fb8a04a1f3fff1fa07e998e86f7f7a27ae3 ~* +@all"
2) "user b off #a665a45920422f9d417e4867efdc4fb8a04a1f3fff1fa07e998e86f7f7a27ae3 ~* +@all"
3) "user default on nopass ~* +@all"
127.0.0.1:6379>
ghy@ghy-VirtualBox:~/T/Redis$ redis-cli
127.0.0.1:6379> auth a 123
OK
127.0.0.1:6379> set a aa
OK
127.0.0.1:6379> get a
"aa"
127.0.0.1:6379>
ghy@ghy-VirtualBox:~/T/Redis$ redis-cli
127.0.0.1:6379> auth b 123
(error) WRONGPASS invalid username-password pair
```

```
127.0.0.1:6379>
ghy@ghy-VirtualBox:~/T/Redis$ redis-cli
127.0.0.1:6379> acl setuser b on
OK
127.0.0.1:6379>
ghy@ghy-VirtualBox:~/T/Redis$ redis-cli
127.0.0.1:6379> auth b 123
OK
127.0.0.1:6379> set b bb
OK
127.0.0.1:6379> get b
"bb"
127.0.0.1:6379>
```

22.14 使用+<command>和−<command>为用户设置执行命令的权限

```
127.0.0.1:6379> acl list
1) "user default on nopass ~* +@all"
127.0.0.1:6379> acl setuser a on >123 ~*
OK
127.0.0.1:6379> acl list
1) "user a on #a665a45920422f9d417e4867efdc4fb8a04a1f3fff1fa07e998e86f7f7a27ae3 ~* -@all"
2) "user default on nopass ~* +@all"
127.0.0.1:6379>
ghy@ghy-VirtualBox:~/T/Redis$ redis-cli
127.0.0.1:6379> auth a 123
OK
127.0.0.1:6379> set a aa
(error) NOPERM this user has no permissions to run the 'set' command or its subcommand
127.0.0.1:6379>
ghy@ghy-VirtualBox:~/T/Redis$ redis-cli
127.0.0.1:6379> acl setuser a +set +get
OK
127.0.0.1:6379>
ghy@ghy-VirtualBox:~/T/Redis$ redis-cli
127.0.0.1:6379> auth a 123
OK
127.0.0.1:6379> set a aa
OK
127.0.0.1:6379> get a
"aa"
127.0.0.1:6379>
ghy@ghy-VirtualBox:~/T/Redis$ redis-cli
127.0.0.1:6379> acl setuser a -get
OK
127.0.0.1:6379>
ghy@ghy-VirtualBox:~/T/Redis$ redis-cli
127.0.0.1:6379> auth a 123
OK
127.0.0.1:6379> set b bb
OK
127.0.0.1:6379> set c cc
OK
127.0.0.1:6379> get a
(error) NOPERM this user has no permissions to run the 'get' command or its subcommand
127.0.0.1:6379> get b
```

```
(error) NOPERM this user has no permissions to run the 'get' command or its subcommand
127.0.0.1:6379> get c
(error) NOPERM this user has no permissions to run the 'get' command or its subcommand
127.0.0.1:6379>
```

22.15 使用+@<category>为用户设置能执行指定命令类型的权限

```
127.0.0.1:6379> acl list
1) "user default on nopass ~* +@all"
127.0.0.1:6379> acl setuser a on >123 ~*
OK
127.0.0.1:6379> acl list
1) "user a on #a665a45920422f9d417e4867efdc4fb8a04a1f3fff1fa07e998e86f7f7a27ae3 ~* -@all"
2) "user default on nopass ~* +@all"
127.0.0.1:6379>
ghy@ghy-VirtualBox:~/T/Redis$ redis-cli
127.0.0.1:6379> auth a 123
OK
127.0.0.1:6379> set a aa
(error) NOPERM this user has no permissions to run the 'set' command or its subcommand
127.0.0.1:6379>
ghy@ghy-VirtualBox:~/T/Redis$ redis-cli
127.0.0.1:6379> acl setuser a +@string
OK
127.0.0.1:6379> acl list
1) "user a on #a665a45920422f9d417e4867efdc4fb8a04a1f3fff1fa07e998e86f7f7a27ae3 ~* -@all +@string"
2) "user default on nopass ~* +@all"
ghy@ghy-VirtualBox:~/T/Redis$ redis-cli
127.0.0.1:6379> auth a 123
OK
127.0.0.1:6379> set a aa
OK
127.0.0.1:6379> get a
"aa"
127.0.0.1:6379> rpush mykey a b c
(error) NOPERM this user has no permissions to run the 'rpush' command or its subcommand
127.0.0.1:6379>
```

22.16 使用-@<category>为用户设置能执行指定命令类型的权限

```
127.0.0.1:6379> acl list
1) "user default on nopass ~* +@all"
127.0.0.1:6379> acl setuser a on >123 ~* +@all
OK
127.0.0.1:6379> acl list
1) "user a on #a665a45920422f9d417e4867efdc4fb8a04a1f3fff1fa07e998e86f7f7a27ae3 ~* +@all"
2) "user default on nopass ~* +@all"
127.0.0.1:6379> acl setuser a -@string
OK
127.0.0.1:6379> acl list
1) "user a on #a665a45920422f9d417e4867efdc4fb8a04a1f3fff1fa07e998e86f7f7a27ae3 ~* +@all -@string"
2) "user default on nopass ~* +@all"
127.0.0.1:6379>
```

```
ghy@ghy-VirtualBox:~/T/Redis$ redis-cli
127.0.0.1:6379> auth a 123
OK
127.0.0.1:6379> set a aa
(error) NOPERM this user has no permissions to run the 'set' command or its subcommand
127.0.0.1:6379> get a
(error) NOPERM this user has no permissions to run the 'get' command or its subcommand
127.0.0.1:6379> lpush mykey a b c
(integer) 3
127.0.0.1:6379> lrange mykey 0 -1
1) "c"
2) "b"
3) "a"
127.0.0.1:6379>
```

22.17 使用+<command>|<subcommand>为用户添加能执行的子命令权限

```
127.0.0.1:6379> acl list
1) "user default on nopass ~* +@all"
127.0.0.1:6379> acl setuser a on >123 +acl|log +acl|cat
OK
127.0.0.1:6379>
ghy@ghy-VirtualBox:~/T/Redis$ redis-cli
127.0.0.1:6379> auth a 123
OK
127.0.0.1:6379> acl log
 1)  1) "count"
     2) (integer) 1
     3) "reason"
     4) "command"
     5) "context"
     6) "toplevel"
     7) "object"
     8) "get"
     9) "username"
    10) "a"
    11) "age-seconds"
    12) "238.95099999999999"
    13) "client-info"
    14) "id=58 addr=127.0.0.1:46144 fd=7 name= age=12 idle=0 flags=N db=0 sub=0 psub=0 multi=-1 qbuf=20 qbuf-free=32748 obl=0 oll=0 omem=0 events=r cmd=get user=a"
127.0.0.1:6379> acl cat
 1) "keyspace"
 2) "read"
 3) "write"
 4) "set"
 5) "sortedset"
 6) "list"
 7) "hash"
 8) "string"
 9) "bitmap"
10) "hyperloglog"
11) "geo"
12) "stream"
```

```
13) "pubsub"
14) "admin"
15) "fast"
16) "slow"
17) "blocking"
18) "dangerous"
19) "connection"
20) "transaction"
21) "scripting"
127.0.0.1:6379> acl list
(error) NOPERM this user has no permissions to run the 'acl' command or its subcommand
127.0.0.1:6379>
```

> **注意**：不能执行-<command>|subcommand 操作，所以可以先排除访问主命令的权限，然后添加能访问的子命令的权限，案例如 ACL SETUSER myuser -client +client|setname +client|getname。

22.18 使用+@all 和 -@all 为用户添加或删除全部命令的执行权限

```
127.0.0.1:6379> acl list
1) "user default on nopass ~* +@all"
127.0.0.1:6379> acl setuser a on >123
OK
127.0.0.1:6379> acl list
1) "user a on #a665a45920422f9d417e4867efdc4fb8a04a1f3fff1fa07e998e86f7f7a27ae3 -@all"
2) "user default on nopass ~* +@all"
127.0.0.1:6379> acl setuser a +@all
OK
127.0.0.1:6379> acl list
1) "user a on #a665a45920422f9d417e4867efdc4fb8a04a1f3fff1fa07e998e86f7f7a27ae3 +@all"
2) "user default on nopass ~* +@all"
127.0.0.1:6379>
ghy@ghy-VirtualBox:~/T/Redis$ redis-cli
127.0.0.1:6379> auth a 123
OK
127.0.0.1:6379> set a aa
(error) NOPERM this user has no permissions to access one of the keys used as arguments
127.0.0.1:6379>
ghy@ghy-VirtualBox:~/T/Redis$ redis-cli
127.0.0.1:6379> acl setuser a ~*
OK
127.0.0.1:6379> acl list
1) "user a on #a665a45920422f9d417e4867efdc4fb8a04a1f3fff1fa07e998e86f7f7a27ae3 ~* +@all"
2) "user default on nopass ~* +@all"
127.0.0.1:6379>
ghy@ghy-VirtualBox:~/T/Redis$ redis-cli
127.0.0.1:6379> auth a 123
OK
127.0.0.1:6379> set a aa
OK
127.0.0.1:6379> get a
"aa"
127.0.0.1:6379>
ghy@ghy-VirtualBox:~/T/Redis$ redis-cli
127.0.0.1:6379> acl setuser a -@all
OK
```

```
127.0.0.1:6379> acl list
1) "user a on #a665a45920422f9d417e4867efdc4fb8a04a1f3fff1fa07e998e86f7f7a27ae3 ~* -@all"
2) "user default on nopass ~* +@all"
127.0.0.1:6379>
ghy@ghy-VirtualBox:~/T/Redis$ redis-cli
127.0.0.1:6379> auth a 123
OK
127.0.0.1:6379> set a aa
(error) NOPERM this user has no permissions to run the 'set' command or its subcommand
127.0.0.1:6379> get b
(error) NOPERM this user has no permissions to run the 'get' command or its subcommand
127.0.0.1:6379>
```

22.19 使用~pattern 限制能访问 key 的模式

子命令~pattern 使用 glob 风格作为 key 的 pattern（模式），与 keys 命令使用的模式是相同的，glob 模式的示例如下。

- h?llo 匹配 hello、hallo 和 hxllo。
- h*llo 匹配 hllo 和 heeeello。
- h[ae]llo 匹配 hello 和 hallo，但是不匹配 hillo。
- h[^e]llo 匹配 hallo、hbllo 等，但是不匹配 hello。
- h[a-b]llo 匹配 hallo 和 hbllo。

~*代表所有 key，子命令~pattern 可以指定多个模式。

测试案例如下。

```
127.0.0.1:6379> acl list
1) "user default on nopass ~* +@all"
127.0.0.1:6379> acl setuser a >123 on ~a* +@all
OK
127.0.0.1:6379> acl list
1) "user a on #a665a45920422f9d417e4867efdc4fb8a04a1f3fff1fa07e998e86f7f7a27ae3 ~a* +@all"
2) "user default on nopass ~* +@all"
127.0.0.1:6379> acl whoami
"default"
127.0.0.1:6379> set aa 1
OK
127.0.0.1:6379> set ab 2
OK
127.0.0.1:6379> set ac 3
OK
127.0.0.1:6379> set x 1
OK
127.0.0.1:6379> set y 2
OK
127.0.0.1:6379> set z 3
OK
127.0.0.1:6379>
ghy@ghy-VirtualBox:~/T/Redis$ redis-cli
127.0.0.1:6379> auth a 123
OK
127.0.0.1:6379> get aa
"1"
127.0.0.1:6379> get ab
```

```
                    "2"
                    127.0.0.1:6379> get ac
                    "3"
                    127.0.0.1:6379> get x
                    (error) NOPERM this user has no permissions to access one of the keys used as arguments
                    127.0.0.1:6379> get y
                    (error) NOPERM this user has no permissions to access one of the keys used as arguments
                    127.0.0.1:6379> get z
                    (error) NOPERM this user has no permissions to access one of the keys used as arguments
                    127.0.0.1:6379>
```

22.20 使用 resetkeys 清除所有 key 的访问模式

```
                    127.0.0.1:6379> acl list
                    1) "user default on nopass ~* +@all"
                    127.0.0.1:6379> acl setuser a on >123 ~a* ~b* ~c* ~d* +@all
                    OK
                    127.0.0.1:6379> acl list
                    1) "user a on #a665a45920422f9d417e4867efdc4fb8a04a1f3fff1fa07e998e86f7f7a27ae3 ~a* ~b*
                    ~c* ~d* +@all"
                    2) "user default on nopass ~* +@all"
                    127.0.0.1:6379> acl setuser a resetkeys
                    OK
                    127.0.0.1:6379> acl list
                    1) "user a on #a665a45920422f9d417e4867efdc4fb8a04a1f3fff1fa07e998e86f7f7a27ae3 +@all"
                    2) "user default on nopass ~* +@all"
                    127.0.0.1:6379> acl setuser a ~e*
                    OK
                    127.0.0.1:6379> acl list
                    1) "user a on #a665a45920422f9d417e4867efdc4fb8a04a1f3fff1fa07e998e86f7f7a27ae3 ~e* +@all"
                    2) "user default on nopass ~* +@all"
                    127.0.0.1:6379>
```

22.21 使用><password>和<<password>为用户设置或删除明文密码

在 ACL 中可以对用户设置多个密码。

测试案例如下。

```
                    127.0.0.1:6379> acl list
                    1) "user default on nopass ~* +@all"
                    127.0.0.1:6379> acl setuser a on >123 >456 >789 ~* +@all
                    OK
                    127.0.0.1:6379> acl list
                    1) "user a on #a665a45920422f9d417e4867efdc4fb8a04a1f3fff1fa07e998e86f7f7a27ae3
                    #b3a8e0e1f9ab1bfe3a36f231f676f78bb30a519d2b21e6c530c0eee8ebb4a5d0
                    #35a9e381b1a27567549b5f8a6f783c167ebf809f1c4d6a9e367240484d8ce281 ~* +@all"
                    2) "user default on nopass ~* +@all"
                    127.0.0.1:6379> acl setuser a <456 <789
                    OK
                    127.0.0.1:6379> acl list
                    1) "user a on #a665a45920422f9d417e4867efdc4fb8a04a1f3fff1fa07e998e86f7f7a27ae3 ~* +@all"
                    2) "user default on nopass ~* +@all"
                    127.0.0.1:6379>
```

22.22 使用#<hash>和!<hash>为用户设置或删除 SHA-256 密码

使用如下命令设置密码。

```
acl setuser a on >123 >456 >789 ~* +@all
```

以上命令设置密码会造成密码泄露，因为密码是明文的，如 123、456、789 等。使用#<hash>可以设置经过 SHA-256 加密后的密码，明文密码没有被泄露，增加安全性。

!<hash>可以在不知道明文密码的情况下，删除指定的 SHA-256 密码。

先来实现一个明文密码转 SHA-256 密码的测试，添加依赖如下。

```xml
<dependencies>
    <dependency>
        <groupId>commons-codec</groupId>
        <artifactId>commons-codec</artifactId>
        <version>1.14</version>
    </dependency>
</dependencies>
```

创建测试类代码如下。

```java
package tools;
import org.apache.commons.codec.digest.DigestUtils;
public class Tools {
    public static String getSHA256Str(String str) {
        return DigestUtils.sha256Hex(str);
    }

    public static void main(String[] args) {
        Tools t = new Tools();
        String getString1 = t.getSHA256Str("123");
        String getString2 = t.getSHA256Str("456");
        String getString3 = t.getSHA256Str("789");
        System.out.println(getString1);
        System.out.println(getString2);
        System.out.println(getString3);

        System.out.println(getString1.length());
        System.out.println(getString1.length());
        System.out.println(getString1.length());

    }
}
```

程序运行结果如下。

```
a665a45920422f9d417e4867efdc4fb8a04a1f3fff1fa07e998e86f7f7a27ae3
b3a8e0e1f9ab1bfe3a36f231f676f78bb30a519d2b21e6c530c0eee8ebb4a5d0
35a9e381b1a27567549b5f8a6f783c167ebf809f1c4d6a9e367240484d8ce281
64
64
64
```

测试案例如下。

```
127.0.0.1:6379> acl list
1) "user default on nopass ~* +@all"
127.0.0.1:6379> acl setuser a on #a665a45920422f9d417e4867efdc4fb8a04a1f3fff1fa07e998e86f7f7a27ae3
#b3a8e0e1f9ab1bfe3a36f231f676f78bb30a519d2b21e6c530c0eee8ebb4a5d0
#35a9e381b1a27567549b5f8a6f783c167ebf809f1c4d6a9e367240484d8ce281 ~* +@all
OK
127.0.0.1:6379> acl list
1) "user a on #a665a45920422f9d417e4867efdc4fb8a04a1f3fff1fa07e998e86f7f7a27ae3
#b3a8e0e1f9ab1bfe3a36f231f676f78bb30a519d2b21e6c530c0eee8ebb4a5d0
#35a9e381b1a27567549b5f8a6f783c167ebf809f1c4d6a9e367240484d8ce281 ~* +@all"
2) "user default on nopass ~* +@all"
127.0.0.1:6379> acl setuser
a !b3a8e0e1f9ab1bfe3a36f231f676f78bb30a519d2b21e6c530c0eee8ebb4a5d0 !35a9e381b1a27567549b5
f8a6f783c167ebf809f1c4d6a9e367240484d8ce281
OK
127.0.0.1:6379> acl list
1) "user a on #a665a45920422f9d417e4867efdc4fb8a04a1f3fff1fa07e998e86f7f7a27ae3 ~* +@all"
2) "user default on nopass ~* +@all"
127.0.0.1:6379>
ghy@ghy-VirtualBox:~/T/Redis$ redis-cli
127.0.0.1:6379> auth a 123
OK
127.0.0.1:6379>
ghy@ghy-VirtualBox:~/T/Redis$ redis-cli
127.0.0.1:6379> auth a 456
(error) WRONGPASS invalid username-password pair
127.0.0.1:6379>
ghy@ghy-VirtualBox:~/T/Redis$ redis-cli
127.0.0.1:6379> auth a 789
(error) WRONGPASS invalid username-password pair
127.0.0.1:6379>
ghy@ghy-VirtualBox:~/T/Redis$ redis-cli
127.0.0.1:6379> auth a 123
OK
127.0.0.1:6379> set a aa
OK
127.0.0.1:6379> get a
"aa"
127.0.0.1:6379>
```

22.23 使用 nopass 和 resetpass 为用户设置无密码或清除所有密码

nopass：用户所有的密码被删除，呈 nopass 状态，但该用户还可以进行登录，只不过登录时不需要指定密码。

resetpass：用户所有的密码被删除，并删除 nopass 状态，该用户不可以进行登录验证。

测试案例如下。

```
127.0.0.1:6379> acl list
1) "user default on nopass ~* +@all"
127.0.0.1:6379> acl setuser a on >123 >456 >789 ~* +@all
OK
127.0.0.1:6379> acl setuser b on >123 >456 >789 ~* +@all
OK
127.0.0.1:6379> acl list
1) "user a on #a665a45920422f9d417e4867efdc4fb8a04a1f3fff1fa07e998e86f7f7a27ae3
```

```
#b3a8e0e1f9ab1bfe3a36f231f676f78bb30a519d2b21e6c530c0eee8ebb4a5d0
#35a9e381b1a27567549b5f8a6f783c167ebf809f1c4d6a9e367240484d8ce281 ~* +@all"
   2) "user b on #a665a45920422f9d417e4867efdc4fb8a04a1f3fff1fa07e998e86f7f7a27ae3
#b3a8e0e1f9ab1bfe3a36f231f676f78bb30a519d2b21e6c530c0eee8ebb4a5d0
#35a9e381b1a27567549b5f8a6f783c167ebf809f1c4d6a9e367240484d8ce281 ~* +@all"
   3) "user default on nopass ~* +@all"
127.0.0.1:6379> acl setuser a nopass
OK
127.0.0.1:6379> acl setuser b resetpass
OK
127.0.0.1:6379> acl list
1) "user a on nopass ~* +@all"
2) "user b on ~* +@all"
3) "user default on nopass ~* +@all"
127.0.0.1:6379>
ghy@ghy-VirtualBox:~/T/Redis$ redis-cli
127.0.0.1:6379> auth a ""
OK
127.0.0.1:6379> acl whoami
"a"
127.0.0.1:6379>
ghy@ghy-VirtualBox:~/T/Redis$ redis-cli
127.0.0.1:6379> auth b ""
(error) WRONGPASS invalid username-password pair
127.0.0.1:6379>
ghy@ghy-VirtualBox:~/T/Redis$ redis-cli
127.0.0.1:6379> acl setuser b >123
OK
127.0.0.1:6379>
ghy@ghy-VirtualBox:~/T/Redis$ redis-cli
127.0.0.1:6379> auth b ""
(error) WRONGPASS invalid username-password pair
127.0.0.1:6379> auth b 123
OK
127.0.0.1:6379> set a aa
OK
127.0.0.1:6379> get a
"aa"
127.0.0.1:6379>
```

不对用户 b 设置密码，用户 b 不可以登录。

resetpass 和 off 的区别如下。

- resetpass：删除所有密码，适用于重置密码，不对用户设置密码就不允许登录。
- off：不允许用户进行登录，因为用户已经被禁用。

22.24 使用 reset 命令重置用户 ACL 信息

reset 命令将用户的 ACL 信息还原成默认的。经过 reset 命令的处理后，用户拥有 resetpass、resetkeys、off、-@all 权限。

测试案例如下。

```
127.0.0.1:6379> acl list
1) "user default on nopass ~* +@all"
127.0.0.1:6379> acl setuser a on >123 ~* +@all
```

22.24 使用 reset 命令重置用户 ACL 信息

```
OK
127.0.0.1:6379> acl list
1) "user a on #a665a45920422f9d417e4867efdc4fb8a04a1f3fff1fa07e998e86f7f7a27ae3 ~* +@all"
2) "user default on nopass ~* +@all"
127.0.0.1:6379> acl setuser a reset
OK
127.0.0.1:6379> acl list
1) "user a off -@all"
2) "user default on nopass ~* +@all"
127.0.0.1:6379>
```